国家林业和草原局职业教育"十三五"规划教材

林木种苗生产技术

（第3版）

钱拴提　宋墩福　主编

中国林业出版社
China Forestry Publishing House

图书在版编目(CIP)数据

林木种苗生产技术／钱拴提，宋墩福主编. —3版. —北京：中国林业出版社，2021.9（2025.1重印）
"十四五"职业教育国家规划教材　国家林业和草原局职业教育"十三五"规划教材
ISBN 978-7-5219-1226-5

Ⅰ.①林… Ⅱ.①钱… ②宋… Ⅲ.①林木-育苗-高等职业教育-教材 Ⅳ.①S723.1

中国版本图书馆CIP数据核字（2021）第115089号

责任编辑：高兴荣
电　话：（010）83143611　　　　　　　　**传　真：**（010）83143516

出版发行	中国林业出版社（100009　北京市西城区德内大街刘海胡同7号）	
	E-mail：jiaocaipublic@163.com　电话：（010）83143500	
	http://www.forestry.gov.cn/lycb.html	
印　刷	北京中科印刷有限公司	
版　次	2007年1月第1版	
	2015年1月第2版	
	2021年9月第3版	
印　次	2025年1月第6次印刷	
开　本	787mm×1092mm　1/16	
印　张	21.25	
字　数	510千字	
定　价	56.00元	

数字资源

未经许可，不得以任何方式复制或抄袭本书之部分或全部内容。

版权所有　侵权必究

《林木种苗生产技术》（第3版）编写人员

主　编：钱拴提　宋墩福

副主编：翟学昌　冯立新　任叔辉

编　者：（按姓氏笔画排序）

冯立新　广西生态工程职业技术学院

任叔辉　河南林业职业学院

杨建兴　陕西省林木种苗与退耕还林工程管理中心

肖亚琼　云南林业职业技术学院

余燕华　福建林业职业技术学院

宋美华　宁夏葡萄酒与防沙治沙职业技术学院

宋墩福　江西环境工程职业学院

张玉芹　甘肃林业职业技术学院

林　芳　福建林业职业技术学院

钱拴提　杨凌职业技术学院

曹晓娟　陕西省苗木繁育中心

温中林　广西生态工程职业技术学院

翟学昌　江西环境工程职业学院

主　审：邹学忠

《林木种苗生产技术》(第 2 版) 编写人员

主　编：邹学忠　钱拴提

副主编：李晓黎　雷庆峰　林向群　宋丛文　郑郁善

编　者：(按姓氏笔画排序)

田伟政　冯立新　司守霞　杨　兰　杨勇春

肖亚琼　佘　波　宋美华　张玉芹　林　芳

周忠诚　庞丽萍　郭永恒　黄石竹　琚昊然

谢忠睿　翟学昌

《林木种苗生产技术》(第 1 版) 编写人员

主　编：张运山　钱拴提

副主编：张梅春　王亚丽

编　者：(按姓氏笔画排序)

王亚丽　王晓春　宋墩福　张运山　张梅春

钱拴提

第3版前言

在我国新时代林业高质量发展的历史进程中，良种壮苗既是生态文明建设和林业产业发展的物质基础，也是国家林业科技创新成果的结晶。本教材紧紧围绕培育林木良种壮苗的生产技术体系和职业教育教学规律组织编写。全书分总论和各论两大部分，总论部分包括良种选育、种子生产、苗圃建立、实生育苗、无性育苗、大田管理、温室和容器育苗、组培和无土育苗、大苗培育和苗木出圃10个单元的内容，各论部分包括南方41种、北方30种，总计71种我国主要造林树种的种苗生产技术。

本教材除了内容全面更新外，形式也有深度创新。一是体现在轻量化方面，即将纸质版本字数缩减，是历次内容最全而厚度最薄的版本。二是资源化方面，即精心组织丰富的教学资源，如条理化的学习目标、必备的理论知识、实践训练项目、思考与练习题、伴随性阅读文献、现行标准与法规、前沿性拓展知识、生产实践的经典案例等，应有尽有；三是信息化方面，即以网络链接和超链接的方式，呈现练习题参考答案、阅读文献原著原文、标准与法规原文、多媒体拓展知识和整个各论部分内容，易得易用；四是一体化方面，专兼职教师和企事业专家团队一体，理论和实践一体，纸质和数字一体，线上和线下一体，努力实现产教、校企和工学的一体化融合等。

本教材在前两版基础上重新进行修编。本次具体分工是：钱拴提担任第一主编，编写单元4和全书统稿；宋墩福担任第二主编，编写单元9和审定各论的南方树种部分；任叔辉担任副主编，编写单元1和修订北方树种10种；翟学昌担任副主编，编写单元2和修订南方树种6种；冯立新担任副主编，编写单元3和修订南方树种6种；张玉芹编写单元5，修订北方树种15种；温中林编写单元6，修订南方树种7种；肖亚琼编写单元7，修订南方树种6种；余燕华编写单元8，修订南方树种12种；林芳编写单元10，修订南方树种9种；宋美华审阅各论北方树种部分，新增编写防沙治沙树种5种；杨建兴编写油松、落叶松、核桃等的良种繁育基地建设和苗木质量检验经典案例，审阅部分实训项目；曹晓娟编写大型国有苗圃建设与管理的经典案例，审阅部分实训项目。

本教材编写过程遭遇新冠疫情影响，增加了许多新的困难和挑战，然而在林业职业教育教学指导委员会的科学组织下，在中国林业出版社的全力帮助下，在作者所在单位的大力支持下，编写组充分利用数字通信和视频会议方式，加强成员间联系沟通，以及与校内

前　言

外专家的交流讨论，征求企事业单位专家和毕业生意见建议，保证了编印进度和质量，在此对支持编校工作的各级领导、同行专家和给予帮助的专业师生表示感谢。本教材参考和引用了众多学者的研究成果和资料，在此一并表示感谢。

受编者水平所限，书中定有错漏之处，敬请读者批评指正！

编　者

2020 年 6 月

第2版前言

林木的良种壮苗是植树造林、城乡绿化的物质基础,是实现生态建设目标的有力保障。生态效益、社会效益和经济效益相结合的可持续发展的林业经营模式及日益受到重视的生态建设都促进了林木种苗业的快速发展。

随着苗木需求量的不断增大,国家、企业和个人对苗木生产行业的投资也日益增长,林木种苗生产受到了全社会的高度重视,林木种苗业的发展使得人才市场对种苗生产的技能型人才的需求也在不断增加。林业高职院校肩负着为林业行业培养高素质技能型人才的重任。

林木种苗生产技术课程,是林业技术专业的核心课程,2010年被确定为国家级精品课程建设项目,2013年被列为国家精品资源共享课建设项目。《林木种苗生产技术》教材是与林木种苗生产技术课程配套的专用教材,是我国第一部林木种苗生产课程的项目化教材。

为适应高职教育人才培养需要,《林木种苗生产技术》教材编写组以提高学生职业能力为核心,以职业岗位需求为导向,以职业技能鉴定标准为依据,以技术应用能力、自主学习能力、创新能力以及综合职业素质培养为目标构建课程标准;与企业全程合作,以企业典型生产任务为导向构建教学内容;以学生为主体,以能力为本位,重新构建教材内容,集全国各林业职业院校的课程改革建设精髓,编写了这部《林木种苗生产技术》项目化教材。

本教材内容源于生产又高于生产,通过充分的企业调研,分析职业岗位需要的专业知识和专业技能,归纳总结了岗位典型工作任务后,将企业生产任务转化为教学项目,并将知识点项目化,具有职业性、实用性、区域性、创新性和指导性,真正做到了"任务驱动、理实结合、教学做一体化",符合现代职业教育的特点和要求。

辽宁林业职业技术学院早在2007年就开始对《林木种苗生产技术》课程进行项目化教学改革,2008、2009年正式进行项目教学实践,经过3年的课改实践,不断总结经验、反复推敲,形成了供本校使用的公开出版的项目化校本教材,这也是本部《林木种苗生产技术》项目化教材的雏形。2010年以来,随着课程改革的不断深入,全国各林业类高职院校也完成了林木种苗生产技术课程的项目化改造,取得了丰硕的教学改革成果。为了推广各校的教学改革成果,由邹学忠、钱拴提任主编,由全国各林业类高职院主讲教师和教学名师组成了教材编写团队,最终编写完成了《林木种苗生产技术》项目化教材。

本教材内容共分3个教学模块。模块1林木种实生产,包括4个教学任务:主要造林树种种实识别；林木种子采收与调制；林木种子质量检验；林木良种基地营建。模块 2 林木苗木生产，包括 8 个教学任务：播种苗生产；容器苗生产；扦插苗生产；嫁接苗生产；组培苗生产；其他苗木生产；苗木出圃；苗圃规划设计。模块 3 中国主要造林树种种苗生产，分为北方主要造林树种种苗生产和南方主要造林树种种苗生产 2 个教学任务。

教材编写团队汇集了全国林业高职院校的教学名师和该门课程的主讲教师，并吸纳行业专家组成多元化的编写队伍，保证教材的实用性、适用性和使用性。

本教材在编写过程中，得到了行业专家及多个种苗生产企事业单位的大力支持，为本书的编写提出了宝贵的意见，在此一并表示感谢。由于编者水平有限，编辑出版时间紧等原因，书中难免有贻误、疏漏之处，敬请读者批评指正。

编　者
2014 年 2 月

第1版前言

自20世纪末以来，林木种苗生产理论和技术发展迅速，新观念、新成果层出不穷，以良种基地建设、组织培养和设施栽培为代表的新领域日新月异。编者在充分调研了国内有关林木种苗生产技术教材的基础上，结合教学和实际工作经验，针对高等职业技术教育的特点，对分散于不同学科中的相关内容进行重组，对新内容作了较多的补充，既全面反映了林木种苗生产的知识点和新进展，又突出体现了高等职业技术教育和培训对于加强实践能力培养的基本要求。

本教材由湖北生态工程职业技术学院张运山和杨凌职业技术学院钱拴提担任主编，辽宁林业职业技术学院张梅春和云南林业职业技术学院王亚丽担任副主编。具体分工是：绪论和第1单元由钱拴提编写；第2、3单元由王晓春编写；第4、5、9单元由张梅春编写；第6单元由张运山编写，并负责全书统稿；第7、8单元由宋墩福编写；第10、11单元由王亚丽编写。

本书在编写过程中，得到了教育部高职高专教育林业类专业教学指导委员会以及各位编者所在单位领导的大力支持，辽宁林业职业技术学院的关继东教授提出了较好的修改意见，西北农林科技大学李周岐教授、陕西省林业厅种苗站郭树杰总工程师提供了许多资料，同行专家莫翼翔教授、张永丽实验师等也提出不少宝贵意见，在此一并表示谢意。

鉴于时间和编者水平有限，书中难免有错漏之处，敬请读者批评指正。

编 者
2006年3月

目 录

第 3 版前言
第 2 版前言
第 1 版前言

 第一部分 总　论 /1

单元1　良种选育 …………………………………………………………………… 2
1.1　林木良种选育技术 …………………………………………………………… 2
1.2　林木良种生产基地 ………………………………………………………… 32

单元2　种子生产 ………………………………………………………………… 55
2.1　种实采集 …………………………………………………………………… 56
2.2　种实调制 …………………………………………………………………… 63
2.3　种子品质检验 ……………………………………………………………… 70

单元3　苗圃建立 ………………………………………………………………… 98
3.1　规划设计 …………………………………………………………………… 99
3.2　苗圃建设 ………………………………………………………………… 108

单元4　实生育苗 ………………………………………………………………… 126
4.1　播前种子处理 ……………………………………………………………… 126
4.2　播种技术 ………………………………………………………………… 132
4.3　幼苗期管理 ………………………………………………………………… 139

单元5　无性繁殖育苗 …………………………………………………………… 150
5.1　扦插育苗 ………………………………………………………………… 151
5.2　嫁接育苗 ………………………………………………………………… 165
5.3　埋条、压条、分株和留根育苗 ………………………………………… 183

单元6　大田管理 ………………………………………………………………… 197
6.1　灌溉排水 ………………………………………………………………… 197
6.2　中耕除草 ………………………………………………………………… 203
6.3　施肥 ……………………………………………………………………… 205
6.4　其他抚育管理措施 ……………………………………………………… 218

— 1 —

目录

单元7　温室和容器育苗 ··· 225
　　7.1　温室育苗 ·· 225
　　7.2　容器育苗 ·· 239
单元8　组培和无土育苗 ··· 254
　　8.1　组织培养育苗 ·· 255
　　8.2　无土育苗 ·· 265
单元9　大苗培育 ··· 282
　　9.1　苗木移植 ·· 282
　　9.2　大苗培育技术 ·· 289
单元10　苗木出圃 ··· 299
　　10.1　苗木标准 ·· 300
　　10.2　苗木调查 ·· 301
　　10.3　苗木出圃 ·· 307

第二部分　各　论 /319

单元11　北方主要树种育苗技术 ·· 320
单元12　南方主要树种育苗技术 ·· 321

参考文献 ··· 322

第一部分

总 论

总论部分包括良种选育、种子生产、苗圃建立、实生育苗、无性育苗、大田管理、温室和容器育苗、组培和无土育苗、大苗培育和苗木出圃 10 个单元的内容。每个单元既是独立的教学任务，也是独立的育苗生产任务。

单元 1　良种选育

 学习目标

知识目标

1. 掌握种质资源分类的基本知识；熟悉林木种质资源保护和管理的内容。
2. 掌握种源试验、优树选择、引种、杂交育种的基本概念和方法步骤。
3. 熟悉辐射育种、化学诱变育种、单倍体育种、多倍体育种的基本知识。
4. 掌握母树林、种子园、采穗圃的基本知识和营建技术路线。

技能目标

1. 能进行林木良种选育试验的一般性技术操作。
2. 能根据生产需要进行优树选择的实际操作。
3. 能根据生产需要开展授粉技术和杂交育种试验。
4. 能对母树林、种子园、采穗圃进行经营管理。

素质目标

1. 尊重自然、顺应自然、保护自然，致力实现人与自然和谐共生的现代化。
2. 具有良好的林业职业道德和社会责任感。
3. 具有林业法律观念和安全生产意识，严格执行生产技术规范的科学态度。
4. 关注林草种业科技创新和产业发展，提高技能，树立工匠精神。

 理论知识

1.1　林木良种选育技术

一粒种子可以改变一个世界，一个良种可以带动一个产业，突破性的创新品种，代表着种业竞争的主动权。种业已成为国际农林业竞争的战略高地，竞争成败的关键在于种业科技水平，发达国家对全球农林业市场的主导权就是建立在强大的种业科技基础之上。2013年，全球林木种业年产值约1000亿美元，全球林木种业前10强企业占有世界56%市场份额，市场份额快速递增。全球已形成了以美国、中国、欧洲、澳大利亚为代表的4个林木育种研究中心，其中美国和中国的林木育种工作最为活跃。欧美等林业先进国家通过大学、科研院所和企业组成的林木育种联盟或协作组织，形成政府投资基础性和公益性研究，企业投资种业技术研发和产业化，分工合理、配合密切的先进种业创新体系。

当今世界种业正孕育新一轮科技革命和产业革命，以生物组学为代表的前沿学科揭示了性状形成机理，理论突破正在形成；以基因编辑为代表的技术进步，使育种定向改良更加精准便捷；以跨国公司为代表的研发平台集成了生物技术、信息和智能技术，品种"按需定制"正在成为现实。而以工厂化为核心的现代商业育种模式将是未来种业竞争的核心和基础。

我国林木种业经过40多年的发展，取得了突出成绩。我国开展了主要林木的长期育种研究，主要造林树种良种使用率由2002年的20%提高到2006年的60.8%。在主要林木种质资源收集评价和育种群体构建、新品种创制和高效繁育、生物技术育种等领域取得了一批重大科技成果。截至2014年年底，收集保存种质资源16万份，审（认）定林木良种4842个，其中国家审定348个，获新品种权658件，获国家级奖励141项和省部级奖励1200余项。

我国现有林木良种和新品种数量与质量总体上难以满足社会经济快速发展对林业生产的需求，大部分树种缺乏突破性的新品种。例如，我国松杉人工林每年以新增逾$30×10^4$ hm^{2}的速度发展，将建立$470×10^4$ hm^{2}松杉大径级木材战略贮备基地，为此每年需要培育松杉各种遗传改良苗木$10×10^8$株以上，急需大量新一代速生、优质、高抗松杉良种种苗。很多国际林木种业企业加紧布局抢滩中国市场，这也促使我国必须加强主要林木育种创制，做大做强我国林木种业，带动林业生态建设和产业发展的科技进步，提高我国林木种业的国际竞争力，为推动生态文明建设和林业现代化建设提供有力的战略支撑。

1.1.1 林木种质资源

种质资源也称遗传资源，是林木遗传改良和选育新品种的基础材料，包括各种植物的栽培种、野生种的繁殖材料，以及利用上述繁殖材料人工创造的各种植物的遗传材料。林木种质资源的形态，包括植株、苗、果实、籽粒、根、茎、叶、芽、花、花粉、组织、细胞和DNA、DNA片段及基因等。林木种质资源是林木育种的物质基础，是决定育种效果的关键。

1.1.1.1 种质资源分类

分类是认识和区别种质资源的基本方法。正确的分类可以反映资源的历史渊源和系谱关系，反映不同资源彼此间的联系和区别，为调查、保存、研究和利用资源提供依据。

(1) 植物学分类

在植物分类鉴定和命名中，种是基本单位。根据《国际植物命名法规》的规定，在种下可设亚种、变种和变型等等级，可分别缩写为 ssp.、var. 及 f.。它们是育种工作者开始关注的对象。

①亚种。一般认为是一个种类的变异类群，形态上有一定区别，在分布上、生态上或季节上有所隔离，这样的类群即为亚种。

②变种。种类的某些个体在形态上有所变异，变异比较稳定，分布范围比亚种小。如桃、油桃、碧桃、寿星桃等变种。

③变型。有形态变异，但是看不出有一定的分布区，而是零星分布的个体。如杜仲有光皮类型和粗皮类型，核桃有早实类型和晚实类型。

（2）栽培学分类

①种。又称物种，是生物界可依据表型特征识别和区分的基本单位，也是认识生物多样性的起点。它具有一定的形态特征与地理分布，常以种群形式存在。一般生物学上的物种在生殖上是隔离的，但是木本植物中，同属不同种间常能杂交，如杨属、柳属、栎属、榆属等的多数种间都有可能杂交。

②家系。某株母树经自由授粉或人工控制授粉所产生的子代统称家系。前者称为半同胞家系，后者称为全同胞家系。

③品系。在遗传学上，一般是指通过自交或多代近交，所获得的遗传性状比较稳定一致的群体。在育种学上，是指遗传性状比较确定一致而起源于共同祖先的群体。在栽培实践中，往往将某个表现较好的类型的后代群体称为品系。

④无性系。由同一植株上采集枝、芽、根段等材料，利用无性繁殖方式所获得的一群个体称为无性系。

⑤品种。经过人工选育的，具有一定的经济价值，能适应一定的自然及栽培条件，遗传性状稳定一致，在产量和品质上符合人类要求的栽培植物群体。品种是育种的成果，品种可以由优良类型、优良品系、优良家系、优良无性系上升而来。现代意义上的品种实际上就是通过审定的优良家系或优良无性系。

（3）按来源分类

①本地种质资源。是指在当地的自然和栽培条件下，经过长期选育形成的林木品种或类型。本地种质资源的主要特点：对当地条件具有高度适应性和抗逆性，品质等经济性状基本符合要求，可直接用于生产；有多种多样的变异类型，只要采用简单的品种整理和株选工作就能迅速有效地从中选出优良类型；如果还有个别缺点，易于改良。因此，本地资源是育种的重要种质资源。

②外地种质资源。是指从国内外其他地区引入的品种或类型。外地种质资源具有多样的栽培特征和基因贮备，对其正确地选择和利用可大大丰富本地的种质资源。

③野生种质资源。是指天然的、未经人们栽培的野生植物。野生种质资源多具高度的适应性，有丰富的抗性基因，并大多为显性。但一般经济性状较差，品质、产量低而不稳。因此，常被作为杂交亲本或砧木。林业中尚有大量未被充分利用的野生、半野生种质资源，发展潜力很大。

④人工创造的种质资源。是指应用杂交、诱变、转基因等方法所获得的种质资源。现有的种类中，并不是经常有符合需要的综合性状，仅从自然种质资源中选择，常不能满足要求，这就需要用人工方法创造具有优良性状的新品类。它既可能满足生产者和消费者对品种的复杂要求，又可为进一步育种提供新的育种材料。

1.1.1.2 种质资源保护

国际自然保护联盟(IUCN)在1980年制订的《世界自然保护大纲》中,提出了生物资源保护的三项目标,即维护各基本生态过程和各生命维持系统;保存遗传多样性;保证动、植物物种和生态系统的持续利用。

生物多样性是生物及其环境形成的生态复合体以及与此相关的各种生态过程的综合,包括动物、植物、微生物和它们所拥有的基因以及它们与其生存环境形成的复杂的生态系统。生物多样性一般认为包含生态系统多样性、物种多样性和遗传多样性3个层次,其中遗传多样性是基础。

从理论上讲,无论是1年生作物还是多年生林木,无论是栽培还是野生植物,其遗传多样性保存问题是相似的,保护的方法和途径虽然存在具体差别,但大体上是相同的。其主要措施包括就地保存、迁地保存和离体保存(图1-1)。

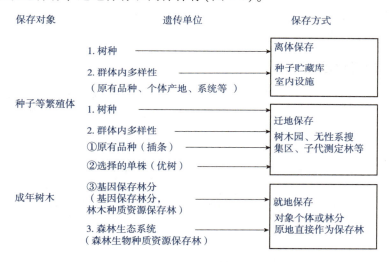

图 1-1 种质资源的保存对象、遗传单位及保存方法

(1) 就地(原地)保存

就地(原地)保护是指在自然界生境内的保存,即在自然生境内保存目的树种的林分,防止通常来自人类活动造成的进一步损失。自然保护区和国家公园等都兼有就地保存基因库的功能。它是野生动、植物保护的主要形式。其主要优点是保护了完整的生态系统,可以长期监测种群的变化。

(2) 迁地(异地)保存

迁地(异地)保护是指在人为条件下把森林种质资源收集并带到其生境之外的地方进行保存。它是栽培植物保护的主要形式,如品种(种质)资源库,近缘野生种和珍稀濒危、植物保护中心,树木园、植物园等。通常迁地保存形式包括:通过常规无性繁殖技术建立无性系库,对易于保存种子的树种建立种子贮藏库,用组织培养技术建立离体保存库等。

(3) 离体保存

离体保存是指在贮藏条件下利用种子、花粉、根和茎的组织或器官进行保存。近 20 年来，全球有 50 多个国家建设了长期保存植物种质资源的低温种质库。由于种子贮藏库还不可能保存所有树木种子，有些树种种子又不耐贮藏，故保存的重点只能限于主要的造林树种、育种材料和珍稀濒危树种。

在组织培养条件下，对林木种质的保存有 2 种形式：

①培养物的反复继代培养。这是一种安全、经济的方法，组织培养技术可在较小面积上保存大量的种质资源，占有空间小，可繁殖脱毒苗，便于种质交换。用营养器官作为繁殖材料，可有效地减少生物学混杂和保持材料的原有基因型，在科学研究中也是一种常用的保存方法。

②冷冻保存。冷冻保存技术是指将培养的组织或器官贮存在液氮中(-196℃)。从理论上讲，所有植物能在低温下无限期贮存，贮存期间代谢完全停止，在需要时又能恢复生长。对主要造林树种和有商品价值的树种，我们要尽可能多的保存其遗传变异，保存的变异愈多，将来遗传改良的机会就愈多。

1.1.1.3 种质资源管理

林木种质资源管理过程可区分为调查、搜集、评价、保存、利用 5 个基本步骤(图 1-2)。

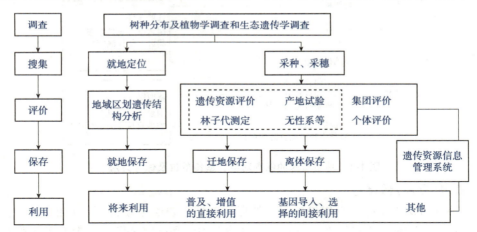

图 1-2 种质资源管理过程

(1) 调查

主要是指树种生物学及物种生态学调查。分类是认识和区别种质资源的一种基本方法，正确辨别物种的分类(如科、属、种、变种、品种等)，了解资源的历史渊源和系谱关系，反映不同资源彼此间的联系和区别，特别要注意隔离群体的分布情况，对各树种的自然分布区内生态和表型变异状况进行研究，区别林木的环境变异和遗传变异，了解种质资源的范围、结构和组成情况，在原产地收集种子并进行种源评价，为研究保存和利用资源提供依据。

对人工栽培树种、特用经济树种和观赏树种，调查内容包括来源、形态特征、栽培历史、分布特点、栽培比重、生产反应、生长习性、经济性状等。

（2）搜集

种质资源搜集时必须根据搜集的目的和要求，单位的具体条件和任务，确定搜集的对象，包括类别和数量。搜集必须在普查的基础上，有计划、有步骤、分期分批地进行，搜集材料应根据需要，有针对性地进行。搜集范围应该由近及远，根据需要先后进行，首先应考虑珍稀濒危种的搜集，其次搜集有关的种、变种、类型和遗传变异的个体，尽可能保存生物的多样性。种苗搜集应遵照种苗调拨制度的规定，注意检疫，并做好登记、核对，尽量避免材料的重复和遗漏。

种质资源的搜集方法有直接考察搜集，交换或购买等方式。

（3）评价

搜集样品后，要进行种源试验，目的是揭示可能有用的变异、对环境条件的适应程度，以及进行试验的树种、原产地的经济价值或社会价值。评价工作应在尽可能多的地点进行，以便能够评价原产地内以及原产地之间的遗传变异。

评价时要建立起完整的种质资源档案。在田间试验条件下，系统考查记载生物学特性、形态特征和经济性状，初步了解稳定而明显的形态特征和有较高遗传力的性状，还包括生态生理特性、对病虫害和不利气候、土壤因素的抗性和适应性等。有时还需要在控制条件下进行实验鉴定，根据控制条件下得到的鉴定结果，进一步通过田间试验加以验证。

（4）保存

保存种质资源不仅限于搜集样本的数量，更重要的是保持各份材料的生活力和原有的遗传多样性。需要花费一定的经费、人力和土地，要根据实际需要，合理地做好计划安排，确定保存的范围和数量。

有些种质资源来自环境差异悬殊的地区，集中在一个地点种植，不会都能适应，还需分别种植于不同的保存基地，这就增加了种质保存的难度。由于生态条件的改变对参试材料所引起的变异、自然选择作用和异花授粉，都有可能造成原有遗传特征的改变和某些原有基因丢失，试验中人为的差错和混杂等偏差，也应特别注意。

（5）利用

利用是一切森林种质资源管理的最终目的，它既包括大规模人工造林中利用大批量种子或其他繁殖材料，也包括培育适应性强、经济价值高的基因型。

从种源试验中获得有关信息后，重点要逐渐从评价工作转移到优良种源的大批利用上来。在当地适生种源中，进行单株选择和家系选择，以便进一步改良。外来树种通过种源试验，要建立采种林，作为供种和进一步改良的基地，同一林分还可与迁地保存的目的结合起来。

1.1.2　选择育种

1.1.2.1　选择育种概述

选择育种就是从自然或人工创造的群体中，根据育种目标挑选具有优良性状的个体或群体，通过比较、鉴定和繁殖，使选择的优良性状稳定地遗传下去。在林木遗传改良中，选择就是按一定的目标，在种内群体中对某一部分个体的选留与淘汰。从生物学观点看，选择是造成个体基因型之间有差别的繁殖，使林木群体分化，把最有利于人们需要的那部分基因型加以保存与繁殖，使之在生产上获得推广应用。这是当前林木改良工作中最常用的方法，是获得优良品种和生产群体的重要手段。

对实生林木变异的个体或群体进行选择，选出优良单株进行良种繁育或改进群体遗传组成，称为实生选择育种（简称实生选种），如种源试验和优树选择。林木多属异花授粉植物，多数树种占有相当大的自然分布区，种内的性状变异极为丰富，同时，林木的绝大多数树种基本上仍处在野生或半野生状态，遗传基础广泛，选择改良的潜力很大，通过选择能获得有效的增益。

植物的芽或由芽发育成的器官及个体，与原来植物的性状有显著区别的遗传变异现象称为芽变。它是一种体细胞突变。对发生芽变的器官或植株进行选择、鉴定、培育，从而选育出新品种的方法称为芽变选种。一旦发现性状优良的芽变，就可以用无性繁殖的方法把它稳定下来，然后进行选择、鉴定、选育出新品种，也是一种简单有效的选种方法。

选择与选择育种不尽相同。选择不仅是独立选育良种的手段，也是其他育种方式，如杂交育种、引种、辐射育种、单倍体育种、多倍体育种及良种繁育中不可缺少的重要环节之一。它贯穿于育种工作的始终，如原材料的选择、杂交亲本的选择、杂种后代的选择等。通过选择，留优去劣，培育出符合人们要求的优良品种。选择也贯穿于植物生长的整个生活周期，如种子的选择、幼苗的选择、花期的选择，直到成熟时的株选和果实的选择。

需要注意的是，人工选择多属方向性选择，人工选择的结果，只有能够经受自然选择的考验，才能在自然环境条件下得到顺利繁殖和推广。为了取得遗传改良的长期增益，在选择过程中必须重视维持林木群体的变异多样化和广泛的遗传基础。

1.1.2.2 种源试验

种源（即种子的产地），是指一树种的种子或其他繁殖材料的采集地区。在我国，通常种源以县为单位，繁殖材料来自的县名也是种源名。国内人们有时也将某一种源的树木群体简称为种源。原产地（地理种源）是指树种内各地理群体的发源地区。

种源通常在自然分布区内，也可以是引种地区。如刺槐是外来树种，在山东省东营市有大面积的人工林，东营就可以作为刺槐的种源。如果繁殖材料采自原产地时，原产地就是种源。种源好比一个人的出生地，原产地相当于他的祖籍。

种源试验就是将来自某一树种不同种源的群体样本放在一起进行的栽培对比试验。根据种源试验结果，为造林地区选择生产力高、稳定性好的种源的过程就是种源选择。选用适宜的种源，能够以最小的代价在短期内获得显著的增益，可使林分的抗逆性和抵御病虫危害的能力显著提高，从而提高林分的稳定性。

根据试验的步骤，种源试验一般可分为全面种源试验（全分布区种源试验）和局部种源试验（局部分布区种源试验）。

①全面种源试验。由全分布区采种，试验目的是确定分布区内各种群之间的变异模式

和大小。根据供试树种的地理分布特点等,一般选用10~30个种源。供试种源应能代表该树种的地理分布特点。通过全面试验,希望能为栽培试验点所代表的地区提供较佳的种源,避免采用表现不好的种源。全面试验中造林小区较小,试验期限短,一般为1/4~1/2轮伐期。

②局部种源试验。一般是在全面试验的基础上进行的,其目的是为栽培地区寻找最适宜的种源。因事先对该树种的变异模式已有所了解,供试选择可较少,一般为3~5个种源,试验期限较长,约为1/2轮伐期,试验区较大。

如果对于供试树种的地理变异规律事先已有所了解,两个阶段的工作也可适当变通。即可以在广泛采样的同时,对有希望的地区作密度较大的收集工作。这样做,可以使试验成果及早应用到生产中。但是,对多数树种来说,很难在一次试验中搞清楚其地理变异规律。因此,对同一树种的种源试验往往要重复多次。

(1) 采种点确定

全面种源试验主要根据生态因子,如纬度、海拔等地理指标的变化梯度,或山脉、水系定点采种。局部种源试验根据全面种源试验的结果选择试验中表现较好的种源,或在与试验地区生态因子相似区域选择供试种源。注意在参试种源内选择若干优良林分采种。

欧洲赤松和欧洲云杉分布区的地形变化较简单,又呈连续状态,所以欧洲各国对这两个树种作种源试验时常采用网格法。即在分布区地图上覆以方格透明纸,在每个格内取样。国外对一些树种也有按主要生态因子(如降水量),或纬度和海拔等地理指标的变化梯度,再或沿山脉或水系定点采种的。

我国地形变化复杂,气候因素变化剧烈,加上树种通常呈不连续变异。因此,按国外方法定点采样并不一定适宜,近年在杉木、油松种源试验中都采用了主分量分析法。主分量分析法是一种多元统计分析方法,就是把具有错综复杂关系的因子归结为数量较少的几个因子的方法。

(2) 采种林分和采种树

采种林分的地理起源要清楚,尽量用天然林;林分的组成和结构要尽量一致,混交林中目的树种的比例要高,树龄差异较小;有适宜的密度;采种林分处于结实盛期;生产力较高,周围无低劣林分和近源树种;采种林分面积较大。能生产大量种子,以保证今后供应种子。

在确定的林分中,采种树一般应不少于20株,以多为好。采种树间距离不得小于树高5倍。从理论上考虑,采种树应能代表采种林分状况,如从随机抽选的植株上,或平均木上采种。但是,实际上不少试验单位喜用优势木种子,因优势木种子能够增加育种效果。在同一个试验中,必须统一规定从哪类树上采种。种子年采种,种子授粉充分,品质有保证。因此,最好在种子年采种。此外,要规定不能从孤立木上采种。

采种应指定专人,从指定的林分和选定的植株上采集。每批种子都应挂上标签,防止混淆。一旦发现差错,应将该批种子取消。

(3) 采种记录

记录的目的是使采种过程保持书面记载,不因人事更替而贻误工作,同时详尽的记录可为今后研究提供方便。具体见表1-1。

表 1-1　林木种源试验采种林分记载卡

1. 地点：_____省_____县_____乡(林场)，地名(林区)_____，林分号_____
2. 种名：种名_____，俗名_____
3. 地形：海拔(m)_____，坡向_____，坡度(°)_____
4. 土壤：成土母岩_____，土层厚度(cm)_____，土种名称_____
5. 主要伴生乔灌木种类及其盖度：_____，主要地被物种类及其盖度：_____
6. 气候：年平均气温(℃)_____，1月份气温(℃)_____，7月份气温(℃)_____，年平均积温(℃)(≥10℃)_____，年降水量(mm)_____，年相对湿度(%)_____，早霜日期_____，晚霜日期_____
7. 林分调查因子：起源_____，林龄(年)_____，平均高度(m)_____，平均胸径(cm)_____，每公顷林木蓄积量(m³)_____，生长状况和病虫害情况_____
8. 种子丰歉及其采收过程简介：_____
9. 种子品质鉴定：出籽率(%)_____，纯度_____，千粒重(g)_____，发芽率(%)_____
10. 采种日期：_____年_____月_____日

采种单位及负责人(签字)：_____

(4) 苗圃试验

苗圃阶段的任务主要有：为造林试验提供所需苗木；研究不同种源苗期性状的差异；研究苗期和成年期性状间的相关关系。种源试验既可集中若干苗圃育苗，然后分别送往苗木至试验点栽种，也可在试验点分别育苗。

(5) 造林试验

造林试验的目的是了解不同种源对不同气候土壤条件的适应性、稳定性和生产潜力。造林试验点的选定，原则上同采种点，即立地条件方面具有代表性。同时，选定的多数造林试验点，应当是该树种的主要造林区。

通过种源试验，可以评选出当地最好的种源。

1.1.2.3　优树选择

优树，又称正号树，是指在生产量、树形、抗性或其他性状上显著地优越于周围林木，经过评选确认具体良好表型的优良单株树木。优树选择就是在林分内，根据选种目标，按表现型进行的单株选择。

(1) 优树标准

优树标准，因树种、选种目的、地区资源状况等而异。用材树种的优树指标主要包括木材生长量、材质以及抗性等。

①生长量指标。生长量指标主要是指树高、胸径及单株材积。一般情况下，与林分平均值比较，优树的材积、树高和胸径应该分别超过林分平均值的150%、15%和50%；与周围4~5株生长仅次于优树的优势木比较，上述3个指标应该分别超过对比树平均值的50%、10%和30%。对比树是与候选树生长在同一林分，生长立地和树龄相同或接近，在评选优树时作为比较的仅次于候选树的优势木。

上述标准常因选择地区资源的多少，需求优树的数量，所用对比树的数目而做相应的调节。如在资源少、所需优树多、对比优势木少等情况下，超过优势木均值的比值都要相应降低。对材质或抗逆性特别优异的林木生长指标也可适当降低。

②质量指标。主要是指对木材品质有影响的指标，或有利于提高单位面积产量和能反映树木生长势的形态特征。包括树干通直、圆满、不开叉；树冠较窄，冠幅不超过树高的1/4~1/3；自然整枝良好，侧枝较细；树皮较薄，裂纹通直无扭曲；木材纹理通直；树林健壮，无严重病虫害；有一定的结实量。

（2）选优林分

最理想的选优林分是性状已经充分表现出来的同龄纯人工林。应在与用种范围相应的生态区域内进行优树选择，种子区已划定的树种在本种子区范围内的选优，种源区已划定的树种在适宜的优良种源区内选优。

确定选择林分时应考虑下列条件：选优林分的产地清楚，并和优树生产种子的供应地区，或优良无性系推广地区的自然生态条件相适应；用材树种的生长特性只有在立地条件好的地段才能充分表现出来，所以，用材树种优树很多是从Ⅲ地位级以上林分中评选出来的，但是特别优良立地条件上生长的优树不适于供贫瘠地区造林；选优林分的林龄，一般应在1/3伐龄以上，如林龄过小，林木的许多性状不能充分表现出来，选择的可靠性差；林分郁闭度在0.6以上，林相要整齐，以避免光照条件不同造成的差异；凡经过"拔大毛"的林分，或经过破坏的林分，不宜选择；林分面积应满足设置对比树的规定。在小面积的天然林中最好只选一株优树，以避免多株优树间有亲缘关系；选优林分一般应是实生起源的。

（3）优树评定

在选定的林分内，按拟定的调查方法、标准，沿一定的线路调查。凡发现符合要求、而未经实测证实的优树，称为候选树。对候选树可用下列方法评定生长量和质量指标。

优树评定时在天然林特别是异龄林或混交林中选优宜采用基准线选优法，在人工林或同龄的天然纯林中选优可采用对比树选优法。

①对比树法。包括综合评分法，五株（或三株或四株）优势木对比树法，小样地法。

a. 综合评分法：即在离候选树10~15 m范围内，选定仅次于候选树的5株优势木作为对比树，把候选树与对比树按优树标准项目逐项观测评分，然后将候选树各项目得分与对比树得分的平均值进行比较，当候选树各项得分的累加总分达到或超过规定分数时可定为优树。

b. 五株（或三株或四株）优势木对比树法：即在离候选树10~15 m范围内，选定5株（或3株或4株）仅次于候选树的优势木作为对比树，把候选树与对比树按优树标准项目逐项比较评定，当候选树达到规定标准时定为优树。

c. 小样地法：即以候选树为中心的200~700 m²范围内，划定包括40~60株林木的林地作为小样地，把候选树与小样地内林木按优树标准项目逐项观测评定，当候选树达到样地林木平均值规定标准时定为优树。

②基准线法。包括回归法，绝对生长量法。

a. 回归法：是指按不同气候区和立地等级设立标准地，分别树高、胸径、材积等不同性状求得对年龄的回归关系，制定出不同气候区不同立地等级的优树标准基准线。当候选树的生长量指标达到或超过基准线，形质等其他指标也符合优树标准要求时定为优树。

b. 绝对生长量法：是指根据当地林木生长过程表或立地指数表，分别龄级定出生长量标准，当候选树生长量达到或超过规定标准，形质等其他指标也符合优树标准要求时定为优树。

凡合乎入选标准的候选树，可定为初选优树，在树高1.5 m处涂上鲜明的漆环并编号，填写调查登记表。初选工作告一段落后，可以对全部初选优树排队评定，并到现场复查。但后一项工作也可不做。

1.1.3 林木引种

1.1.3.1 林木引种概述

每一树种都有自己的进化体系和一定的自然分布区。当它在自然分布区内生长时，称为乡土树种；当被栽种到自然分布区以外时，称为该地区的外来树种。广义的引种是指从外地区或国外引进各种遗传材料的过程，即树木种质资源在其适应范围内的迁移，是种质资源利用的一种形式。狭义的引种是指一种育种过程，即通过人工栽培，将外地植物变成本地植物，野生植物变为栽培植物，并形成栽培品种的技术经济活动。

引种是否成功，以外来树种表现的适应性、效益和繁殖能力作为主要评定指标。一般要求：

①适应引入地区的环境条件，在常规造林栽培技术条件下，不需特殊保护措施能正常生长发育。
②达到原定引种目的，经济效益、生态效益及社会效益较高或明显高于对照树种（品种）。
③无严重病虫害。
④无不良生态后果。
⑤通过有性或无性繁殖能正常繁衍并保持原有优良性状。

林木引种的目地是让外来优良树种成为本区域的栽培树种，能在短期内以较少的投入取得较大的成效。林木引种在我国有悠久的历史，早在西汉时，张骞就从中亚丝绸之路引进核桃、葡萄和石榴等。到了近代，随着交通的发达和交流频繁，引种工作更为普遍。如桉树、美洲黑杨、湿地松、火炬松、雪松、池杉、落羽杉、悬铃木、广玉兰、刺槐等常见的树种都是从国外引进的，这些树种已经在我国的林业生产和国土绿化中发挥了巨大的作用。同时，我国的一些珍贵优良树种，也被世界各地竞相引种，对促进世界各国间的文化交流及种质资源的保存利用，也起了很大作用。

1.1.3.2 林木引种驯化理论

(1) 气候相似论

这是一种主张从气候相似的地区引种的理论，有不少事例证明在气候相似的条件下引种易于成功，例如，新疆南部属于极度干旱的大陆性气候，与中亚气候相似。原产于中亚的无核白葡萄引入新疆南部，生长极为良好。

（2）驯化理论

这是一种主张通过实生驯化，增强个体适应能力，以提高引种成功概率的理论。一般认为，林木在实生苗阶段可塑性最大，在自然环境条件差异较大的地区间，引种种子实生苗容易成功，尤其杂种实生苗比纯种实生苗更易驯化。杂种实生苗比无性苗木表现出较强的适应能力是因为前者有广泛的遗传基础，而后者的遗传基础相同，所以适应性差。远缘杂交时，由于基因重组，后代个体的杂合体类型更多，适应性也就更广，在引入新环境条件下，选择那些能适应的类型，使引种驯化容易成功。至于对幼苗施行严峻"锻炼"法，也可能会引起突变的产生，而形成新的适应。

（3）起源中心学说（遗传多样性中心学说）

起源中心学说认为栽培植物种是在起源中心地区产生，然后传播到其他地区。起源中心与变异中心一致，在那里存在着多种多样的基因资源，是该植物基因最集中，最丰富的地带。因此，从起源中心引种，可得到最丰富的基因资源，引种材料将具有最大的适应能力。

（4）生态历史分析理论

现代植物分布区不一定是它们的最适生长区。古生物学的研究证明，目前地球上的植物分布状况，是古代植物经巨大的地质变迁的结果。植物所经历的历史变迁不同，其适应性的潜在能力也不同。复杂的历史生态，可以大大发展植物潜在的适应性。所以，植物适应性的大小，不仅与其分布的现实生态条件有关，而且与其在系统发育中所遇到过的历史生态条件有关。

例如，水杉的现代自然分布区很小，但根据对水杉化石研究，证明北美、西欧，以及日本均曾有过水杉生长。说明它在历史发育中曾适应过相当复杂的生态条件，应该具有比较广的潜在适应能力，近几十年的引种事实证实了这种判断。

1.1.3.3 影响引种的主要因素

根据引种理论，引种成功的关键，在于正确掌握植物与环境关系的客观规律，使引种地区综合生态环境条件能在引入植物种的基因调控范围内，再加上适当的栽培措施，实现植物正常的生长发育，满足生产需要。树木要经受栽培地区几年、甚至上百年以上的环境考验，人为不易控制和调整，所以必须全面分析和比较原产地和引种地的生态条件，了解树木本身的生物学特性和系统发育历史，初步估计引种成功的可能性，并分析可能影响引种成败的主要因子，采取切实措施，以保证引种成功。

（1）现实环境因素

在树木引种中，导致引种失败的原因，常常是一个或少数几个因子影响的结果，其中影响较大的包括温度、光照、降水和湿度、土壤酸碱度和土壤结构等。

①温度。该因素包括年平均气温、年有效积温、最高最低气温及持续时间、无霜期、季节交替速度和昼夜温差等。

在植物引种时，首先应考虑原产地与引种地的年平均温度和极端温度，若两地年平均温度相差较大，引种很难成功，如厚朴分布在年平均气温10~20 ℃，1月份平均气温3~9 ℃的地区，因而在秦岭以北地区不能正常生长。有的树种从原产地与引种地的平均温度来看引种是有希望的，但是极端最高、最低温度却成为限制因子。如1977年的严寒，使广西南宁非洲桃花心木(胸径超过30 cm)全部冻死，凤凰木也大部分冻死；广西桂林的柠檬桉大树也几乎全部冻死。高温对树木的损害不如低温显著，但高温加干旱会加重危害，如福州引种塔柏，早期生长极为良好，不久就因为高温影响导致生长衰退、病虫害发生、不开花结果，其高度不及乡土树种的1/3。

季节交替速度，常常成为引种的限制因素。例如，中纬度地区的树种，通常具有较长的冬季休眠，这是对该地区初春气温反复变化的一种特殊适应性，它不会因气温暂时转暖而萌动。而高纬度地区，春季天气转暖后一般就不再突然变冷，所以这些地区的树种，对更低温度有适应性，但如果把它引入到中纬度地区，初春气候不稳定的转暖，经常会中断冬眠而开始萌动，一旦寒流袭来就会造成冻害。如朝鲜杨、暗叶杨等高纬度地区的树种引种到北京，主要因为此原因而生长不良。又如北美太平洋沿岸的花旗松、云杉南移失败也是这个原因。

变温幅度和频度对外来树木也有影响，如引种到杭州的桉树，1956年夏季降水较少，秋后雨水充足，桉树迅速生长，到12月份后开始出现较大幅度的降温。12月17日温度下降至-5.7 ℃，12月22日又回升到9.7 ℃，12月31日又骤降至-5.2 ℃，半个月内的温差达15 ℃以上，致使柠檬桉100%死亡；大叶桉80%~95%死亡，抗寒性较好的细叶桉也遭受严重冻害。

②光照。该因素是通过日照时间、日照强度、昼夜交替的光周期现象等因子，直接影响树木的发芽、生长、开花结实、落叶封顶休眠等的阶段发育。

树木的正常生长发育需要一定比例的昼夜交替，即光周期现象。不同物种对光周期的要求不同，只有在适合的光周期下生长的树木，才能完成其有性过程，达到正常开花结实。在南方树木北移，生长季节内日照延长，往往造成推迟封顶或萌发侧枝，木质程度差，降低了抗寒性，冬季易受冻害。北方树木南移，生长季节日照变短，促使极早封顶，生长期不能正常生长。如北方的银白杨、山杨引到江苏南京一带，表现出封顶早、生长停滞等现象。

在树木中，不同种类对光周期反应亦不同。多年生植物对光周期反应，比一年生植物要敏感得多，所以，树木引种时，光照易成限制因子。

光照对不同树木有比较复杂的影响，要具体问题具体分析。如果引种观花植物，光质也是一个重要因子，只有在紫外线较强的地区(如高山地区)，才能更成功的育成色泽艳丽，经济价值高的灌草花类。

③降水和大气湿度。降水和大气湿度往往是树木引种限制因子。据北京植物园观察，许多南方树种在北京越冬死亡，不是在最冷的时候，而是初春干风侵袭造成生理干旱而死。山东崂山林场引种的几种落叶松中，以长期适应海洋性气候的日本落叶松生长最好，而长期适应干寒气候的兴安落叶松则普遍生长不良。这表现了大气湿度对引种成败的影响。前些年，黄河流域大量引种毛竹，在湿度较大，注意引水灌溉的地区获得了成功。事实表明向干旱地区引种时，干旱对引种成苗的威胁远远超过寒冷。

除年降水量外，降水的季节变化也是影响引种成败的因素。如辐射松的原产地是冬季降水，而湿地松、火炬松、加勒比松等则适于夏季降水地区。所以，南非在引种上述树种时，将辐射松种植的在冬季降水的西海岸，取得了成功，而我国广东湛江地区的引种经验表明，在该地区引种原产于热带、亚热带夏雨型低海拔的湿地松和加勒比松生长最好。

风有时对某些树木来说也是引种的限制因子。如三叶橡胶树的原产地是在巴西赤道附近高温高湿的无风地区，引种到我国海南岛后，其主要栽培中心是在该岛的西部和东北部的无风丘陵地带。广东、广西沿海一带，虽然温、湿度适宜，但因台风猛烈，引种受挫。在广西南部和云南南部大陆深处，虽然纬度偏高，但由于无风高湿却生长良好。又如内陆沙荒地区，由于风吹流沙造成沙埋、曝根现象，成为引种障碍。

④土壤。是指土壤类型、土壤结构、土壤理化性质及土壤微生物等。其中对植物引种影响最大的是土壤的酸碱度（pH）和含盐量。引种时，当土壤的酸碱度不适应引种植物的生物学特性时，植物常生长不良，甚至死亡。如栀子花，在华中一带普遍分布且生长良好，适应性较强，引种到华北碱性大的土壤后难以成活。又如庐山植物园土壤的 pH 4.8~5.0，曾经引种了大批喜中性和偏碱性的树种如白皮松、日本黑松、华北赤松等，10 多年后这些树逐渐死亡。

许多树木的根部常与土壤中的真菌共生，引种时也需注意研究。2017 年，张淑彬等在进行珍稀濒危植物引种培育试验时，初步筛选出干旱区蒙古沙冬青等 7 种珍稀濒危植物与真菌有良好的互惠共生关系，形成丛枝菌根的真菌与植物共生后，其伸展在土壤中的根外菌丝形成庞大的菌丝网，增加了根系吸收养分的面积，促进了植物生长，提高了植物的抗旱性、抗病性、抗盐等抗逆性。

（2）系统发育历史因素

生态历史愈复杂，植株的适应性愈广泛。考察后可以为引种驯化提供更为充分的依据。

①森林植物带。森林植物带是根据原始植被划分的，据此可以了解植物的历史分布，是确定植物引种范围的依据之一。

②树木的历史分布。古生物学研究证明，树木的自然分布是一定的地质运动形成的。如水杉，在冰川期前广泛分布于北美和欧洲。甚至分布到北纬 80°~82°，然而在 20 世纪 40 年代发现水杉时，在湘鄂川交界处仅有 600 km² 的自然分布范围。若只按现代分布特点判断水杉引种范围，是绝难想象它能引种到欧洲、亚洲、非洲、美洲的 50 多个国家和地区的。我国特产的银杏，在中生代侏罗纪地层中有发现，当时银杏类植物遍及全球，达 15 属以上。第四纪冰川袭击后，只留下一属一种。从东汉起，我国江南始栽；宋朝栽培到黄河流域；12 世纪引入日本；18 世纪相继引入西欧和北美。以上说明，历史分布广泛的树种，引种潜力大。

③树木的进化和变异程度。地球上随着真核生物的出现，动物和植物的分化，在植物干线上，从单细胞到多细胞，从孢子植物到种子植物，从裸子植物到被子植物，从乔木到灌木，再到草本等，是逐级进化的，其中，进化程度高的植物比进化程度低的植物适应潜能大。乔木比灌木更原始。因而引种比灌木更困难。

物种是自然选择（变异）的产物，品种是人工选择（变异）的产物，所以某种树木同属物种、变种、类型、品种、品系越多，说明该种树木变异程度越大。由于以上变异都是建立在遗传基础上的，因而该种树木也就具备了广泛适应性的物质基础，引种容易成功。

在实践中，若遵循起源中心与变异中心一致原理，应多从起源中心引种，那里存在着多种多样的基因资源，引种材料将具有最大的适应能力。

1.1.3.4 引种程序

引种要坚持先试验后推广的原则，按照选择引种树种—初选试验—区域性试验—生产性试验—推广的程序进行；充分利用引种树种种内产地间与个体间的遗传差异选择优良种源和个体；充分利用引入地区多样的气候、地理条件和优良的小气候环境，进行多种立地试种；根据引种树种的生物学特性采取不同的驯化措施，包括某些特殊的栽培措施，研究配套的栽培技术；防止外来树种可能产生的不良生态后果。

(1) 引种材料搜集

引种材料应根据引入的地理位置、气候、土壤、植被与地形地貌等主要生境条件，从相宜的引种来源区内选择引种树种；根据引种目的和引种来源区内各个树种的经济性状表现及其生态习性差异选择引种树种。

引种材料的收集可采取采集、交换、进口及其他方式。

(2) 检疫

国外引种材料要按《中华人民共和国进出口动植物检疫条例》进行检疫，国内引种要按照种子检疫制度做好检疫工作，严防带入检疫对象。

(3) 引种试验

包括初选试验、区域性试验、生产性试验。

①初选试验。初步了解引种树种在引入地区的适应性，总结种子处理、育苗及造林技术，淘汰不适于引入地区环境条件的树种和表现差的树种，初步选出有希望引种成功的树种并有选择地收集、保存外来树种基因资源。在初选过程中如发现引种树种有不良生态后果的迹象应立即处理，防止扩散蔓延。表现突出的单株应做好管护、观测、记载，可进行无性繁殖的树种应进行无性繁殖，并进行区域性试验。

②区域性试验。对经初选的树种进行扩大试种，包括区域性试种与同一地区不同立地类型的试种，进一步了解引进树种(种源)的遗传变异及其与引入地区环境条件的交互作用，比较、分析其在新环境条件下的适应能力，研究主要病虫害及其防治与栽培技术，评选具有发展前途的生产性试验树种(种源)，初步确定推广范围与适生条件。

③生产性试验。按照常规造林条件，采用生产上允许的技术措施，通过一定面积的生产试种，验证区域性试验入选树种的生产力，确定其大面种推广范围。对已达到引种目标的种树提请鉴定推广。

在引种试验及评价的基础上，下一步还需做好生产示范、繁殖和推广工作。

1.1.3.5 提高引种效果的措施

(1) 结合选择进行引种

为了寻求最适宜的种源，要多收集一些种源做试验。自然分布区小的树种，可收集2~3个种源，自然分布区大的可以收集几十个种源，以便找出最适宜种源。同一种源、同一林分内的个体间也存在差异，应从生长快、形质好、抗性强的树木上采种。注意避免集中在几株树上采种,因为用这样的种子育成的苗木,栽培在一起容易自花授粉、影响结实和后代品质。

(2) 匹配多种立地条件进行试验

在同一地区,要选择不同立地条件进行试验。不同的坡度、坡向、地形等会造成温度、湿度、水分、养分等方面的显著差异。

(3) 利用有性杂交进行引种

当引种地区的生态条件不适于外来树种生长时,常通过杂交改变种性,增强适应引入地区的能力。

(4) 选择种子进行引种

由种子繁殖的苗木,阶段发育年轻,对外界的环境条件适应性较强,所以,引种一般多采用种子繁殖。但是,播种也并非唯一途径,有时采用插条或移植苗的方法,也可获得成功。

(5) 采取适宜的栽培技术(良种良法)进行

根据引种树种的生物学特性,采取适宜的栽培技术措施,使之更易适应新的环境。主要包括种子处理、水肥管理、幼苗及幼树保护和接种菌根等措施。

1.1.4 杂交育种

1.1.4.1 杂交育种概述

杂交通常是指不同树种或同一树种不同品种或类型间的交配。根据杂交亲本双方亲缘关系的远近,可分为种内杂交、种间杂交和属间杂交。种内杂交,即同一树种不同品种、类型间的杂交,称近缘杂交;种间和属间杂交,称远缘杂交。

有性杂交是引起生物体产生遗传变异的原因之一。通过杂交取得的杂种,可能具有双亲特有的优良性状,或在生长势、生产力或抗逆性方面比亲本强。杂种出现的这种优势称为杂种优势。杂种性状超越亲本,是利用了杂合位点数的增加和基因重组中产生的加性效应。

实际上,并非所有杂种,或杂种的所有性状都能表现出杂种优势,有时杂种表现低劣。因此,杂交不等于杂交育种。杂交育种是通过杂交,取得杂种,对杂种鉴定和选择,以获得优良品种的过程。为达到杂交育种的预期目的,取得杂种只是工作的第一步。因此,杂种实质上只是选择的原始材料。原始材料必须经过鉴定和选择,最后才有可能选育出有价值的新品种。

我国在杂交育种技术方面取得一系列成就,建立了落叶松、云杉、白杨派与黑杨派杨树、白桦、沙棘、柠条等多个树种的杂交育种技术体系。通过中国白桦、油桦、日本白桦、美纹桦、欧洲白桦、白欧间的杂交,建立了一套最佳的白桦杂交模式,提高了白桦杂交亲和性。突破了白杨派、黑杨派和青杨派内远缘杂交不育技术难关,获得了数万株的新种质苗。开展了沙棘大规模杂交和良种控制育种研究,优良生态经济型杂种选育技术取得重要进展和突破,培育沙棘优良杂种13个,杂种沙棘刺数比中国沙棘减少50%以上,具有很高的生态经济价值。培育了多花、浓香、花期长、多次开花的桂花、山茶远缘杂交新品种，建立了桂花杂交育种的2个远缘杂交核心种质。实现了我国牡丹与芍药远缘杂交育种零的突破，提高了我国牡丹育种技术水平。

1.1.4.2 杂交方式

在一个杂交育种方案中，参与杂交的亲本数目以及各亲本杂交的先后次序，称为杂交方式。杂交方式是由育种目标和亲本特点决定的，是影响杂交育种成败的重要因素之一。林木育种中经常应用的有单交、复交、回交和多父本杂交等。

(1) 单交

单交是指两个不同的树种、小种或品种进行交配，其所得杂种，称为单交种。单交时，两个亲本可以互为父母本，即A×B或B×A，如果认定前者是正交，则后者就是反交。因为母本往往具有较强的遗传优势，正交和反交的结果有时有所不同。

(2) 复交

复交是指两个以上亲本间的杂交。一般先将一些亲本配成单交组合，再将单交组合与其他种杂交，或单交组合间杂交。进行第2次杂交时可针对单交组合存在的需要改进的缺点选择另一个种或组合。复交又可分为三交和双交。

三交即(A×B)×C，如南林杨是(河北杨×毛白杨)×响叶杨的杂种。三交种可比单交种具有更多的特性，但在这类杂种中，各亲本所占核遗传组成的比重不同，A、B亲本在杂种中各占1/4，而C为1/2。

双交即(A×B)×(C×D)，如(毛白杨×新疆杨)×(银白杨×灰杨)杂交。在双交杂种中，A、B、C、D的核遗传组成各占1/4。

(3) 回交

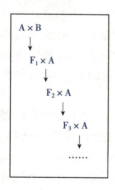

图1-3 回交示意图

由单交得到的杂种F_1，再与其亲本之一进行杂交，称为回交(图1-3)。回交的次数视实际需要而定，在采用回交时，应当在F_1代进行回交。具有优良特性的品种，一般在第1次杂交时用作母本，而在以后多次回交时用作父本。用作回交的亲本称为轮回亲本。

经过一代或若干代的回交，可把亲本一方的优良特性在杂种后代中加强。例如，刚松×火炬松的F_1，生长状况优于母本，但是抗寒性不及母本强，通过F_1与母本回交，F_2的抗寒性得到了提高。

(4) 多父本混合授粉杂交

用多个亲本的花粉混合，对一个母本进行授粉，即A×(B+C+D+…)。其目的是在一次杂交中就取得遗传基础更为丰富的原始材料，以克服远缘杂交不可配并取得杂种。中国林科院林研所在幼年代培育的群众杨，就是利用这一杂交方式，由小叶杨×(钻天杨+旱柳)杂交得到的。

1.1.4.3 杂交亲本选择

亲本选择包括组合的选择和杂交植株的选择。如为远缘杂交，前者是指在树种间杂交，哪个作母本，哪个作父本；后者是指挑选杂交的父、母本植株。

(1) 确定杂交组合的原则

林木中的杂交往往多是远缘杂交。在确定杂交组合时应考虑以下原则。

①根据育种目标选择亲本。如育种目标是速生丰产，必须选择速生树种作为亲本材料；如育种目标是抗病，则应选抗病树种作为亲本材料。否则其杂种后代难以达到育种目标。

②亲本双方优缺点互补，优良性状突出。选择亲本的双方应优点多，缺点少，优缺点能够相互补充，这样较容易达到育种目标。如小叶杨×钻天杨，是一个可以具有小叶杨材质好，又具有钻天杨速生性的优良组合。如果两个亲本都不具备材质好或速生的特点，则很难出现材质好或速生的杂种。

③亲本的地理起源和生态适应性要有一定差异。亲本的生态性不相同，后代的适应范围就较广，从中可能挑选出适应当地生长期的后代。杨树育种经验表明，用两个高纬度起源的种在中纬度不能育出生长期长的速生类型；两个低纬度起源的种在中纬度不能育出适时封顶木质化的类型；用一个低纬度的种与一个高纬度的种杂交，在中纬度可能形成最适应的速生类型。另外，同纬度不同经度的种杂交，往往容易得到较好的生态适应性。

④根据亲本性状遗传力大小进行选配。分析已知各树种重要性状遗传规律，将会有助于有目的的选配亲本组合。例如，小叶杨的抗旱性和抗寒性，箭杆杨、钻天杨窄冠性的遗传力较强，在培育抗寒、耐旱、窄冠品种时，可考虑采用它们作为亲本。

⑤考虑正反交中杂交可配性和性状遗传表现的差异。在有些远缘杂交试验中，正交与反交的可配性不同，为取得杂种，要正确选择父本和母本。一般认为，合子的细胞质主要来自母本，杂种中母本性状占优势。

(2) 杂交亲本植株的选择

杂交组合确定以后，要在适宜的地区选择具有优良特性的植株作为亲本。植株选择的好坏，对育种效果的影响很大。相同的杂交组合，往往因选用的植株不同而导致结果显著不同。在刚松和火炬松杂交中，由于采用了不同地理起源的火炬松花粉，杂种苗生长差别很大；美国新泽西州的花粉源比佛罗里达州的花粉源好。用前者授粉，杂种4年生苗的高生长比后者授粉的高出24.4%。用同一种花粉，与50个不同母株杂交，高生长相差可达40.3%。因此，必须选择出优良个体作为亲本。

用材树种亲本植株的选择原则，可参考优树标准，一般应具备以下特点：生长迅速，材质优良；树干通直、圆满、削度小；冠形较窄，匀称，分枝角度合适；生长健壮、无病虫害；树木性状已得到充分发育。如已了解植株的遗传参数，应选择一般配合力或特殊配合力高的植株作亲本。

(3) 亲本选择和杂交可配性

杂交可配性是指杂交取得有生命力杂种种子的概率。能否取得杂种是杂交育种成败的关键。不可配性的表现形式有花粉不能在柱头上萌发；能发芽，但不能长入柱头组织；长入柱头组织，但不能达到胚囊；或虽能受精，但胚胎发育不正常，不能得到有生命力的种子等。这是由于双亲遗传基础差距太大，配子间在生物学上不相适应的结果。

树木可配性问题是杂交育种中的重要问题。鉴于目前对许多树种的可配性还不了解，影响可配性的机制也不太清楚。如杨属同派不同种间杂交容易，而派间杂交有难有易。黑杨派与青杨派杂交容易；黑杨派、青杨派为母本与白杨派为父本杂交容易，但以白杨派为母本，黑杨派、青杨派为父本则困难。胡杨派与其他各派杂交都困难。因此，在杂文育种中作可配性试验是十分必要的。预选亲本要多些，以便提供更多的成功机会。

1.1.4.4 杂交技术

要获得杂种，必须了解杂交树种的开花结实习性，花粉的采集、贮藏和生活力测定技术，杂交技术以及克服不可配性的办法。

（1）树木的开花、授粉和结实习性

进行杂交，需要了解杂交树种的开花年龄、花的构造、授粉方式、是否有雌雄异熟现象等习性。以及由授粉到种子成熟需要经历的时间，以及每个果实或球果能得到多少种子，以便合理确定工作进程和杂交规模。

（2）花瓣采集、贮藏和生活力测定

①花瓣采集。在杂交时可采取已散粉的花朵，直接授粉于母本柱头上，但这样不能保证花粉的纯洁。为了保证父本花粉的纯洁性，在授粉前对将要开放的发育好的花蕾或花序先套袋隔离，以免掺杂其他花粉，待花粉成熟后，使花粉落入袋中，收集备用。也可摘取即将开放的花朵，在室内阴干，花药开裂后收取花粉。杨树、柳树等可预先剪取花枝，插于水中培养，散粉时轻轻敲击花枝，使花粉落于纸上，然后去杂收集。

②花粉贮藏。花粉寿命的长短因树种而异。在干燥、凉爽条件下，松、杉、柳杉、云杉可以保持几月或数月，但是杨、柳花粉却只能保存1周，甚至几天。花粉寿命的长短，对杂交育种很重要。

收集花粉后，除去杂物，装在小瓶里，装入量以小瓶容量的1/3~1/2为宜，瓶口扎上纱布，然后贴上标签，注明品种，采集花粉的时间、地点。小瓶置于干燥器内，干燥器内放入适量干燥剂。干燥器放于阴凉、黑暗的地方，最好放于冰箱内，冰箱温度保持在0~2℃。

③生活力测定。在使用远地寄来（或采集）的花粉或经过一段时间贮藏的花粉进行杂交之前，必须对花粉生命力进行测定，以便对杂交的成果进行分析与研究。鉴定花粉生命力的方法包括：一是将待测花粉直接授粉，然后统计结实数和结子数。此方法缺点是需时间较长，并且实验的结果易受气候条件的影响。二是将待测花粉授到柱头上，隔一定时间后切下柱头，在显微镜下检查花粉萌发情况，根据萌发率高低来鉴定花粉生活力。三是在培养基上进行花粉的人工萌发，检查待测花粉萌发率的高低。快速鉴定常用染色法，染色方法包括碘反应法，四唑反应法和选择性染色等。目前应用最多的是氯化2,3,5-三苯基四唑（TTC）。由于有活力的花粉酶具有还原作用，能使无色溶液变成红色。根据颜色的深浅，可判断花粉活力。此外也可根据花粉结构和膜的特性用电导法测定活力，按控制授粉雌花着生枝条与母体的关系，分树上杂交和切枝杂交（详见实训项目1-2）。

（3）杂交技术

有性杂交是在人为控制父本的条件下进行授粉，所以称为控制授粉。控制授粉主要包括去雄、套袋隔离、授粉、去袋等步骤。

①杂交方式。

a. 树上杂交：松、杉、落叶松等开花结实过程长的用材树种，都采用这种杂交。控制授粉的操作过程见实训项目1-2。

b. 切枝杂交：种子小而成熟期短的某些树种，如杨树、柳树、榆树可从树上剪下枝条，在室内水培，这样可避免大树上杂交的困难，可克服亲本双方花期和产地不一的困难，便于隔离和管理，且可免受风、霜影响。

②杂交技术要点。

a. 熟悉杂交树种的开花结实习性，了解花器官的构造，识别雌雄植株和雌雄花芽。

b. 了解花粉的采集、寿命和贮藏方法，熟悉花粉生活力测定方法。

c. 隔离袋的大小适合树种的开花习性，隔离袋和授粉工具原则上只能供一个杂交组合使用。如需再次利用，一定要消毒干净。

d. 去雄要彻底，但不能损伤其他花组织，套袋要及时。

e. 树上杂交宜在无风的清晨授粉。避免隔离袋的破损。室内杂交，视条件可隔离而不套袋；套袋授粉前，防止空气中飘浮花粉的污染。

f. 杂交中应设对照，以检验污染、自交的程度。

g. 做好标记和登记，杂交组合要在树上或枝条上挂标签，并对各项工作做详细记录。

h. 保护杂交果实，以免人畜病虫的危害。成熟时要及时采摘。最好在采收前套纱袋，以防止飞散和混杂。

（4）克服远缘杂交不孕和杂种不育的方法

树木远缘杂交，存在不可配性。杂交障碍来自空间隔离、时间隔离和遗传隔离。克服空间隔离，通过引种、采运花粉等办法解决。克服时间不遇，采用调节花期、采集外地花粉或贮藏花粉的办法。克服遗传隔离，是主要障碍比较困难，迄今能用的办法尚不多，主要包括以下几种。

①正确选择亲本和组合。选配时除考虑亲缘等因素外，有一些事例证明杂种起源的亲本容易成功。杨属中胡杨是难以杂交种，南京林业大学使用响叶杨×毛白杨的杂种与胡杨杂交，得到了杂种苗。

②混合授粉和蒙导花粉作用。花粉与柱头的识别作用是在长期进化过程中形成的，保证物种稳定与繁衍，大部分植物都存在自交不亲和性和杂交不亲和性。这是人工育种工作中的一大麻烦，影响工作进展，在这种情况下，为避开不亲和性，发明了混合授粉法。即进行植物杂交时，将几个不同品种或种的花粉混合在一起，授粉于母体柱头上，以扩大选择受精范围，改善受精生理环境的方法，用以克服远缘杂交不育性。

在具生活力的不亲和花粉中混入一些无活性的亲和花粉，使柱头被蒙骗，不能识别不亲和的花粉，以便克服杂交不亲和性，实现受精。这种已丧失亲和力的花粉起到蒙导作用，故称蒙导花粉。方法是取得亲和的花粉，然后用甲醇或者反复冷冻或者置于黑暗中获得杀死的亲和花粉（蒙导花粉），但是同时要保证花粉与柱头识别的蛋白不能失活。然后将蒙导花粉（杀死的亲和花粉）和生活的不亲和的花粉一并授到雌蕊柱头上。

③胚培养。远缘杂交中，出现过受精后的幼胚在发育过程中中止或退化致死。为挽救这种胚，可作胚培养。

1.1.4.5 杂种的测定、选择和推广

杂交取得的杂种，是杂交育种的开始，而不是结束。杂种要经过培育、鉴定和选择，

最后才能实现杂交育种的预期目的。

（1）杂种苗培育

杂种种实的调制、贮藏、播种和育苗技术，和常规育苗相同的。注意要采取各种栽培措施以达到拥有最多杂种苗的目的，杂种种群越大，选择具备所需性状的杂种的可能性也越大。其次要保证培育条件的一致性，以便进行客观的评定和选择。防止混淆，随时做好挂牌、观测、登记等项工作。

（2）杂种测定和选择

杂交是基因的重组过程。林木多是杂合体，由不同亲本杂交产生的杂种个体，往往具有不同的遗传基础，只有通过选择才有可能把具有优良遗传基础的个体挑选出来。选择应贯穿于杂种培育的全过程。从杂种萌发到品种试验，都要对繁殖材料进行不断的观察，鉴别，并根据育种目标进行选择和淘汰。

杂种选择的时期不一，可以在苗期，也可在幼龄时或成龄后选择。适应性和抗病虫害能力一般在苗期或幼龄期即可表现出来，生长快的树种在这个时期鉴定生长性状也有较大把握。

（3）杂交品种繁殖、推广和命名

①杂交品种的繁殖与推广。在遗传上经过鉴定，确认具有优良性状的杂种，由于数量有限，还不能在生产上推广前称原种。原种经过良种繁育者，称为品种。

在一个新品种大量推广之前，应根据新品种推广地区的自然地理条件类型，选择有代表性的地点作为栽培试验点。试验点的多少取决于品种推广范围及自然条件的复杂程度，一般应有2~3个点以上。试验中应包括当地原推广树种及少数其他材料。试验中采用的栽培管理措施，应完全一致，并为当地生产单位所能接受，以便将来推广应用。最后，根据区域化试验结果，提出新品种适应推广的地区，以及适当的栽培技术措施。

②杂种的命名。根据1978年制定的国际生物学命名法则，林木杂种可采用4种方式命名。

③属名之后集合名称前加杂交符号"×"。例如，欧美杨 *Populus×euramericana*，这种方式一般被用于天然起源的杂种。

④亲本的拉丁文学名编写杂种的组合。例如，鹅掌楸杂种 *Liriodendron chinense × L. tulipifera*。

⑤栽培品种名称前用"cv."标明。如欧美杨'I-214' *Populus euramericana* cv. I-214。

⑥无性系编号。是当前林木改良中普遍应用的方法，一个号码表示一个特定杂交组合的无性系，如NL80105、NL80106和NL80121是南京林业大学从美洲黑杨×小叶杨杂交组合中选育并经过国家鉴定的无性系。

1.1.5 新技术育种

1.1.5.1 辐射诱变育种

辐射育种是指人为地利用物理诱变因素，如X射线、γ射线、β射线、中子、激光、电子束、离子束、紫外线等诱发植物遗传性的改变,经人工选择培育新的优良品种的技术。辐射诱发突变的遗传效应是由于辐射能使植物体内各种分子发生电离和激发,导致 DNA 分子结构的变化造成基因突变和染色体畸变。因此,在电离辐射的作用下扰乱了植物有机体的正常代谢,使植物体生长发育受到严重抑制,从而引起遗传因子发生改变并以新的遗传因子传给后代。

辐射诱发基因突变是在 20 世纪 20 年代末期发现的,中国的植物辐射遗传育种研究始于 1957 年。利用射线诱发生物,具有打破性状连锁、实现基因重组、突变频率高、突变类型多、变异性状稳定和方法简便等特点,在较短时间内获得有利用价值的突变体,选育符合育种目标要求的新品种,或育成新种质作亲本在育种上利用(即突变体的间接利用)。辐射育种可以使植物变异率比自然变异高出几百甚至上千倍,而且产生的变异特性是多种多样的,应用范围非常广泛。

种子辐射及突变体的选育,一般采用种子(大多为干种子)进行辐射处理,由于种子的种胚是多细胞组织,照射后往往不是胚中所有的细胞都发生变异,变异只在个别细胞中发生。因此,由这样的种子发育成的 M_1 植株组织是异质的嵌合体。M_1 一般为隐性突变,只有经过 1~2 代自交后,隐性突变性状才能显现出来。在辐射第一代中往往会有一些畸形植株出现。如缺叶绿素的白化苗,部分叶缘缺刻呈深裂等;有一些植株表现出生理损伤,如种子发芽缓慢,植株矮化,发育迟延等,在高剂量情况下表现更为突出,但是 M_1 代形态和生理上的变异,大多数不遗传,所以一般不进行选择,如果有个别显性突变和品种不纯,M_1 代出现分离也可进行选择,视具体情况而定。由于 M_1 代有生理损伤,在苗期需加强管理,减少死苗,增加成活率。M_2 代是株选工作的重点,在整个生育期中要进行仔细的观察比较,根据育种目标选择所需要的突变体,选择的株数在可能条件下要适当多一些,以便反复比较,进一步筛选。经鉴定后即可繁殖推广,或用于杂交的原始材料。对于"微突变"的变异类型,在 M_2 代还不容易鉴别,只能在 M_3 代和以后各世代中进行选择。

用射线照射无性繁殖器官,可以提高芽变的频率,是加速选育新品种的有效途径之一。无性繁殖的植物诱发突变有下列特点:第一,无性繁殖器官照射处理后,在幼芽的体细胞里发生突变。从而发育成变异的植株或枝条,通过无性繁殖的方法,遗传给后代,因此,不会像有性繁殖那样出现复杂的分离现象,所以稳定得比较快;第二,异质的植物辐射后往往在当代就表现出来,故选择可在 M_1 代进行。

经过辐射处理的无性繁殖器官,在萌发过程中,发生变异的细胞往往分裂较慢,生活力弱,生长发育不如正常细胞,如不辅以人工扶植,正常细胞往往占了主导地位,而慢慢恢复原来的性状。为了给发生变异的细胞创造良好的生长发育条件,促使其增殖,让突变表现出来,所以要采取一些人工措施,如多次摘心、修剪等,促使其植株基部萌发或促使茎部长出更多的侧枝,然后分别扦插或嫁接,以增加选择的机会。例如,1977 年,日本中岛在月季的试验中比较了植株修剪和不修剪的效果。辐照量分别为 154R 和 254R,修剪过的花色突变率分别为 16.6% 和 17.2%,而未修剪过的突变率只有 6.9% 和 8.8%,而且修剪过的突变枝花色全部为纯合突变体。1967 年,Broerties 也用同样方法在大丽花试验中得到了许多花色变异。

1.1.5.2 化学诱变育种

化学诱变育种是指人们利用化学诱变剂，如烷化剂、叠氮化物、碱基类似物等诱发植物产生可遗传变异，再将有用的突变体选育成新品种的过程。化学诱变育种具有操作简便、价格低廉、专一性强，可重复试验等优点。

(1) 常用化学诱变剂种类

某些化学物质的生物学活性与电离辐射相似，这些化学物质在诱变育种上用以诱发突变，因此把这类化学物质称为化学诱变剂。化学诱变剂种类繁多，约有近千种化学物质，且还在不断增加。最有效和应用较多的诱变剂主要包括烷化剂，碱基化合物，叠氮化物，以及秋水仙素为代表的多倍体药剂。

①烷化剂。是诱发植物突变最重要的一类诱变剂，均带有一个或多个活泼的烷基，这些烷基能转移到其他电子密度较高的分子中去。这种通过烷基置换其他分子的氢原子的作用称为烷化作用，所以把这类物质称为烷化剂。烷化剂均具有很高活性，能与水作用（水合作用），一般产生不起诱变作用并有毒性的化合物。这些烷化剂多为潜在致癌剂，在使用时应避免与皮肤接触或吸入挥发气体。对乙烯亚胺更要特别注意，由于它极易挥发，在使用操作时，必须在通气良好的通风柜中进行。

②碱基类似物及有关化合物。碱基类似物是一些与DNA碱基相类似的化合物，它们能掺入到DNA分子中，且不妨碍DNA的复制。然而由于碱基类似物在某些取代基上与正常的碱基不同，当存在这些类似物时，DNA的复制会发生碱基配对错误。目前常用的碱基类似物包括5-溴尿嘧啶(BU)、5-溴去氧尿核甙(BUdR)，它们是胸腺嘧啶的类似物；还有2-氨基-嘌呤(AP)，它是腺嘌呤的类似物。

除碱基类似物外，还有一些化合物如N-甲基化羟基嘌呤、8-乙氧基咖啡碱(EOC)、1,3,7,9-四甲基尿酸(TMU)都具有使染色体断裂的作用。马来酰肼(MH)是尿嘧啶的异构体，能与细胞内的氢硫基起作用，诱发染色体的断裂。

③叠氮化物。叠氮化物是一种高效的诱变剂。叠氮化钠(NaN_3)在酸性溶液中十分有效，而在碱性溶液中几乎无效。另外，在充氧的水中预浸也可提高其诱变效率。NaN_3对人几乎无毒。

④其他种类的化学诱变剂。如抗生素、羟胺(NH_2OH)、吖啶等。

(2) 化学诱变方法

植物的各个部分都可用化学诱变剂进行处理。突变育种大多是从多细胞组织开始的，常用的包括种子、嫩枝、芽、插条、花粉、合子、原胚以及块茎、鳞茎、球茎等。

常用的处理方法包括浸渍法、滴液法、注射法、涂抹法、施入法和熏蒸法等。

①浸渍法。是指把种子、芽和休眠插条浸泡在适当的诱变剂溶液中。

②滴液法。是指在植物茎上做一浅的切口，然后将浸透诱变剂溶液的棉球经过切口注入，这个方法可以用于完整的植株或发育中完整的花序。

③涂抹法。是指将药剂溶液涂抹在植株、枝条或块茎的生长点或芽眼上。

④注射法。是指用注射器向植物材料中注入溶液。

⑤施入法。是指在培养基中用低浓度诱变剂浸根。

⑥熏蒸法。可以在密封潮湿的小箱中用化学诱变剂蒸气熏蒸铺成单层的花粉粒。

在用化学诱变剂处理植物材料时，必需有足够的溶液进入其细胞中，为此应当使用较多的诱变剂溶液来处理植物。对于一些易分解的诱变剂，需注意处理的时间或更换新的诱变剂溶液。

(3) 化学诱变处理

为了使处理材料获得较高的诱变效应，确定诱变剂的合适剂量是一个重要的问题。一种化学诱变剂处理的剂量取决于药剂和植物本身，而其中主要的是药剂浓度、处理的持续时间及处理的温度。

①化学诱变剂的使用范围。受溶解度及毒性的限制。例如，相同摩尔浓度的甲基磺酸甲酯（MMS）比甲基磺酸乙酯（EMS）诱变能力强，但它的高毒性限制了诱变效率。诱变剂除了与被处理的材料反应外，也可与溶剂系统的成分，如缓冲成分、增溶剂和溶剂本身发生反应。例如，烷基磺酸酯及硫酸酯的酸性水解产物虽无诱变能力，但能引起植物的生理损伤，从而降低诱变剂的诱变效应。

②不同的植物对诱变剂的敏感性各异。因此处理时要求的浓度亦不同。只要溶液中诱变剂的浓度高于细胞中浓度，吸收就按扩散定律进行。处理溶液的体积也起作用，在实际应用中是用较大量的诱变剂溶液（至少一粒种子 1 mL），使每粒种子有充分吸收等量摩尔的诱变剂的机会。在处理时最好搅动处理液。一般认为高浓度的诱变剂毒性相对增大，而生理损伤也相应增高。

③适宜的处理时间。必须使受处理材料完全被诱变剂所浸透，并有足够的药量进入生长点的细胞。预先浸泡过的种子可以缩短时间，而对于种皮渗透性不良的木本植物种子应适当延长时间。处理的持续时间还要以所用诱变剂的水解半衰期而定。对一些易分解的诱变剂只能利用适当的浓度在较短的时间内处理，如处理持续时间较长时，可使用缓冲液或在诱变剂分解 1/4 时更换一次新的溶液以保持相对稳定的浓度。如果在预先浸种后又在较高温度下（约 25 ℃）用较高的浓度进行处理（0.5 ~ 2 h），则无须用缓冲液或更换诱变剂溶液。

④温度对化学诱变剂的水解速度的影响。低温下化学物质能保持其一定的稳定性，当温度增高时，可促进诱变剂在体内的反应速度和作用力。操作时可在低温下（0 ~ 10 ℃）把种子浸泡在诱变剂溶液中以足够的时间使诱变剂进入胚细胞，然后把处理种子再转移到新鲜的诱变剂溶液中，40 ℃条件下高温处理，以提高诱变剂在体内的反应。

(4) 诱变剂的诱变效率

由于化学诱变剂的作用特点，易受一些物理的和化学的条件影响，其中包括前处理、后处理和处理时的条件，都应严格控制才能充分发挥诱变剂的作用，达到预期的目标。

在用化学诱变剂处理前，通过对种子进行浸泡、催芽等预处理，提高细胞膜的透性，促进细胞代谢，可提高对化学诱变剂的敏感性，加速对诱变剂的吸收速度。2016 年，朱翠翠在进行 EMS 青檀诱变育种时，发现直接对种子实施诱变处理时基本没有起到诱变作用。在处理萌发种子时，不同浓度对应的死亡率之间具有显著差异，随着 EMS 处理浓度的升高，死亡率随之增加，说明 EMS 对萌发种子的成活率起到了明显的抑制作用，随浓度升高，抑制作用逐渐增强。

诱变剂溶液的酸碱度对诱变效果影响甚大，有时甚至是成败的关键。首先，许多诱变剂在不同的 pH 情况下有不同的分解产物，从而影响诱变效果。例如，亚硝基甲基脲（MNH）在低 pH 时分解成亚硝酸，在高 pH 时产生重氮甲烷；NaN_3 在 pH=3 时可获得很高的叶绿素和形态突变频率，而在碱性条件下几乎是无效的。其次，有些诱变剂水解后可产生强酸，从而显著地提高了植物的生理损伤，降低 M_1 植株的存活率，相应也减少了有益突变被分离出来的可能性。因此，通常使用缓冲液来配制诱变剂溶液，这样可大大地减轻水解副产物的生理损伤。还有试验证明缓冲液本身对植物也有影响，它既影响植物的生理状态，也影响诱变作用。因此应当选择适当的缓冲溶液及一定的浓度，一般认为磷酸缓冲液效果较好，其浓度一般不超过 0.1 mol。

后效是指残留在种子中的化学诱变剂对种子后期的萌发和生长产生的影响。后效作用取决于化学诱变剂的物理化学特性和后处理方法。消除后效的主要方法是在种子用化学诱变剂处理后，立即用水冲洗，以尽可能去除残留的化学诱变剂。一般是在低温下（±2 ℃）流水冲洗，水洗的时间长短决定于化学诱变剂的水解速度及植物的类型。有些诱变剂分子能溶于细胞内的脂肪体，要完全除去残留是十分困难的。水洗后再干燥并贮藏也会增加后效。若在低温（0～4 ℃）下再干燥及贮藏，可使代谢活动延缓下来，从而不增加生理损伤。也有试验证明在快速干燥后贮存于-20 ℃ 的冰冻条件下，可完全消除后效。

1.1.5.3 多倍体育种

(1) 多倍体育种概述

多倍体是指由受精卵发育而来并且体细胞中含有三个或三个以上染色体组的个体。多倍体育种是指利用人工诱变或自然变异，通过细胞染色体组加倍获得多倍体育种材料，用以选育符合人们需要的优良品种。多倍体品种一般表现为巨大性、可孕性低、适应性强、有机合成速率增加、可克服远缘杂交不育性等特征。

多倍体品种通常包括 3 种类型：一是同源多倍体品种，即细胞中包含的染色体组来源相同，如同源三倍体 AAA、同源四倍体 AAAA；二是异源多倍体品种，即细胞中包含的染色体组来源不同，如 AABB。形成于不同种的亲本（至少一个是多倍体）杂交而来；还可由不同种杂交，所获得的不孕性二倍体杂种染色体加倍而来，后者称双二倍体；三是非整倍性多倍体品种，即细胞中染色体数目有零头的多倍体，如栽培菊花大多为六倍体，$2n=6x=54$，$x=9$，但其中有不少是非整倍性多倍体，如染色体最少的品种为 $5x+2=47$，染色体最多的品种 $2n=8x-1=71$。

(2) 人工诱导多倍体技术

人工诱导多倍体目前主要采用化学方法，这里主要介绍秋水仙素于诱导技术。秋水仙素于 1937 年发现，是从原产于地中海一带的秋水仙植物中提取的。纯的秋水仙素呈针状结晶体，易溶于水和酒精，并有毒。其分子式为 $C_{22}H_{25}NO_6+1.5\ H_2O$。当秋水仙素与正在进行有丝分裂的细胞接触时，纺锤丝就立刻被破坏，这样就抑制了已经复制的染色体分向两极，从而阻碍了中期以后的细胞分裂进程。当秋水仙素被洗掉，细胞恢复正常分裂功能后，这个受影响的细胞的染色体数就加了一倍。

①诱变材料。在多倍体育种上比较有效的是下列一些植物：染色体倍数较低的植物；

染色体数目较少的植物；异花授粉植物；通常能利用根、茎或叶进行无性繁殖的观赏植物；从远缘杂交所得的不孕杂种；从不同品种间杂交所得的杂种或杂种后代。

②试剂浓度。处理时所用的秋水仙素浓度是诱导多倍体成败的关键之一，如果所用的浓度太大，就会引起植物死亡，如果浓度太低，往往又不发生作用。一般有效浓度为0.0006%~1.6%。浓度大小随不同植物和同一植物不同组织而异，所以处理前要查阅相关资料或预先试验，找出某种植物或某种组织的最适浓度，一般浓度为0.2%~0.4%的水溶液较为常用。

③处理时间。处理时间的长短，随着植物种类的不同、生长的快慢以及使用的秋水仙素浓度而异(表1-2)。一般发芽的种子或幼苗，生长快的，细胞分裂周期短的植物，处理时间可适当缩短；处理时秋水仙素浓度越大，处理时间则要越短，相反则延长。多数实验指出，浓度大处理时间短的效果大于浓度小处理时间长的。但一般以不少于24 h或处理细胞分裂1~2个周期为原则。如果处理时间过长，染色体增加可能不是一倍而是多倍。如1938年，德尔曼用0.5%秋水仙素处理紫万年青的雄蕊组织细胞，结果随着处理时间的延长，而出现各种多倍性，最高的连续增加5次，获得64倍染色体的细胞。

④诱变处理方法。包括浸渍法、滴液法、毛细管法、涂抹法、套罩法、注射法、复合处理等。

a. 浸渍法：适合于处理种子、枝条、盆栽小苗的茎端生长点。一般发芽种子处理数小时至3 d，处理浓度0.2%~1.6%。经常检查，若培养皿溶液减少时即须添加稀释为原浓度一半的溶液，但不宜将种子淹没。如桑、波斯菊等均获得很好的结果。浸渍的时间不能太长，以免影响根的生长。处理后用清水洗净再播种或沙培。百合类用鳞片繁殖，可将鳞片浸于0.05%~0.1%的秋水仙素水溶液中，经1~3 h后进行扦插，可得四倍体球芽，唐菖蒲实生小球亦可用浸渍法。

b. 滴液法：是用滴管将秋水仙素水溶液滴在幼苗顶芽或大苗的侧芽处，每日滴数次，一般6~8 h滴一次，如气候干燥，蒸发快、中间可加滴蒸馏水，或滴加蒸馏水稀释一半的浓度。反复处理一至数天，使溶液透过表皮渗入组织内起作用。如溶液在上面停不住而往下流时，则可搓成小脱脂棉球，放在子叶之间或用小片脱脂棉包裹幼芽，再滴秋水仙素溶液，使棉花浸湿。同时尽可能保持室内的湿度，以免很快干燥。此法与种子浸渍法相比，药液比较节省。

表1-2 秋水仙素诱导多倍体植物实例

种类	浓度(%)	时间(h)	处理部位	备注
杉木	0.2或0.5	120	种子	水溶液浸泡
桑树	0.2	72	种子	水溶液浸泡
猩猩木属	1	—	刚萌发的侧芽	每天滴一次；药液中加10%甘油，每隔2 d滴一次
桃	1	120	10龄主枝生长点	
葡萄	0.05~0.5	144~240	顶芽	
凤梨	0.2~0.4	—	幼苗生长点	

⑤注意事项。幼苗生长点的处理愈早愈好，获得全株四倍性细胞的数目就愈多，处理时间愈晚，则大多是混杂的嵌合体。

植物组织经秋水仙素处理后，在生长上会受到一定影响，要加强管理，注意改善外界条件，以利于其生长。

处理期间，在一定限度内，温度愈高，成功的可能性愈大。温度较高，处理时所用的浓度要低一些，处理的时间短一些；相反的温度较低时，处理的浓度要大些，处理的时间亦要长些。

诱导多倍体时，处理的数量宜适当多些，以便选择有利变异。

处理后须用清水冲洗，避免残留药剂。

秋水仙素的药效可以保持很久，尤其是干燥的粉末。配制和使用时，要注意安全，别让粉末在空气中飞扬，以免误入呼吸道；也不可触及皮肤，因为秋水仙素性极毒，配成水溶液时，先配成原液，使用时稀释。水溶液用有色瓶，放在黑暗处。

(3) 多倍体鉴定

①直接鉴定。即取根尖或花粉母细胞，通过压片，检查其染色体数目，若染色体数目普遍比原来增多，说明染色体已经加倍，这是鉴定染色体是否加倍最直接的基本的可靠方法。

②间接鉴定。即根据多倍体形态和生理特征加以判断。因为多倍体不仅细胞内染色体数目与二倍体有区别，在形态和生理上也有区别；其中以气孔的大小和花粉粒的体积为最可靠。例如，一种自然发生的四倍体金鱼草，无论是植株的高度，或其他器官如花序、叶片、花朵、花粉粒和气孔等均较二倍体大。

(4) 后代选育

对于很多适于无性繁殖的植物，人工诱导多倍体成功以后，一旦出现所期望的多倍体植株，即可用无性繁殖如扦插、嫁接等直接利用，尤其对从来不结种子，无法通过有性杂交来改变遗传性的植物，多倍体育种途径愈显有效。对需用种子繁殖的一二年生草花，诱导成功的多倍体后代中往往会出现分离。所以须用选择的方法，不断选优去劣。有的多倍体缺点还比较多，还要通过常规的育种手段，逐步地加以克服，如要消除多倍体的不孕性，还必须进行品种间和品系间的杂交，从中选出可孕的植株。因此在诱导多倍体时，至少要诱变两个或两个以上的品种成为多倍体。另外，注意诱导成功的四倍体与普通二倍体的隔离，如天然杂交后产生的三倍体往往是不结籽的，但在果树上反而可以利用。一般多倍体类型往往需要较多的营养物质和较好的环境条件，所以须适当稀植，使其性状得到充分发育，并注意培育管理。

1.1.5.4 单倍体育种

(1) 单倍体育种概述

单倍体育种是指利用仅有一套染色体组的单倍植株，经过染色体加倍成为纯系，然后进行选育的一种育种方法。单倍体育种是植物育种手段之一，即利用植物组织培养技术（如花药离体培养等）诱导产生单倍体植株，再通过某种手段使染色体组加倍（如用秋水仙素处理），从而使植物恢复正常染色体数。单倍体是具有体细胞染色体数为本物种配子染色体数的生物个体。

20世纪60年代有人用曼陀罗花药，首次组织培养出了大量的单倍体植株。随后很多国家相继在矮牵牛、杨树、三叶橡胶、茶树等几十种植物中分别诱导出单倍体植株，有的单倍体植株进一步培育成了新品种。

单倍体育种有三条途径：一是孤雄生殖，是指不经过受精作用，直接从花粉培养成单倍体植株的过程，又称花药培养，简称花培；二是孤雌生殖，是指使卵细胞不经过受精作用直接分化成单倍体植株的过程；三是无配子生殖，是指由极核、助细胞、反足细胞直接分化成单倍体植株的过程。目前花药培养技术成熟，应用广泛。

单倍体植物不能结种子，生长又较弱小，没有单独利用的价值。但在育种工作中作为一个中间环节能很快培育纯系，加快育种速度。在杂交育种、杂种优势利用、诱变育种、远缘杂交等方面具有重要意义。具体表现为克服杂种分离，缩短育种年限；快速获得异花授粉植物的自交系；作为新材料，可提高辐射诱变和化学诱变育种效率；克服远缘杂种不孕性与不易稳定的现象；开辟了杂种起源的植物育种的有效途径。

(2) 花药诱导技术

①培养材料采集。用单核后期的花粉进行培养，较易取得成功。确定花粉发育时期，一般通过染色压片镜检决定，染色剂不同，染色效果不一样，多数植物花粉可用碘化钾、卡宝品红、醋酸洋红染色，有些木本植物染色困难，可用丙酮-铁-洋红-水合二氯乙醛（PICCH）效果较好。并找出小孢子发育时期与花药外形的相关性，以便选取外植体。如金花茶（Camellia chrysantha）花药呈白色时，小孢子发育处在四分体以前；淡黄色时处于单核各个时期；黄色时为单核期至双核期；橙黄色时已为双核期。金花茶花药培养以淡黄色时为宜，此时花蕾横径为1.2~1.5 cm。在一朵花中如花药多数，其发育程度也不一样，有的由内向外成熟，如金花茶；有的由外向内成熟，如牡丹。接种时应选择多数花药处于单核期。恶劣天气如高温低温亦影响花药发育，如橡胶炎热天气会引起小孢子死亡。所以取材时最好选择天气较好时进行。如接种材料需到外地采集或要经过长途运输，需注意保湿和材料的干净，避免污染，如不能马上接种，应密封放在4 ℃冰箱中保存，抑制小孢子进一步发育。

②接种材料消毒。材料在消毒之前，用石蜡封住花蕾柄断口，防止消毒时酒精渗入杀死小孢子。具体做法是把石蜡放到小烧杯中，加热至120 ℃左右，石蜡全部融解，把花蕾柄断口浸入石蜡中数秒钟，让石蜡封住花柄导管，然后用自来水冲洗4~5次，75%酒精消毒30 s，再用0.1%氯化汞（$HgCl_2$）消毒处理5~6 min，最后用无菌水冲洗4~5次，清除花蕾上残留的药剂。

③花药诱导培养。诱导培养用的人工培养基，除含无机盐、蔗糖、维生素和水等外，还需加入植物激素和其他有机物作诱导物质。诱导出的愈伤组织或胚状体要转移到含量减少或无诱导物质、蔗糖浓度降低的分化培养基上，才能分化出根、芽以至长成小苗。以上过程都在试管内进行，具体技术见组织培养部分。

(3) 染色体加倍与鉴定

花粉植株染色体加倍可在两个阶段进行，一是在试管内的培养阶段进行；二是在花粉植株定植后进行。在培养基中进行的染色体加倍也可分为两种方法，一种法是通过愈伤组织或下胚轴切断繁殖，使之在培养过程中自然加倍。枸杞的花粉植株就是用这种方法加倍的。即首先将子叶期的胚状体转移到 GA 的培养基上，使其子叶下胚轴伸长，然后将伸长的下胚轴切成 1 mm 长的切段，再转移到含 BA 0.5 mg/L NAA 0.8 mg/L 的培养基上培养约 10 d，切段开始形成愈伤组织，约 20 d 愈伤组织表面变为白色，呈绒毡状，即开始分化形成绿苗。经两个月即长成无根的绿苗，这时即有相当一些苗染色体加倍；另一种方法是在培养基中加入一定浓度的秋水仙碱，使愈伤组织或胚状体加倍，但此法会影响胚状体的诱导率及小植株的分化率，因此，必须找出适宜的秋水仙碱处理浓度。

鉴定方法主要是观察器官，单倍体植株一般矮小；观察细胞及细胞核都较小；检查气孔保卫细胞叶绿体，一般单倍体叶片和气孔都较小，叶绿体较少；观察染色体数，镜检根尖、茎尖分生组织染色体数。

（4）试管苗移栽与培育

试管苗移栽与培育具体技术见单元 8.1 组织培养育苗部分。

1.1.5.5 基因工程育种

如果将一种生物的 DNA 中的某个遗传密码片段连接到另外一种生物的 DNA 链上去，将 DNA 重新组织一下，就可以按照人类的愿望，设计出新遗传物质并创造出新生物类型，这与过去培育生物繁殖后代的传统做法完全不同。这种做法就像技术科学的工程设计，按照人类的需要把这种生物的某"基因"与另一种生物的某"基因"重新"施工"，"组装"成新的基因组合，创造出新生物。这种完全按照人的意愿，由重新组装基因到新生物产生的生物科学技术，就称为"基因工程"，或者称为"遗传工程"。植物基因工程也通常称为"转基因技术"。

基因工程是在分子水平上对基因进行操作的复杂技术，是将外源基因通过体外重组后导入受体细胞内，使基因能在受体细胞内复制、转录、翻译表达的操作。它是用人为的方法将所需要的某一供体生物的遗传物质——DNA 大分子提取出来，在离体条件下用适当的工具酶进行切割后，把它与作为载体的 DNA 分子连接起来，然后与载体一起导入某个更易生长、繁殖的受体细胞中，以让外源物质在其中"安家落户"，进行正常的复制和表达，从而获得新物种的一种技术。

运用分子生物学技术，将目的基因（DNA 片段）通过载体或直接导入受体细胞，使遗传物质重新组合，经细胞复制增殖，新的基因在受体细胞中表达，最后从转化细胞中筛选有价值的新类型构成工程植株，从而创造新品种的定向育种新技术称为基因工程育种。即提取目的基因→装入载体→导入受体细胞→基因表达→筛选符合要求的新品种。其特点如下：

①分子生物学揭示了生物都有共同的遗传密码，这使人类、动植物和微生物之间的基因交流成为可能，为创造新品种开拓了广阔的前景。

②遗传性的改变完全根据人类的目的和有计划的控制，因而可定向地改造生物，甚至创造全新的生物类型。

③由于直接操作遗传物质，育种速度大大加快，避免杂交育种后代分离和多代自交、重复选择等，在短时间内可稳定形成新品种新类型。

④能改变观赏植物的单一性状，而其他性状保持不变。

转基因技术从诞生之日开始，便存在许多争议。如转基因技术应用于生产是否会对生态环境构成威胁，转基因产品是否会对人类健康构成伤害等。这些一直都是社会各界所广泛关注的热点问题。转基因技术当前已不单纯是简单的技术问题，开始演变为涉及政治、经济、法律、伦理等因素的复杂社会问题。

1.1.5.6 太空育种

太空育种一般是指航天育种，也称空间诱变育种，是指利用返回式卫星和高空气球所能达到的空间环境对植物(种子)的诱变作用以产生有益变异，在地面选育新种质、新材料，培育新品种的作物育种新技术。空间环境具有"长期微重力状态、空间辐射、超真空、交变磁场和超净环境"等主要特征。

科学家认为，太空育种主要是通过强辐射，微重力和高真空等太空综合环境因素诱发植物种子的基因变异。由于亿万年来地球植物的形态、生理和进化始终深受地球重力的影响，一旦进入失重状态，同时受到其他物理辐射的作用，将更有可能产生在地面上难以获得的基因变异。综合太空辐射、微重力和高真空等因素的太空环境对植物种子的生理和遗传性状具有强烈影响，如从卫星搭载回的物品中精选出优质的品种，植物的果实大小、营养物质的含量以及抗病虫害等方面均有显著改善。但是究竟何种因素产生主要影响，以及如何产生影响，至今还没有定论。

经历过太空邀游的植物种子，返回地面种植后，不仅植株明显增高增粗，果型增大，产量比原来普遍增长而且品质也大为提高。到目前为止太空育种取得了不错成效，但仍无法控制种子的变异方向，只能是任其发展，这种状况等待着科学家们去做进一步的探索。太空环境对植物基因产生影响已经得到各国科学家的证实，但是对太空育种原理的解释仍在争论之中。

我国科技工作者经过多年的种子空间搭载试验，已经探索出旨在改良植物产量、品质、抗性等重要遗传性状的植物育种新方法。搭载的种子经多年地面选育，已培育出不少新品种，有的产品已初具产业化规模。如太空花卉普遍在花期、花型、株型、颜色等方面发生了变化。有的花期变长，有的缩短，原来紫色的花，能成为白色、红色。如太空搭载的鸡冠花、麦秆菊、蜀葵、矮牵牛等，都表现出开花多、花色变异、花期长等特点。尤其是粉色的矮牵牛，花朵中出现了红白相间的条纹。更令人惊奇的是万寿菊的花期竟延长到6个月以上。中国科学研究院遗传与发育生物学研究所在北京培育的紫花苜蓿、沙米、冰草匍匐、红豆草四种草与未经搭载的对照株相比，抗寒抗旱力强，存活期变长，而且不易枯萎。

在林木太空育种方面，先后搭载过白皮松、华山松、侧柏、刺槐、杉木、珙桐、鹅掌楸的种子和杨树、红栌的试管苗。由于一、二年生植物的种子对外界刺激比多年生木本植物更敏感，而林木生长周期长并凝聚着很高的生物量，人们对林木的期待更多是数量性状的要求，特别是生长量的要求，而生长量是由数量基因控制的。根据微效多基因假说，林木的数量基因是众多的，其中某个或某几个基因的改变对提高林木数量性状的效益并不显著。专家所做的大量试验已证明了这一点，这也使林木太空育种的研究与农作物相比要困难得多。

目前林木遗传育种专家已经意识到太空有许多辐射是人类试验难以模拟的，而且林木遗传育种目标由过去单一的追求林木生长量转变为追求多种经济效益和适应性，经过太空辐射改变林木的质量性状，如色彩和粒性等由单基因控制的性状，可能会在林木遗传育种领域取得新的突破。

1.2 林木良种生产基地

种子是育苗、造林的物质基础，而选用良种是培育壮苗和林木速生、丰产、优质的保证。所谓良种是指遗传品质优良和播种品质良好的种子。遗传品质是基础，播种品质是保证，只有在两种都优良的情况下才能称为良种。林业生产周期长，一旦用劣种造林，不仅影响成活、成林、成材，而且造成极大浪费，损失难以挽回。为了保证好种质资源及有计划供应优良的林木种子，从根本上提高森林生产力和木材品质，确保林业建设的需要，必须建立种子生产基地，实现种子生产专业化、种子质量标准化、造林良种化的宏伟目标。建立固定的林木种子繁育基地：一是便于集约经营管理，采用各种新技术，达到丰产的目的；二是可以进行系统地物候观测，为精确的预测产量及改进经营管理措施提供依据；三是可以进行良种选育繁育工作，培养出大量遗传品质优良的林木种子。种子基地主要包括母树林、种子园、采穗圃等。良种繁育的途径应根据树种特性和地区条件，合理选用。一般针叶用材林树种，宜采用建立母树林、种子园等有效繁殖的途径；油茶、油桐、核桃等经济树种，果树以及部分阔叶树种，采用优良无性系建立纯系采穗圃。

1.2.1 母树林

优良天然林或种源清楚的优良人工林，是通过留优去劣疏伐，或用优良种苗造林方法营建的，用以生产遗传品质较好的林木种子的林分。母树林营建技术简单，成本低，投产快，种子的产量和质量比一般林分高，是我国生产良种的重要途径之一。

1.2.1.1 选建母树林

(1) 林地选择

母树林应在优良种源区或适宜种源区内，气候生态条件与用种区相接近的地区；地形平缓，背风向阳，光照充足，不易受冻害的开旷林地。排水良好，海拔适宜，交通方便，周围 100 m 范围内没有同树种的劣等林分，面积相对集中，天然林面积在 7 hm² 以上，人工林 4 hm² 以上。

选择高地位级或中等地位级的林地，生产力低的 Ⅳ、Ⅴ 地位级的林地，不能选作母树。

(2) 林分选择

林龄应选择同龄林，对异龄林的年龄控制在 2 个龄级以内。一般以中幼龄林最佳（红松天然林可选近、成熟林）。

郁闭度在 0.6 以上。年龄小的林分，郁闭度宜大些；年龄大的林分，郁闭度宜小些。

起源不论是天然林或是人工林,都要选择实生的林分。

组成上首先选择纯林,如选择混交林,目的树种不少于70%,天然红松林和红皮云杉林不少于50%。

(3) 林分技术要求

《母树林营建技术》(GB/T 16621—1996)中把在林分内生长健壮、干形良好、结实正常,在同龄的林木中树高直径明显大于林分平均值的树木称为优良木;在林分内生长不良、品质低劣、感染病虫害较重,在同龄的林木中树高直径明显小于林分平均值的树木称为劣等木;在林分中介于优良木和劣等木之间的树木为中等木。

优良林分是指在同等立地下,与其他同龄林分相比,在速生、优质、抗性等方面居于前列,通过自然稀疏或疏伐,优良木可占绝对优势,能完全排除劣等木和大部分中等木的林分;劣等林分指与同等立地、相同林龄的林分相比,生长、材性、抗性处于劣势,优良木和中等木林冠郁闭度在0.2以下的林分;介于优良林分和劣等林分之间的林分为中等林分。

《母树林营造技术》明确了主要造林树种选建母树林林分技术要求,如杉木人工林林龄30年以下,郁闭度在0.7以上,株数2000株/hm^2以上,优良木(树高大于林分平均值5%,胸径大于林分平均值15%)大于20%,劣等木(树高小于林分平均值5%,胸径小于林分平均值20%)小于30%。红松天然林林龄为中近成熟林,郁闭度在0.6以上,株数60株/hm^2以上,优良木(形数0.55以上,分叉高度为树高1/5)大于25%,劣等木(形数小于0.45,分叉高度大于树高1/2)小于30%。

1.2.1.2 母树林选择步骤

(1) 踏查

根据建立母树林的任务,深入现场全面踏查,了解林况地况,确定母树林候选林分。

(2) 标准地调查

在候选林分中,设置标准地进行调查,标准地总面积占候选林分的3%~4%。对林相整齐、每块地形变化小的林分,调查面积可减少到1%~2%。标准地要均匀分布在林分内,面积在0.1 hm^2左右。

标准地立木的胸径、树高、枝下高、冠幅、冠长要每木实测,林龄用标准木年龄,立木的干形、皮型、冠型、郁闭度、健康和结实状况实行目测。

标准地的自然因子(地形、坡度、坡向、海拔、植被、土壤)都要调查记载。

(3) 母树林区划

母树林确定之后,要作好区划,标定母树林的周围界限,面积过大的林分,要区划经营区,面积10~20 hm^2,修建必要的区划道,绘制母树林区划平面图,计算母树林的面积。

1.2.1.3 营建母树林

(1) 立地选择

在适生范围内,能正常生长发育,并能大量结实的地区。造林地选择海拔适宜、地势平缓、交通方便、土壤肥力中等、光照充足、周围100 m范围内无同种树的劣等林分或近缘种林分的地段。

(2) 材料选择

有种源区划的树种,在优良种源区选择;无种源区划的树种,在本地或相邻地域选择。

在优良种源区内,选择优良林分;在优良林分内,选择优良木作为采种母树,尽量选择多个林分采种,同一林分优良木之间应距离 50 m 以上。采种母树的株数不少于 50 株。

孤立木、病虫危害木、品质低劣木,不准用作采种母树。

无条件进行林分、单株选择采种时,若种源清楚、良好,可选超级苗作为新建母树林的材料。选择标准为均值加 2 个标准差以上。

(3) 育苗

种植材料可分株单采、单育,也可单采混育,或使用优良材料的嫁接苗。育苗方法与生产性育苗相同,详见单元 5 和单元 6。

(4) 造林

用超级苗(或Ⅰ级苗)造林。细整地、施足底肥,并采取必要的保墒或排涝措施。初植密度为一般造林密度的 30%~50%。及时松土除草,防治病虫害,适当施肥,促进幼树生长。

1.2.1.4 母树林经营管理

(1) 母树林疏伐

疏伐原则留优去劣,照顾结实,适当考虑均匀分布。疏伐方法可采用均匀疏伐、定株环状疏伐或自然式疏伐等。在中龄林中,如有 2~3 株优良母树集中在一起,可作为母树群保留。疏伐时伐除枯立木、风折木、病腐木、被压木、形质低劣的不良母树和非目的树种,逐步伐去不宜留作母树的中等木。疏伐后留下来的母树树冠能充分伸展,不得衔接,树冠距离相隔 1.0 m 左右,林分郁闭度不低于 0.5,最终保留株数应分别树种确定(如杉木盛果期保留株数为 200~300 株/hm^2)。

间隔期视树冠伸展情况而定,一般 3~5 年疏伐一次。

(2) 松土除草

及时铲除妨碍母树生长的灌木、下草等,结合松土除草埋青培肥。

(3) 施肥

施肥前先诊断土壤肥力,结合树种在各生长发育阶段对养分的需求,确定其施肥种类、数量和时间。也可用固氮植物间种绿肥。

(4) 保护

母树林四周要开设防火线,每年及时清除防火线上的杂草和灌木。在交通要道口设置保护母树的宣传牌。母树林内禁止放牧、狩猎、采脂、采樵修枝。采种时,要改进采种方法、工具,建立保护母树的采种制度,防止损伤母树。

重视病虫鼠害防治,以预防为主,防重于治,生物防治与化学防治并重,做到治小、治早、治了。

(5) 花粉管理

在母树林开花撒粉期,遇有阴雨天气时,应采取人工辅助授粉。选择多个单株收集一定量的优良花粉，混合 4~5 倍滑石粉，在雌花达到授粉适宜期，用喷粉器于微风无雨时（清晨）喷洒。

(6) 子代测定

母树林应进行子代测定，为评价和筛选提供依据。

(7) 结实量预测预报

在母树林内设置固定标准地，定期进行物候相观测、结实量调查和种子产量预报。做好种子采收工作，严禁抢采掠青。

1.2.1.5 母树林设计方案与技术档案

(1) 设计方案

母树林设计方案报上级主管部门审批后执行。方案内容包括建设的目的和依据；建设地点、自然概况和建设单位现状；建设任务与投资；经营技术措施；必要的图表；效益概算等。

(2) 技术档案

档案内容包括上级下达的计划任务和有关审批文件。母树林设计方案的文字说明及选建和营建母树林的全部原始材料。母树林疏伐及经营管理技术设计，种子产量预测，历年种子产量、质量与物候观测资料。母树林经营中的各项经济技术材料。

建档要求记录准确、资料完整、原件保存、分类编码、归卷建卡、建立制度、查阅方便。

1.2.2 种子园

种子园是指用优树或优良无性系的枝条或用优良树种的种子培育的苗木为材料，按合理方式配置，生产具有优良遗传品质的林木种子的特种林。种子园的优越性表现在：保持优树的优良特性，提高林木种子的遗传品质；结实早、且稳产、高产；种子园面积集中，有利于经营管理；相对的矮化树冠，便于机械化作业。

种子园的发展已有很长的历史。为生产种子而特地营造林分的想法，1787 年就开始见诸文献。1880 年荷兰曾在爪哇创建金鸡纳树的无性系种子园，其目的是为增加金鸡纳树的奎宁含量。1919 年马来西亚建立了橡胶树无性系种子园。我国在 20 世纪 60 代进行选优建园，已建成杉木、落叶松、红松、樟子松等十几个树种的种子园，多数已经开始供应良种。目前，主要造林树种的初级种子园已经完成，部分种子园已实施去劣疏伐，或营建 1.5 代种子园，个别树种已着手准备营建第 3 代种子园。但是高世代种子园营建及矮化丰产等关键核心技术尚未突破；主要树种花粉活力、可授性、结实率等，以及建园亲本选择与配置等关键技术有待提高；树体管理、激素调控、温度调控、土壤管理、水分管理、养分管理及病虫害综合防控技术等经营管理技术体系有待完善。

1.2.2.1 种子园种类

(1) 繁殖方式分类

可分为无性系种子园和实生种子园。

①无性系种子园。是指以优树嫁接苗、插条苗营建的种子园。无性系种子园的优点是：能保持无性系原株的优良品质；开花结实早，能较快地提供种子；树冠相对开张矮化，便于采收种子；无性繁殖系谱系清楚，容易避免近亲繁殖。缺点是：无性繁殖困难的树种技术问题较多；建园成本较高。

②实生种子园。是指优树自由授粉种子或控制授粉种子培育苗木营建的种子园。用优树的种子进行实生繁殖而建立起来的种子园。实生种子园的优点是：建园技术较无性系子园简单，成本较低；对于早期选择效果明显，遗传力较低的性状改良效果较好；能与子代测定相结合。缺点是：结实较迟，初期种子产量低；近亲繁殖的危险性较大。

上述两种类型的种子园，在具体选用时应根据建园树种开花结实的早迟、无性繁殖的难易程度、改良性状能否得到早期鉴定、性状遗传力的高低以及选择性的大小等条件而定。

(2) 母树遗传品质的改良程度分类

可分为初级种子园和改良代种子园。

①初级种子园(第一代无性系种子园)。是指由未经遗传测定的优树无性繁殖苗木营建的种子园。经过淘汰遗传品质低劣、开花结实习性不符合要求的无性系(家系)或部分植株的种子园称为第一代无性系去劣种子园。由子代测定确认遗传品质优良，且开花结实习性符合要求的无性系营建的种子园称为第一代改良无性系种子园。由优树子代林中选择优良家系中的优良单株通过无性繁殖营建的种子园称为第二代无性系种子园。

②改良(高世代)代种子园。是种子园发展到第二代以后，各个世代种子园的泛称。包括第二代、第三代乃至第 n 代种子园。

(3) 依母树的亲缘关系分类

可分为杂交种子园和产地种子园。

①杂种种子园。是指用遗传品质好、遗传基础不同的两个或两个以上的栽植材料营建的、以生产具有杂种优势林木种子为目的的种子园。这类种子园建立前往往已经证明该杂交组合具有明显的杂种优势，并应选择一般配合力或特殊配合力高的无性系建园。目前用于生产的杂交种子园包括：欧洲落叶松×日本落叶松；湿地松×加勒比松；短叶松×湿地松；刚松×火炬松等种子园。

②产地种子园。其建园材料属同一树种的不同地理类型，以生产不同种源间杂种，或属同一产地的繁殖材料。后者实际上与一般种子园已无差别，因建园材料均要考虑地理起源。

1.2.2.2 种子园园址选择与区划

(1) 规模和产量

种子园建设的规模是规划设计时需要首先考虑的问题。营建面积大小主要取决于3个因素：一是该种子园供种地区的造林任务和种子需要量；二是该树种单位面积的种子产量；三是种子园种子播种品质的好坏。根据这三个因素的相互关系，在种子园设计时可按树种提出建设规模和设计参数。

此外还应考虑到种子丰歉年之别，以及林业发展及种子调拨的需要，制定计划应留有余地。种子园内同一树种的面积应在 10 hm² 以上，留有扩建的余地。

（2）园址选择

种子园应设置在适合该树种生长发育并能大量结实的生态区域内。当气候条件如年有效积温、年平均气温、低温晚霜、梅雨等不作为开花结实的限制因素时，一般可以在推广地区就地建园。如推广地区气温低，影响开花结实，则可以在原产地或海拔较低的地区建园。立地条件对树木种子产量影响很大。风口地带不宜建园，一般选择地势平缓，阳光充足、排灌方便、酸碱度适宜、肥力中等以上的壤质土。

（3）外源花粉隔离

种子园是在人工隔离的环境条件下，让选择的个体之间彼此自由交配，达到多系授粉，以生产具有较高遗传品质的种子，达到增产的目的。因此，在园址选择时，要严格控制外源不良花粉的进入，进行隔离处理。所谓隔离，只能使同种不良花粉感染降到较低水平，完全隔离不现实，所以隔离实质上是对外源不良花粉的稀释作用。

有人对瑞典和芬兰的欧洲赤松、欧洲云杉等种子园花粉污染方面的研究报道作了归纳，指出种子园中的种子，约有一半，很可能 1/4 以上是由外源花粉产生的。美国北美黄杉种子园受外源花粉的污染率为 22%~55%。有人估算，种子园花粉污染化使针叶树种子园遗传改良增益损失高达 30%~90%。

种子园隔离范围主要决定于树种的种类、授粉方式、花粉结构、传播距离、撒粉期主风方向和风速，以及种子园位置等。研究资料表明，种子园的有效隔离距离应保持在 300~500 m 以上，根据不同树种而定。松类种子园花粉隔离带的距离不少于 500 m，但是在开花季节主风方向 750 m 范围内不能分布大量同种或可以交配的近缘树种；杉类、落叶松、云杉、柏类的隔离距离为松类的 1/3 以上。平地或缓坡地花粉隔离带应种植草本植被或灌木。

（4）种子园区划

种子园通常和优树收集圃、种子生产区、优树收集区、采穗圃、子代测定区、苗圃、温室、种子加工设施安排在一起。为此，可以根据各经营项目的性质和要求，地形土壤条件以及施工进度等进行区划，区划时还应考虑以下几个方面。

①种子生产区。种子生产区是林木种子园的主体部分，应由配合力高的优良无性系或实生家系所组成，是生产遗传品质优良种子的生产群体。

为了便于经营管理和无性系（或家系）的配置，可将整个种子生产区划分为若干大区，大区下建立若干小区，大区面积为 3~10 hm²，小区面积为 0.3~1.0 hm²。区划时要因地制宜，在地势平缓地段可划分成正方形或长方形；在山区顺山脊或山沟、道路划分，不追求地块方正或面积一致，但要求连成一片。小区可根据坡向、坡位、山脊区划。大区之间设立道路或防火道间隔，宽度为 5~6 m，小区间可设立 1~2 m 宽的步道或板车道。

②优树收集区。优树收集区或称育种圃，是林木改良的原始材料种植圃，它是由亲本材料组成的育种群体，是营建种子园的物质基础。建立优树收集区是林木改良的基础工作与先行工作，内容包括优树资源的选择收集，优树无性系性状表现的观测研究等。从长远考虑，应广泛收集优树资源，建成遗传基础广的育种群体。做好基因资源的储备，可为今后的长期改良工作创造有利的条件。优树收集区不仅是供应生产群体的材料库，而且是进

行科学研究的基地。

优树收集区应建在交通方便，利于管理、观测的地方。建立步骤一般采用嫁接，每个优树无性系嫁接5~10株分株。分株间的株行距为2~5 m。按优树来源的山系或行政区域，把优树无性系配置在收集区内。对优树无性系的物候期、开花结实习性进行观察，开展控制授粉，研究亲本遗传表现，为生产区的建立提供充分科学依据。

③子代测定区。种子园体系应设立子代测定区。子代测定工作是种子园建设的核心，主要任务是对表型选择进行检验。对表型优树实行再次评选，为种子园去劣或重建提供依据；为下代选择生产基本群体，提供营建改良代种子园的物质基础；研究遗传参数，为制定育种策略、改进育种方法、提高育种效率提供依据。只有抓好子代测定，种子园的质量才能得到提高，才能取得不断进展。子代测定区可与其他部分分开，选择有代表性的，环境条件易于控制的地段进行。

④良种示范区。设立良种示范区，营建良种示范林也是种子园建设的一项重要工作。良种示范林是推广应用群体。它是遗传改良成果的检验，是种子园产品的一种"广告"与"展销"。做好该项工作，对于宣传良种作用，推广林木良种有着重要的意义，过去对这方面重视不够。

营造良种示范林，可用种子园的混杂种子，也可用优良家系的单系种子。但都需用生产性种子设立对照。建立示范林的地点应考虑交通方便，便于参观。土地类型具代表性，小区面积应该大些。

上述4个部分，在整个种子园建设中是有机联系的整体，是种子园生产经营的主要部分。此外，种子园建设项目中还包括非生产经营区部分，如道路、防火道、隔离带、职工宿舍、常规实验室、办公室、干燥房、仓库、晒场、种子库等基建项目。还有必须购置的仪器、工具，以及运输、照明、球果处理等设备都应列在规划中加以考虑。但小型种子园可简单化。

1.2.2.3 种子园营建

（1）建园材料来源和数量

种子园必须有足够数量的无性系或家系，使之自由交配。另外，种子园中家系或无性系通常是由选优得来，来自不同地点和林分，对它们的开花习性都不了解，有一些无性系会造成花期不遇，因此也需要一定数量的无性系作后备。

一般认为，一个小型种子园可有30~50个无性系，较大的种子园有80~100个无性系，或者更多，但无性系数量太多，会增加子代测定工作量。1.5代种子园无性系数量可为初级种子园的1/3~1/2。我国对初级无性系种子园按面积大小，规定应拥有的无性系数目如下：10~30 hm^2，50~100个无性系；31~60 hm^2，100~150个无性系；60 hm^2以上，150个以上无性系。实生苗种子园所用家系数量应多于无性系种子园所用无性系数量。第一代改良种子园所用无性系数量为第一代无性系种子园的1/3~1/2。

（2）栽植密度

种子园栽植密度大小，不仅影响母树的生长发育，更重要的是影响植株的结实量和种子品质。所以合理的密度是提高种子园结实的一项重要措施。

合理密度以便取决于如下因素：植株要有足够的营养空间，促使母树生长发育良好，增加种子产量；要有足够的花粉进行正常授粉，以提高种子遗传品质和播种品质，减小种子园内自交的可能性；为今后去劣疏伐淘汰劣株创造条件。

种子园栽植距离大小，因树种、疏伐与否而不同，一般为3~10 m。种子园植株的栽植密度有2种选择，第1种是初植密度比较大，经多次疏伐后定位；第2种是一步到位，栽植较稀，基本不做疏伐。第1种多适用于未经遗传测定的建园繁殖材料，建立初级种子园；第2种多适用于材料已经过遗传测定，营建1.5代种子园。云杉、落叶松、樟子松、油松株行距一般为5 m×6 m或5 m×7 m，如间伐时，初植密度为3 m×4 m或4 m×4 m。最终密度为6 m×6 m或8 m×8 m。

(3) 配置设计

①配置设计。种子园的配置设计，一般考虑如下几个方面的问题：

a. 同一无性系或家系的个体应保持最大间隔距离，尽量避免自交或近交，并力求分布均匀。经疏伐后仍能保持分布均匀。

b. 避免各无性系或家系的固定搭配，缩小近亲交配的危险，使所产种子遗传多样化；

c. 便于对各无性系或家系的实验数据进行统计分析；

d. 简单易行，便于施工和经营管理。

以上各点是相矛盾的，不可能完全满足，只能根据要求和条件有所侧重。

②配置方式。常用的配置方式有以下几种：

a. 棋盘式排列：应用于两个无性系种子园。将两个无性系在每一纵行和每一横行交替定植。

b. 完全随机配列：不按主观愿望或一定顺序，使各无性系在种子园小区中占据的任何位置的机会相等。防止系统误差，采用这种配置时通常还附加一些条件，如同一无性系的两个植株至少应间隔3株以上。采用的方法包括抽签法和查随机排列数字表。

这种方法设计优点是比较简单，基本能满足上述配置要求。缺点是造成定植、嫁接及后阶段经营管理上的困难。特别在种子园面积大和无性系多的情况下，更是如此。

c. 固定或轮换排列区组：把种子园的小区或分成面积相等的区组（重复），使每一个组内容纳等数的无性系，一般为20~50个无性系。当各个重复的地块的排列相同时，称为固定排列区组。为避免在依次相续的地块内重复同样的排列，在重复的地块内，采用系统轮换，称为轮换排列区组。

这种排列方式能在一定程度上改变固定搭配，但增加了工作量和管护困难。

d. 顺序错位排列：将各无性系或家系按照号码在一行中顺序排列，但在另一行时错开几位，以另一号码开头（图1-4）。

这种设计方法优点是排列方式简单易行，经营管理方便，嫁接、定植、采种便于查号；可使同一个无性系在同一行内间隔距离最大；通过疏伐后能保持均匀分布，且各无性系保留株数相等。应用比较普遍，我国目前建立的初级种子园大多采用这种方式。缺点是因顺序排列，邻居固定，会产生很多固定亲本的子代，引起今后的近亲交配，不利于扩大遗传基础，同时也不便于进行统计分析。

除上述方式外，还有平衡不完全区组、平衡格子设计，以及计算机辅助设计等方式。

第一部分 总 论

1	2	3	4	5	6	7	8	9	10	11	12	13	1	2	3
6	7	8	9	10	11	12	13	1	2	3	4	5	6	7	8
11	12	13	1	2	3	4	5	6	7	8	9	10	11	12	13
3	4	5	6	7	8	9	10	11	12	13	1	2	3	4	5
8	9	10	11	12	13	1	2	3	4	5	6	7	8	9	10
13	1	2	3	4	5	6	7	8	9	10	11	12	13	1	2
5	6	7	8	9	10	11	12	13	1	2	3	4	5	6	7
10	11	12	13	1	2	3	4	5	6	7	8	9	10	11	12

图 1-4 顺序错位排列示意图

1.2.2.4 种子园经营管理

种子园建立后，需要加强管理经营，主要内容包括土壤管理、树体管理、花粉管理、病虫害防治等。

(1) 土壤管理

种子园应根据实际情况，加强中耕除草、水肥管理，提高种子产量和质量。

(2) 树体管理

树体管理的要点是对树木进行人工修剪，采用去顶、疏枝、短截等，促使树形矮化，扩大结实面积，便于管理操作和果实采摘。从而提高工作效率，降低种子生产成本。

去劣疏伐是增加初级种子园的种子产量和提高遗传品质的重要措施之一。通过去劣疏伐，可确保树木有充足的光照，以满足树冠的发育。根据子代测定数据以及对开花结实习性的了解，可以淘汰遗传品质低劣的无性系或家系，对于花期不遇的，或种子产量极低的，也可以的酌情伐除。

(3) 辅助授粉

小的种子园或种子园处于结实初期阶段，辅助授粉可补充自然授粉量不足，提高种子产量。缩小种子自交范围。特别是同一无性系的分株雌雄花期一致时更是如此。人工辅助授粉的花粉是经过选育的优良亲本的等量混合花粉，因而能够克服种子园内少数无性系花粉占统治地位的现象。扩大遗传基础，改良后代种子的遗传品质。通过人工辅助授粉，可使外源不良花粉的干扰条件降低至最低程度，减少花粉污染，减少产生劣质种子。

(4) 病虫害防治

种子园中，花、果和种子常遭受病虫危害，必须从病虫害的发生规律着手，建立虫情测报制度和采取有效的防治措施。

(5) 种子园技术档案

种子园技术档案的主要内容包括：规划设计说明及种子园区划图、种子园无性系(或家系配置图)配置图、种子园优树登记表、种子园营建情况登记表、种子园经营活动登记表等。

1.2.3 采穗圃

采穗圃是指用优树或优良无性系作材料，为生产遗传品质优良的无性繁殖材料(接穗或插穗)而建立起来的良种繁育基地。

按建圃材料和担负的任务不同及无性系的测定与否,可分为初级采穗圃与改良采穗圃。初级是从未经测定的优树上采集下来的材料建立起来的。它的任务只为提供建立一代无性系种子园、无性系测定和资源保存所需要的枝条、接穗和根段。改良采穗圃是由经过测定的优良无性系、人工杂交选育定型树或优良品种上采集的营养繁殖材料而建立起来的。它的任务是为建立一代改良无性系种子园或优良无性系、品种的推广提供枝条、接穗和根段。

采穗圃一般设在育苗地附近,管理方便,便于集约经营;穗条产量高,成本低,供应有保证;种条生长健壮,粗细适中,发根率较高,遗传品质有保证;采穗母树一般矮化处理,便于采条操作和进行病虫害防治。

我国对杨树、柳树、水杉、杉木、桉树、乌桕、核桃、油茶等树种,已建立了一批采穗圃。随着无性繁殖技术的突破,采穗圃将成为良种繁育的主要方式。

1.2.3.1 采穗圃建立

(1)选择作业方便、条件优良的圃地

采穗圃一般建在苗圃内,以便于采穗,避免穗条长途运输,最大限度地提高扦插或嫁接的成活率。圃地应选择土壤肥沃、光照充足、便于灌溉、地势平缓的区域、面积根据造林和育苗任务,以及单位面积提供的种条数量决定,一般为育苗面积的1/10左右。

(2)遗传品质、繁殖材料优良

采穗圃中的采穗母树可根据树种的特性,分别采用播种、扦插、嫁接、选超级苗(优质幼树)移栽或埋根等方法进行繁殖。新型优良品种可以通过组织培养扩繁后,用组培苗建立采穗圃。

(3)合理密植,提高效益

无性系的定植密度因树种、整形修枝以及立地条件不同而异。合理密植可增加单位面积穗条的产量。从而充分利用土地资源,提高经济效益。

(4)块状定植,避免混杂

无性系采用块状排列定植最佳,这样便于管理操作。对于根蘖能力强的树种,应考虑不同无性系小区之间的隔离,以防止因串根而造成品系混杂。最后做好记录,画好定植图,标注清楚品系的位置和数量,设置标牌,避免错采造成品系混淆。

1.2.3.2 采穗圃作业方式

目前各地所采用的方式包括灌丛式、矮干式、高干式3种。

(1)灌丛式

利用一年生实生苗或插条苗按规定间距定植,距地表5~15 cm处平茬,春夏时萌发许多新枝,在嫩枝中选留3~5根粗壮的枝条作为培养种条,其余全部剪除,在当年秋冬或翌春采收种条时,再平茬一次。每年平茬部位逐年提高3~5 cm,5~6年之后全面更新一次。

株行距的大小因树种和立地条件而异,一般不宜过密,过密常导致种条生长不良,管理困难。

(2)矮干式

用大苗按2 m×2 m 或 2 m×3 m 间距定植,培育2~3年,待主干形成后,从0.5~1 m高处截干,当春季萌发许多新枝条时,在嫩枝中选留4~6根强壮、分布均匀的枝条作为第一级骨干种条培养，其余全部剪除，当年冬或翌春从 0.5~1 m 处剪取种条，连续 2~3 年，让其主干生长粗壮，以后每年从第一级骨干枝上，生长出的第二级侧枝中，选取 2~4 根强壮、分布均匀的枝条作为第一级骨干种条培养，其余全部剪除，当年冬或翌春从第二级侧枝中剪取种条。

(3) 高干式

待主干形成后，从 2~3 m 高处截干，定植 2 年内，充分施肥，促进树体生长，然后再进行整形修剪。在 2~3 年时把生长充实的侧枝从离树干 10 cm 左右处剪断，以促进萌条发生。这一过程也可分 2 年完成，以后每年按同样方式处理。在 4~5 年时，从主干高 2~3 m 处截断。这时在树干侧枝修剪处可以发生大量萌芽条，对其中粗壮的萌条 2~3 枝，可选留培养，以供来年采用。

1.2.3.3 采穗圃经营管理

采穗圃的管理主要包括土壤管理、整形修剪、幼化控制、病虫害防治和档案管理等内容。

(1) 土壤管理

在日常管理中应注意施肥、灌溉、中耕除草工作，保证种条健壮生长。特别是在经过多年采穗后，更应该加强水肥管理，以免地力过度消耗影响母树生长，造成树势衰退，甚至不能利用。

(2) 整形修剪

主要措施是去顶矮化，控制主干保留一定高度，这样既有利于侧枝生长和穗条的萌发，也便于穗条的剪取，经过疏枝修剪也能保证枝条接受充足阳光。一般采穗圃连续采条 2~5 年（因树种不同而异）以后，随着土壤肥力降低和根桩年龄增加，出现长势衰退、病虫害加重等现象，从而影响种条产量和质量。为了恢复树势，可在秋末冬初或早春地表化冻前平茬复壮。如果采穗母树失去培养前途，应该重新建立采穗圃，更新轮作。但为了不影响种条产量，应分次进行。

(3) 幼化控制

采穗圃的核心工作是幼化控制，将幼化控制贯穿于经营全过程，最大限度地生产具有幼年性、一致性的无性繁殖材料。幼化控制主要是整形修剪、平茬、复壮及更新等。

采穗圃经营多年后，随着年龄的增长，可能产生成熟过程或退化现象，退化一般不涉及基因混杂与基因劣变等遗传因素，而主要与非遗传因素有关，包括成熟效应、位置效应以及病毒侵染等。所以，要采取措施诱导老树复壮返幼及阻滞幼龄个体退化。复壮是指针对品种退化而采取的恢复并维持树木幼龄状态的措施。由于引起树木无性繁殖材料退化机理不同，因此所采取的复壮措施也不同。对于与老化相关的成熟与位置效应而引起的退化，可通过种子更新复壮，或利用树木的幼态组织区域复壮，一般从成熟植株的根部等幼态区获得材料进行复壮最为可靠。而对于病毒引起的无性繁殖材料退化，可通过植物组织培养进行脱毒返幼复壮。

(4) 病虫害防治

严密注意采穗圃内虫情、病情，发现病虫害后及时防治。对感染的枯枝残叶及时深埋或烧掉。

(5) 档案管理

建圃后要及时建立各项技术档案，记载采穗圃的基本情况、优树名称、来源、经营管理措施、产量和质量变化情况等内容。

实践训练

实训项目 1-1　优树选择(对比树法)

一、实训目标
掌握优树选择的基本知识和选择步骤，能根据生产需要进行优树选择的实际操作。

二、实训条件
根据当地情况选择适宜树种和林分。

罗盘仪、手持 GPS、标杆、皮尺、卷尺、测高器、生长锥、计算器、油漆、挂牌、记录本、铅笔、滚珠笔、调查员手册、放大镜、照相机等。

三、实训内容与方法

(一)踏查

1. 选优林分

根据某林场或某地区的林相图、地形图(或平面图)，全面进行踏查，了解林分状况与林分结构特点，确定具体的选优林分、选优路线及选优方法。选择典型代表林分进行选优试点，研究分析主要性状变异幅度，统一选优标准与方法。

2. 预选优树

根据优树的标准(随植物种、地区而异)，在适合选树工作的林分中，目测预选。在中选的植物上做好临时标记，以便于识别和实测初选木。

优树预选木必须是林中木，尽量不要选择林缘木、孤立木。疏林中亦可能出现干型端直、整枝良好、树冠窄的优良个体，也可考虑作为选择对象。

优树所处立地条件必须与其他林木相同，或者略低于其他林木。

(二)初选

根据踏查结果，实地选树评比。凡符合优树标准的个体林木在树干 1.5 m 处用红漆涂环，在易于察看的方位写明优树号，各株对比树也要同时进行标记和编号。

1. 调查方法

采用综合评分法，五株(或三株或四株)优势木对比树法或小样地法。

以优树预选木为中心，用罗盘仪测量，沿水平带状设置长方形标准地，大小 30 m×10 m (即长×宽)或者以预选林木为中心作 10~15 m 为半径的圆形标准地；或利用株数控制标准地大小，即在预选林周围选测 200~250 株林木范围作为标准地。

2. 调查内容

主要调查林分基本情况(立地条件、林分状况等)、林木生长量、林木形质指标等。

①生长量。包括胸径，中央直径、树高、材积等。

②形质指标。标包括高径比，冠径比，自然整枝能力(以枝下高/胸径衡量)、枝径比(以最粗枝/胸径表示)，树皮指数(以 2 倍树皮厚度/胸径表示)，冠幅等。

③其他。调查树干及木材纹理通直度、树干圆满度、当前生长势、健康状况、结实状况等。

3. 计算与登记

按所选择方法的要求和公式计算各项调查测量数据。根据计算结果，按优树标准评定入选。我国主要针叶造林树种优树选择标准见《主要针叶造林树种优树选择技术》（LY/T 1344—1999）。

（三）复选

①审核初选调查材料和计算数据。

②将所选的优树再按优树标准相互评比，优中选优，凡不符合条件者，坚决淘汰。

四、实训考核

（一）考评内容

①树种、林分选择，预选优树结果。

②标准地设置，林木测量。

③记录、计算。

④优树选择结果。

⑤时间分配、安全操作。

（二）考评标准

①树种，林分，预选优树过程选择规范、判断正确。

②标准地设置符合规定要求，林木调查操作规范、熟练。

③调查记录规范、完整、清晰，计算正确。

④复选的优树符合规定要求。

⑤操作文明，安全，团队分工协作良好，工作效率高。

五、实训成果

分组填写优树选择的各种表格、数据计算和上报结果；个人撰写实训报告。

六、优树评选附录

（一）马尾松优树评选综合评分法参考件

候选树与5株优势木平均值进行逐项比较评定分数，候选树的累积总分达到30分或超过者可评为优树。除年龄外，若其他项目中出现一项以上评分为负值者则不能评为优树。

1. 材积

候选树材积与对比树平均材积相比，每超过10%给候选树加评1分；

2. 树高

候选树高与对比树平均树高相比，超过值不同，分值不同。分别为零分（<5%）、1分（5%~6%）、2分（7%~8%）、3分（9%~10%）、4分（11%~12%）、5分（13%~14%）、6（15%~16%）、7分（17%~18%）、8分（19%~20%）、10分（>20%）。

3. 冠型

按冠幅大小、针叶浓密程度及生长势进行评定分数。窄冠浓密冠型，长势旺者为5分；候选树冠型与对比树相同者为零分；不如对比树者给负分。

具体做法，可根据冠幅与胸径比值大小来评分，候选树的比值小于对比树比值的平均值给分，大于打负分，相等者为零分。

4. 干形

从候选树本身条件观测，可根据形率来评分。干形圆满最佳者为5分，与对比树相等者为零分，形率小于对比树者为负分。

5. 通直度

候选树主干中下部有一个较大弯曲，或扭曲；或有两个较小的弯曲都不能评为优树。按通直度优劣程度评为5级。候选树完全通直者为5分，与对比树相等评为零分，不如对比树打负分。

6. 侧枝粗度

可根据最粗侧枝直径与胸径的比值来评分，比值最小者为5分；最大者为-5分；候选树与对比树平均值相等者为零分。

7. 侧枝角度

侧枝与主干成直角成平展者为5分，分枝角最小者为-5分，候选树与对比树相同者为零分。

8. 树皮厚度

可根据树皮指数来评分，树皮指数为胸径处树皮厚度的2倍与胸径的比值。候选树与对比树相等为零分，小于对比树给分，最小为5分，大于对比树打负分。

9. 自然整枝能力

可根据枝下高与树高之比值大小来评分。比值最大者为5分，最小者为-5分，候选树与对比树比若相等为零分。大于对比树给分，小于对比树者为负分。

10. 年龄

若候选树与对比树的年龄不一致时，年龄差异不能相差一个龄级。候选树年龄大于对比树1~2年为零分，大5年为-3分。反之，每小1年评1分，最多为3分。

(二) 综合评分法

1. 生长量对比表 (表1-3)

表1-3 生长量对比表

编号		胸径(cm)	树高(m)	材积(m³)	枝下高(m)	最粗枝条直径(cm)	冠幅(m)	树龄(年)	比较结果
候选树									
对比树	1								
	...								
	平均								

2. 形质指标对比表 (表1-4)

表1-4 形质指标对比表

编号	项目	材积(m³)	树高(m)	冠型	干形	通直度	侧枝粗度(cm)	侧枝角度(°)	树皮厚度(mm)	自然整枝能力	树龄(年)	总评分
候选树												
对比树	1											
	...											
	平均											

3. 选优优树登记表(表1-5)

表1-5 选优优树登记表

优树编号： 　　　　　　　　　　　　　　　　　　　　　选优日期：

地点	省、县(局)、乡(林场)、村(工区)			
小地名				
优树特征	树龄(年)：	树高(m)：	胸径(cm)：	中央直径(cm)：
	形率：	材积(m³)：	胸高皮厚(cm)：	生长势：
	干形：		冠形：	
	冠幅(m) 东西：		树皮特征：	
	南北：		结实情况：	
	平均：		健康状况：	
	适选林木群体株数：		优树选择率：	
	坐标：		其他特征：	
立地条件	海拔：	坡度：	坡向：	坡位：
	土壤名称：		母岩：	土层厚度(cm)：
	腐殖质层厚度(cm)：		石砾含量(%)：	pH：
	其他：			
林分状况	起源：		林龄：	密度：
	组成：		郁闭度：	种源：
	抚育年份和强度：			
	下木、地被物种类、数量及总盖度：			

4. 综合评分记录表(表1-6)

表1-6 综合评分法选优优树登记表

项目	材积(m³)	树高(m)	冠型	干形	通直度	侧枝粗度	侧枝角度	树皮厚度(cm)	自然整枝能力	树龄(年)	合计
候选树评分											

优树所在位置示意图：

总体评价：
优树照片：

　　　　　　　　　　　　　　　　　　　　　　　　　　　　　　　　　　评选人：

(三)优势木对比树法(表 1-7)

表 1-7　优势木对比树法生长量对比表

优树编号：_____　　　　　　　选优日期：_____

1. 优树所在地点：

省_____县（局）_____乡（林场）_____小地名（林班、小班）_____

海拔_____m　坡位_____坡向_____坡度率_____°

坐标_____

土壤类型_____立地指数_____

2. 林分状况：

起源_____组成_____林龄_____年　郁闭度_____

造林密度_____株/亩，现在密度_____株/亩

林分平均胸径_____cm，平均树高_____m

适选林木群体株数_____株，优树选择率_____%

3. 优树评选记载项目：

编号		胸径(cm)	树高(m)	材积(m³)	形数	中央直径(cm)	比较结果
候选树							
对比树	1						优树大于对比树(%)： 胸径_____ 树高_____ 材积_____ 优树年平均生长量： 胸径_____ 树高_____ 材积_____
	...						
	...						
	...						
	...						
	平均						

冠幅：南北_____m，东西_____m，平均_____m

通直度_____　形率_____　枝下高/树高_____

侧枝粗/胸径_____　分枝角度_____

树皮厚度_____cm，树皮指数_____

结实量_____（<30；30~50；50~75；；75~100；>100）

木材基本密度：_____

选中理由：_____

优树位牲示意图：

评选人：

(四)小样地法(表1-8)

表1-8 小样地法生长量对比表

编号	胸径(cm)	树高(m)	材积(m^3)	形数	中央直径(cm)	比较结果
候选树						优树大于对比树(%)： 胸径_____ 树高_____ 材积_____
小样地对比树平均值						优树年平均生长量： 胸径_____ 树高_____ 材积_____
基准线标准						

实训项目1-2 杂交技术

一、实训目标

掌握林木有性杂交的基本知识和杂交技术的方法步骤，能根据生产需要进行树体杂交的实际操作。

二、实训条件

实验室、树木园等实训场所，选择适宜花枝或进入适宜花期的林木。

修枝剪、硫酸纸袋、纱布、细绳、棉花、标签、铁牌、回形别针、毛笔、授粉器、记载薄、梯子、铅笔等。

三、实训步骤和方法

(一)树上杂交技术

①花瓣采集、贮藏和生活力测定，参考单元1.1.4相关内容。

②去雄和隔离。若是两性花，杂交之前须将选作母本的花去雄，即除去花中的雄蕊；若是单性花只需隔离。去雄要在花粉成熟之前进行，一般用镊子或尖头剪刀直接剔除花中的雄蕊。去雄时要仔细、彻底，不要损伤雌蕊，更不能刺破花药，否则会引起自花授粉。此外，去雄时所用的镊子、剪刀等工具要常浸在酒精中消毒，以杀死黏着的花粉。

去雄要及时套袋隔离。为使雌花有良好的发育条件，隔离袋应选用薄而透明、坚韧的材料，一般风媒花常采用半透明的玻璃纸，在南方地区，为防止雨水浸湿破坏，多数还使用蘸根粉糊粘贴，并涂上桐油；虫媒花植物多采用细纱布或细麻布制作隔离裳。

隔离袋的大小视植物种而异。套袋时袋口最好扎在枝条上绑扎稳固，扎缚处用棉花或废纸裹衬，以免因风吹树摇而受到机械损伤，并防止外来花粉入侵。

③授粉。待雌花开放、柱头分泌黏液时，即可以授粉。授粉期因植物种而异(白蜡、松树为2~8 d，松树4~5 d，冷杉、云杉2~5 d，鹅掌楸为0.5~5 d，杨树、柳树为3~5 d)。授粉最好在无风的早晨进行，一般采用喷粉器或用毛笔、棉花球等黏着花粉涂抹在柱头上。授粉后要挂上标牌，注明杂交组合、授粉日期。

④管理。注意隔离，3~7 d后当柱头已萎缩(针叶树苞鳞闭合)时，表示失去再授粉能力，

这时可除去隔离袋。但是，某些植物种如蕨类在幼果发育至成熟时，为防止昆虫危害须再次用纱袋套上。

为了积累资料核对杂种后代，进一步分析研究，应对果实发育情况进行观察。

⑤收获。种子为了避免种子飞散，当果实即将成熟时要套上纸袋，待成熟时连同袋子一起采收、脱粒，按组合分别保存，并附上标签，注明杂交组合、授粉期、采种期，以备播种。

⑥播种与幼苗移栽。种子可以直接在苗圃播种，或先室内盆播，然后移栽。

在整个杂交过程要注意细心管理、观察记载。特别注意杂种种子的采收、处理、保藏、播种等工作。

（二）室内杂交技术

室内杂交技术，又称切枝杂交。是指种子小而成熟期短的某些植物种（如杨树、柳树和榆树）可从树上剪下枝条培养，在室内进行杂交。这样，可避免大树梢上杂交工作的困难，克服花期和产地不一的困难，操作、管理和观察也较方便。现将方法分述如下。

①枝条采取和修剪。从已选好的母树树冠的中上部，选1~2年生无病虫害的、基部直径为1.5~2.0 cm，长70 cm以上的雌花或雄花枝条。采回来的枝条，或从远地寄来的枝条，入室前进行修剪。雄花枝除将生长不良的花枝、生长过密的小枝、无花芽的徒长枝和带有病虫害的枝条剪掉外，尽量保留全部花芽，以便大量收集花粉。雌花每枝留1~2个叶芽、3~5个花芽，其他全部去掉。

②水培及管理。将已修理好的枝条，在水中将基部剪成斜面插于盛有清水的大号容器中，温室每隔2~3 d换1次水，天热时应勤换水，并同时洗去枝条基部的分泌物，隔一定时间修剪基部1次。

气温应保持在15~18 ℃，相对湿度以70%为宜，并保持室内空气流通，防止病虫害的发生。

在每个雌花枝上挂一标签，注明植物名称，采枝时间和花序数目，并按需要项目进行观察记载。

③调节花期。为了在雌花开放前准备好必需的花粉，须注意花期的调节。如果雌雄亲本花期相同，则应将雄花枝提前2~4 d放入温室，如果雌雄亲本花期不同，则必须周密考虑，或者更早些培育雄花枝，或者对雌花进行低温控制以保证雄花早开，否则会使实验失败。

④隔离。为了达到杂交的预期目的，必须防止自然授粉，应将所有的雌雄花枝在没有开花之前先行隔离。可把同一组合的雌雄花枝放在同一室内，或同一父本的雌花枝放在同一室内，而不同组合或不同的父本，则要分别放在不同的室内，必要时也可以在雌花枝上套袋。

⑤去雄、授粉。当雌花柱头明亮且有透明汁液时，即可进行授粉。用毛笔蘸取花粉轻轻撒在柱头上。如果是以套袋法隔离的，则授粉时要打开袋口，进行授粉后，再把袋扣用回形针别住。

由于同一花序内的各个小花盛开的时间不同，往往是基部的先开，先端的后开，前后可差2~3 d，所以授粉工作应该在两三天内连续进行几次。最佳授粉时间是其盛花期每天的8：00~11：00，因为此时柱头上的汁液较多。

授粉后，在标签的反面注明父本名称和授粉期。

⑥管理、观察和记载。在果实发育期里，温室内的温度因受季节的影响将会显著提高，微生物的繁殖加快，虫卵开始孵化。应注意防治病虫，宜经常换水和通风。温度控制在18~22 ℃，湿度保持在65%以上。

杂种种子采收、播种和管理等工作，与树上杂交技术相同。

四、考核评价

（一）考评内容

①树木的开花、授粉和结实习性。
②花粉采集、贮藏和生活力测定。
③控制授粉技术。
④授粉后管理。
⑤标牌，记录，观察记载。
⑥技术规范、安全操作。

（二）考评标准

①熟悉树木的开花、授粉和结实习性。
②花粉采集、贮藏和生活力测定操作规范、熟练。
③控制授粉(去雄、隔离、授粉、去袋)操作准确。
④授粉后各项管理措施到位。
⑤标牌清楚，记录完整，观察记载仔细。
⑥操作文明，安全，工作效率高。

五、实训成果

采收杂种种子，填写记录表格；个人撰写实训报告。

六、实训附录（表 1-9 至表 1-11）

表 1-9 树上杂交记录表

植株号	套袋隔离去雄时期	隔离花果数量	授粉日期	授粉方法	授粉植物种	取袋时期	采果实期	果实数量	种子数量	备注
2*	3月13号*	200个*	4月3号*							

注：* 为样例参考。

表 1-10 切枝杂交记录表

母本名称	采枝时间	枝号	花芽开放日期	授粉植物	采收花粉期	授粉期	授粉花序数	果实成熟期		果实数量	
								最初	末尾	果数	种子数

表 1-11 切枝杂交和树上杂交后期记载表

NO.*号/号	杂交组合		授粉花果数量	采收果实种子数量（个）	杂交成功百分率（%）
	♀	♂			

注：* 分母表示年号，分子表示杂交组合编号。

如进行杂种苗木培育，可记载种子发芽的日期，发芽势、发芽率(%)；移植时间，小苗数量；移植成活率和保成率，苗木生长特点、生长量记录。

实训项目1-3　种子园规划设计

一、实训目标

结合现场调查，熟悉种子园规划设计的基本内容。

二、实训条件

已建立的种子园。

罗盘仪、GPS、皮尺、测绳、标尺、计算器、绘图用具、相关图面资料(地形图、平面图等)。

三、实训步骤和方法

(一)了解种子园基本概况

包括建园树种，建园时间及经营历史，地理位置、交通条件、自然条件、现有技术条件等。

(二)种子园调查

主要内容包括：隔离措施；栽植密度；建园方式(实生或无性系)；树种配置；无性系(或家系)配置方式(包括数量、小区配置方式)；施工技术要求；辅助设施规格；预期效果；图面资料(种子园总体规划园、小区配置园、施工预算表、施工时间安排表等)。

四、实训成果

分组填写优树选择的各种表格、数据计算和上报结果；个人撰写实训报告。

五、实训附录(表1-12)

表1-12　种子园调查表

地点	省、县(局)、乡(林场)：						
小地名							
种子园概况	树种		面积：		建园时间：		
	坐标						
	海拔(m):		坡度(°)		坡向：		坡位：
	土壤名称：				母岩		土层厚度(cm):
	腐殖质层厚度(cm):				石砾含量%：		pH：
	其他						
种子园设计	规模设计	种子生产区：					
		优树收集区：					
		子代测定区：					
		其他规划区：					
		隔离带：					

第一部分 总论

（续）

种子园设计	建园技术	栽植方式：
		栽植密度：
		实生来源、数量、小区配置方式：
		无性系来源、数量、小区配置方式：
种子园管理	水肥管理：	
	间作与利用：	
	中耕除草：	
	花粉管理：	
	树体管理：	
	病虫害防治：	
种子园经费预算与收益预估：		
各种附表、附图		

巩固拓展

一、名词解释

1. 种质资源；2. 变种；3. 类型；4. 品种；5. 无性系；6. 家系就地保护；7. 迁地保存；8. 种源；9. 种源试验；10. 优树；11. 引种；12. 杂交；13. 远缘杂交；14. 辐射育种；15. 化学诱变育种；16. 多倍体；17. 多倍体育种；18. 单倍体育种；19. 母树林；20. 优良木；21. 优良林分；22. 种子园；23. 采穗圃。

二、填空题

1. （　　）是林木育种的基础，是决定育种效果的关键。
2. 种质资源按来源分为：（　　），（　　），（　　）和（　　）。
3. 生物多样性一般认为包含（　　），（　　），（　　）3个层次，其中（　　）是基础。
4. 种质资源的保存方式有：（　　），（　　），（　　）3种。
5. 种质资源管理包括（　　），（　　），（　　），（　　），（　　）。
6. 根据试验的步骤，种源试验一般可分为（　　），（　　）。
7. 用材树种的生长量指标主要是树高、胸径及单株材积。与林分平均值比较，优树的材积、树高和胸径应该分别超过林分平均值的（　　），（　　），（　　）。
8. 优树选择时材积评定常用（　　），（　　）方法。
9. 在选定的林分内，按拟定的调查方法、标准，沿一定的线路调查。凡发现符合要求、而未经实测证实的优树，称为（　　　）。

10. 杂交亲本选择包括（　　　）和（　　　）选择。
11. 两个不同的树种或品种进行交配称为（　　　）。
12. 由单交得到的杂种 F_1，再与其亲本之一进行杂交，称为（　　　）。
13. 用多个亲本的花粉混合，对一个母本进行授粉，即 A×(B+C+D+…) 称为（　　　）。
14. 克服远缘杂交不孕和杂种不育的方法有（　　　），（　　　），（　　　）。
15. 树木远缘杂交不孕的障碍主要来自（　　　），（　　　），（　　　）3个方面。
16. 中国林业科学研究院林业研究所在幼年代培育的群众杨，由小叶杨×(钻天杨+旱柳)杂交得到的。它利用（　　　）杂交方式。
17. 常用化学诱变常用的处理方法有（　　　），（　　　），（　　　），（　　　），（　　　），（　　　）等。
18. 多倍体品种通常有（　　　），（　　　），（　　　）类型。
19. 单倍体育种主要有（　　　），（　　　），（　　　）途径。
20. 母树林选择林分时林龄应选择同龄林，对异龄林的年龄控制在（　　　）个龄级以内。

三、判断题

1. 物种是自然选择的产物，品种是人工选择的产物，所以，某种树木同属物种、变种、类型、品种、品系越多，说明该种树木变异程度越大。　（　　）
2. 人为应用诱变、转基因等方法所创造的新品类都是良种。　（　　）
3. 野生动、植物保护的主要形式是迁地保存。　（　　）
4. 开展种源试验时采种林分的地理起源要清楚，尽量用天然林。　（　　）
5. 最理想的选优林分是性状已经充分表现出来的同龄纯人工林。　（　　）
6. 植物适应性的大小，与其分布的现实生态条件有关，与其在系统发育中所遇到过的历史生态条件无关。　（　　）
7. 生态历史愈复杂，植株的适应性愈广泛，引种潜力越大。　（　　）
8. 植物引种为某些致命性病虫害的传入提供了可能性，国内外在这方面都有许多严重的教训。为了防止危害性病虫害的传入，应认真执行国家有关动、植物检疫的规定。　（　　）
9. A×B 或 B×A，如果认定前者是正交，则后者就是反交。　（　　）
10. 多父本混合授粉杂交目的是在一次杂交中就取得遗传基础更为丰富的原始材料，成为克服远缘杂交不可配取得杂种。　（　　）
11. (A×B)×C 的杂交方式是三杂交。　（　　）
12. 杂交育种是通过杂交，取得杂种，对杂种鉴定和选择，以获得优良品种的过程。　（　　）
13. 辐射诱发突变的遗传效应是由于辐射能使植物体内各种分子发生电离和激发，导致 DNA 分子结构的变低造成基因突变和染色体畸变。　（　　）
14. 多倍体品种一般表现为巨大性、可孕性低、适应性强、有机合成速率增加、可克服远缘杂交不育性等特征。　（　　）

15. 单倍体育种中孤雌生殖，又称花药培养，技术成熟，应用广泛。（   ）
16. 单倍体植物也能结种子，但生长弱小，没有单独利用的价值。（   ）
17. 母树林选择林分时起源不论是天然林或是人工林，都要选择萌生的林分。（   ）
18. 疏伐原则留优去劣，照顾结实，适当考虑均匀分布。（   ）
19. 种子园根据母树的亲缘关系，可分为无性系种子园和实生种子园。（   ）

四、简答题

1. 我国种质资源状况如何？怎样搜集和保存植物种质资源？
2. 开展种源试验时采种点的确定应考虑哪些因素？
3. 优树选择的标准是什么？
4. 如何评价现有的引种理论？
5. 树木引种工作的主要程序是哪些？
6. 提高引种效果的措施有哪些？
7. 为什么说取得杂种只是杂交育种工作的起点？
8. 选择杂交亲本的原则是什么？怎样选择杂交母树？
9. 产生远缘杂交不孕和杂种不育的原因是什么？如何加以克服？
10. 多倍体植物具有哪些特征、特性？在育种上有何意义？
11. 怎样诱导多倍体？怎样鉴定多倍体？
12. 培育单倍体在林木育种上有何意义？
13. 选建母树林时应充分考虑哪些条件？
14. 简述母树林经营管理的主要技术要点。
15. 比较无性系种子园和实生苗种子园的优缺点。
16. 种子园外源花粉的隔离时应考虑哪些因素？
17. 简述种子园经营管理的主要技术要点。
18. 采穗圃的优点有哪些？
19. 简述采穗圃经营管理的主要技术要点。

五、知识拓展

1. 国家林木种质资源平台. http：//www.nfgrp.cn/
2. 中华人民共和国科技部，国家林业和草原局. 国家主要林木育种科技创新规划（2016-2025 年）[S]. 2016.
3. 梁艳丽. 林木转基因技术的生态风险及伦理责任规制研究[J]. 南京林业大学学报，2016(16)04：30-38.

单元 2　种子生产

> 学习目标

知识目标

1. 了解林木结实规律。
2. 掌握林木种实产量预测的方法。
3. 熟悉当地主要树种种子的散落方式和采种时期。
4. 掌握种实采集、调制和贮藏技术。
5. 掌握种子品质检验技术标准。

技能目标

1. 熟练完成林木种实产量预测。
2. 熟练完成当地主要树种种实采集、调制和贮藏任务。
3. 根据国家标准完成当地主要树种种子品质检验。
4. 灵活应用所学知识为基层从业人员开展种子生产技术指导。

素质目标

1. 树立绿水青山就是金山银山的生态文明理念。
2. 培养理论联系实际的工作作风。
3. 初步建立创新创业意识。
4. 养成知行合一、团结协作、吃苦耐劳、精益求精的职业品格。

> 理论知识

林木种子是承载林木遗传基因、促进森林世代繁衍的载体，质量的优劣、数量的多少直接关系到森林质量和林业建设。林木种子既是发展现代林业的重要基础，也是现代林业建设与发展的战略资源。

广义林业生产上的种子不仅包括真正的种子、类似种子的果实，还包括可用来繁殖后代的根、茎、叶、芽等无性繁殖器官。植物学上的果实在林业上也可直接播种、育苗或造林。概括地说凡在林业生产上可作为播种材料的任何器官或营养体的一部分，都可称为种子。2016实施的《中华人民共和国种子法》中，种子是指农作物和林木的种植材料或者繁殖材料，包括籽粒、果实、根、茎、苗、芽、叶、花等。

2.1 种实采集

种实采集是林木种子生产中的重要环节，季节性很强，这项工作进行得是否科学、适时，直接影响种子的品质和产量。为了持续获得大量良种，必须熟悉林木结实规律，掌握种实成熟特征和脱落习性，科学预测种实产量，做好采种前的准备工作，制订切实可行的采种计划，选用适宜的采种方法和采种工具，同时做好种子登记工作。种实采集后，要及时进行调制，以免霉变导致种子品质下降。

2.1.1 林木结实规律

2.1.1.1 林木生命周期

林木为多年生多次结实的植物，经过种子萌发、营养生长、开花结果、衰老死亡的全过程，完成其生命周期。林木最初的生长发育过程主要是营养物质积累，枝干和树冠不断扩大，达到一定年龄和发育阶段，林木顶端分生组织接受开花诱导，才开始分化并形成花原基，逐渐具有繁殖能力，进入开花结实阶段。

在林木生命周期中，根据林木结实规律可分为4个时期。

（1）幼年期

幼年期是指从种子萌发开始，到植株第一次开花结实为止。它又称为营养生长时期或花前幼龄阶段，是个体生长发育的重要时期。此时期为纯粹的营养生长阶段，没有生殖生长，地上和地下部分生长迅速，形成主干、树冠和根系，形成一定大小和形状的树体。树木光合面积逐渐增大，营养物质积累增多，为后期的开花结实做好形态和生理方面的准备。这时树木有较大可塑性，对外界环境条件适应能力强，在树木群落中有较强竞争力。此时林木组织生理年龄小，无性繁殖能力强，适合做无性繁殖材料。

幼年期长短因树种生物学特性和环境条件而异。许多灌木树种2年生就能开花结实，如胡枝子、紫穗槐；但乔木树种一般结实较晚，如云杉、冷杉等天然林需40年以上才能结实。速生喜光的树种幼年期较短，如马尾松5~6年生开花结实，而慢生耐荫的树种幼年期较长，如银杏需20年左右。实践证明，改善环境条件，可以缩短幼年期，如红松在天然林中需80~120年才开始结实，而人工林20年左右就能正常开花结实。有时由于林地土壤瘠薄、干旱或林木遭受病、虫、火灾等，常过早结实，这是一种异常现象。

（2）青年期

青年期是指从第一次开花结实开始到大量结实为止，又称结实初期。此时期营养生长旺盛，分枝大量增加，树冠迅速扩大，建成基本树体结构。生殖生长开始，逐渐由弱变强，达到与营养生长的平衡状态。此时个体发育不一致、树体规格小、花芽分化不均匀等原因，传粉和受精受到一定影响，所以种子产量少，空粒比多，发芽率低，故一般不从青年期的母树上采种用于生产。由于刚开始开花结实，结实量较少且不稳定，种子可塑性大，对环境条件的适应能力强，比较适合引种。

（3）成年期

成年期是从大量结实开始到结实能力明显下降为止，又称结实盛期。林木在这时期树体形态和构架比较稳定，地上和地下部分均生长到极限，对不良环境的抗性加强，但逐渐丧失了可塑性。林木个体生长旺盛，对光照、水分、营养的要求增多，结实量大且稳定，种子质量和产量均达到较高水平，是造林绿化用种的最佳采种期。

（4）老年期

老年期从结实能力明显下降时起到植株死亡为止，又称衰老期。林木主干、树冠和根系生长极为缓慢，生理活动减弱，可塑性消失，易遭病虫害，枝梢开始枯死呈现"负生长"。此时结实量大幅度减少，直到停止结实。种子质量差，不能用于造林绿化，在良种生产上已无价值。

以上是实生来源的树木的生长发育时期，无性起源的树木，根据无性繁殖材料的不同，生长发育的时期可能不同。4个时期变化是连续性的，各时期之间在形态、特点方面都有明显的区别。掌握树木发育时期的阶段性，对于开展良种选育、引种、杂交和林木种子经营等都有很大的实践意义。

2.1.1.2 林木结实周期性

树木开始结实以后，每年结实量有很大的差异。其中大部分灌木树种每年开花结实，而且每年结实量相差不大；乔木树种则部分年份结实量多，称为丰年（大年、种子年），部分年份结实很少或不结实，称为歉年（小年），而将中等的年份，称为平年。相邻两个丰年相隔的年限，称为林木结实的间隔期。

林木结实丰歉现象因树种不同而有很大差别。各年种子产量相当稳定的树种有杨树、柳树、樟树、桉树等，间隔期一般为0~1年；丰年较多、产量较稳定，开花后，果实成熟较快，如杉木、刺槐、泡桐等，间隔期一般为0~2年；丰歉年较明显的树种有水曲柳、油茶、栎类等，间隔期一般为1~3年；无收年份出现较频繁，种子产量极不稳定的多半是属于高寒地带的针叶树种，如樟子松、红松等，间隔期一般为3~6年。

林木结实丰歉现象是树体营养水平和环境因子综合影响的结果。已开始结实的树木，在丰年由于光合作用的产物大部分为果实、种子发育所消耗，养分不能正常运送到根部，从而抑制了根系的代谢和吸收功能。由于养分、矿物质、水分的供给及运输不正常，反过来又影响树木枝梢生长和叶片光合作用，造成在花芽分化的关键时期营养不良，致使丰年花芽分化量少，翌年就出现歉收。有时甚至还消耗母树体内贮藏的物质，母树补充这些营养所需的时间越长，产生丰年的间隔期也越长。林木结实的间隔期还与母树生长发育的环境有关，气候条件好，土壤肥沃，加强抚育管理，结实间隔期就短；不良的环境条件，特别是遇到灾害性天气时常延长结实间隔期。此外，不合理的采种方法对母树破坏严重，也会延长间隔期。

在丰年中不仅结实量多,而且种子品质好,发芽率高,幼苗生活力强。在生产上应尽量采收丰年的种子用于育苗、造林,同时进行大量贮备,以补歉年之不足。实践证明,树木结实的间隔期并非不能改变,只要为树木创造良好的营养条件,加强抚育管理,科学的整枝修剪,合理施肥等,就可以缩短或消除结实的间隔期。

2.1.2 种实成熟与产量预测预报

2.1.2.1 种实成熟

(1) 种实成熟过程

种实成熟是指受精后的合子发育成完整种胚(胚根、胚芽、胚轴和子叶)的过程。根据种实成熟过程中的生理生化和形态变化,可把种实成熟过程分为生理成熟和形态成熟两个阶段。

①生理成熟。当种子内部营养物质积累到一定程度,种胚具有发芽能力时,即达到生理成熟。这时种子含水量高,内部的营养物质处于易溶状态,种皮不致密,种子不饱满,抗性弱,采收后种仁收缩干瘪。这时采收的种子不易贮藏,易丧失发芽能力。但休眠期长的种子,如椴树、青钱柳等,生理成熟的种子播种能缩短休眠期,提高发芽率。

②形态成熟。当种子内部生物化学变化基本结束,营养物质积累已经停止,种实的外部呈现出成熟的特征时,即达到形态成熟。这时种子含水量降低,酶活性减弱,营养物质转为难溶状态的脂肪、蛋白质、淀粉等。种皮坚硬、致密,抗逆性强,耐贮藏;呼吸作用微弱,开始进入休眠;外观上种粒饱满坚硬,而且具有特定的色泽与气味。

多数树种是在生理成熟之后进入形态成熟。有少数树种虽在形态上已表现成熟的特征,但种胚还未发育完全,需经过一段时间才具有发芽能力,称为生理后熟。这些种子先表现出形态成熟的特征,但此时的种胚还很小,未发育完全,只占胚腔的 $1/3 \sim 1/2$,不具备发芽能力,只有在采收后经过一段时间湿藏后,种胚才发育完全具有正常的发芽能力。

一般来说,大部分树种的种子生理成熟在先,隔一段时间才能达到形态成熟。而有些树种种子生理成熟和形态成熟的时间几乎一致,如旱柳、白榆等,生理成熟完成后种子就自行脱落。还有少数种子形态成熟在先,生理成熟在后,如银杏、桂花、水曲柳、冬青等。

(2) 种实成熟期

不同树种的种实成熟期不同。如杨树、柳树、榆树在春季成熟,桑树在初夏成熟,臭椿、刺槐在夏末成熟,麻栎、侧柏在初秋成熟,油松、白皮松、桦木、榛子、银杏在秋季成熟,杉木、马尾松、油茶在深秋成熟。

种实的成熟期除受树种本身因素的影响外,还受地区、年份、天气、土壤、树冠部位以及人为活动等因素的制约。

同一树种在不同地区的种实成熟期存在差异。榆树在北京的成熟期约在 5 月上旬,在黑龙江则迟至5月下旬至6月中旬。同一树种在同一地区因所处地形及环境条件不同，成熟期也不同，阳坡或低海拔区域成熟期较早，阴坡或高海拔成熟较迟。

不同年份由于天气状况不同，种子成熟期也有很大差别。一般气温高、降水少的年份，种子成熟较早，多雨湿冷则成熟晚。土壤条件也影响成熟期的早晚，生长在砂土和砂质壤土上的树木种子比生长在黏重和潮湿土壤的树木成熟早。同一树种的林缘木和孤立木比密林内的种子成熟早，甚至同株树上，树冠上部和向阳面的种子比下部和阴面的种子成熟早。

此外，人类的经营活动也会提前或推迟成熟期，如合理施肥、改善光照条件，能提早成熟期。

(3) 种实成熟特征

在种实成熟的过程中，种实一些特征会发生显著变化，主要表现在颜色、气味和果皮表面的变化，可以此来确定种实的成熟期。

①球果类。果鳞干燥、硬化、微裂、变色。如杉木、马尾松等球果幼时青绿色，成熟时黄褐色、紫褐色；油松、云杉变为褐色，果鳞先端反曲。

②干果类。果皮由绿色转为黄、褐色，果皮干燥紧缩，硬化。其中蒴果、荚果的果皮因干燥沿缝线开裂，如刺槐、合欢、香椿、泡桐等果皮青色变成赤褐、棕褐、红褐色，果皮紧缩、硬化；坚果类的栎属树壳斗呈灰褐色，果皮淡褐色至棕褐色，有光泽。

③肉质果类。果皮软化，颜色随树种不同而有较多变化，如樟、楠、女贞、桂花由绿色变为紫黑色；圆柏呈紫色；银杏呈黄色；有些浆果果皮出现白霜。成熟后果实变软，味香甜，色泽鲜艳，酸味和涩味消失。

(4) 种实成熟鉴别

①目测法。根据球果或果实的颜色变化判断种实的成熟程度。

②解剖法。根据胚和胚乳的发育状况判断，可切开用肉眼观察，或用X射线检查。

③比重法。适用于球果，野外操作简单易行。先将水(比容1.0)、亚麻子油(比容0.93)、煤油(比容0.8)等配制成一定比重的混合液，再放入果球，成熟的球果飘浮，否则下沉。

④生化法　是指通过测定分析还原糖和粗脂肪含量等判断种实成熟程度。

上述鉴定方法中，前3种属于快速判断法。而科学准确采种，保证种子产量和品质则要用生化法。

2.1.2.2　种实产量预测

为科学制订采种计划，为采种、贮藏、调拨和经营提供科学依据，要对种子、果实产量进行预测和预报。生产上建立了一套林木结实预测预报的体系，内容包括：林木结实量预测在果实近熟期进行；预测方法可选用目测法、标准地法、标准枝法、平均标准木法、可见半面树冠球果估测法等；预测结果按树种、采集地区、采种林类别分别填写，将结果逐级上报。

(1) 目测法(物候学法)

本法根据历年的资料推算种子产量，即在开花期、种子形成期和种子成熟期观测母树的结实情况。

我国采用丰、良、平、歉四级制评定开花结实等级，各等级标准如下。
①丰年。开花，结实多，为历年开花结实最高的80%以上。
②良年。开花，结实较多，为历年开花结实最高的60%~80%。
③平年。开花，结实中等，为历年开花结实最高的30%~60%。
④歉年。开花，结实较少，为历年开花结实最高量的30%以下。

具体观察时，应组织具有实践经验的3~5人组成观察小组，沿着预定的调查路线随机设点评定等级，最后汇总，综合评定全林分的开花结实等级。要求观察者在开花和结实时目测准确、技术熟练。为了核对目测的结果，可用平均标准木法或标准枝法校正。

(2)标准地法(实测法)

在采种林分内，设置有代表性的若干块标准地，每块标准地内应有30~50株林木，采收全部果实并称重，测量标准地面积，以此推算全林分结实量。参考历年采收率和出籽率估测当年种子收获量。

(3)标准枝法

在采种林分内，随机抽取10~15株林木，在每株树冠阴阳面的上、中、下层，分别随机选长1m左右的枝条为标准枝，统计枝上的花或种实的数量，再计算出每米枝条上的数量，参考该树种历史上丰年、平年、歉年标准枝的花朵和果实数，评估结实等级和种子收获量。

(4)平均标准木法

平均标准木是指树高和直径都是中等规格的树木。此法是根据每树直径的粗细与结实量之间存在线性关系来计算产量的。在采种林分内选择有代表性的地段设标准地，每块标准地应有150~200株林木，测量标准地的面积，进行每木调查，测定其胸径、树高、冠幅，计算平均值。在标准地内选出5~10株标准木，采收全部果实，求出单株的结实量，以此推算标准地结实量和全林分的结实量与实际采收量。全林结实量乘以该树种的出种率即为全林种产量。

因立木采种时不能将果实全部采净，可根据采种技术和林木生长情况，用计算出的全林分种子产量乘以70%~80%，即实际采集量。

(5)可见半面树冠球果估测法

在采种林分内随机抽取样木50株以上，站在距树干与树高相等或相近的某处，统计每株样木可见半面树冠的果实数并计算平均值，代入该树种可见半面树冠果实数与全树冠果实数的相关方程，得出平均每株样木果实数，乘以全林株数可得全林果实数。根据历年采收率和出籽率估测种子收获量。用此法时，要先建立该树种可见半面树冠结实数与全树冠结实数的相关方程。

2.1.3 种实采集

2.1.3.1 种实脱落

林木种子成熟后，多数树种的种子会逐渐从树上脱落下来。由于树种不同，种实脱落方式和脱落期长短也不同。脱落的早晚受种子遗传学特性及环境因子的影响。

(1) 种实脱落期

大多数树种种实成熟后，果柄产生离层，种实散落。种实的散落期因树种而异。杨、柳、桦、榆、黄栌、栎类、木荷等树种，种实成熟后立即散落；油松、侧柏、栎类、桑树、黄栌等树种，种实成熟后经过较短时间散落；樟子松、马尾松、二球悬铃木、臭椿、楝树、刺槐、紫穗槐、白蜡、复叶槭等树种，种实成熟后需经较长时间才散落。

种实的脱落期除与树种本身遗传特性有关外，还受外界环境因素的影响，如气温、光照、降水、空气相对湿度、风和土壤水分等。气温高、空气干燥、风速大，种实失水快，脱落早；反之则脱落晚。种实脱落的早晚与种子质量密切相关，一般情况下，早期和中期（即盛期）脱落的种子质量好，数量多，后期脱落的种子质量较差。但栓皮栎最早脱落的种实，大多发育不健全，质量差。

(2) 种实脱落特点

不同树种种实脱落各有特点，如球果类的红松果实成熟后整个球果脱落；杉木、落叶松、马尾松、侧柏等成熟时果鳞张开，种子散落；金钱松、雪松、冷杉等树种果鳞和种子一起飞散。蒴果和荚果类的树种一般果实开裂，种子脱落；杨柳类种子与种絮飞散，裂开的果穗渐渐脱落；栎类、槠类、栲类、肉质果以及翅果类，常常整个果实脱落。

2.1.3.2 确定采种期

适宜的采种期是获得种子产量和质量的重要保证。种子的采集必须在种子成熟后进行，采集时间过早，会影响种子质量；但也不可过晚，小粒种子脱落飞散后则无法收集。

采种期根据种实成熟和脱落的时间、特点以及果实大小确定。遵循以下原则：

①成熟后立即脱落或随风飞散的小粒种子，如杨、柳、榆、桦、泡桐、杉木、冷杉、油松、落叶松、木荷、木麻黄等，应在成熟后脱落前立即采种。成熟后立即脱落的大粒种子，如栎类、槠类、栲类、板栗、核桃、油桐、油茶等，一般在果实脱落后及时从地面上收集，或在立木上采集。种子落地后如果不及时收集，会受到动物、昆虫危害及土壤温湿度的影响而降低质量。

②有些树种如樟、楠、女贞等种子脱落期虽较长，但成熟的果实色泽鲜艳，久留在树上容易招引鸟类取食，应在形态成熟后及时从树上采种，不宜拖延。

③成熟后较长时间种实不脱落者，如樟子松、马尾松、椴树、水曲柳、槭树、苦楝、刺槐、紫穗槐等，若采种期要求不严，可以在农闲时采集。但应尽量在形态成熟后及时采种，以免长期悬挂在树上受虫、鸟危害，造成种子质量下降和减产。

④长期休眠的种子如山楂、椴树等，可在生理成熟后形态成熟前采种。采后立即播种或层积处理，以缩短休眠期，提高种子发芽率。

种子成熟常受制于天气条件，在天气情况不同的年份里，成熟期会有很大变动。必须细致观察该年的物候进程，以便科学合理地确定采种期。

2.1.3.3 采种技术

(1) 采种准备

①组织准备。林业主管部门根据林木结实预测预报结果，采种前做好组织准备工作。

首先实地检查采种林分，确定可采林分地点、面积、采种日期，估测实际可能采收量；然后制定采种方案，组织专业队伍，划分责任，定山、定片、定人、包采、包护。为保证采种质量对采种人员必须进行技术培训，学习有关采种知识，交流采种经验，做好安全教育，定采种合同保证种子质量和采种母树。为调动采种人员积极性，要根据国家政策，确定种子合理的收购价格，制定采种纪律和奖惩制度等。

②物资准备。采种单位和个人，在采种前要根据采种林面积的大小、远近、地形、分散程度、采种方法、交通条件、可能采收数量等做好物资准备工作。工具的好坏，不仅直接影响工作效率，而且关系到母树保护、采种人员的安全和种子质量。采种前，要准备好采种、上树、计量、运输、调制机具，包装用品、劳动保护用品、临时存放场地、晒场、库房。采种时，合理组织分工，保证按时作业。

《中华人民共和国种子管理条例》规定：在林木种子生产基地内采种时，由基地经营管理者组织，采掠青、损坏母树、在劣质林内采种的，由林业主管部门责令停止采种、赔偿损失，没收种子，并可以处以罚款。

（2）采种方法

在林木种子生产基地内采种时，由基地经营管理者组织进行。在林木种子生产基地外采种，必须遵守林业主管部门规定的采摘期，严加保护母树，禁止抢采掠青。

采种方法要根据种子成熟后脱落方式、果实大小以及树体高低来确定。采收方法主要包括：树上采种（立木采集）、地面收集、伐倒木上采种和水面上收集等。

①立木采摘法。适用于种子轻小或脱落后易飞散的树种。如杨、柳、黄栌、桦木、桉树、马尾松、落叶松、樟子松、杉木、侧柏、木荷、柳杉、云杉、冷杉等。有些种子成熟后虽不立即脱落，但不适合从地面收集，如大多数针叶树种和刺槐等，都要在树上采种。立木采摘法是生产上应用最多的方法，视树木高矮及使用工具不同可以分为采摘法和摇落法。

a. 采摘法：一般适用于树干低矮的树种或借助工具上树后，常用采种工具包括采种叉、采摘刀、采种钩、高枝剪、采种梳等。上树用的工具包括绳、单梯、升降机等。近年来，美国、加拿大，以及欧洲等地区广泛使用具有升降设备的伸缩台采种。

b. 摇落法：适用于树干高大，果实单生，采摘困难的树种，如红松、杉木、马尾松、水杉、侧柏、香樟、黄波罗、核桃楸等，通过机械动力震动摇落果实，用采种网或采种帆布收集种实。在种实脱落前应清除一定范围内的杂草，灌木和死地被物。采种机械一般比较笨重，移动不方便，多适用于地形平坦、种实易脱落的树种。必须掌握在种实成熟后球果开裂时震荡树干，才能收到较好的效果。

②地面收集法。凡果实较大，成熟后脱落过程中不易被风吹散的树种，如油茶、栎类、板栗、核桃、油桐、银杏等都可以在地面收集。为了便于收集，在种实脱落前宜对林地上的杂草和死地被物加以清除，也可在母树周围铺垫尼龙网，使种子落入网内。最好每隔数日收集一次，做到边落边收，以免鼠食虫蛀，造成损失。榆树、枫杨等翅果，自然脱落后常被风吹集一处，可在地面扫集。

③伐倒木上采集。结合采伐进行采种是最经济的方法，同时也能得到大量优质种实，尤其适合于成熟后不立即脱落的种实，如水曲柳、云杉、白蜡、椴树等。此法只有当成熟

期和采伐期一致时才可采用。

④水面上收集。一些生长在水边的树种,如赤杨、榆树、桤木等种子脱落后常漂于水面上,可以在水面上收集种子。

采种时间最好选无风的晴天,种子容易干燥,调制方便,作业也安全。阴雨天采集的种子容易发霉。有些树种的果实,空气过干易开裂,可趁早晨有露水时采集,能防种子散落。

(3) 种子登记

为了分清种源,防止混杂,合理使用种子,保证种子质量,对所采用的种子或就地收购的种子必须进行登记。要求分批登记,分别包装,种子包装容器内外均应编号,挂(系)好标签。

2.2 种实调制

种实调制是指采种后对果实和种子进行脱粒、净种、干燥和种粒分级等技术处理的总称。调制的目的是获得纯净且适宜贮藏、运输和播种的优质种子。种实调制方法必须根据果实及种子的构造和特点而定。为便于生产加工,通常将树种的种实分为球果、干果和肉质果3类,对同类种子采用相近的调制方法。

2.2.1 脱粒

脱粒是种实调制过程中最重要的环节之一,即将种子从果实中分离出来。脱粒的第一步是种实的果皮干燥开裂,在干燥脱粒过程中,应遵循以下原则:安全含水量高的种实采用阴干法,安全含水量低的种实采用阳干法。种子安全含水量即种子能维持生命活动所必需最低限度的含水量。树种不同种子的安全含水量各异,大部分树种的安全含水量为5%~12%。当种子的安全含水量大于20%时,即为高含水量。

(1) 球果的脱粒

球果类的脱粒首先要经过干燥,使球果的鳞片失水后反曲开裂,种子才能脱出。因此,使球果的果鳞干燥开裂是球果脱粒的关键。干燥球果的方法包括自然干燥法和人工干燥法。

①自然干燥法。此法通常利用日光暴晒或阴干而使球果干燥开裂,脱出种子。油松、侧柏、杉木、柳杉、湿地松、火炬松、加勒比松和落叶松等球果鳞片易于开裂的树种均可用此法脱粒。红松和华山松球果的鳞片不易开裂,采种后要先晒干,然后置于木槽中敲打,将球果打碎后过筛、水选、干燥,即可得到纯净种子。马尾松球果因含松脂较多,用一般方法摊晒时,鳞片不易开裂,可浇清水或石灰水堆沤,经10~15 d后,球果变成黑褐色,并有部分鳞片开裂时,再摊开暴晒脱粒。冷杉球果受高温后容易分泌大量油脂,影响球果开裂,故不宜暴晒,一般可摊放在阴凉干燥处,使球果脱粒。用自然干燥法脱粒,不会因温度过高而降低种子质量,但此法受天气条件的影响较大,干燥速度较慢,脱粒需时较长。

②人工干燥法。把球果放入干燥室或其他加温设备内进行干燥。干燥室一般设有加热间,并可调控温湿度。哈尔滨林业机械研究所研制的新型林木球果干燥设备可使球果开裂率达到99%,种子成活率达到98%。美国、日本、加拿大等国家也设计了生产效率较高的人工干燥室。瑞典球果干燥机可以将脱粒、净种、干燥、分级一次性完成(图2-1)。

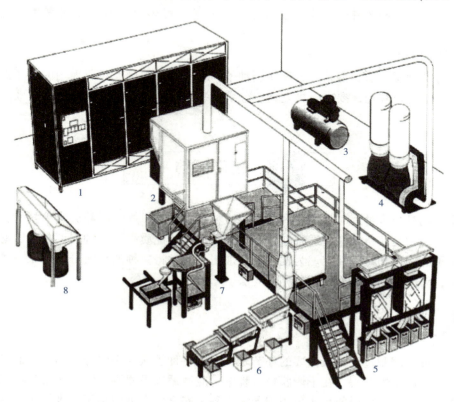

1. 球果/种子干燥箱; 2. 去翅/脱粒设备; 3. 空气压缩机; 4. 过滤装置;
5. 重力分选机; 6. 净种和种子分级机; 7. 水选机; 8. 球果分装站。

图2-1 瑞典BCC公司球果/种子调制装置
(引自《森林培育学》(第3版)翟明普,沈国舫,2016)

人工加热干燥球果温度不宜过高,否则会降低种子的发芽率。适宜温度在36~60℃,具体情况因树种而异。落叶松、云杉的适宜温度为40~45℃,杉木、柳杉、樟子松、湿地松等一般不超过50℃,欧洲松为54℃。含水量较高的球果,要先在20~25℃温度下预干,然后干燥室逐渐升温,避免突然高温,降低种子的生活力。

(2) 干果的脱粒

干果的种类较多,果实成熟后开裂者,称为裂果,如蒴果、荚果;果实成熟后不开裂者,称为闭果,如翅果、坚果。含水量高的,一般用阴干法;含水量低的可直接在阳光下晒干,具体方法因果类构造不同而异。

①蒴果类。种粒细小含水量较高的杨、柳等蒴果一般不宜曝晒,以免种子强度失水而丧失生命力。含水量较高的大粒蒴果,如油茶、油桐,可用阴干法脱粒。香椿、木荷、乌桕等蒴果,晒干后种粒即可脱出,脱不净的可以轻轻打碎果皮进行脱粒。种子细小的蒴果

如桉树、泡桐等,晒至微裂后收回室内晾干脱粒。

②荚果类。荚果一般含水量低,种皮保护力强,采后可在场院内摊开晾干,适当敲打,种子即脱出。果皮较坚硬的皂荚,晒干后可压碎荚皮,取出种子。

③翅果类。枫杨、槭树、臭椿、白蜡等果实,调制时一般不用去翅,干燥后清除杂物即可。但榆、杜仲的种子失水过多影响发芽率,应用阴干法调制。

④坚果类。栎类、栲类、板栗等大粒坚果因含水量较高,不能在阳光下曝晒。桦树、赤杨等小坚果,可薄摊(厚约 3~4 cm)晾晒,然后用棒轻打或包在麻布袋中揉搓取种。悬铃木的小坚果,采后晒干,敲碎果球,用枝条抽打,去毛脱粒。

(3) 肉质果的脱粒

肉质果包括核果、浆果及聚合果等,果皮含有较多的果胶、糖类及大量水分,容易发酵腐烂,因此采种后必须及时调制,否则会降低种子播种品质。调制过程包括:软化果肉、弄碎果肉、用水淘出种子再干燥与净种。例如,银杏、桑树、沙棘、山杏、楝树等,采用堆沤软化果皮,或用木棒捣碎果皮,也可放在筛子上揉搓,再用流水淘洗漂去果肉,分离出潮湿的种子,阴干。

对肉质果进行调制时,不能堆沤或浸种时间不宜过长,并要经常翻动、换水,以免影响种子品质。而且从肉质果中取出的种子,含水量一般都很高,若不能立即播种而需贮藏时,应先放在通风良好的室内或荫棚下晾开,不能在阳光下暴晒。乌桕、漆树、檫树等由于种壳外附有蜡质和油脂,脱粒后还要用草木灰、碱水等进行脱蜡去脂工作。

2.2.2 净种

净种是指去掉种子中的果鳞、果皮、果柄、种翅、枝叶碎片、空粒、土块、破碎种子及异类种子等。一般根据种子、夹杂物的大小和比重不同,分别采用风选、水选、筛选或粒选等方法。

(1) 风选

适用于中、小粒种子,由于饱满种子与夹杂物的重量不同,利用风力将它们分离。风选的简易工具有:风车、簸箕等。

(2) 筛选

利用种子与夹杂物的大小不同,选用各种孔径的筛子清除夹杂物。筛选时,还可利用筛子旋转的物理作用,分离空粒及半空粒的种粒。实际工作中,由于筛选不易分离与种子重量相似的夹杂物,还应配合风选、水选净种。

(3) 水选

利用种粒与夹杂物比重不同的净种方法。银杏、侧柏、栎类、花椒及豆科的树种,水选时可将种子浸入水中,稍加搅拌后良种下沉,杂物及空、蛀粒均上浮。经过水选的种子不能暴晒,一般进行阴干后再贮藏。油脂含量高的种子不宜水选。

(4) 粒选

从种子中挑选粒大、饱满、色泽正常、没有病虫害的种子。这种方法适用于核桃、板栗、油桐、油茶等大粒种子的净种。

2.2.3 种子干燥

净种后的种子还应及时进行干燥,才能安全贮运。种子通过干燥处理后,由于含水量降低,减弱了种子内部的生理生化作用,可避免因发热或养分分解造成的损失,同时在干燥过程中,还可加速种子的后熟作用及抑制或消灭微生物的活动,从而提高种子贮藏的稳定性,改善种子的品质。

(1) 种子安全含水量的标准

种子干燥的程度一般以种子能维持其生命活动所必需最低限度的水分为准。这时的含水量称为种子的安全含水量(临界含水量)。高于安全含水量的种子,由于新陈代谢作用旺盛,不利于长期保持种子的生命力;低于安全含水量时,则会使子叶断裂,苗木畸形,甚至由于生命活动无法维持,引起酶变性、蛋白质凝固、染色体突变等,导致种子生理结构解体,而引起种子死亡。因此种子含水量过高或过低都严重地影响种子寿命,而且不利于贮运。

树种不同,种子的安全含水量也不同。种实通过干燥处理,主要是除去种子中不稳定的游离水。但栎类、油茶等的安全含水量却比气干时含水量高得多。大部分树种的安全含水量为5%~12%。我国主要树种种子的安全含水量见表2-1。

表2-1 我国主要树种种子安全含水量　　　　　　　　　　　　　单位:%

树种	安全含水量	树种	安全含水量
油松	7~8	白榆	3~8
马尾松	9~10	白蜡	9~12
华北落叶松	6~9	大叶桉	4~6
杉木	8~10	木荷	8~9
侧柏	8~10	杜仲	13~14
椴树	10~12	樟树	16~18
刺槐	7~8	油茶	24~26
杨树	5~6	麻栎	30~40

注:种子必须干燥到安全含水量才能安全贮运。采后立即播种,则不必进行干燥。

(2) 种子干燥方法

林木种子干燥,当前主要采用自然干燥法,此法安全可靠,应用广泛。根据种实特性不同,可采用晒干或阴干。

①晒干。利用日光暴晒进行种子干燥。凡种皮坚硬、安全含水量较低,在一般情况下,不会迅速降低发芽力的种子,如大部分针叶树(圆柏除外)、豆科、翅果类(榆除外)及含水量低的蒴果种子,都可进行日光晒干。晒种时要做到薄摊勤翻,以使种子干燥均匀而迅速。

②阴干。安全含水量高于气干含水量、脱水易丧失生命力的种子,如栎类、板栗、油茶

等；种子小、种皮薄、成熟后代谢旺盛的种子，如杨、柳、榆、桑、杜仲等；含挥发性油质的种子，如花椒等。此外，经水选后或由肉质果中取出的种子，均忌日晒，只能阴干。种子阴干应摊放在通风良好的室内或棚内，摊放不宜太厚，阴干过程中应经常翻动，以加速干燥及通风。

③人工加热干燥。人工加热干燥是指利用加热空气作为干燥介质而通过种子层，使种子含水量降到规定要求的方法。人工加热具有速度快、不受天气影响的优点，特别适用于南方多雨地区。但人工加热干燥需要一定的场所和设备，干燥成本较高，同时必须调控好干燥气流的温度，以防温度过高而灼伤种子。

2.2.4　种粒分级

种粒分级有多种方法。如采用不同孔径的筛子，将大小种子分开；利用风选，将重量不同的种粒分级；利用种子介电分选技术实现种子分选，有利于提高种子品质。用分级后的种子播种，出苗整齐，生长均匀，便于抚育管理。

分级标准参考《林木种子质量分级》(GB 7908—1999)。该标准根据种子净度、发芽率(生活力或优良度)和含水量等品质指标，将我国115个主要造林树种种子质量划分为3个等级。

2.2.5　种实贮运

2.2.5.1　种子贮藏技术

根据种子特性，种子贮藏的方法可分为干藏和湿藏两大类。

(1)干藏法

将充分干燥的种子，置于干燥的环境中贮藏称为干藏。这种方法要求一定的低温和适当干燥的环境。凡是安全含水量低的种子都适于干藏。由于贮藏时间长短和采用的具体措施不同，干藏法又分为普通干藏和密封干藏。

①普通干藏。大多数林木种子短期贮藏都可用此法。将干燥达到安全含水量的种子，装入袋、箱、桶、缸中，放在经过消毒的低温、干燥、通风的室内。对富含脂肪有香味的种子，如松、柏等，最好装入加盖的容器中，以防鼠害。易遭虫害的种子必须进行库房消毒，每吨种子用磷化铝片剂5~8片，散放在种袋的空隙间，用薄膜等覆盖。在12~15 ℃时需消毒5 d，在16~20 ℃时需4 d，利用药剂自然分解挥发消毒后将库房打开通气，以免中毒。

②密封干藏。此法贮藏易失去发芽力的种子如杨、柳、榆、桑、桉等，以及需长期贮存的珍贵种子。这种方法由于种子与外界空气隔绝，不仅能保持种子应有的干燥状态，同时种子生理活动特别微弱，因而能长期保持种子的发芽能力。为防止种子吸湿，容器中可放入木炭、氯化钙、变色硅胶等吸湿剂，然后加盖用石蜡密封。

近年来，有的国家在密封的容器中充氮气、二氧化碳等以降低氧气的浓度，抑制呼吸作用，有利延长种子寿命。

(2)湿藏法

湿藏是指把种子贮藏在湿润、低温而通气的环境中。有些树种,经过湿藏还可以逐渐解除种子休眠,播种后发芽迅速而整齐。因此,凡是含水量高不适于干藏或具有深休眠的种子都适于湿藏。例如,银杏、栎属、栗属、核桃、油桐、油茶、樟树、檫树等。

湿藏的基本要求:经常保持湿润,防止种子干燥;通气良好以防止发热;适度的低温以控制霉菌并抑制发芽。湿藏的具体方法很多,本节主要介绍露天埋藏和室内堆藏。

①露天埋藏。在室外选择地势高燥、排水良好、土质疏松而又背风的地方。山地可选半阳坡或半阴坡的山脚附近。然后挖贮藏坑。原则上要求将种子贮放在土壤结冻层以下,地下水位以上。

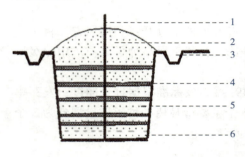

1. 秫秸;2. 砂土;3. 排水沟;4. 种子;
5. 细砂;6. 粗砂。

图2-2 露天埋藏种子示意图

土坑挖好后,先在坑底铺一层石子或粗沙,然后用湿润细沙埋藏种子,坑中央插一束秫秸或带孔的竹筒,使高出坑面20 cm,以便通气。沙子的湿度控制在约为饱和含水量的60%,即以手握成团不滴出水,松手触之即能散开为宜。种子堆到离地面10~30 cm时为止,其上覆以湿沙,再盖上堆成屋脊形。坑上覆土厚度应根据各地气候条件而定,在北方应随气候变冷而加厚土层。在贮藏期间要定期检查种子温度及健康状况。一些小粒种子或较珍贵的树种,如数量不多,可将种子混沙后装入无纺布容器中再埋在坑内(图2-2)。

露天埋藏法贮藏量大,不需专门设备,但埋藏后不易检查,我国北方较为普遍采用。但在南方多雨和地温较高地区,或土壤黏重板结、排水不良的地方,种子容易过早发芽或腐烂。如采用时,必须加强检查。

②室内堆藏。选择干燥、通风、阳光直射不到的屋内、地下室或草棚。将种子与湿沙层积或种沙混合堆放。为了便于检查和利于通风,可堆成垄,垄间留出通道。此法在我国高温多雨的南方,采用较为普遍。当种子数量不多时,可把种子混沙装于有孔的木箱或竹箩中,置于通风的地下室。

(3)种子库贮藏

长期贮藏大量种子时,应建造专门的林木种子库。种子库选择排水良好的地方,多采用地下型或半地下型,库内一般均设调温、通风设备,可随时调节温湿度,保持良好的通气状态,以利种子的保存。库房的建筑多采用双层夹壁墙、天花板、楼板、地板、地基均有隔热、防潮设施,以防传热及湿气渗透。

没有隔热防潮结构的种子库,应掌握库内外的温差及湿差,合理开闭门窗,利用空气的对流自然通风。也可降温排湿,排除二氧化碳。如果种子堆含水量过高,种子及附生的病、虫大量呼吸升热,必须将种子送到室外晾晒,然后重新入库。

为防止种子损失、霉坏,必须严格库房管理:

①种子入库前要净种、干燥,且必须按国家标准进行抽样、检验,种子质量达到贮藏标准才能入库。

②库内必须清扫和消毒，对带有病虫害的种子，应根据具体条件，采取过筛、药剂熏蒸等方法处理后方可入库。

③码垛要有利于通风和人身安全，便于管理。垛应垫高离地面不低于 15 cm。垛与墙壁之间的通道宽度不小于 60 cm。垛高一般不超过 8 袋，宽不超过 2 袋。

④库存的中小粒种子重量自然损耗率，一般 3 个月以内的不得超过 0.5%；6 个月以内的不得超过 1%；18 个月以内的不得超过 1.5%；18 个月以上的不得超过 2%。

⑤入库种子，分种批放置，货架、堆垛附以明显标牌，容器附以标签，并做好种子登记，填好入库验收报告单位。

⑥秋冬成熟种子，最迟在翌年 4 月底前入库，夏季成熟种子，在调制后及时入库。

2.2.5.2 种子调拨与运输

林业生产中，时常出现种子来源不足的现象，需要从外地调运种子，以满足生产的需要。而种子调运工作正确与否，往往影响育苗、造林工作的成败。因此，许多国家都对林木种子的调运区划做了深入的研究，并提出了严格的规定。选择合适的种子产地，不仅可提高林木的成活率，使林分生长稳定，而且能提高木材产量。中华人民共和国成立之后，造林规模很大，但在用种中存在着种子用量过大、种源不明和远距离调运等问题，使林业生产受到了不同程度的损失。归根结底是未能认识到外地种子只有在长期试验的基础上，才能使用。

(1) 种子调拨

①林木种子区内调拨种子。为了保证适地、适树、适种源，营建生产力高而稳定性强的人工林，避免因种源不明和种子盲目调拨使用而造成的重大损失，我国于 1988 年制订并正式颁布执行了《中国林木种子区》(GB 882.1—8822.13)，见表 2-2。

表 2-2 林木种子区及种子亚区

树种	种子区数	种子亚区数	标准代号
油松	9	22	GB 8822.1—88
杉木	10	8	GB 8822.2—88
红松	2	5	GB 8822.3—88
华山松	3	5	GB 8822.4—88
樟子松	4	6	GB 8822.5—88
马尾松	9	17	GB 8822.6—88
云南松	6	6	GB 8822.7—88
兴安落叶松	3	3	GB 8822.8—88
长白落叶松	2	2	GB 8822.9—88
华北落叶松	3		GB 8822.10—88
侧柏	4	7	GB 8822.11—88
云杉	3	4	GB 8822.12—88
白榆	3	7	GB 8822.13—88

我国林木种子区是按树种分别进行区划的，根据分布区广、造林规模大、用种量多等条件，选择了油松等 13 个主要造林树种，对树种的地理分布、生态特点、树木生长情况、

种源试验等综合分析后，进行了种子区的种子亚区的区划。

种子区即是生态条件和林木遗传特性基本类似的种源单位，也是造林用种地域单位。种子亚区是在一个种子区内划分为更好的控制用种的次级单位，即种子亚区内生态条件和林木的遗传特性更为类似，因此，应优先考虑造林地点所在的种子亚区内调拨种子。

②进行种子区划树种的种子调拨原则。目前尚未进行种子区划的树种，种子调拨应掌握如下原则：

a. 尽量采用本地种子，就地采种，就地育苗造林；

b. 缺种地区在调拨外地种子时，要尽量选用与本地气候、土壤等条件相同或相似的地区所产的种子；

c. 在我国，林木种子由北向南和由西向东，比相反方向调运范围大。如马尾松种子，由北向南调拨纬度不宜超过 3°，由南向北调拨纬度不宜超过 2°；在经度方面，由气候条件较差的地区向气候条件好的地区调拨范围不应超过 16°。

d. 地势高低对气候的影响很大，垂直调拨种子，海拔高度一般不宜超过 300~500 m，应该指出，不同树种的适应性各异，种子调拨界限不能千篇一律，今后应当加强种源试验，在不同地区选用最佳种源的种子造林。

为了加强种子的调拨管理，凡属省、区间生产性的调种，应由省、区间的林业主管部门统一管理，签订合同，安排适应的种源区域落实供应任务，防止盲目乱调。种子的调出、调入都要进行种子检验，并附种子登记表和种子检验证书。

(2) 种子运输

种子出库必须经过检验，并随附林木种子质量检验证和种子采收登记证，种子凭出库证出库，严格核实，防止发错，出库种子应及时发运。种子运输工作，实际上是一种特殊环境条件下的短期贮藏。种子在运输途中很难控制环境条件，为了避免风吹、日晒、雨淋、高温、结冻、受潮和发酵等，除在运输前要经过精选、干燥外，还应妥善包装，包装必须完好并带有原标签。种子调运过程中，如果包装不当，会使种子品质迅速降低或丧失发芽能力。一般适于干藏的种子，如樟子松、杉木、刺槐等，可直接装入麻袋中，但不能过紧，每袋不超过 50 kg。含水量较高的大粒种子，如板栗、栎类等，要用筐或木箱装运。种子在容器中应分层放置，每层厚度不超过 8~10 cm，层间用秸秆隔开，避免发热发霉。并应尽量缩短途中时间，到达目的地后立即妥善处理。杨、柳、桑等极易丧失生命力的小粒种子，应保持含水量在 6%~8%，并采用密封法包装寄运。珍贵树种种子，可用小布袋或厚纸袋包装，每袋不超过 5 kg，并将小袋装入木箱内运输。

运输前应检查包装是否安全，每个容器均应附有种子产地标签，并随同种子寄去种子登记卡片。大量运输时，应有专人管护，途中应经常检查，停放时应将种子置于通风阴凉处，种子运到目的地后要立即妥善保管。

2.3 种子品质检验

种子品质应包括遗传品质和播种品质两方面。通常所述的种子品质检验是对种子播种品质的检验。林木种子播种品质常因采种、加工、贮藏和运输等环节所采用的方法和时机的不同而存在很大的差异。在种子收购、贮藏、调运前进行检查，能够科学地组织种子生产；防止劣种向其他地区传播，避免造成生产和经济上的损失；通过种子品质检验正确判断种子品质和使用价值，为合理用种子提供依据。《林木种子检验规程》(GB 2772—1999)对林木种子的抽样和检验方法作了详细规定。

2.3.1 抽样

测定一批种子的质量，一般不可能把全部种子进行检验，而是抽取一部分种子作为样品，用样品的检验分析结果代表该种批的质量。通过抽样，尽最大可能抽取能够代表种批的种子样品，最终能准确估测种批质量状况。

2.3.1.1 抽样概念

(1) 种子批(种批)

种批是抽样的基本单位，是指种源相同、采种年份相同、调制和贮藏方法一致、播种品质一致、种子重量不超过一定限额的同一树种的一批种子。

(2) 初次样品

简称初样品。即从一个种批的不同部位或不同容器中分别抽样时，其每次抽取的种子，称为一个初次样品。

(3) 混合样品

从一个种批中取出的全部初次样品，均匀地混合在一起称为混合样品。

(4) 送检样品

混合样品一般数量较大，用随机抽样的方法，从混合样品中按各树种送检样品重量分取供作检验用的种子，称为送检样品。

(5) 测定样品

从送检样品中，分取一部分直接供做某项测定用的种子，称为测定样品。但种子含水量的检验样品不能从送检样品中提取，应直接从混合样品中提取两份，立即密封保存。

2.3.1.2 抽样方法

(1) 抽样程序

抽样前要查看采种登记表和贴挂标签，了解种子的采收、加工和贮存情况，根据种批规定的要求正确地划分或核实种批。抽样时先从盛装种批的各个容器中随机分布的若干个点上抽取一定数量的初次样品，并将其充分混合，组成混合样品，其重量不能小于送检样品重量的10倍。将混合样品随机逐步地缩减抽取3份样品送检，其重量以千粒重为基础：小粒和特小粒种子至少要相当1万粒种子的重量。一份供测定含水量，须装入防潮容器内密封；一份供常规检验；一份留作复验和仲裁用。

(2) 样品抽取

在盛装种子的容器里抽取初次样品时，可用各种扦样器或徒手抽取。从混合样品抽取送检样品,和从送检样品中抽取测定样品时,应采用分样法,常用的分样方法有分样器法、四分法等。分样器法是用分样器按规定程序分取样品的方法,常用横格式分样器(图2-3)。四分法也称对角线法或十字区分法,是用分样板分样的一种方法,其方法是将混合样品或送检样品摊成正方形,用分样板沿两对角线把种子划分为4份。除去两相对三角形的种子,再把剩下种子充分混合,依次继续划分直到所余种子为所需的数量(图2-4)。

图2-3 横格式分样器

图2-4 四分法示意图

2.3.2 种子品质指标测定

2.3.2.1 净度测定

净度(纯度)是指被检验的某一树种种子中纯净种子的重量占供检种子总重量的百分比。净度是种子播种品质的重要指标之一,是划分种子品质等级标准和确定播种量的主要根据。种子净度低,夹杂物多,吸湿性强,不耐贮存,对发芽率有较大的影响,因此在种实调制过程中,要认真做好脱粒、净种等工作,使净度达到应有的标准。

(1)测定样品的提取

将送检样品用四分法或分样器法进行分样。提取两份样品称量,并分别进行测定。净度测定用的样品量,一般按种粒大小、千粒重和纯净程度等情况而定。除种粒大的为300~500粒外,其他种子通常要求在净度测定后,至少能有纯净种子2500~3000粒。测定样品可以是按《林木种子检验规程》(GB 2772—1999)规定重量的一个测定样品(一个全样品),或者至少是这个重量一半的2个各自独立分取的测定样品(2个"半样品"),必要时也可以是2个全样品。按表2-3样品称量的精度进行称重。

表2-3 测定样品的称量精度   单位:g

样品重	精度
<1.0000	0.0001
1.0000~9.999	0.001
10.0~99.99	0.01

(续)

样品重	精度
100.0~999.9	0.1
≥1000	1

(2)测定样品的分离

将两份测定样品分别铺在种子检验板上,仔细区分出纯净种子、废种子及夹杂物3部分,两份测定样品的同类成分不得混杂。分类标准如下:

①纯净种子。完整无伤、发育正常的种子;发育不完全的种子和不能识别出的空粒;虽已破口或发芽,但仍具有发芽能力的种子。带翅的种子中,凡种子加工时种翅易脱落的,其纯净种子是指去翅的种子;凡种子加工时种翅不易脱落的,则不必除去,但已脱离的种翅碎片,应算为夹杂物。壳斗科的种子应把壳斗与种子分开,壳斗算为夹杂物。

②废种子。包括能明显识别的空粒、腐坏粒、已萌芽的显然丧失发芽能力的种子、严重损伤的和无种皮的裸粒种子。

③夹杂物。包括其他植物的种子、叶子、鳞片、苞片、果柄、种翅、种子碎片、沙粒、土块和其他杂物;昆虫的卵块、成虫、幼虫、蛹等。

(3)种子净度的计算

经过上述的分析后,用天平分别称量纯净种子、废种子和夹杂物的重量(称量精度同测定样品),然后按下列公式计算净度(计算至小数后一位,以下四舍五入)并填写种子净度测定记录表。

$$净度(\%) = \frac{纯净种子重}{纯净种子重+其他植物种子重+夹杂物重} \times 100\% \tag{2-1}$$

(4)测定样品的分析误差

区分的纯净种子、废种子和夹杂物三者相加的重量,往往不等于送检样品的原重量,这种不易避免的误差,有一定的容许误差范围,见表2-4。当测定结果超出表中的误差范围时,应重新测定。

表 2-4 净度测定容许误差范围表   单位:g

测定样品量	容许误差范围	测定样品量	容许误差范围
<5	<0.02	101~150	<0.50
5~10	<0.05	151~200	<1.00
11~50	<0.10	>201	<1.50
51~100	<0.20		

在分别计算两份样品的净度后,如两份净度的差数不超过容许误差,则平均数即为该批种子的净度(种子净度百分率一般为整数,小数点后面的四舍五入),如超过容许误差范围,则应再选取第三组样品进行分析,取其中差数未超过容许误差范围的两组计算净度。

计算结果合格后,将两组纯净种子分别装入玻璃瓶内,以备后用。

2.3.2.2 千粒重测定

千粒重是指在气干状态下的1000粒纯净种子的重量。千粒重数值愈高,种子愈大而饱满,内部贮藏营养物质多,播种后出苗健壮整齐。

同一树种种子的千粒重因地理位置、立地条件、海拔高度、母树年龄、母树的生长发育情况、各年的开花结实条件以及采种时期等因子的不同而异。

由于空气湿度的变化,使得同一批种子的千粒重很不稳定。为了确切地比较两批种子的品质,最好是测出种子含水量后,求出种子绝对千粒重。

千粒重的测定方法包括百粒法、千粒法和全量法。多数种子应用百粒法;种粒大小、轻重极不均匀的种子,可采用千粒法;纯净种子粒数少于1000粒者,可将全部种子称重后,换算成千粒重,称全量法。

(1)百粒法

百粒法是国际广泛应用的方法。其优点是便于采用真空数粒仪数种,同时,用该法测定千粒重后的种子可以直接置床用于发芽测定。测定步骤如下:

①测定样品的提取。把净度测定所得的纯净种子铺在桌面上,用四分法提取所需数量的样品。为了保持取样的随机性和准确性,数粒时,可将种子每10粒组一小堆,10小堆为一个重复,共8次重复。

②称量。将随机抽取的8个100粒种子分别称量,并记下读数。各重复称量精度同净度测定时的精度。

③计算千粒重。根据8个重复的重量计算平均重量、标准差及变异系数。计算公式如下:

$$S = \sqrt{\frac{n(\Sigma X^2) - (\Sigma X)^2}{n(n-1)}} \quad (2\text{-}2)$$

式中:S——标准差;

X——各重复组的重量,g;

n——重复次数。

$$C = \frac{S}{\overline{X}} \times 100 \quad (2\text{-}3)$$

式中:C——变异系数;

$\overline{X}$——100粒种子的平均重量,g。

通过测定和计算,种粒大小悬殊的种子变异系数不超过6.0,一般种子的变异系数不超过4.0,则可按测定结果计算千粒重。如变异系数超过上述限度,应再称量8个重复,计算16个重复的标准差,凡与平均数相差超过两倍标准差的重复均略去不计,剩余重复的平均重量乘以10即为种子千粒重,其精度要求与称重精度相同。

(2)千粒法

从净度测定所得的纯净种子中随机数出1000粒种子,共数两组,分别称重,称重精度与净度相同。两组重量之差小于两组平均重量的5%时,两组试样的平均重量即为该批种子的千粒重；两组试样重量之差超过容许误差时，应再取第3组试样称重，取差距小的两组计算千粒重，如果仍然超过容许误差，则取第四组计算平均数即可。种粒较大、千粒重为50~500 g者，可以500粒为一组；千粒重超过500 g者，可以250粒为一次重复。

(3) 全量法

特殊情况下，如果纯净种子少于1000粒，可将全部纯净种子称重后换算成千粒重，并注明测定方法。

2.3.2.3 含水量测定

种子含水量是指种子中所含水分的重量占种子重量的百分率。种子含水量的多少是影响种子寿命的重要因素之一。测定种子含水量的目的是为妥善贮藏和调运种子时控制种子适宜含水量提供依据。因此，不仅在收购、贮藏、运输前测定种子含水量，而且在整个贮藏过程中也要定期测定种子含水量的波动情况，防止种子质变。

在含水量送检样品中分取测定样品。提取的样品重量是：大粒和特大粒种子20 g，中粒种子10 g，小粒及极小粒种子3~5 g，称量精度要达到小数3位。测定用两次重复，两次重复的差距不得超过0.5%，如超过则需重做。主要有以下5种测定方法。

(1) 低恒温烘干法

适用于所有林木种子，测定结果可靠性高。测定步骤如下：

从送检样品中快速分取2份重复的测定样品。根据所用样品盒直径的大小，每份样品的重量为：直径等于或大于8 cm的种子10 g；直径小于8 cm的种子4~5 g。分取测定样品时应将样品充分混合，使分取的样品有充分的代表性。样品的称量精度要达到小数点后3位。特大粒和种皮厚的种子，应先从送检样品中随机抽取中间样品50 g，其中应至少有种子8~15粒。种子应磨碎或迅速切开或打碎，充分混合后再提取测定样品。为避免测定误差，应尽量缩短样品在空气中暴露的时间。

抽取样品后，将2份测定样品分别放入预先烘干并称重的样品盒中，样品必须在样品盒内均匀铺开。样品装好后，将样品及样品盒一起称重。随后，打开盒盖，将样品盒和盒盖一起置烘箱中烘干。温度升到103 ℃时开始计时，在103 ℃±2 ℃下，连续烘干17±1 h，取出后迅速盖上盖子，放入干燥器中冷却30~45 min。冷却后，使用同一架天平称出样品盒连盖及样品的重量。

称量后，即根据样品前后重量之差来计算含水量。种子含水量通常用种子所含水分的重量占种子总重量的百分率表示，即种子相对含水量。计算公式如下：

$$种子相对含水量(\%) = \frac{测定样品烘干前重 - 测定样品烘干后重}{测定样品烘干前重} \times 100\% \quad (2\text{-}4)$$

种子含水量也可用种子所含水分占种子干重的百分率表示，称为种子绝对含水量，计算公式如下：

$$种子绝对含水量(\%) = \frac{测定样品烘干前重 - 测定样品烘干后重}{测定样品烘干后重} \times 100\% \quad (2\text{-}5)$$

根据测定结果，分别计算两份测定样品的种子含水百分率，精确到小数点后1位。将测定结果填入林木种子含水量测定表。

根据种子大小和原始水分的不同，两个重复间的容许误差范围为0.3%~2.5%。具体规定见表2-5。

表2-5　种子含水量两次重复间的容许误差　　　　　　　　　　　　　　　　单位:%

种子类别	平均原始水分		
	<12	12~25	>25
小种子	0.3	0.5	0.5
大种子	0.4	0.8	2.5

(2)高恒温烘干法

程序与低恒温烘干法相同。先将烘箱预热至140~145℃，打开箱门5~10 min后，烘箱温度保持在130~133℃，样品烘干时间为1 h，冷却后称重。

(3)二次烘干法

适用于高含水量的林木种子。一般种子含水量超过18%，油料种子含水量超过16%时，采用此法。

将测定样品放入70℃的烘箱内，预热2~5 h，取出后置于干燥器内冷却、称重，测得预干过程失去的水分，计算第1次测定的含水量。然后对经过预干的样品进行磨碎或切碎。从中随机抽取测定样品，用105℃烘箱法(方法同前)进行第2次烘干，测得其含水量。根据预干及105℃烘箱法测得的含水量，计算种子的含水量，容许误差与105℃烘箱法相同。

$$含水量(\%) = S_1 + S_2 - \frac{S_1 \times S_2}{100} \tag{2-6}$$

式中：S_1——第一次测定的含水量,%；
　　　S_2——第二次测定的含水量,%。

(4)仪器测定法

应用红外线水分速测仪、各种水分电测仪、甲苯蒸馏法等测定种子含水量的方法。这些方法速度快，但有时不很准确，使用时应与标准法相对照。

(5)简易测定法

简易法主要是通过感官鉴定种子含水量。一般情况下干燥种子颜色、光泽正常，手插入种子堆内非常容易，有光滑而坚硬的感觉；用手搅动时，种子响声轻脆；用牙咬种子抗压力较大，咬碎时响声轻脆，呈碎块状；切断时感到坚硬，且断片嘣开。而湿润种子颜色、光泽暗淡，甚至生霉、结块，手插入种子堆内有发涩、潮湿、发热感觉；搅动时不光滑，无轻脆声音；牙咬时抗压力小，呈湿饼状，且不散落。

安全含水量高的大粒种子，如栎类、檫树等种子，如果用手抓一把摇动有声响，说明种仁干缩、离壳过于干燥，降低或完全丧失了活力，不宜于播种。

2.3.2.4 种子发芽能力测定

(1)种子发芽测定方法

①提取测定样品。测定样品从净度分析所得的、经过充分混拌的纯净种子中按照随机原则提取，用四分法时，从每个三角形中数取25粒种子组成100粒，成为1次重复，共取4次重复。种粒大的可以50粒或25粒为1次重复，样品数量有限或设备条件不足时，也可以采用3次重复，但应在检验中注明。桦属、桉属、杨属等细粒种子是从纯净种子中称量大约0.25 g作为测定样品，称量精度至毫克。

②测定样品预处理。试验前要对种子进行预处理，使种子发芽较整齐，便于统计。一般的种子可进行浸水处理，但深休眠的种子需要经过不同方法的预处理才能发芽。预处理的方法有：凡低温层积处理2个月能发芽者，可用层积催芽处理，如超过两个月者，可用快速生活力测定法，或用始温80~100 ℃水浸种24 h；去掉外种皮或蜡层；用1%柠檬酸、浓硫酸等药物浸种后层积或层积变温处理；种粒较大的可以切取大约1 cm见方的带有全部胚和部分子叶或胚乳的胚方进行发芽测定。不论采用哪种方法进行预处理均应在检验证中注明。为了预防霉菌感染，干扰试验结果，试验用的种子必须进行灭菌消毒。

③置床。是指将经过预处理的种子安放到发芽基质上。常用的发芽基质有脱质棉、滤纸、细砂等。随机数取的样品种粒排放应有一定的规律，以便计算并减少错误，种粒之间保持的距离大约相当于种粒本身的1~4倍，以减少霉菌蔓延感染，避免发生幼根相互缠绕。

将送检样品实验室编号、重复号、置床日期填写一张小标签，分别贴在培养皿或发芽不易磨损的地方，以免引起差错。

根据树种特性使用变温或恒温。规定使用变温的，每昼夜应当保持低温16 h，高温8 h。温度的变换应在3 h内逐渐完成。

(2)管理与观测记录

①管理。

a. 经常检查发芽环境的温度，仪器的温度同预定的温度相差不能超过±1 ℃。

b. 保持发芽床湿润，但种子四周或用指尖轻压发芽床(指纸床)，指尖周围不能出现水膜。

c. 要经常打开发芽盒盖充分换气，或在发芽盒侧面开若干小孔，以便通气。

d. 对需光树种每天按时开关光源。使用单侧不均匀光照发芽箱时，应经常前后、上下变换发芽床位置，以避免温度和光照不均匀现象。

e. 拣出轻微发霉的种子(不要使它们触及健康的种粒)，用清水冲洗数次，直到水无混浊再放回。发霉种粒较多时，要及时更换发芽床和发芽器皿。

②观察记录。发芽的情况要定期观察记录。为了更好掌握发芽测定的全过程，最好每天做一次观察记录。至少在规定的统计发芽势和发芽率的那一天，必须有记录。

③发芽测定的持续时间。发芽测定的持续天数参照《林木种子检验规程》附表的相应规定。

④记录项目。随所检树种不同,幼苗的基本结构可包括根系、胚轴、子叶、初生叶、顶芽以及禾本科、棕榈科的芽鞘。

a. 正常幼苗。通常包括以下几种类型。

完整幼苗:该树种应有的基本结构全都完整、匀称、健康、生长良好。

带轻微缺陷的幼苗:基本结构出现某些轻微缺陷,但生长均衡,与同次测定中完整幼苗不相上下。

受到次生感染的幼苗:受真菌或细菌感染或严重感染的幼苗,但该粒种子不是感染源。

b. 不正常幼苗。表现出没有潜力,虽有适宜条件也不能长成合格苗木的幼苗。通常包括以下几种类型。

伤残苗:任何基本结构缺失,或损伤严重无法修复,不能正常生长的幼苗。

畸形苗或不匀称苗:生长孱弱或生理紊乱,或基本结构畸形或失衡的幼苗。

腐坏苗:由于是感染源的种子,导致任何基本结构染病或腐坏、停止正常生长的幼苗。

c. 多苗种子单位。能够产生一株以上幼苗的种子单位。通常包括以下几种类型:

种子单位内含的真种子多于一粒:例如,柚木的坚果和楝树的果核实。

真种子内含的胚多于一枚:有些种属于正常现象(多胚现象),有些种则是偶尔出现(孪生现象)。如果是孪生胚,通常是其中一株幼苗孱弱纤细,但偶尔也会是两株苗都拉近正常大小。

融合胚:偶尔会从一粒种子中生出两株融合在一起的幼苗。

d. 未发芽粒。测定结束时仍未发芽的种子。主要包括硬粒、新鲜健全粒、死亡粒、空粒、涩粒等。

(3)发芽能力指标的计算

发芽试验结束后,根据记录的资料,即可计算出种子发芽能力的各种指标,如发芽率、发芽势等,并将结果填入发芽测定结果统计表。

①发芽率。亦称实验室发芽率、技术发芽率。是在适宜的条件下,正常发芽的种子数与供检种子总数的百分比。计算公式如下:

$$发芽率(\%) = \frac{n}{N} \times 100\% \tag{2-7}$$

式中:n——正常发芽粒数;

N——供检种子总数。

发芽率计算到小数点后1位,以下四舍五入。

每个重复的发芽率计算后,查组间最大容许差距表。如果各重复中最大值与最小值的差距没有超过容许范围,则可用4个重复的算术平均数,作为该次测定的发芽率。平均数计算到整数。如果超过容许的差距范围,则认为测定结果不正确,需要进行第二次测定。其原因可能是:预处理的方法不当或测定条件不当,未能得出正确的结果;发芽粒的鉴别或记录错误而无法核对改正;霉菌或其他因素严重干扰测定结果。

第二次测定(也可与第一次测定同时进行)的结果和第一次测定间的差距不超过规定的容许范围(表2-6),则用2次的平均数作为发芽率,填入检验证。如果两次测定的平均发芽率，超出了规定的容许差距(表2-7)，则至少应再作一次测定。

表2-6 发芽测定容许差距   单位:%

平均发芽百分率		最大容许差距
1	2	3
99	2	5
98	3	6
97	4	7
96	5	8
95	6	9
93~94	7~8	10
91~92	9~10	11
89~90	11~12	12
87~88	13~14	13
84~86	15~17	14
81~83	18~20	15
78~80	21~23	16
73~77	24~28	17
67~72	29~34	18
56~66	35~45	19
51~55	46~50	20

表2-7 重新发芽测定容许差距

两次测定的发芽平均数		最大容许误差
1	2	3
98~99	2~3	2
95~97	4~6	3
91~94	7~10	4
85~90	11~16	5
77~84	17~24	6
60~76	25~41	7
51~59	42~50	8

林木种子中常有相当数量的空粒和涩粒，为了确切地了解某批种子的发芽能力，常把供检样品中的空粒和涩粒除去不计，只计算饱满种子的发芽率，称为绝对发芽率。计算公式如下：

$$绝对发芽率(\%) = \frac{n}{N-a} \times 100\% \tag{2-8}$$

式中：n——正常发芽的种子数；
　　　N——供检种子总数；
　　　A——空粒和(或)涩粒数。

②发芽势。是指发芽种子数达到高峰时，正常发芽种子的粒数与供检种子总数的百分比。

$$发芽势(\%) = \frac{达高峰时正常发芽的种子粒数}{供检种子总数} \times 100\% \tag{2-9}$$

发芽势反映种子品质的重要指标，发芽率相同的两批种子，发芽势高的种子品质好，播种后发芽速度快而整齐，场圃发芽率也高。发芽势也分4个重复计算，然后求其之间平均值。发芽势计算到小数点后1位，计算时所容许的误差为计算发芽率时所容许误差的1.5倍。

③场圃发芽测定。是指测定在场圃条件下种子的发芽率。即发芽种子数与播种种子数的百分比。

在背风向阳的疏松土壤上，划定一个范围，将处理过的种子播入土内。在测定过程中，应保持土壤湿润，且注意防止鸟、兽、昆虫等的危害。如室外温度不够，也可将种子播在容器里，当天气好时，放在向阳背风处发芽，当天气不好时，搬入室内发芽。幼苗出土后，记录每日出苗粒数，达到规定天数后，拨开土壤，检查未发芽种子不发芽的原因，统计发芽粒数，计算种子发芽率。

2.3.2.5 种子生活力测定

种子潜在的发芽能力称为种子的生活力。是测定种子活力的方法之一。它可以用某些化学试剂使种子染色的方法或物理的方法来测定。用有生活力的种子数与供检种子总数的百分比来表示。但是测定的结果只接近发芽率，而不能代替发芽率。而且处于休眠状态的种子，其发芽率低于生活力。当需要迅速判断种子的品质，对休眠期长和难于进行发芽试验或是因条件限制不能进行发芽试验，则可采用快速的染色法来检定种子。

测定时，从纯净种子中用四分法随机提取50粒或100粒，共取4次重复。由于各种种子的内含物不同，对试剂的反应也不相同，可分别选用不同的方法测定生活力。目前，以靛蓝染色法和四唑染色法为主。

(1)靛蓝染色法

靛蓝染色法常以靛蓝胭脂红(简称靛蓝)为试剂。它是一种蓝色粉末的苯胺染料，分子式为$C_{16}H_8N_2O_2(SO_3)_2Na_2$。用此法检验种子生活力的原理是：靛蓝试剂能透过死细胞组织而染上颜色，但不能透过活细胞的原生质。根据种胚着色的情况可以区别出有生命力的种子和无生命力的种子。

此法适用于大多数针阔叶树种的种子，如松属、杉木、刺槐、槐树、皂荚、楝树、香椿、臭椿、水曲柳、黄波罗、沙枣、棕榈等。栎类的种胚含有大量单宁，死种子不易着色。靛蓝试剂是用蒸馏水将靛蓝配成浓度为0.05%~0.1%的溶液，最好随配随用。供测定用的种子经浸种膨胀后取出种胚。剥取种胚时要挑出空粒、腐坏和有病虫害的种粒,并记入种子生活力测定表中。剥出的胚先放入盛有清水或垫湿纱布的器皿中,全部剥完后再放入靛蓝溶液中,并使溶液淹没种胚。

实验时应注意:染色结束后,立即用清水冲洗,分组放在潮湿的滤纸上,用肉眼或借助手持放大镜、实体解剖镜逐粒观察。如放置时间过长,易褪色,影响检验效果。

(2) 四唑染色法(TTC)

四唑染色法常以氯化(或溴化)三苯基四唑(2,3,5-三苯基四氮唑,简称四唑)为检验试剂。它是一种白色粉末,分子式为 $C_{19}H_{15}N_4Cl(Br)$。其原理是用中性蒸馏水溶解四唑,进入种子的无色四唑水溶液,在种胚的活组织中被脱氢酶还原生成稳定的、不溶于水的红色物质。而死种胚则不显这种颜色。鉴定的主要依据是染色的部位,而不是染色的深浅。这种方法适用于大多数针阔叶树种的种子。

测定的具体方法与靛蓝染色法基本相同,测定时应注意试剂的浓度:一般试剂浓度为 0.1%~1% 的水溶液。浓度高,反应较快,但药剂消耗量大;浓度低,要求染色的时间较长,适宜浓度为 0.5% 的溶液。浸染时,将盛装容器置于 25~35 ℃ 的黑暗环境中。时间因树种而异。

应用本法,也可将胚单独染色。因染色后结果较正确,不易褪色,近似于实验室发芽率(表2-8),世界各国普遍应用。

表 2-8 四唑染色法与实验室发芽率比较 单位:%

树种	四唑染色法测定生活力	实验室发芽率
杉木	53.0	50.0
油松	82.0	77.0
湿地松	92.0	94.0
火炬松	63.0	61.0
白皮松	62.0	68.0
侧柏	46.0	39.0

资料来源:引自中国林业科学研究院林业研究所及南京林业大学试验结果。

2.3.2.6 种子优良度测定

种子优良度即良种率,是指优良种子数与供检种子总数的百分比。在生产上主要适用于种子采集、贮藏、收购等工作现场。优良度测定的优点是方法简便,不需要复杂仪器设备,测定速度快,能在短时间内得出测定结果。对于休眠期长,目前又无适当方法测定其生活力的种子,也可以测定种子的优良度。发芽测定结束时如有种粒尚未发芽,需要用优良度测定中的切开法作补充鉴定。

优良度的检验主要依靠感观,多用于大、中粒种子。如果经验丰富,松杉一类小粒种子也可用此法。但往往因各人的主观因素结果可能出入较大,鉴定的标准不易统一。

常用的方法包括解剖法、挤压法、透明法、比重法、爆炸法等。

(1) 解剖法

从纯净种子中，随机提取 4 组测定样品。先对种子的外部特征进行观察，即感观检定。例如，种粒是否饱满整齐；颜色及光泽是否新鲜正常；是否过潮、过干；有无异常气味；有无感染霉菌的迹象；有无虫孔；有无机械损伤等。

为了观察种子内部状况，可适当浸水，如不浸水能解剖检验的，尽量不浸水。然后分组逐粒纵切。仔细观察种胚、胚乳或子叶的大小、色泽、气味以及健康状况等区分优良种子及低劣种子。优良种子具有下述感官表现：种粒饱满，胚和胚乳发育正常，呈该树种新鲜种子特有的颜色、弹性和气味。劣质种子具有下述感官表现：种仁萎缩或干瘪，失去该树种新鲜种子特有的颜色、弹性和气味，或被虫蛀，或有霉坏症状，或有异味，或已霉烂。具体详见国家标准《林木种子检验方法》。

(2) 挤压法

亦称压油法，适用于小粒种子的简易检验。

松类种子含有油质，可用挤压法。即将种子放在两张白纸间，用瓶滚压，使种粒破碎。凡显示油点者为好种子，无油点的为空粒或劣种。桦木等小粒种子，可将种子用水煮 10 min，取出用两块玻璃片挤压，能压出种仁的为好种，空粒种子只能压出水来，变质的种仁呈黑色。

(3) 透明法

主要用于小粒种子，操作简单。如杉木种子用温水浸泡 24 h 后，用两片玻璃夹住种子，对光仔细观察，透明的是好种子，不透明带黑色的是坏种子。又如木荷种子用酒精浸 3～4 h，使其褪色，再用甘油浸 1～2 h，使其透明，然后用放大镜观察，种子透明，种仁为淡白色的是好种子。

(4) 比重法

根据种子在各种不同浓度的液体中沉浮情况，测定种子的优良度。

栎类种实放入 3%～5% 食盐溶液中浸 30 min，下沉者为品质优良的种子，半浮或上浮者为品质不良的种子。马尾松、油松等比水轻的种子浸在 0.924 比重的酒精溶液中，下沉的为品质优良的种子，上浮的是空粒、半空粒。此外，生产上也常用泥浆水、石灰水来测定种子的优良度。

(5) 爆炸法

此法适用于含油脂的中、小粒种子，如油松、侧柏、云杉、柳杉等。把选做样品的种子 100 粒，逐粒放在烧红的热锅或铁勺中，根据有无响声和冒烟情况，来鉴别种子的质量。凡能爆炸并有响声，又有黑灰色油烟冒出的是好种子，反之为坏种子。

优良度测定结束后，分别统计各次重复中优良种子百分率，并计算出平均数。逐项填入种子优良度测定记录表。

2.3.2.7 林木种子质量分级

我国于 1999 年发布了《林木种子质量分级》(GB 7908—1999) 标准。对全国主要林木种子的质量进行了分级。本标准适用于育苗、造林及绿化用的乔木、灌木种子。等级划分的技术指标主要包括种子的净度、发芽率、生活力、优良度与含水量。这些指标如果不属于同一级时，以单项指标低的等级划定。

2.3.2.8 林木种子检验证书

林木种子检验证书是种子贸易中维护双方合法权益、协调种子贸易纠纷、明确种子播种价值的证书。林木种子质量检验证书在林木种子经营过程中具有重要的作用。林木种子质量检验证书只能按照林木种子检验规程的规定进行抽样、检验后，由林业主管部门授权或国家技术监督部门依法设置的检验机构签发。

(1) 签发质量检验证书的条件

①质量检验证书只能由检验机构签发，并具备下列条件。

a. 该机构经林业主管部门授权或国家技术监督部门依法设置，目前从事此项工作。

b. 被检种是本规程所列的种，未列的种也可以检验，但应在质量检验书上说明："送检树种是国家标准《林木种子检验规程》（GB 2772—1999）没有列入的树种，本次检验条件为：××××。"

c. 检验是按《林木种子检验规程》（GB 2772—1999）规定的程序方法进行的。但应送检者要求，采用该标准未规定的程序和方法进行检验时，检验结果也可填报。

②抽样时，把一个种批视为一个整体，抽样人员对样品的代表性负责，检验人员对样品的检验结果负责。

a. 种批质量检验证书上填报的结果是指抽样时该种批的整体。

b. 种子样品质量检验证书上填写的结果是指收到时的送检样品。

③如果根据种子形态不能确定被检验种的种名，质量检验证书中可以填写署名。

④所有日期都按国际标准化组织（ISO）规定填写：年填4位数，月、日填2位数，年和月、日之间用短横连接，如2020-04-15。

(2) 证书的种类

林木种子质量检验证书有两种类型，即种批质量检验证书和种子样品检验证书。

种批质量检验证书是指送检样品由授权的检验机构自身或在其监督下，按林木种子检验规程规定的程序和方法从种批中抽取送检样品，由授权的检验机构检验后签发的质量检验证书。种子样品检验证书是指授权的检验机构对非自身或未在其监督下抽取的送检样品进行检验后签发的质量检验证书，检验机构只对送检样品的检验负责，不对送检样品的代表性负责。

(3) 结果报告

①在证书上填报发芽测定、四唑测定结果时，则应填报同一样品的净度测定结果。

②测定结果应按照各测定项目中关于计算、表示和结果报告的有关要求填报。若某项目没有测定，则应填报"未测定"字样。

(4) 复验、仲裁检验

复验结果与原检验结果未超过容许差距范围，则维持原检验结果；其结果与原检验结果差异超过容许差距范围，则可在取得复验结果五天内申请仲裁检验。

仲裁检验结果与原检验结果的差异未超过容许差距范围，则检验结果有效，其结果与复验结果的差异未超过容许差距范围，则复验结果有效；其结果与原检验结果和复检验结果间的差异均未超过容许差距范围,则原检验结果有效,其结果与原检验结果和复验结果的差异均超过容许差距范围,应以仲裁检验结果为据。

复验或仲裁检验应重新填写《林木种子质量检验合格证书》或《林木种子质量检验结果单》,并加盖"复验"或"仲裁检验"印章。

 实践训练

实训项目 2-1　主要林木种实识别

一、实训目标
通过对当地主要造林树种种实外形和剖面特征的观察,准确识别林木种实。

二、实训场所
种苗实训室或实习林场。

三、实训形式
4人小组,单人操作,对供识别的种子逐一解剖、观察和记录。

四、实训备品与材料
解剖刀、解剖针、放大镜、解剖镜、镊子、种子检验板(玻璃板)、游标卡尺、玻璃皿、种子标本、本地区有代表性的主要林木种实10~20种等。

五、实训内容与方法

(一)种子外部形态观察记录
取供试林木种子若干粒(大小、颜色均匀的种子),放在种子检验板上,用放大镜详细观察其外部形态、构造及种皮颜色,并测量种粒的大小,找出其相似特点,每人最少观察10种,填入表2-9。

表2-9　种实形态记录表　　　　　　　　　　　　　　　　　　　　单位:cm

编号	树种	果实种类	种子外部形态				备注
			大小(cm)	形状	色泽	其他	
1							
2							
3							
…							

1. 种实大小
用游标卡尺测量。
2. 种实形状
种实分球形、扁平形、卵形、卵圆形、椭圆形、针形、线形、肾形等记录。

3. 其他特征

种实表面是否有茸毛、种翅、钩、刺、蜡质、疣瘤、条纹、斑点等。在进行外部形态观察时还可以看到种脐和种孔等。根据观察，简要绘出种实外部形态图。

(二) 种实的剖面观察

首先选取 2~3 种构造不同的种实各 10~20 粒，浸水至膨胀为止，然后取出用解剖刀沿胚轴切开，按表 2-10 的项目进行观察记录。

表 2-10 种实解剖特征记录表 单位：cm

编号	树种	果皮		种皮		胚乳		胚		备注
		颜色质地	厚度	颜色质地	厚度	有无胚乳	颜色	颜色	子叶数目	
1										
2										
3										
…										

1. 果皮或种皮的厚度、颜色和质地

果皮或种皮的厚度用游标卡尺进行测量；果皮或种皮的颜色分为：红色、黄色、紫色、黑色、白色、褐色等；质地分为木质、草质、纸质、膜质。

2. 胚乳

首先观察有无胚乳，然后再记录其颜色。

3. 胚

首先记录胚的颜色，然后观察记录子叶数目。

(三) 种实的识别

通过以上的观察、记录、绘图，基本掌握识别种实的方法，然后再进一步识别编号的种实标本。在识别的过程中应注意掌握其外形的主要特征。将形态相似和不相似的种实分别放在一起比较识别，并写出种实名称。

(四) 注意事项

在解剖种子时要注意安全，在识别种实标本时要避免种实标本相互混杂。

(五) 实训报告要求

①完成所指定的林木种实外部形态和内部构造的记录。
②简要绘出各个种实的外形和纵、横剖面图，并标出种实各部分的名称。
③写出从混合的种子标本中所识别出来的种实名称。

实训项目 2-2 种子物理性状测定

一、实训目标

掌握测定和计算种子净度、千粒重和含水量的方法，并进一步了解种子净度、千粒重和含水量对种子批质量的影响和相关关系。

二、实训场所

种苗实训室。

三、实训形式

以组为单位,教师指导学生现场操作。

四、实训备品与材料

天平、种子检验板、直尺、毛刷、胶匙、镊子、放大镜、培养器皿、小尺、盛种容器、种子分样器、干燥箱、温度计、干燥器、称量瓶(或坩埚)、本地区主要造林树种的种子2~3种等。

五、实训内容与方法

(一)种子净度测定

1. 测定样品提取

将送检样品用四分法或分样器法进行分样,取得两份样品。

2. 测定样品分析

将两份测定样品分别铺在种子检验板上,仔细观察,区分出纯净种子、废种子及夹杂物,用天平分别称量。

3. 种子净度计算和分析误差

按净度公式计算测定结果,并进行误差分析,填写种子净度分析记录表(表2-11)。

表2-11 净度分析记录表

编号_____ 树种_____ 样品号_____ 样品情况_____
测试地点_____ 环境温度_____℃ 环境湿度_____%
测试仪器_____ 仪器编号_____

方法	试样重(g)	纯净种子重(g)	其他植物种子重(g)	夹杂物重(g)	总重(g)	净度(%)	备注
实际差距			容许差距				

测定有效□ 测定无效□ 测定人:( ) 校核人:( ) 测定日期:___年___月___日

(二)种子千粒重测定(百粒法)

1. 测定样品选取

将净度测定的纯净种子铺在种子检验板上,用四分法分到所剩下的种子略大于所需量。

2. 点数和称量

从测定样品中随机点数种子,点数时将种子每10粒放成一堆,取10堆合并成100粒,组成1组。用同样方法取第1组、第2组、…、第8组,即为8次重复,分别称取重量,记入种子千粒重测定记录表2-12中,各重复称量精度同净度测定时的精度。

3. 计算

根据8个重量的称量读数求8个组平均重量$\bar{X}$,然后计算标准差S及变异系数C,当标准差和变异系数不超过规定限度时，即可计算100粒种子的平均重量，再推算出1000粒种子的重量。填写记录表(表2-12)。

表2-12 种子千粒重测定记录表(百粒法)

编号_____ 树种_____ 样品号_____ 样品情况_____
测试地点_____ 环境温度_____℃ 环境湿度_____%
测试仪器_____ 仪器编号_____

重复号	1	2	3	4	5	6	7	8	9	10	11	12	13	14	15	16
X/g																
标准差 S																
平均重量 $\overline{X}$，(g)																
变异系数 C																
千粒重(g)																

第_____组数据超过了容许误差，本次测定根据第_____组计算。
测定有效□ 测定无效□ 测定人：_____ 校核人：_____ 测定日期：____年____月____日

(三)种子含水量测定(低恒温烘干法)

1. 测定样品选取

从供测定含水量的送检样品中用四分法或其他取样法取出测定样品两份。

2. 测定方法

将两个测定样品分别装入预先烘至恒重和编号的称量瓶或铝盒中，并记下称量瓶(盒)重和瓶(盒)号。然后连同带盖的称量瓶(盒)及其中的测定样品一起称重，记下读数。将称量瓶(盒)放入103℃±2℃的烘箱中，敞开盖子，温度升到103℃时开始计时，在103℃±2℃条件下连续烘17±1 h，取出后迅速盖上盖子，放入干燥器中冷却30~45 min。冷却后，使用同一架天平称出样品盒连盖及样品的重量。

3. 计算

根据测定结果，分别计算两份测定样品的相对含水量，精度到小数点后一位。两份测定样品测定结果不能超过0.5%。超过此数必须重新测定，如第二次测定的差异不超过0.5%，则按第2次结果计算含水量。如果第二次差异仍大于0.5%，则从四组中抽出差异小于0.5%的两个重复，以其平均值作为本次测定结果。填写记录表(表2-13)。

表2-13 含水量测定记录表

编号_____ 树种_____ 样品号_____ 样品情况_____
测试地点_____ 环境温度_____℃ 环境湿度_____%
测试仪器_____ 仪器编号_____

容器号			
容器重(g)			
容器及测定样品原重(g)			

(续)

烘至恒重(g)			
测定样品原重(g)			
水分重(g)			
含水量(%)			
平均含水量(%)			
实际差距(%)		容许差距(%)	

测定有效□　测定无效□　测定人：＿＿＿＿　校核人：＿＿＿＿　测定日期：＿＿＿年＿＿月＿＿日

(四)注意事项

①测定样品的称量应达到称量精度的要求。
②操作时为了避免测定误差，应尽量减少测定样品在空气中暴露的时间。
③测定结果必须要进行误差分析，超限须重新测定。

(五)实训报告要求

将种子净度、千粒重和含水量的测定结果分别填入规定的表格内，并将样品测定计算结果填写在质量检验证书上。

实训项目2-3　种子发芽测定

一、实训目标

熟练完成种子发芽测定，掌握计算种子发芽力指标。

二、实训场所

种苗实训室。

三、实训形式

以组为单位，教师指导学生现场操作。

四、实训备品与材料

恒温箱、培养皿、滤纸、纱布、脱脂棉、镊子、温度计(0~100 ℃)、取样匙、直尺、量筒、烧杯、福尔马林、高锰酸钾、标签、电炉、蒸煮锅、蒸馏水、滴瓶、解剖刀、解剖针、本地区主要造林树种2~3种等。

五、实训内容与方法

(一)测定样品的提取

用四分法将纯净种子区分成4份，从每份中随机数取25粒组成100粒，共取4个100粒，即4次重复。

(二)消毒灭菌

为预防霉菌感染，检验所使用的种子和各种物件一般都要经过消毒灭菌处理。

1. 检验用具的消毒灭菌

培养皿、纱布、小镊子仔细洗净，并用沸水煮5~10 min，供发芽试验用的恒温箱用喷雾器喷洒福尔马林，密封 2~3 d 后再使用。

2. 种子消毒灭菌

目前常用的包括福尔马林、高锰酸钾、升汞、过氧化氢等。药剂种类不同，处理的方法和时间也不一致。

①福尔马林。将纱布袋连同其中的种子测定样品放入小烧杯中，注入 0.15% 的福尔马林溶液以浸没种子为度，随即盖好烧杯。20 min 取出绞干，置于有盖的玻璃皿中闷 0.5 h，取出后连同纱布用清水冲洗数次，即可进行浸种处理。

②高锰酸钾。用 0.2%~0.5% 的高锰酸钾溶液浸 2 h，取出用清水冲洗数次。

(三) 浸种

落叶松、油松、马尾松、云南松、樟子松、杉木、侧柏、水杉、黄连木、胡枝子等，用始温为 45 ℃ 水浸种 24 h，刺槐种子用 80~90 ℃ 热水浸种，待水冷却后放置 24 h，浸种所用的水最好更换 1~2 次；杨、柳、桉等则不必浸种。

(四) 置床

一般中粒、小粒种可在培养皿中放上纱布或滤纸作床。在培养皿不易磨损的地方（如底盘的外缘）贴上小标签，写明送检样品号、重复号、姓名和置床日期，以免错乱。然后将培养皿盖好放入指定的恒温箱内。根据树种的特性选择变温或恒温，规定使用变温的，每昼夜应当保持低温 16 h，高温 8 h，温度的变换应在 3 h 以内逐渐完成，湿度为 60%~70%。

(五) 发芽测定的管理

经常检查发芽环境的温度，保持发芽床湿润，注意充分换气，将感染霉菌的种子及时取出用清水冲洗，以防污染，发霉严重时滤纸甚至培养皿都要更换。

(六) 观察、评定和记录

发芽测定期间，每天或定期进行观察记录，填写发芽测定记录表。记录时用分数表示，分子为检查当天已发芽种子数，分母为检查当天未发芽种子数。

(七) 测定结果计算

根据发芽测量记录结果，计算种子发芽各项发芽指标，填写记录表（表 2-14、表 2-15）。

表 2-14　发芽测定记录表

树种		预处理方法 其他记录						样品编号					温度(℃)				
													光照				
预处理日期	组号	1	2	3	4	5	6	7	8	9	10	11	12	13	14	15	16	17	……
		逐日发芽粒数																		
置床日期	1																		
	2																		

(续)

开始发芽日期	3												
	4												

检验员：_____   日期：_____年____月____日

表 2-15　发芽测定结果表

编号_____　树种_____　样品号_____　样品情况_____　测试地点_____
环境温度_____℃　环境湿度_____%　测试仪器_____　仪器编号_____
预处理_____　置床日期_____　测定条件_____

组号	发芽势		发芽率		未发芽粒							平均发芽势（%）	平均发芽率（%）	备注
	天数	比例	天数	比例	腐坏	异状	新鲜	空粒	硬粒	其他	小计	比例			
1															
2															
3															
4															
合计															

组间最大差距_____%　容许差距_____%　测定有效□　测定无效□
测定人：_____　校核人：_____　测定结束日期：____年____月____日

六、注意事项

发芽测定期间，要依每天或定期观察的结果，认真填写发芽测定记录表；正确区分正常幼苗、不正常幼苗和未发芽粒数，及时取出感染霉菌的种子，并用清水冲洗，发霉严重时及时更换发芽床。

七、实训报告要求

①填写种子发芽测量记录表，计算种子各项发芽指标。
②说明测定种子发芽率在生产工作中的意义。

实训项目 2-4　种子生活力测定

一、实训目标

熟练完成种子生活力测定。

二、实训场所

种苗实训室。

三、实训形式

以组为单位，教师指导学生现场测定。

四、实训备品与材料

种子检验板、烧杯、解剖刀、小镊子、手持放大镜、量筒、培养皿、解剖针、胶匙、靛蓝染料、四唑染料、本地区主要造林树种的种子 3~5 种等。

五、实训内容与方法

以松属树种为例进行介绍。

(一) 测定样品提取

从净度测定后的纯净种子中随机数取 100 粒种子作为一个重复，共取 4 个重复。此外还需抽取约 100 粒种子作为后备，以便代替取胚时弄坏的种子。

(二) 浸种取胚

将四组样品和后备种子浸入室温水中。浸种时间因树种而异，松属、雪松属的种子在室温下 3~5 d，刺槐、银合欢等种子可用锐利的解剖针或小刀等仔细地从胚根后面弄破种皮，然后用室温水浸种 24 h，也可现用 80~90 ℃水烫种，搅拌到室温，然后浸种 24 h。浸种后，分组取胚，沿种子的棱线切开种皮和胚乳，取出种胚，种胚取出后放在盛有清水或垫有潮湿滤纸、纱布的玻璃器皿里，以免种胚干燥萎缩而丧失生活力。取胚时随时记录空粒、腐烂粒、感染病虫害的种粒以及其他没有生活力的种子粒数，分组记入记录表，如取胚时由于人为原因而破坏种胚，可以从后备组中任取一粒补上。大粒种子如板栗、锥栗、核桃、银杏等可取"胚方"染色。

(三) 溶液配制

靛蓝用蒸馏水配成浓度为 0.05%~0.1% 的溶液，四唑用蒸馏水配成浓度为 0.1%~1.0% 的溶液（一般用 0.5%）。随配随用，不宜存放过久，试剂的用量应该能够完全浸没种胚。

(四) 染色

将种胚分组浸入染色溶液里，上浮者要压沉。靛蓝溶液在气温 20~30 ℃时约需浸 2~3 h。四唑溶液在气温 25~35 ℃的黑暗或弱光环境中保持 12~48 h，具体染色时间因树种而异。

(五) 观察记录

经过染色的种子分组放在潮湿的滤纸上，借助放大镜逐粒观察。根据染色的部位、染色面积的大小和染色程度，逐粒判断种子的生活力。通过鉴定，将种子评为有生活力和无生活力两类。

(六) 结果计算

测定结果以有生活力种子的百分率表示，分别计算各个重复的百分率，重复间最大容许差距与发芽测定相同。如果各重复中最大值与最小值没有超过容许误差范围，就用各重复的平均数作为该次测定的生活力。填写记录表（表 2-16）。

表 2-16　种子生活力测定记录表

编号_____　　树种_____　　样品号_____　　样品情况_____
染色剂_____　　浓度_____　　测试地点_____
环境温度_____℃　环境湿度_____%　测试仪器_____　　仪器编号_____

重复	测定种子粒数	种子解剖结果				进行染色粒数	染色结果				平均生活力（%）	备注
		腐烂粒	涩粒	病虫害粒	空粒		无生活力		有生活力			
							粒数	比例	粒数	比例		
1												
2												
3												
4												
平均												
测定方法												

实际差距：_____%　　容许差距：_____%　　测定有效□　测定无效□
测定人：_____　　校核人：_____　　测定日期：____年____月____日

六、注意事项

鉴定的主要依据是染色的部位，而不是染色的深浅；如发现靛蓝水溶液有沉淀，可适当加量，最好随配随用，不宜存放过久。

七、实训报告要求

①填写种子生活力的测定记录表。
②写出各种测定方法的不同染色原理。

实训项目 2-5　种子优良度测定

一、实训目标

熟练完成种子优良度测定。

二、实训场所

种苗实训室。

三、实训形式

以组为单位，教师指导学生现场操作。

四、实训备品与材料

解剖刀、解剖剪、放大镜、镊子、种子检验板、小烧杯、玻璃板、白纸、锤子、铝盒、载玻片、本地区主要造林树种 3~5 种等。

五、实训内容与方法

（一）测定样品提取

从纯净种子中，随机提取 4 组测定样品。种皮坚硬难于剖切的，可在测定前浸种，使种皮软化。

(二)测定方法

采用解剖法。先观察供测种子的外部情况,然后分别逐粒剖开,观察种子内部情况,区分优良种子与劣质种子。各个重复的优良种子、劣质种子以及剖切时发现的空粒、涩粒、无胚粒、腐烂粒和虫害粒的数量记入表2-17中。

(三)计算结果

测定结果以优良种子的百分率表示,分别计算各个重复的百分率,各重复中最大与最小值之差没有超过容许差距范围(表2-6),就用各重复的平均数作为该种批的优良度,用整数的百分率表示。如果各重复中最大值与最小值之差超过容许范围,应按发芽重新测定的规定重新测定并计算结果(表2-17)。

表2-17 种子优良度测定记录表

编号_____ 树种_____ 样品号_____ 样品情况_____
测试地点_____ 环境温度_____℃ 环境湿度_____%
测量仪器_____ 仪器编号_____

重复	测定种子粒数	观察结果					优良度(%)	备注
		优良粒	腐烂粒	空粒	涩粒	病虫害粒		
1								
2								
3								
4								
平均								
实际差距(%)				容许差距(%)				

测定方法:_____

测定有效□ 测定无效□ 测定人:_____ 校核人:_____ 测定日期:____年___月___日

六、注意事项

剖开切面时要顺着种胚操作,以便观察种胚全貌。

七、实训报告要求

①填写种子优良度的测定记录表。
②填写《林木种子质量检验合格证书》或《林木种子质量检验结果单》。

巩固拓展

一、名词解释

1. 丰年;2. 歉年;3. 结实间隔期;4. 生理成熟;5. 形态成熟;6. 生理后熟;7. 种实调制;8. 种子安全含水量;9. 干藏法;10. 湿藏法;11. 种子品质检验;12. 种批;13. 送检样品;14. 初次样品;15. 混合样品;16. 测定样品;17. 种子净度;18. 千粒重;19. 种子含

水量；20. 种子相对含水量；21. 种子绝对含水量；22. 发芽率；23. 发芽势；24. 场圃发芽率；25. 绝对发芽率；26. 种子生活力；27. 种子优良度。

二、填空题

1. 良种是指在（　　）品质和（　　）品质两个方面均优良的种子。

2. 一般实生树木从种子发芽、生长、开花、结实，到植株死亡，要经历（　　）、（　　）、（　　）和衰老期等几个性质不同的发育龄期，采种最佳期是（　　）。

3. 产生林木结实丰歉现象的主要原因是树木的（　　）和某些不良的（　　）因子综合影响的结果。

4. 同一树种，同一地区因所处地形及环境条件不同，成熟期也不同，如生长在阳坡或低海拔地区成熟期较（　　），生长在阴坡或高海拔地区则成熟期较（　　）。

5. 不同年份，由于天气状况不同，种子成熟期也有很大差别。一般气温高、降水少的年份，种子成熟期较（　　），而多雨湿冷时成熟期较（　　）。

6. 种实调制工作的内容包括（　　）、（　　）、（　　）、（　　），其目的是为了获得（　　）、（　　）、（　　）的优良种子。

7. 大部分树种的安全含水量为（　　）。

8. 经水选后或由肉质果中取出的种子，均忌（　　），只能（　　）。

9. 设法控制种子的（　　）至最低限度，是较长期保持种子生命力的关键。

10. 种子贮藏可分为（　　）和（　　）两大类，其中干藏可分为（　　）、（　　），湿藏法又可分为（　　）、（　　）等。

11. 一般认为，在我国由北向南，由西向东调拨种子的范围可适当（　　）。

12. 一个种批是指同一树种的种子，它们种源和采种年份相同，而且种实的（　　）也相同。

13. 净度测定用的样品量，一般按（　　）、（　　）和（　　）等情况而定。

14. 千粒重测定大多数种子采用（　　）。用百粒法时，一般种子的变异系数不能超过（　　），种粒大小悬殊的种子变异系数不超过（　　）。

15. 种子含水量测定常用的烘干方法有（　　）、（　　）和（　　）。

16. 种子发芽所需的环境条件是（　　）、（　　）和（　　），有的树种还需要（　　）。

17. 发芽率相同的两批种子，发芽势高的种子品质（　　）。

18. 种子的生活力测定以（　　）和（　　）为主。

19. 靛蓝法测定生活力的原理是，靛蓝试剂能透过（　　）而染上颜色，但不能透过活的原生质，故染色者为（　　）生活力的种子。

20. 四唑使种胚染色成红色，即为（　　）的种子。

三、选择题（单项选择和多项选择）

1. 下列树种中，具备生理后熟特性的树种是（　　）。
A. 柳树　　　　B. 水曲柳　　　　C. 檫树　　　　D. 杨树

2. 下列树种中，可在生理成熟期采种的树种是（　　）。
A. 松树　　　　B. 柏树　　　　C. 椴树　　　　D. 山桃

3. 下列针叶树中,种子成熟后整个球果脱落的树种是(　　)。
A. 云杉　　　　B. 红松　　　　C. 落叶松　　　D. 樟子松
4. 下列针叶树中,球果成熟后,果鳞开裂,种子脱落的树种是(　　)。
A. 落叶松　　　B. 冷杉　　　　C. 红松　　　　D. 雪松
5. 种实成熟后,可以在树上悬挂较长时间不脱落的树种是(　　)。
A. 苦楝　　　　B. 冷杉　　　　C. 云杉　　　　D. 胡桃
6. 种子超干贮藏时,通常将种子水分降低到(　　)。
A. 20%以下　　B. 15%以下　　C. 10%以下　　D. 5%以下
7. 种实成熟后立即脱落的树种是(　　)。
A. 槭树　　　　B. 悬铃木　　　C. 七叶树　　　D. 臭椿
8. 长寿命种子的生活力保存期为(　　)。
A. 10年以上　　B. 20年以上　　C. 30年以上　　D. 40年以上
9. 选择种子贮藏方法最主要的依据是(　　)。
A. 种子安全含水量　　　　　　B. 种子临界含水量
C. 环境湿度　　　　　　　　　D. 环境温度
10. 含水量高的种子适合的贮藏方法是(　　)。
A. 干藏　　　　B. 湿藏　　　　C. 密闭贮藏　　D. 低温贮藏
11. 含水量低的种子适合的贮藏方法是(　　)。
A. 干藏　　　　B. 湿藏　　　　C. 坑藏　　　　D. 堆藏
12. 送检样品的重量至少要为净度测定样品的(　　)。
A. 1~2倍　　　B. 2~3倍　　　C. 3~4倍　　　D. 4~5倍
13. 用百粒法对种子样品进行重量测定时,随机数取的重复数应该是(　　)。
A. 2个　　　　B. 4个　　　　C. 6个　　　　D. 8个
14. 混合样品的重量一般不少于送检样品的(　　)。
A. 5倍　　　　B. 10倍　　　　C. 15倍　　　　D. 20倍
15. 大粒种子(如山杏)一个种子批的最大限量是(　　)。
A. 20 000 kg　B. 10 000 kg　C. 7000 kg　　D. 2000 kg
16. 特大粒种子(如核桃)一个种子批的最大限量是(　　)。
A. 20 000 kg　B. 10 000 kg　C. 7000 kg　　D. 2000 kg
17. 中粒种子(如华山松)一个种子批的最大限量是(　　)。
A. 20 000 kg　B. 10 000 kg　C. 7000 kg　　D. 2000 kg
18. 小粒种子(如刺槐)一个种子批的最大限量是(　　)。
A. 20 000 kg　B. 10 000 kg　C. 7000 kg　　D. 2000 kg
19. 用四唑染色法测定种子生活力时,所用四唑浓度是(　　)。
A. 0.1%　　　 B. 0.5%　　　　C. 1%　　　　 D. 5%
20. 用标准法测定种子含水量时,烘箱的温度应调至(　　)。
A. 95 ℃　　　 B. 100 ℃　　　 C. 105 ℃　　　D. 110 ℃

四、判断题

1. 速生喜光的树种幼年期较短，而慢生耐荫的树种幼年期较长。（   ）
2. 一般青年期的母树，均可作为采种母树。（   ）
3. 林木在丰年大量结实，但因养分供应问题而使种子品质降低，发芽率低，幼苗生活力也弱。（   ）
4. 板栗、核桃、油桐、栓皮栎、乌桕、女贞等种子可在果实脱落后从地面收集。（   ）
5. 含水量较高，种粒较小的杨柳等蒴果为加速干燥，可先行暴晒然后脱粒。（   ）
6. 从肉质果中取出的种子，通常经过数天日晒后再贮藏或运输。（   ）
7. 适当干燥、降低种子含水量是保持种子生命力，延长种子寿命的重要措施。（   ）
8. 已萌芽或浸过种的种子，可以经过干燥后再贮藏。（   ）
9. 当种子堆内部的温度显著高于贮藏环境温度时，这就意味着种子堆出现了自热或自潮现象。（   ）
10. 温度过高不利于种子贮藏，因此，温度越低越有利于种子贮藏。（   ）
11. 干藏适用于所有林木种子。（   ）
12. 为防止种子因贮藏环境潮湿而变质，所以，含水量高的种子或长期休眠的种子不适宜湿藏。（   ）
13. 需要从远方调拨种子时，要考虑林木的抗逆性。（   ）
14. 在适宜条件下，发芽种子数与供试种子总数的百分比，称为发芽率。（   ）
15. 初次样品，是指第一次从种子批中抽取的一份样品。（   ）
16. 种子千粒重是指 1000 粒纯净种子的重量。（   ）
17. 种子含水量是指纯净种子中水分的含量。（   ）
18. 净度是指被检验的种子中纯净种子的数量与供检种子总数量的百分比。（   ）
19. 用靛蓝试剂测定种子生活力时，凡被试剂染上色的种子都是无生活力的种子。（   ）
20. 四唑染色呈红色为有生活力的种子。（   ）

五、简答题

1. 完全成熟的种子应具备什么特点？
2. 影响林木结实大小年的主要原因是什么，在生产中如何解决。
3. 实生林木的生命周期一般可分为几个发育阶段？各龄期的特点是什么？
4. 种实的成熟一般包括哪两个过程？
5. 林木结实的成熟期为什么不同？
6. 种实成熟鉴定方法？
7. 采用平均标准木法预测种实产量的技术？
8. 育苗造林为什么要用丰年产的种子？
9. 种实的脱落期影响因素？

10. 肉质果脱粒技术？
11. 栎类常用的净种方法？
12. 种子贮藏的方法有哪些？各适宜于哪些树种？
13. 油茶种子干燥时可否暴晒，为什么？
14. 种子湿藏的基本要求？
15. 简述四分法抽样技术
16. 为什么要进行种子品质检验？17. 百粒法测定种子千粒重的技术步骤？
18. 低恒温烘干法测定种子含水量步骤？
19. 用靛蓝染色法和四唑染色法测定种子生活力的原理是什么？
20. 简述种子优良度测定的意义和方法？

六、知识拓展

1. 全国人民代表大会常务委员会. 中华人民共和国种子法. 2001.
2. 中国种子协会. http：//www.seedchina.com.cn/
3. 国际茶花协会. https：//internationalcamellia.org/
4. 中国植物智. http：//www.iplant.cn

单元 3　苗圃建立

学习目标

知识目标

1. 熟悉苗圃地的选择条件。
2. 了解播种育苗与营养繁殖的方式方法。
3. 掌握苗圃地面积的计算方法。
4. 学会苗圃技术档案建立的方法。

技能目标

1. 掌握苗圃地调查技术，包括土壤调查、病虫害调查及气象资料的收集。
2. 掌握调查技术，能熟练使用罗盘、GPS 等仪器测量苗圃面积、形状并绘制苗圃平面图。
3. 掌握苗圃规划设计技术、能根据育苗计划正确规划苗圃生产用地及辅助用地。
4. 能根据所要培育的苗木种类进行育苗技术设计和成本预算。
5. 掌握苗圃施工、整地技术。
6. 会编写苗圃规划设计说明书。

素质目标

1. 树立山水林田湖草沙一体化保护和系统治理的观念。
2. 具有较强的工作沟通、协调能力。
3. 实现苗圃规划设计、建设管理的创新创业意识教育。
4. 基本能依据苗圃建设规程的国标、地标开展基层人员培训。

理论知识

　　苗圃是苗木生长的场所，它能提供适宜的生态条件，使优良的繁殖材料经过生长、发育、培育出苗木。苗圃的种类，按照使用年限长短可分为固定苗圃和临时苗圃；按面积大小可分为大型苗圃、中型苗圃和小型苗圃。苗圃的建立包括苗圃地选择和调查、苗圃面积的测绘与区划、苗圃施工与管理及苗圃地的耕作等环节。

苗圃建立是一个综合项目,需要综合运用植被调查技术、病虫害调查技术、土壤调查技术及播种、扦插、嫁接等育苗技术进行苗圃规划设计。并要多方采集气象资料、农资购买价格、土建材料价格等进行成本的预算和预期收益的分析。建议授课时不要按照教材顺序,应结合生产需要完成教学,工程实际建设要严格遵守《林业苗圃工程设计规范》(LYJ 128—1992)、《苗圃建设规范》(LY/T 1185—2013)的技术标准。科学、合理、最大限度地利用土地,降低苗圃建设、生产成本。

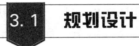

3.1　规划设计

3.1.1　苗圃地选择

建立苗圃,选择适宜的圃地十分重要。圃地选择不当,不仅难以达到培育大量合格苗木的目的,而且会造成人力、物力和财力的浪费,提高育苗成本。圃地条件好,就能以最低的育苗成本,培育出大量符合需要的优质苗木,取得良好的经济效益和社会效益。

选择苗圃地时,应对苗圃地的各种条件进行深入细致地调查,经全面的分析研究后,加以确定。这对使用年限较长,经营面积较大,投资、设备较多的苗圃尤为重要,必须认真而慎重地考虑各类条件选好苗圃地。

3.1.1.1　经营条件

(1) 交通条件

苗圃应设在交通方便的地方,以便于育苗所需要的物资材料的运入和苗木的运出。要特别注意大苗运输路线中的空中障碍和低矮涵洞等类似问题。

(2) 人力条件

苗圃需要劳动力较多,尤其是育苗繁忙季节。因此,苗圃应设在靠近居民点的地方,以保证有充足的劳动力保障,同时便于解决电力、畜力和住房等问题。

(3) 周边环境

尽量远离污染源,防止污染对苗木生长产生不良影响。

3.1.1.2　自然条件

(1) 地形地势

固定苗圃应设在地势平坦、自然坡度3°以下,排水良好的地方。坡度太大容易引起水土流失,也不利于灌溉和机械作业。

山地丘陵地区,因条件所限,苗圃应尽量设在山脚下的缓坡地,坡度在5°以下。如坡度较大,则应修筑带状水平梯田。苗圃忌设在易积水的低洼地、过水地,风害严重的风口，光照很弱的山谷等地段。

山地育苗时，坡向对苗木发育有很大影响。北方地区气候寒冷，生长期较短，春季干旱、风大，秋冬季易遭受西北风的危害。因此，在坡地上选择苗圃地时，宜选东南坡。东南坡光照条件好，昼夜温差小，土壤湿度也较大；而西北坡、北坡或东北坡则因温度过低，不宜作苗圃地。南方温暖多雨地区，一般则以东南坡、东坡或东北坡为宜。南坡、西南坡或西坡因阳光直射，土壤干燥不宜作苗圃地。

(2) 土壤

土壤是种子发芽、插穗生根和苗木生长发育所需水分、养分的供给者，也是苗木根系生长发育的环境条件。因此，选择苗圃地时必须重视土壤条件。

①土壤的结构和质地。对于土壤中的水、肥、气、热状况影响很大。通常团粒结构的土壤通气性和透水性良好，且温、热条件适中，有利于土壤微生物的活动和有机质的分解，土壤肥力较高，土壤地表径流少，灌溉时渗水均匀，有利于种子发芽出土和幼苗的根系发育，同时又便于土壤耕作、除草松土和起苗作业。砂土贫瘠，表面温度高，肥力低，保水力差，不利于苗木生长。重黏土结构紧密，透水性和通气性不良，温度低，平时地表易板结或龟裂，雨后泥泞，排水不良，也不利于幼苗出土和根系发育。较重的盐碱土，因盐分过多，对苗木易产生严重的毒害作用，影响生长，甚至造成苗木死亡。实践证明，苗圃以选择较肥沃的砂质壤土、轻壤土和壤土为好。砂土、重黏土和盐碱土均不宜作苗圃地。土层厚度在 50 cm 以上最好。

②土壤的酸碱度。对土壤肥力和苗木生长也有很大影响。不同的苗木对土壤酸碱度的适应能力不同，如油松、红松、马尾松、杉木等喜酸性土壤；如侧柏、刺槐、白榆、臭椿、苦楝等耐轻度盐碱，土壤中含盐量在 0.1% 以上时尚能生长。而大多数针叶树种适宜中性或微酸性土壤，多数阔叶树种适宜中性或微碱性土壤。在一般情况下，苗木在弱酸至弱碱的土壤里才能生长良好。当土壤过酸时，土壤中磷和其他营养元素的有效性下降，不利于苗木生长，在中性土壤中磷的有效性最大。当土壤碱性过大时，也会使磷、铁、铜、锰、锌、硼等元素的有效性显著降低。另外，土壤酸性或碱性太大对一些有益微生物的活动不利，因而影响氮、磷和其他元素的转化和供应。因此，选择苗圃地时必须考虑到土壤的酸碱度要与所培育的苗木种类相适应。一般针叶树圃地 pH 以 5~6.5 为宜，阔叶树圃地 pH 以 5~8 为宜。

(3) 水源

苗圃对水分供应条件要求很高，必须有良好的供水条件。水质要求为淡水，含盐量一般不超过 0.15%，最高不超过 1.5%，还要求水源无污染或污染较轻。最好在靠近河流、湖泊、池塘和水库的地方建立苗圃，便于引水灌溉。如果没有上述水源条件，就应该考虑打井灌溉。

但是，苗圃地也不宜设置在河流、湖泊、池塘、水库的边上，或者其他地下水位过高的地方。因为地下水位过高，土壤水分过多，则通气不良，根系发育差，苗木容易发生徒长，不能充分木质化，易遭受冻害。在盐碱地区，如果地下水位高，还会造成土壤的盐渍化。地下水位过低，会增加苗圃的灌溉次数和灌水量，因而增加育苗成本。适宜的地下水位受土壤质地影响，砂土一般为 1~1.5 m，砂壤土为 2.5 m 以下，轻壤土为 2.5~3.0 m，黏性壤土 4 m 以下。

（4）病虫害

苗圃育苗往往由于病虫危害而造成很大的损失。因此，在选择苗圃时，应进行土壤病虫害的调查，尤其查清蛴螬、蝼蛄、地老虎、蟋蟀等主要地下害虫的危害程度和立枯病、根腐病等病菌的感染程度。病虫危害严重的土地不宜作苗圃地，或者采取有效的消毒措施后再作苗圃。

选择苗圃要综合考虑以上条件，不能强调某些条件而忽视其他条件。相对而言，土壤条件和水源更为重要。

3.1.2 苗圃地调查

苗圃建立地点确定后，要对苗圃地的环境条件进行全面调查和综合分析，对苗圃进行全面规划，并结合培育苗木的特性提出育苗技术的对策。

主要调查土壤养分、酸碱度、地下水位、病虫害危害程度和主要气象因子等。并记入苗圃地基本情况档案。

3.1.2.1 踏勘

由设计人员会同施工和经营人员到已确定的圃地范围内进行实地踏勘和调查访问工作，通过了解圃地的现状、历史、地势、土壤、植被、水源、病虫害、交通以及周边环境，提出改造各项条件的初步意见。

3.1.2.2 测绘平面图

平面图是进行苗圃规划设计的依据。比例尺要求为 1/2000~1/500；等高距为 20~50 cm。对苗圃设计直接相关的山、河、湖、井、道路、房屋、坟墓等地形、地物应尽量绘入。

3.1.2.3 土壤调查

根据苗圃地的自然地形、地势及指示植物的分布，选定典型地点挖土壤剖面，观察和记载土层厚度、土壤质地、土壤结构、土壤酸碱度（pH）、地下水位等，必要时可分层采样进行分析。通过调查，弄清圃地土壤的种类、分布、肥力状况和土壤改良的途径，并在地形图上绘出土壤分布图，以便合理规划、使用土地。

3.1.2.4 病虫害调查

调查苗圃地的地下害虫，如金龟子、地老虎、蝼蛄等。一般采用挖土坑分层调查方法。土坑面积 1.0 m×1.0 m，坑深挖至母岩。土坑数量根据圃地面积设置：5 hm^2 以下挖 5 个土坑；6~20 hm^2 挖 6~10 个土坑；21~30 hm^2 挖 11~15 个土坑；31~50 hm^2 挖 16~20 个土坑；50 hm^2 以上挖 21~30 个土坑。基于土坑调查病虫害的种类、数量，并通过前茬植物和周围树木的生长情况，了解病虫感染程度，提出防治措施。

3.1.2.5 气象资料收集

向当地的气象台或气象站了解有关的气象资料，如生长期，早霜期、晚霜期、晚霜终止期，全年及各月平均气温、最高和最低的气温，空气相对湿度，土表的最高温度，冻土层深度，年降水量及各月份分布情况、最大一次降水量及降水历时数，主风的方向和风力等。此外，还应向当地群众了解圃地的特殊小气候等情况。

3.1.3 苗圃规划设计

苗圃地包括生产用地和辅助用地两部分。直接用于育苗和休闲的土地称为生产用地，通常占苗圃总面积的75%以上。苗圃的辅助用地(或称非生产用地)主要包括防护林、道路、绿化带、办公室区、库房、排灌设施和废弃物处理区等，这些用地是为服务苗木生产所占用的土地，要求既要能满足生产的需要，又要设计合理，减少用地(图3-1)。

1~6. 播种区；7~9. 针叶树种扦插区；10~13. 阔叶树种扦插区；14~20. 移植区；21~22. 采穗区；23~28. 移植区；29. 机具房和种子贮藏室；30. 办公室；31. 温室；32. 宿舍；33. 场地；34. 移植区；35. 拖拉机运转场；36. 气象观测场；37. 肥料制作场。

图 3-1 苗圃区划图示例

3.1.3.1 生产用地区划

(1)作业区及规格

苗圃中进行育苗的基本单位是作业区，作业区一般为长方形和正方形。根据自然状况和生产需要，一般划分为播种区、营养繁殖区、移植区、大苗区、采穗圃、温室、大棚和组培室等。

作业区的长度依机械化程度而异，完全机械化的以200~300 m为宜，畜耕者以50~

100 m 为好。作业区的宽度依圃地的土壤质地和地形是否有利于排水而定，排水良好者可宽，排水不良时要窄，一般宽 40～100 m。

作业区的方向根据圃地的地形、地势、坡向、主风的方向和圃地形状等因素综合考虑。坡度较大时，作业区长边应与等高线平行。一般情况下，作业区长边最好采用南北向，可使苗木受光均匀，有利生长（图 3-2）。

图 3-2　作业区

（2）育苗区设置

①播种区。是指培育播种苗的生产区。幼苗对不良环境的抵抗力弱，要求精细管理，应选择全圃自然条件和经营条件最有利的地段作为播种区。人力、物力、生产设施均应优先满足播种育苗的要求。具体要求地势较平坦，背风向阳，灌溉方便，土质疏松，土层深厚肥沃，靠近管理区。如是坡地，则应选择最好的坡向。

②营养繁殖区。是指培育扦插苗、压条苗、分株苗和嫁接苗的生产区，与播种区要求基本相同，应设在土层深厚、土质疏松而湿润，灌溉方便的地方，但不像播种区要求那样严格。嫁接区主要为砧木苗的播种区，宜土质良好，便于接后覆土，地下害虫要少，以免危害接穗而造成嫁接失败。圃地扦插区宜设在土层厚、土壤疏松而较湿润的地块；环境控制扦插区宜设在光照条件好、排灌方便、受风影响小的地块。压条、分株育苗法采用较少，育苗量较小，可利用零星地块育苗。具体安排时也应考虑树种的习性。如杨、柳类的营养繁殖区（主要是插条区），可适当用较低洼的地方；而一些珍贵的或成活困难的苗木，则应靠近管理区，在便于设置温床、荫棚等特殊设备的地区进行，或在温室中育苗。为提高扦插成活率，插条区可设在设施育苗区，扦插成活后移入移植区栽培。

③移植区。是指培育各种移植苗的生产区，由播种区、营养繁殖区、设施育苗区中繁殖出来的苗木，均需移入移植区中继续培育。移植区内的苗木依规格要求和生长速度的不同，往往每隔 2～3 年还要再移几次，逐渐扩大株行距，增加营养面积。所以移植区占地面积较大。一般可设在土壤条件中等，地块大而整齐的地方。移植区也要依苗木的不同习性进行合理安排。如杨、柳可设在低、湿的地区，松柏类等常绿树则应设在比较高、干燥且土壤深厚的地方，以利带土球出圃。

④大苗区。是指培育植株的体型、苗龄均较大并经过整形的各类大苗的作业区。在本育苗区继续培育的苗木，通常在移植区内进行过一次或多次的移植，在大苗区培育的苗木出圃前不再进行移植，且培育年限较长。大苗区的特点是株行距大，占地面积大，培育的苗木规格大而高，根系发达，可以直接用于城镇绿化建设和防护林建设。大苗的抗逆性较强，对土壤要求不严，但以土层较厚，地下水位较低，地块整齐为好。在树种配置上，要注意各树种的不同习性要求。为了出圃时运输方便，最好能设在靠近苗圃的主要干道或苗圃的外围。

⑤采穗圃。宜设在土壤较肥、疏松、适宜目标树种生长的地块。主要是培养扦插和嫁接的插条使用及组织培养的外植体使用。

⑥设施育苗区。是指利用温室、大棚、自动喷灌设施进行育苗的生产区。设施育苗区应设在管理区附近，主要要求用水、用电方便。大量应用组织培养技术育苗时，还要建立独立的组培室(图3-3)。

⑦其他育苗区。引种驯化区，用于引入新的树种和品种，进而推广。可单独设立实验区或引种区，亦可引种区和实验区相结合。母树区，在永久性苗圃中，为了获得优良的种子设立采种母树区。本区占地面积小，可利用零散地块，但要土壤深厚、肥沃及地下水位较低。对一些乡土树种可结合防护林带和沟边、渠旁、路边进行栽植。此外，有的综合性苗圃还可设立标本区、果苗区、花卉区等。

图3-3 设施育苗区

3.1.3.2 辅助用地区划

(1) 道路系统设置

苗圃中的道路是连接各种作业区与开展育苗工作有关的各类设施的动脉(图3-4)。一般设有一级道路、二级道路、三级道路和环行路。

图3-4 圃路和绿化结合

①一级路。是指苗圃的主干道，多以管理区为中心，应连接管理区和苗圃出入口，位于苗圃中轴线上。一般设置一条或相互垂直的两条主干道，路面宽6~8 m，标高高于作业区20 cm。

②二级路。通常是指与主干道相垂直，与各作业区相连接的道路。路面宽一般4 m，标高高于作业区20 cm。

③三级路。是指作业人员进入作业区的作业路，与二级路垂直，路面宽一般2 m。

④环行路。又称环行道。在大型苗圃中，为了车辆、机具等机械回转方便，可依需要在苗圃四周防护林带内侧设置环行路，路面宽一般 4~6 m。

在设计苗圃道路时，要在保证管理和运输方便的前提下尽量节省用地。中小型苗圃可不设二级路，但一级路不可过窄。一般苗圃中道路的占地面积，不应超过苗圃总面积的 7~10%。

(2) 灌溉系统设置

苗圃必须有完善的灌溉系统，以保证苗木对水分的需要。灌溉系统包括水源、提水设备和引水设施 3 个部分。

①水源。主要有地面水和地下水两类。

a. 地面水：是指河流、湖泊、池塘、水库等，以无污染又能自流灌溉的最为理想。不能自流灌溉的用抽水设备引水灌溉。一般地面水温度较高，与作业区土温相近，水质较好，且含有一定养分，有利苗木生长。

b. 地下水：是指泉水、井水等。地下水的水温较低，宜设蓄水池以提高水温，再用于灌溉。水井应设在地势高的地方，以便自流灌溉。水井设置还要均匀分布，以便缩短引水和送水的距离。

②提水设备。现在多使用抽水机(水泵)，可依苗圃的需要，选用不同规格的抽水机。

③引水设施。有地面渠道引水和管道引水两种。

a. 渠道引水：修筑渠道是沿用已久的引水方式。土筑明渠修筑简便，投资少，但其流速较慢，蒸发量、渗透量较大，占地多，须注意经常维修。故为了提高流速，减少渗漏，现在多加以改进，在水渠的沟底及两侧铺上水泥或做成水泥槽，有的使用瓦管、竹管、木槽等。

引水渠道一般分为三级。一级渠道(主渠)是永久的大渠道，从水源直接把水引出，一般主渠宽 1.5~2.5 m。二级渠道(支渠)通常也为永久性的，把水由主渠引向各作业区，一般支渠宽 1~1.5 m。三级渠道(毛渠)是临时性的小水渠，一般宽 1 m 左右。主渠和支渠是用来引水和送水的，水槽底应高出地面，毛渠则直接向圃地灌溉，其水槽底应平于地面或略低于地面，以免把泥沙冲入畦中，埋没苗木。

各级渠道的设置常与各级道路相配合，可使苗圃的区划整齐，渠道的方向与作业区方向一致，各级渠道之间，支渠与主渠垂直、毛渠与支渠垂直，同时毛渠还应与苗木的种植行垂直，以便灌溉。在地形变化较大，落差过大的地方应设跌水构筑物，通过排水沟或道路时可设渡槽或虹吸管。

b. 管道灌溉：主管和支管均埋入地下，其深度以不影响机械化耕作为度，开关设在地表，使用方便。

喷灌和滴灌都是使用管道进行灌溉的方法。喷灌是近二十多年来发展较快的一种灌溉方法，利用机械把水喷射到空中形成细小雾状，进行灌溉。滴灌是使水通过细小的滴头将水滴逐渐地施于地面，渗入土壤中的灌溉技术。这两种方法一般可省水 20%~40%，基本上不产生深层渗漏和地表径流，少占耕地，减少土壤板结，增加空气湿度，有利于苗木的生长和增产。但喷灌、滴灌投资均较大，喷灌效果还常常受风的影响，应加注意。管道灌溉近年来国内外均发展较快，是今后园林苗圃进行灌溉的发展趋向。

(3) 排水系统设置

排水系统对地势低、地下水位高及降水量多而集中的地区极为重要，产生积水或地下水位过高是造成苗木生长不良，甚至死亡的重要原因。排水系统由大小不同的排水沟组成，排水沟分明沟和暗沟两种，目前采用明沟较多。排水沟的宽度、深度和设置，根据苗圃的地形、土质、降水量、出水口的位置等因素而确定，应以保证降后能很快排除积水而又少占土地为原则。大排水沟宽 1 m 以上，深 0.5~1 m，设在圃地最低处，直接通入河、湖或市区排水系统。中排水沟通常设在路旁，与大排水沟和小排水沟相通。作业区内小排水沟宽 0.3~1 m，与小区步道相通。在地形、坡向一致时，排水沟和灌溉渠往往各居道路一侧，形成沟、路、渠并列，这是比较合理的设置，既利于排灌，又区划整齐。排水沟与路、渠相交处应设涵洞或桥梁。在苗圃的四周最好设置较深而宽的截水沟，防止苗圃外水流入侵，排除圃内水和防止小动物及害虫侵入。排水系统占地一般为苗圃总面积的 1%~5%。

（4）防护林带设置

易受牲畜危害的苗圃可设置围栏或其他防护设施。为了避免苗木遭受风沙危害应设置防护林带，以降低风速，减少地面蒸发及苗木蒸腾，创造适宜的小气候条件和生态环境。防护林带的设置规格，依苗圃的大小和风害程度而异。一般小型苗圃与主风的方向垂直设一条林带；中型苗圃在四周设置林带；大型苗圃除设置周围环圃林带外，还应在圃内结合道路等设置与主风的方向垂直的辅助林带。如有偏角，不应超过 30°。一般防护林防护范围是树高的 15~17 倍。

林带的结构以乔、灌木混交，半透风式为宜，既可减低风速又不因过分紧密而形成回流。林带宽度和密度依苗圃面积、气候条件、土壤和树种特性而定，一般的主林带宽 8~10 m，株距 1.0~1.5 m，行距 1.5~2.0 m；辅助林带多为 1~4 行乔木，宽度 2~4 m 即可。

林带的树种选择，应尽量就地取材，选用当地适应性强，生长迅速，树冠高大的乡土树种。同时也要注意速生和慢生、常绿和落叶、乔木和灌木、寿命长和寿命短的树种相结合。亦可结合采种、采穗母树和有一定经济价值的树种，如建材、筐材、蜜源、油料、绿肥等，以增加收益。注意不要选用苗木病虫害的中间寄主树和病虫害严重的树种。为了保护圃地，防止人们穿行和畜类干扰，可在林带外围种植带刺的或萌芽力强的灌木，减少对苗木的危害。

苗圃中林带的占地面积一般为苗圃总面积的 5%~10%。

近年来，在国外为了节省用地和劳力，也有用塑料制成的防风网防风。其优点是占地少而耐用，但投资多，在我国少有采用。

（5）苗圃管理区设置

该区包括房屋建筑和圃内场院等部分。前者主要是指办公室、宿舍、食堂、仓库、种子贮藏室、工具房、畜舍、车棚等。后者主要是指劳动集散地、运动场以及晒场、肥场等。苗圃管理区应设在交通方便，地势高燥，接近水源、电源的地方或不适宜育苗的地方。中小型苗圃的建筑一般设在苗圃出入口的地方。大型苗圃的建筑最好设在苗圃中央，以便于苗圃经营管理。畜舍、猪圈、积肥场等应放在较隐蔽和便于运输的地方。管理区占地一般为苗圃总面积的 1%~2%。

3.1.3.3 绘制苗圃设计图

（1）绘制设计图前的准备

在绘制设计图前首先要明确苗圃的具体位置、圃界、面积、育苗任务、苗木供应范围;了解育苗的种类、培育的数量和出圃的规格;确定苗圃的生产和灌溉方式,苗圃建筑和设备等设施,以及苗圃工作人员的编制等。同时应有建圃任务书,各种有关的图面材料,如地形图、平面图、土壤图、植被图等,搜集有关的自然条件、经营条件以及气象资料和其他有关资料等。

(2)苗圃设计图的绘制

在各有关资料搜集完整的基础上,通过对具体条件的全面综合分析,确定苗圃的区划设计方案。以测绘的平面图为底图,先在地形图上绘制主要道路、渠、沟、林带、建筑、场院等位置,再根据生产区区划的情况绘制各作业区的位置,即得到苗圃设计草图。多方征求意见,进行修改,最后确定正式设计方案,绘制正式的设计图。

正式设计图依地形图的比例尺,将道路、沟渠、林带、作业区、建筑区、育苗区等按比例绘制,排灌方向用箭头表示。在图纸上列有图例、比例尺、方向标等。各区应加以编号,以便说明各育苗区的位置。

3.1.3.4 苗圃总面积和各生产区面积计算

根据面积大小可以将苗圃分为三类,即大型苗圃(土地总面积 20 hm² 以上)、中型苗圃(土地总面积 7~20 hm²)、小型苗圃(土地总面积 7 hm² 以下)。苗圃地生产用地面积通常占 75% 以上,大型苗圃比例大些,中小型苗圃比例小些。辅助用地面积一般占苗圃总面积的 25% 以下,大型苗圃占 15%~20%,中小型苗圃占 20%~25%。

生产用地面积可以根据各种苗木的生产任务、单位面积的产苗量及轮作制来计算。各树种的单位面积产苗量通常是根据各个地区自然条件和技术水平确定。如果没有产苗量定额,则通过参考生产实践经验来确定。

$$S = \frac{N \times A}{n} \times \frac{B}{C} \tag{3-1}$$

式中:S——某树种所需的育苗面积,m^2;

N——该树种计划产苗量,株;

n——该树种单位面积的产苗量,株/m^2;

A——苗木的培育年龄,年;

B——轮作区的总区数,个;

C——每年育苗所占的区数,个。

例如,某苗圃生产 2 年生紫薇播种苗 150 万株,采取 3 区轮作制,每年有 1 个区休闲种植绿肥作物,2 个区育苗,单位面积产苗量为每亩 15 万株,则需要育苗面积为:

$$S = \frac{150 \times 2}{15} \times \frac{3}{2} = 30 \text{ 亩}$$

若不采用轮作制,$\frac{B}{C}$ 等于 1,则育苗面积为 20 亩。

依上述公式的计算结果是理论数值。实际生产中,在苗木抚育、起苗、假植、窖藏和运输等过程中苗木会有一定损失。所以,计划每年生产的苗木数量时,应适当增加 3%~5%,育苗面积亦相应地增加。各个树种所占面积的总和即为生产用地的总面积。

$$S = \frac{N \times A}{mn'} \times \frac{B}{C} \tag{3-2}$$

式中：S——某树种所需育苗面积，m^2；

　　　N——该树种计划产苗量，株；

　　　n'——该树种单位长度产苗量，株；

　　　m——该树种单位面积播种行总长度，m；

　　　A——苗木培育年龄，年；

　　　B——轮作区总区数，个；

　　　C——每年育苗所占区数，个。

苗床育苗时：

$$m = \frac{S'}{(a+c)(b+c)} \times (d \times e) \tag{3-3}$$

式中：S'——单位面积，m^2；

　　　a——床长，m；

　　　b——床宽，m；

　　　c——步道宽，m；

　　　d——床上播种行长度，m；

　　　e——床上播种行数量，株。

垄作育苗时：

$$m = \frac{S'}{f} \tag{3-4}$$

式中：S'——单位面积，m^2；

　　　f——垄宽，m。

值得一提的是，苗圃面积很大程度上不是计算出来的，而是综合分析造林绿化事业发展的需要及苗圃发展目标定位和资金投入能力等诸多因素，由苗圃经营管理决策者来决定的。因为，在现实的生产中，与面积计算有关的因素具有不确定性，如某树种每年育苗数量相同的可能性不大，同一年中相互轮作的各种植物育苗面积相同的可能性也很小，不同年度所育苗木种类和树种数量也不尽相同。这样，完全根据第1年育苗的情况确定苗圃面积是不符合实际的。当然，不可否认其具有一定的参考价值。

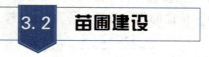

3.2 苗圃建设

3.2.1 施工

苗圃施工的主要项目是各类建筑和道路、沟渠的修建，水、电、通讯的引入，防护林带的种植和土地平整等。房屋的建设宜在其他各项之前进行。

3.2.1.1 圃路施工

施工前先在设计图上选择两个明显的地物或两个已知点,定出主干道的实际位置,再以主干道的中心线为基线,进行圃路系统的定点放线工作,然后方可进行修建。圃路的种类很多,有土路、石子路、柏油路、水泥路等。大型苗圃中的高级主路可请建筑部门或道路修建单位负责建造,一般在苗圃施工的道路主要为土路。施工是由路两侧取土填于路中,夯实,两侧取土处应修成整齐的灌溉水渠或排水沟。

3.2.1.2 灌溉渠道修筑

灌溉系统中的提水设施,即泵房的建造和水泵的安装工作,应在引水灌渠修筑前请有关单位建造。一、二级渠道需用水准仪精确测定,打桩标明,再按设计要求修筑。在渗水力强的沙质土地区,水渠的底部和两侧要求用黏土或三合土加固。埋设管道应按设计坡度、方向和深度的要求埋设。现在漫灌使用越来越少,一般用"白龙"等水管代替水渠来进行灌溉;喷灌、滴管和渗灌等措施应用越来越广泛。

3.2.1.3 排水沟挖掘

一般先挖掘向外排水的总排水沟。中排水沟与道路的边沟相结合,在修路时即挖掘修成。小区的小排水沟可结合整地进行挖掘,亦可用略低于地面的步道代替。为防止边坡下榻,堵塞排水沟,可在排水沟挖好后,种植簸箕柳、紫穗槐、柽柳等护坡树种。

3.2.1.4 防护林营建

一般在路、沟、渠施工后立即进行,以保证开圃后尽早起到防风作用。最好使用大苗栽植,能尽早起到防风作用。栽植的株距、行距按设计规定进行,同时应成"品"字型交错栽植。栽后要注意及时灌水,并注意经常养护以保证成活。

3.2.2 整地、施肥与接种

3.2.2.1 土地平整

坡度不大者可在路、沟、渠修成后结合翻耕进行平整,或待建圃后结合耕作播种和苗木出圃等时节,逐年进行平整,这样可节省开圃时的施工投资,而且避免破坏原有土壤表层,有利苗木生长。坡度过大必须修梯田,这是山地苗圃的主要工作项目,应提早进行施工。总坡度不太大,但局部不平者,宜挖高填低,深坑填平后,应灌水使土壤落实后再进行平整(图3-5)。

3.2.2.2 土壤改良

圃地中如有盐碱土、砂土、重黏土或城市建筑废墟地等,土壤不适合苗木生长时,应在苗圃建立时进行土壤改良。对盐碱地可采取开沟排水,引淡水冲碱或刮碱、扫碱等措施

(a)人工整地　　　　　　　　(b)机械整地

图 3-5　整地

加以改良；轻度盐碱土可采用深翻晒土，多施有机肥料，灌冻水和雨后（灌水后）及时中耕除草等农业技术措施，逐年改良。对砂土，最好采用掺入黏土和多施有机肥料的办法进行改良。对重黏土则应用混砂、深耕、多施有机肥、种植绿肥和开沟排水等措施加以改良。对城市建筑废墟或城市撂荒地的改良，应以除去耕作层中的砖、石、木片、石灰等建筑废弃物为主，清除后进行平整、翻耕、施肥，即可进行育苗。

3.2.2.3　土壤耕作

(1)作用

土壤耕作可以疏松土壤，促进深层土壤熟化，有利于恢复和创造土壤的团粒结构，增强土壤的通气性和透水性，提高蓄水保墒能力；能提高土温，有利于土壤好气性微生物的活动，加速土壤有机质的分解，为苗木提供充足的养分；土壤耕作还可以翻埋杂草种子和作物残茬、混拌肥料及消灭部分病虫害。由于土壤条件的改善，有利于种子发芽、苗木扎根和苗木生长。

(2)环节

土壤耕作的基本要求是"及时平整，全面耕到，土壤细碎，清除草根石块，并达到一定深度"。主要包括耕地和耙地两个环节。

①耕地。耕地是土壤耕作的中心环节。耕地的季节和时间根据气候和土壤条件而定。秋耕有利于蓄水保墒，改良土壤，消灭病虫和杂草，故一般多采用秋耕，尤其在北方干旱地区或盐碱地区更为有利。但沙土适宜春耕，山地育苗，最好在雨季以前耕地。为了提高耕地质量，应抓住土壤不干不湿、含水量为田间持水量的 60%~70% 时进行耕地。

耕地的深度要根据圃地条件和育苗要求而定。耕地深度一般在 20~25 cm，过浅起不到耕地的作用，过深苗木根系过长，起苗栽植困难。一般的原则是播种区稍浅，营养繁殖区和移植区稍深；沙土地稍浅、土壤瘠薄黏重的地区和盐碱地稍深；在北方，秋耕宜深，春耕宜浅。

②耙地。耙地的作用是疏松表土，耙碎伐片，平整土地，清除杂草，混拌肥料和蓄水保墒。

一般说来，耕后应立即耙平。尤其是在北方干旱地区，为了蓄水保墒，减少蒸发就更为重要。但在冬季积雪的北方或土壤黏重的南方，为了风化土壤，积雪保墒，冻死虫卵，耕地后任凭日晒雨淋一些时日，抓住土壤湿度适宜时耙地或翌年春再行耙地。

3.2.2.4 施基肥

(1) 基肥种类

①有机肥。由植物的残体或人畜的粪尿等有机物经微生物分解腐熟而成。苗圃中常用的有机肥主要包括厩肥、堆肥、绿肥、人粪尿、饼肥等。有机肥含多种营养元素，肥效长，能改善土壤的理化状况。

②无机肥。又称矿质肥料，包括氮、磷、钾三大类和多种微量元素。无机肥容易被苗木吸收利用，肥效快，但肥分单一，连年单纯施用会使土壤物理性能变坏。

③菌肥。从土壤中分离出来，由有益植物生长的微生物制成的肥料。菌肥中的微生物在土壤和生物条件适宜时会大量繁殖，在植物根系上和周围大量生长，与植物形成共生或伴生关系，帮助植物吸收水分和养分，阻挡有害微生物对根系的侵袭，从而促进植物健康生长。菌肥通常有以下几种。

a. 菌根菌：这是一种真菌，与苗木之间有一种相互有利的共生关系。它能代替根毛吸收水分和养分。接种了菌根菌的苗木，吸收能力大大加强，生长速度也大大加快，尤其在瘠薄土壤上，苗木的增效表现特别突出。

b. Pt菌根剂：这是一种人工培育的菌根菌肥，对促进苗木生长，增强抗逆性，大幅度提高绿化成活率，促进幼树生长具有非常显著的效果。Pt菌根剂适用范围广，松科、壳斗科、桦木科、杨柳科、胡桃科、桃金娘科等70多种针、阔叶树种都适用。

c. 根瘤菌：它能与豆科植物共生形成根瘤，固定空气中的氮，供给植物利用。

d. 磷细菌肥：这是一类能将土壤固定的迟效磷转化为速效磷的菌肥。它适用范围广，可用于浸种、拌种或作基肥、追肥。

e. 抗生菌肥：5406抗生菌肥是一种人工合成的具有抗生作用的放线菌肥。它能转化土壤中迟效养分，增加速效态的氮、磷含量，对根瘤病、立枯病、锈病、黑斑病等均有抑制病菌和减轻病害的作用，同时能分泌激素促进植物生根、发芽。它适用范围广，可用作浸种、种肥和追肥。

基肥应以有机肥为主，加入适量磷肥堆沤腐熟后使用。

(2) 基肥施用方法

施用方法包括撒施，局部施和分层施3种。通常采用全面撒施，即将肥料在第一次耕地前均匀地撒在地面上，然后翻入耕作层。在肥料不足或条播、点播、移植育苗时，也可以采用沟施或穴施，将肥料与土壤拌匀后再播种或栽植。还可以在整苗床时将腐熟的肥料撒于床面，浅耕翻入土中。

(3) 基肥施用量

一般每公顷施堆肥、厩肥 37.5~60.0 t，或施腐熟人粪尿 15.0~21.5 t，或施火烧土 22.5~37.5 t，或施饼肥 1.5~2.3 t。在北方土壤缺磷地区，要增施磷肥 150~300 kg；南方土壤呈酸性，可适当增施石灰。所施用的有机肥必须充分腐熟，以免发热灼伤苗木或带来杂草种子和病虫害。

3.2.2.5 接种

接种目的是利用有益菌的作用促进苗木生长。对于无菌根菌等存在的情况下生长较差的树种，尤为重要。

①菌根菌接种。除少数几种菌根菌人工分离培育成菌根菌肥外，大多数树种主要靠客土接种的方法进行接种。方法是从与培育苗木相同树种的林分或老苗圃内挖取表层湿润的菌根土，将其与适量的有机肥和磷肥混拌后撒于苗床后浅耕或撒于播种沟内，并立即盖土，防止日晒或干燥。接种后要保持土壤疏松湿润。

②根瘤菌接种。方法与菌根菌相同。

③其他菌肥。按产品说明书使用。

3.2.3 土壤处理

土壤处理是减少减轻土壤中的病原菌和地下害虫对苗木危害的措施。生产上常用高温处理和药剂处理，其中主要是药剂处理。

3.2.3.1 高温处理

常用的高温处理方法包括蒸汽消毒和火烧消毒。温室土壤消毒可用带孔铁管埋入土中 30 cm 深，通蒸汽维持 60 ℃，经 30 min，可杀死绝大部分真菌、细菌、线虫、昆虫、杂草种子及其他小动物。蒸汽消毒应避免温度过高，否则导致土壤有机物分解，释放出氨和亚硝酸盐及锰等毒害植物。

少量的基质或土壤，可放在铁板上或铁锅内，用烧烤法处理。30 cm 厚的土层，90 ℃ 条件下，维持 6 h 可达到消毒的目的。

在苗床上堆积柴草燃烧，既可消毒土壤，又可增加土壤肥力。但此法消耗柴草量大，劳动强度大。

国外有采用火焰土壤消毒机对土壤进行高温处理的，可消灭土壤中病虫害和杂草种子。

3.2.3.2 药物处理

(1) 硫酸亚铁

可配置 2%~3% 的水溶液喷洒于苗床，用量以浸湿床面 3~5 cm 为宜。也可与基肥混拌或制成药土撒于苗床后浅耕，每亩（667 m^2）用药量 15~20 kg。

(2) 福尔马林

用量为 50 ml/m^2，稀释 100~200 倍，于播种前 10~15 d 喷洒在苗床上，用塑料薄膜严密覆盖。播种前一周打开薄膜通风。

(3) 高锰酸钾

消毒前如果土壤较干燥，先用清水将表土浇湿（若土壤本身比较湿，则省略本步骤），然后将 0.5% 高锰酸钾水溶液均匀喷于表土，用塑料薄膜覆盖密封曝晒 1 周左右。

注意事项：一是配制高锰酸钾水溶液，一定要用清洁水；二是高锰酸钾在热水、沸水中易分解失效，故配制水一定要是普通凉水，随配随用；三是高锰酸钾水溶液只能单独使用，不能与任何农药、化肥等混配混用。

(4) 必速灭

必速灭是一种新型广谱土壤消毒剂，由德国巴斯夫公司（BASF）生产。必速灭对土壤、基质中的线虫、地下害虫和非休眠杂草种子及块根等消毒（杀灭）非常彻底，且无残毒，是一种理想的土壤熏蒸剂，完全可以取代蒸汽灭菌，在国外已广泛应用于花卉业、草坪业、育苗苗床、大棚温室、蘑菇床基质等的消毒。2000 年引入我国，并在许多大型园艺公司、蔬菜基地、高尔夫球场、草业生产基地得到了应用和推广。必速灭是微粒型颗粒剂，有效含量 98%~100%，外观灰白色，有轻微刺激味。在土壤含水量为最大持水量的 60%~70%，土壤温度 10 ℃ 以上时，消毒效果最好。当温度低时，则需要较长时间才能发挥消毒作用。土壤温度也影响必速灭的降解速度，低温会降低分解速度，处理时间较长。温度高于 22~25 ℃，气体外逸速度太快，也没有足够的时间使气体发生作用。必速灭具有较宽的杀草谱，能防治不同阶段的杂草，但仅对处理范围内的土壤杂草有作用，对土壤深层的杂草是无效的。必速灭对线虫的防治效果非常彻底。必速灭的使用方法非常简单，将待消毒的土壤或基质整碎整平，按 1 m^2 土壤或基质 15 g 的用药量撒上必速灭颗粒，拌匀，浇透水后覆盖薄膜。3~6 d 后揭膜，再等待 3~10 d，期间翻动 1~2 次。消毒过的土壤或基质，其效果可维持连续几茬。

(5) 辛硫磷

能有效地消灭地下害虫。可用辛硫磷乳油拌种，药种比例为 1∶300。也可用 50% 辛硫磷颗粒剂制成药土预防地下害虫，用量为每公顷 30~40 kg。还可制成药饵诱杀地下害虫。

3.2.4　作业方式

3.2.4.1　苗床育苗

苗床育苗作床的时间应在播种前 1~2 周，以使作床后疏松的表土沉实。作床前应先选定基线，区划好苗床与步道，然后作床。一般苗床宽 100~120 cm，步道底宽 30~40 cm。苗床长度依地形、作业方式等而定，一般 10~20 m 不等，以方便管理为度。苗床走向以南北向为好。在坡地应使苗床长边与等高线平行。苗床育苗一般分为高床、低床、平床 3 种。

(1) 高床

床面高出步道 15~25 cm。苗床宽一般 1~1.2 m，长度根据地形条件而定，保证床面平、床边直、土粒碎、杂物净、易排水。高床有利于侧方灌溉及排水。低洼积水、土质黏重地多采用高床育苗（图 3-6）。

(2) 低床

床面低于步道 15~25 cm。低床利于灌溉，保墒性能好。干旱地区多采用低床育苗（图 3-7）。

(3) 平床

床面和步道基本相平，相对省工。

图 3-6　高床

图 3-7　低床

3.2.4.2　大田育苗

大田育苗分为平作和垄作。平作不作垄，土地整平后即播种或移植育苗（图 3-8）。垄作是整地后作高垄播种育苗（图 3-9）。一般垄高 20~30 cm，垄面宽 30~40 cm，垄底宽 60~80 cm。平作和垄作便于机械化作业，适用于培育管理粗放的苗木。

图 3-8　平作

图 3-9　垄作

3.2.5　苗圃技术档案建立

3.2.5.1　建立苗圃技术档案的要求

为了促进育苗技术的发展和苗圃经营管理水平提高，充分发挥苗圃技术档案的作用，建立苗圃技术档案必须做到以下几点。

①要认真落实，长期坚持，不能间断，以保持技术档案的连续性、完整性。

②设专职或兼职管理人员。多数苗圃采用由技术人员兼管的方式，这样有利于把档案的管理和使用结合起来。理档案人员应尽量保持稳定。工作调动时，要及时另行安配人员，做好交接工作。

③观察、记载要认真负责,及时准确。要求做到边观察边记载,力求文字简练,字迹清晰。

④一个生产周期结束后,对记载材料要及时汇集整理、分析总结,从中找出规律性的东西,及时提供准确、可靠的科学数据和经验总结,指导今后苗圃生产和科学实验。

⑤按照材料形成时间的先后顺序或者重要程度,连同总结等分类装订,登记造册,长期妥善保存。

3.2.5.2 苗圃技术档案主要内容

(1) 苗圃基本情况档案

记录苗圃地形、土壤、气候及经营条件、苗圃机构人员配置及苗圃经营性质和目标等情况。

(2) 苗圃土地利用档案(表 3-1)

表 3-1 苗圃土地利用表

年度	树种	育苗方法	作业方式	整地情况	施肥情况	施除草剂情况	灌水情况	病虫害情况	苗木质量	备注

填表人:_____ 填表日期:_____

填写说明:
①育苗方法是指播种、扦插、埋根、埋条等。
②作业方式是指苗床式、大田式等。
③整地情况主要填写耕地、耙地、中耕、除草的次数、深度、时间、方法、使用工具等。
④施肥、灌水情况是指肥料种类、施肥数量、方法、时间、灌水次数和时间等。
⑤施除草剂情况是指除草剂种类、浓度用量、方法、时间、效果等。
⑥病虫害情况是指病虫害发生种类、危害程度、防治情况等。
⑦苗木产量、质量是指平均亩产量、平均高、平均直径、成苗率等。

(3) 育苗技术措施档案(表 3-2)

表 3-2 育苗技术措施表

树种:_____ 苗龄:_____ 育苗年度:_____
育苗面积:_____ 种条来源:_____ 繁殖方法:_____
种(条)品质:_____ 种(条)贮藏方法:_____
种子消毒催芽方法:_____ 前茬:_____

整地	耕地日期:_____ 耕地深度:_____ 作床时间:_____ 苗床面积:_____		使用工具和方法
项目	时间	种类	用量	方法
施基肥				
土壤消毒				

(续)

追肥							
育苗	播种量：_____ 扦插密度：_____ 砧　　木：_____ 移植苗龄：_____		播种时间：_____ 扦插时间：_____ 嫁接时间：_____ 移植时间：_____		播种方法：_____ 扦插方法：_____ 嫁接方法：_____ 移植方法：_____		覆土厚度：_____ 成 活 率：_____ 成 活 率：_____
覆盖	覆盖物：_____		覆盖起止时间：_____				
遮阴	遮阴物：_____		遮阴起止时间：_____				
间苗	时间		留苗密度		时间		留苗密度
灌水							
中耕							
病虫害防治	名称	发生时间		防治日期	药剂名称	浓度	方法
出圃	日期：_____		起苗方法：_____		贮藏方法：_____		
育苗新技术应用情况							
存在问题及改进意见							

填表人：_____　　　　　　　　　　　　　　　填表日期：_____

(4) 苗木生长发育档案(表 3-3)

表 3-3　苗木生长发育表

树种：_____　　苗木种类：_____　　育苗年度：_____

开始出苗		大量出苗	
芽膨胀		芽展开	
顶芽形成		叶变色	
开始落叶		完全落叶	

(续)

项目	生长量											
	_月_日	_月_日	_月_日	_月_日	_月_日	_月_日	_月_日	_月_日	_月_日	_月_日	_月_日	_月_日
苗高												
地径												

	级别		分类标准	亩产量	总产量
出圃	Ⅰ级	高度			
		地径			
		冠幅			
	Ⅱ级	高度			
		地径			
		冠幅			
	Ⅲ级	高度			
		地径			
		冠幅			
其他					

填表人：_____　　　　　　　　　　　　　　　填表日期：_____

（5）苗圃作业档案（表3-4）

表3-4　苗圃作业日记

树种	作业区号	育苗方法	作业方式	作业项目	人工		畜工		机工		作业量		物料使用量			工作质量说明	备注
					小计	长工	小计	临工	长工	临工	单位	数量	名称（规格）	单位	数量		
		总计															

记事

填表人：_____　　　　　　　　　　　　　　　填表日期：_____

（6）苗木销售档案

记载各年度销售苗木的种类、规格、数量、价格、日期、购苗单位及用途等。

实践训练

实训项目 3-1　苗圃规划设计

一、实训目标

根据既定的育苗任务和圃地自然条件，通过苗圃规划设计使学生运用课堂所学的知识及技能，联系生产实际，按照自己的见解提出正确的设计意见，培养学生分析问题和解决问题的能力。

二、实训场所

实习苗圃和实训室。

三、实训形式

在教师的指导下独立进行设计。

四、实训备品与材料

（一）仪器

罗盘仪、皮尺、测杆等测量工具及直尺、量角器、计算纸。

（二）资料

苗圃基本情况；育苗任务（包括树种、苗木种类、育苗面积、计划产苗量、苗龄等）；主要造林树种播种量参考表；主要造林树种苗木等级表；种子、物资、肥料、农药价格参考表；各项工资标准；每亩物、肥、药定额参考表；规划设计所用的各种表格。

五、实训内容与方法

设计说明书是苗圃规划设计的文字材料，它与设计图是苗圃设计的两个不可缺少的组成部分。图纸上表达不出的内容，都必须在说明书中加以阐述。一般分为总论和设计两部分进行编写。

（一）总论

主要叙述该地区的经营条件和自然条件，并分析其对育苗工作的有利和不利因素，以及相应的改造措施。

1. 前言

简要叙述苗木培育在当地经济建设中的重要意义及发展概况、本设计遵循的原则、指导思想及包括内容等。

2. 经营条件

苗圃位置和当地的经济、生产及劳动力情况及其对苗圃经营的影响；苗圃的交通条件；动力和机械化条件；周围的环境条件。

3. 自然条件

气候条件：年降水量、年平均气温、最高和最低温度、初终霜期、风向等；土壤条件：质地、土层厚度、pH、水分及肥力状况、地下水位等；水源情况：种类、分布、灌溉措施；地形特点；病虫害及植被情况。

(二) 设计部分

1. 苗圃的区划

作业区的大小；各育苗区的配置；道路系统的设计；排灌系统的设计；防护林带及篱垣的设计；管理区建筑的设计。

2. 育苗技术设计

①育苗任务。按照育苗技术规程和细则中规定的播种量(或穗条量)及每亩物、肥、药等各项作业工程等定额，编制苗圃年度育苗生产计划(表3-5)。

表 3-5　年度育苗生产计划表　单位：亩、千株、kg、m³、张、个

树种	施业类别	育苗面积	计划产苗量			苗木质量			种苗量	物料量						肥料量			药料量				用工量			备注
			合计	合格苗	留圃苗	地径	苗高	根长		沙子	稻草	草绳	秫秸	苇帘	草帘	木桩或铁丝	堆肥	硫酸铵	过磷酸钙	硫酸亚铁	硫酸铜	生石灰	除草醚	人工	畜工	机械工	
1	2	3	4	5	6	7	8	9	10	11	12	13	14	15	16	17	18	19	20	21	22	23	24	25	26	27	28

②育苗技术设计。分别树种、施业别，依时间和作业顺序按表3-6的格式进行育苗的技术设计。

表 3-6　树种育苗技术措施一览表

顺序	作业项目	时间	方法	次数	质量要求

③育苗作业成本估算。育苗成本包括直接成本和间接成本。直接成本指育苗所需的种子、穗条、苗木、物料、肥料、药料、劳动工资和共同生产费等。间接成本指基本建设和工具折旧费与行政管理费等。

育苗作业成本设计按表3-7，分别树种、施业别，根据苗圃年度育苗生产计划所列各项内容和共同生产费、管理费、折旧费等计算苗木成本(播种苗以千株为计算单位，移植苗和扦插苗以百株为计算单位)。然后依据收支项目累计金额，平衡本年度资金收支盈亏情况(表3-8)。

共同生产费指不能直接分摊给某一树种的费用，如会议、学习、参观、病产假、雨雪休、奖励费、劳保用品等。可根据实际情况确定为人工费的5%~10%，然后换算成金额。

管理费为干部和脱产人员的人头费，根据实际情况确定，大型苗圃多于中小型苗圃。一般为人工费的65%左右。

折旧费主要指各种机具、小工具、电井、排灌设备等分年折旧费用，可根据实际情况确定为人工费的25%~30%。

以上三项费用分摊到各树种中的计算方法是，通过编制共、管、折三费分摊过渡表，经过计算后确定。例如，表3-9中用人工费总额分别除以各树种施业别的人工费，即得出各树种施

业别的人工费分摊百分比。用共、管、折三费分别乘以各树种施业别的人工费分摊百分比，即得共、管、折三费分别分摊的金额。表 3-9 只起过渡作用，将算出的金额转入表 3-7 即可，表 3-9 不列入设计书中。

六、实训注意事项

本实训项目的规划部分可在本单元的理论教学结束后进行，而技术设计部分则可结合苗圃春季作业实训进行；本设计书的编写要求在规定时间内完成，设计书应力求文字简练，逻辑性强，字迹清楚整洁；附有的表格和图，装订整齐，并有封面，不符合要求的要重新编写。

七、实训报告及要求

完成苗圃规划设计书的编制和苗圃规划平面图的绘制。

表 3-7　育苗作业总成本表　　　　单位：亩、千株、个、元

树种	施业别	育苗面积	产苗量	用工量			直接费用								直接成本			总成本		备注
				人工	畜工	机械工	作业费			种苗费	物料费	肥料费	药剂费	共同生产费	小计	千株成本	管理费	折旧费	总费用	千株成本	
							小计	人工费	畜工费	机械工费											
1	2	3	4	5	6	7	8	9	10	11	12	13	14	15	16	17	18	19	20	21	22	23

表 3-8　年度苗圃资金收支平衡表　　　　单位：千株、元/千株、元

收入项目				支出项目	两抵后盈亏
种类	产苗量	单价	收入		

表 3-9　共、管、折三费分摊过渡表　　　　单位：元

项目＼树种施业别	人工费	人工分摊百分比	共同生产费	管理费	折旧费
合计	8000	100	800	5200	2000
落叶松播种	4000	50	400	2600	1000
红松移植	2400	30	240	1560	600
杨树插条	1600	20	160	1040	400

注：表内数据为样例参考，不代表实际数据。

实训项目 3-2　苗圃施工与整地

一、实训目标
学会苗圃道路、渠道的修筑及防护林的营建,掌握苗圃整地、作床的方法。

二、实训场所
实验苗圃。

三、实训形式
在苗圃管理人员的指导下现场操作。

四、实训备品与材料
(一) 器具
筑路及筑渠机械或工具等及测绳或白灰、草绳、木桩、铁锹、耙子。
(二) 材料
筑路材料、筑渠材料及防护林营建材料和肥料。

五、实训内容与方法
(一) 施工与整地
修筑道路、排、灌渠道;营建防护林;整地、施肥。
(二) 作床

1. 划线定点

苗床底宽 1.1 m,长 10.0 m,步道下口宽 0.4 m。按此规格划线。

2. 作苗床

按规格要求,从步道上取土,筑成苗床,苗床高于步道 15~25 cm。把步道修平,修直,土块打碎,苗床耙平,杂物捡净。床面边缘修成 45°,并用锹拍实。

3. 作床要求

高低一致,宽窄一致,床缘要直,步道平直,符合规格要求,床面平整,土壤松碎。

六、实训注意事项
基肥要充分腐熟,并要求将肥料均匀的撒到苗圃地上,撒开后要立即翻耕;耕、耙土地应防止在土壤过湿时进行,整地要达到平、松、匀、细;苗圃施工项目可根据实训基地情况进行选择,且要注意施工安全。

七、实训报告及要求
撰写苗圃施工、整地过程的实训报告

巩固拓展

一、单元小结
本单元详细介绍建立苗圃的相关知识和技能,从苗圃地的选择条件入手,指导学生熟悉圃地的基本情况,进而再开展苗圃的规划设计,之后进行苗圃施工及苗圃建设档案的管理。但是教学过程中要结合生产实践来选取教学内容和理顺教学顺序，不能照搬教材讲解。相关知识技能点详见下图。

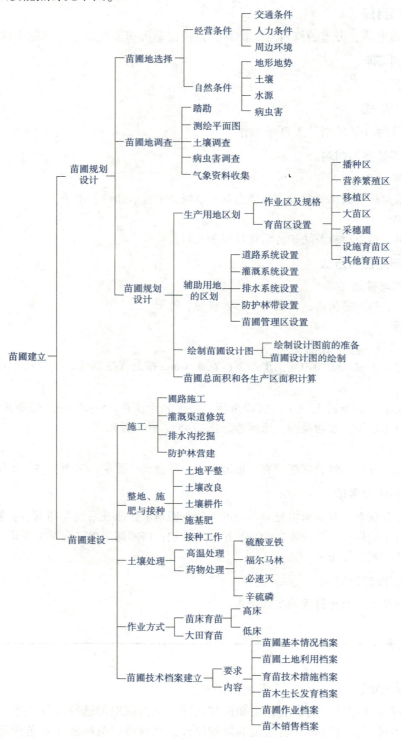

二、名词解释

1. 苗圃；2. 作业区；3. 生产用地；4. 辅助用地；5. 大田育苗；6. 菌肥；7. 有机肥。

三、填空

1. 苗圃地选择的经营条件应考虑3个方面即（　　）、（　　）、（　　）。

2. 山地丘陵地区应尽量在山脚下的，如坡度较大，则应（　　）。

3. 圃地选好后应进行苗圃地的调查。主要进行（　　）、（　　）、（　　）、（　　）和（　　）的调查。

4. 圃地区划时，作业区的长度对于完全机械化的应以（　　）为宜，畜耕者以（　　）为好。一般宽度为（　　）。作业区的长边一般最好采用（　　）方向。

5. 苗圃中道路设置一般设有（　　）、（　　）、（　　）和（　　）。

6. 在设计苗圃道路时，要在保证（　　）和（　　）方便的前提下，尽量节省用地。一般圃中道路的占地面积不应超过苗圃总面积的（　　）。

7. 灌溉系统包括（　　）、（　　）和（　　）3部分。排水系统一般为苗圃总面积的（　　）。

8. 苗圃施工的主要项目是（　　）、（　　）、（　　）、（　　）和（　　）等。

9. 苗圃基本情况档案记录内容包括（　　）、（　　）、（　　）、（　　）、（　　）和（　　）。

10. 防护林营建一般在（　　）施工后立即进行，以保证开圃后尽早起到（　　）作用。最好使用（　　）苗栽植，同时应成（　　）型交错栽植。

11. 土壤耕作的基本要求是（　　）、（　　）、（　　），清除（　　），并达到一定（　　）。

12. 基肥的种类是（　　）、（　　）、（　　）；菌肥包括（　　）、（　　）、（　　）、（　　）、（　　）。

四、单项选择

1. 苗圃最好选设在地势平坦、排水良好的地方，对于坡度的要求最好是（　　）。
   A. 没有坡度　　B. 1°~3°　　C. 10°以下　　D. 3°~5°

2. 作为苗圃的适宜的地下水位，砂壤土为（　　）。
   A. 1~1.5 m　　B. 1.5~2.0 m　　C. 2.5 m以下　　D. 2.0 m左右

3. 苗圃辅助用地的面积应占总面积的（　　）。
   A. 20%以下　　B. 25%以下　　C. 20%~25%　　D. 20%~25%以下

4. 苗圃中林带的占地面积一般为总面积的（　　）。
   A. 5%~10%　　B. 1%~2%　　C. 1%~5%　　D. 7%~10%

5. 土壤高温消毒时的温度应控制在（　　）左右。
   A. 60 ℃　　B. 50 ℃　　C. 90 ℃　　D. 30 ℃

五、多项选择

1. 不宜用作苗圃地的土壤是（　　）。
   A. 砂土　　B. 黏土　　C. 重盐土　　D. 重碱土

2. 建苗圃时的苗圃地调查包括（　　）。
   A. 土壤调查　　　　B. 植被调查　　　　C. 病虫害调查　　　D. 气象因子调查
3. 用于消灭土壤病害的化学药剂有（　　）。
   A. 硫酸亚铁　　　　B. 福尔马林　　　　C. 必速灭　　　　　D. 辛硫磷
4. 土壤耕作的环节包括（　　）。
   A. 耕地　　　　　　B. 作床　　　　　　C. 耙地　　　　　　D. 土壤消毒

六、判断题

1. 北方地区山地苗圃宜选择东南坡，而南方温暖多湿地区宜选择东南坡、东坡或东北坡。（　）
2. 苗圃中的土壤酸碱度对土壤肥力和苗木生长没有很大的影响。（　）
3. 灌溉系统的渠道分主渠、支渠和毛渠，其渠底均应略高于渠外地面，以利灌溉。（　）
4. 土壤翻耕有利于改良土壤，蓄水保墒，所以规格越大越好。（　）
5. 温室土壤消毒时，用高温处理的温度是 82 ℃以下。（　）
6. 苗床育苗时，苗床的走向以东西向受光量大为最好。（　）
7. 土壤耕作和作床应在播种之前的一个季节完成，以使土壤沉实，提高耕作质量。（　）

七、简答题

1. 如何从自然条件方面选择苗圃地？
2. 圃地选好后怎样进行苗圃地调查？
3. 苗圃地区划的原则是什么？
4. 简述苗圃规划设计的内容。
5. 怎样进行苗圃生产区的区划？
6. 怎样进行苗圃内道路的区划？
7. 怎样进行灌溉渠道的修筑？
8. 怎样进行圃地土壤改良？
9. 建立苗圃技术档案时应考虑哪些问题？
10. 苗圃技术档案的主要内容是什么？
11. 土壤消毒的目的有哪些？
12. 简述土壤耕作的作用。
13. 简述耕地和耙地的要求。
14. 怎样做高床？
15. 简述苗圃基肥的施用方法。
16. 基肥的种类有哪些？

八、计算题

落叶松（二年生）计划产苗量 1500 万株，进行床作，每亩产量 20 万株，刺槐计划产苗 40 万株，进行垄作，每米产苗 20 株（垄底宽 0.6 m），非生产用地占总面积 20%，则生产用地及总面积各多少？

九、知识拓展

1. 陕西省苗木繁育中心. http：//www.xibulanhua.cn/

2. 广西林木种苗网. http：//www.gxlmzmw.com/

3. 解婷. 从发达国家苗圃特点看我国苗圃业未来发展方向[J]. 现代园艺，2020，43（12）：17-18.

4. 白婷婷. GIS 辅助苗圃规划设计初探——以哈尔滨永和苗圃为例[J]. 陕西林业科技，2017（6）：51-55.

单元 4　实生育苗

学习目标

知识目标

1. 掌握播种前种子消毒和种子催芽的基本原理。
2. 明确播种季节、苗木密度和播种量的概念及其关系。
3. 熟悉一年生播种苗的年生长规律。

技能目标

1. 能熟练完成播种前种子消毒及种子催芽的技术操作。
2. 掌握播种技术及播种前和幼苗期的抚育管理技术。
3. 能够依据育苗技术规程的国家标准/地方标准开展操作人员培训。

素质目标

1. 树立生态文明观，形成绿水青山就是金山银山的理念。
2. 形成依靠良种壮苗提高森林质量的科学素养。
3. 增强苗木生产经营领域的创新创业能力。
4. 养成知行合一、团结协作、吃苦耐劳、精益求精的职业品格。

理论知识

4.1　播前种子处理

4.1.1　种子精选

实生育苗也称播种育苗或种子育苗，是一种遵循植物有性繁殖规律的育苗方式。实生苗寿命长、根系发达、基因型丰富、造林适应性强、林分生长稳定。

播种育苗所用种子，必须是检验合格的种子，否则不得用于人工育苗作业。苗圃生产中，为了林木种子发芽迅速整齐，保证苗木产量和质量，播种前一般都要采取种子精选、种子消毒、种子催芽、种子包衣等一系列的处理措施。

种子精选是指种子经过贮藏、运输、买卖等环节后，可能发生虫蛀、腐烂、混杂、生活力丧失等状况，为了获得纯度高、品质好的种子，准确计算播种量，确保育苗成功，在播种前适时对种子进行精选。精选方法包括风选、水选、筛选、粒选等，可根据种子特性和夹杂物特征而定。种子精选可参照单元2.2.2净种的操作方法。

4.1.2 种子消毒

为消灭种子表面所带病原菌，减少苗木病虫害，在催芽、播种之前要对种子进行消毒灭菌。

(1) 福尔马林溶液消毒

在播种前1~2 d，把种子放入0.15%的福尔马林溶液中，浸泡15~30 min，取出后密封2 h，然后摊开种子阴干，即可播种或催芽。

(2) 硫酸铜溶液消毒

以0.3%~1.0%硫酸铜溶液浸种4~6 h，取出阴干后备用。生产实践证明，用硫酸铜消毒部分树种(如落叶松)种子，不仅发挥消毒作用，而且具有催芽作用，有利于提高种子发芽率。

(3) 高锰酸钾溶液消毒

以0.5%溶液浸种2 h，或用3%的溶液浸种30 min，取出后密封0.5 h，再用清水冲洗数次，阴干后备用。注意胚根已突破种皮的种子，不能采用此法。该法对种皮也有一定的刺激作用，可促进种子发芽。

(4) 敌克松粉剂拌种

用药量为种子重量的0.2%~0.5%，先用10~15倍的细土配成药土，再拌种消毒。此法防治苗木猝倒病效果较好。

(5) 石灰水浸种

用1.0%~2.0%的石灰水浸种24 h，有较好的灭菌效果。

4.1.3 种子休眠

种子休眠是指有生活力的种子由于某些内在因素或外界环境条件的影响，一时不能发芽或发芽困难的自然现象。种子休眠具有一定的生物学意义，它是植物在长期的系统发育过程中自然选择的结果，有利于物种的保存和繁衍。同时，种子休眠在生产上也有一定的意义，利于种子的调拨、运输及贮藏。当然种子休眠同样也给育苗带来诸多不便，未解除休眠的种子播种后，难以出苗，发芽期长(如核桃要2~3个月，刺槐硬粒种子要到第2年才能出土)，生长不整齐，影响苗木的质量。生产上必须采用一定的技术措施对种子进行处理，保证种子正常发芽。种子休眠分为短期休眠和长期休眠两种类型。

(1) 短期休眠（被迫休眠、浅休眠、外因性休眠）

短期休眠是指种子得不到发芽所必需的环境条件（如温度、水分和氧气等）而处于休眠状态。一旦这些环境条件满足要求，休眠很快被打破，如油松、侧柏、桦木、杨树、柳树等的种子属于此种类型。

(2) 长期休眠（自然休眠、生理休眠、深休眠、内因性休眠、机体休眠）

长期休眠是指种子自身的原因，即使达到发芽所需条件也不能萌发的自然现象。如红松、圆柏、红豆杉、珙桐、银杏、水曲柳、白蜡、山楂、椴树、樱桃、元宝枫等的种子，不经处理即行播种，当年不能出苗或出苗很少，翌年甚至第3年仍陆续出苗，就是由于种子具有长期休眠的特性。造成种子长期休眠的原因较为复杂，就目前的研究结果，有以下几个方面的因素。

①种皮（或果皮）的机械障碍。有些种子成熟后，种皮坚硬致密，具角质层或腊质，不透水，使种子不能吸胀而不能发芽。还有些种子种皮虽然能吸水，但气体通透性较差，特别是含水量高的种子，气体更难通过，种子因得不到氧气而不能萌发。还有些种子种皮或果皮均能透水透气，但由于种皮过于坚硬，胚伸长时难以通过，也影响种子的萌芽。因种皮机械障碍所造成休眠的种子种类很多，如椴树、花椒、刺槐、核桃、桃、杏等。

②种子未完成生理后熟。有些种子在外观上已表现出固有的成熟特征，但种胚发育还不完全，达不到一定长度，种胚仍需要从胚乳中吸收养料进行组织分化或继续生长才能达到生理成熟。如香榧、银杏、水曲柳、南方红豆杉等。银杏在形态成熟时，种胚长度仅为胚腔长度的1/2。南方红豆杉采收时胚长度仅有2 mm，在室外埋藏一年后，胚才能分化完善，可长达5~6 mm，方可具有发芽能力。我国东北地区的水曲柳种子的休眠也属于这种情况，它需要在适宜的层积条件下才能逐渐完成胚的分化。研究证明，水曲柳带果皮的种子经过4~5个月的暖温（20 ℃）和4~5个月的低温（5 ℃）的变温层积，才能完成胚的分化而解除休眠。

③存在抑制物质。引起种子休眠的另一个主要原因是种子内部存在着大量的抑制剂。抑制剂种类很多，主要有脱落酸、氢氰酸、酚类、醛类等。树种不同，存在的抑制剂也不同，并且存在的部位也不一样，如桃、杏种子含有苦杏仁苷，在潮湿条件下不断释放氢氰酸，抑制种子萌发。如红松的种皮、胚乳及胚内均含有脱落酸，山楂中抑制物质为氢氰酸，糖槭类中为酚类物质。

对于某一树种来说，种子长期休眠可能是由一个原因造成的，也可能是几种原因综合作用的结果。种子休眠的原因不同，解除休眠的方法也不相同。

4.1.4 种子催芽

通过人为措施打破种子休眠，促进种子萌发的过程称为种子催芽。

种子催芽的方法很多，生产上常用的包括水浸催芽、层积催芽、变温层积催芽、雪藏催芽、药剂催芽等，可根据种子特性和经济效果选择适宜的方法。

(1) 水浸催芽

水浸催芽是最简单的一种催芽方法。适用于被迫休眠的种子，如油松，侧柏、杉木等。

水浸催芽的作用在于软化种皮，促使种子吸水膨胀，使酶的活性增加，促进贮藏物质的转化，以保证种胚生长发育的需要。同时在浸种、洗种时，还可排除一些抑制性物质，有利于打破种子休眠。

水浸催芽的做法是在播种前把种子浸泡在一定温度的水中，一定的时间后捞出。种水体积比一般为1：3，浸种过程中每天换1~2次水。浸种的水温和时间因树种特性而异。

浸种水温对催芽效果有明显影响，一般为了使种子尽快吸水，常用热水浸种。可根据种粒大小、种皮厚薄及化学成分而定。凡种皮坚硬、含有硬粒的树种，可用70 ℃以上的高温浸种，如刺槐、皂荚、合欢、紫穗槐、相思树、核桃等；一般种皮较厚的种子，如枫杨、苦楝、君迁子、国槐等，可用60 ℃左右热水浸种；凡种皮薄，种子本身含水量又较低的树种，如泡桐、悬铃木、杨、柳、榆、桑等，可用冷水或30 ℃左右温水浸种。

在生产中对于某些富含硬粒的豆科树种，如刺槐种子，可采用逐次增温浸种的方法，效果较好。即先用45 ℃的温水浸种一昼夜，放在黄泥水中，将膨胀的种子漂选出来进行催芽，对未膨胀的种子，再用80~90 ℃的水浸种一昼夜（浸种时注意搅拌），再次漂选出膨胀的种子，以后再用同样的方法处理1~2次即可。

浸种的时间长短视种子特性而定。种皮较薄，可缩短为数小时，如杨、柳为12 h；种皮坚硬的，如核桃可延长到5~7 d（表4-1）。对于大粒种子，可将种粒切开，根据横断面的吸水程度掌握浸种时间，一般3/5部分吸收水分即可。

表4-1 常见树种浸种水（始）温和时间表　　　　　　　　　　　　　　单位：d

树种	水温（℃）	浸种时间
杨、柳、榆、梓、泡桐	冷水	0.5
悬铃木、桑、臭椿	30左右	1
樟、楠、檫、油松、落叶松	35左右	1
杉木、侧柏、马尾松、文冠果、柳杉、柏木	40~45	1~2
槐树、苦楝、君迁子	60~70	1~3
刺槐、合欢、紫穗槐、相思	80~90	1

水浸处理后，如有必要，可将种子放入筛子中或放在湿麻袋上，盖上湿布或草帘，置于温暖处继续催芽，每天用温水淘洗种子1~2次，并控制环境温度在25 ℃左右，当种子有30%裂嘴露白时播种。

（2）层积催芽

层积催芽是指把种子和湿润物混合或分层放置于一定的低温、通气条件下，促进其发芽的方法。此法适用于长期休眠的种子。

通过层积催芽，种皮得到软化，透性增加，种内的生长抑制性物质逐渐减少，生长激素逐渐增多，种胚得到进一步的生长发育，因此可以促进种子的发芽。

层积催芽要求一定的环境条件，其中低温、湿润和通气条件最重要。因树种特性不同，对温度的要求也不同，多数树种为0~5 ℃，极少数树种为6~10 ℃。同时，还要求用湿润物和种子混合起来（或分层放置），常用的湿润物为湿沙、泥炭等，它们的含水量一般为饱和含水量的60%，即手握湿沙成团，不滴水，触之能散为宜。层积催芽还必须有通气设备，种子数量少时，可用秸秆束通气，种子数量多时可设置专用的通气孔。

①一般层积催芽。根据种子数量多少不同，有不同的做法。

在处理大量种子时，可采用露天埋藏法或室内堆藏法。做法是先种子消毒，用45℃温水浸种一昼夜，然后把种子与湿沙按1：3比例(容积比)混拌均匀，放入坑内埋藏或在室内堆藏(参照单元2.2.5.1种子贮藏技术)。

当种子数量不多和冬季温度不太低的地方，可选冬季不生火的房子，将种沙混合物堆在室内，盖草帘保湿，待入冬后上面可浇一次透水，使其冻结，以防冷空气侵袭。同时，可破坏种皮，增加透性，以利种子萌发。

当种子数量很少时，也可将种沙混合物放在底部有孔的木箱或花盆内，埋于地下或置于比较稳定的低温处即可。另外，在降雪较多的地区进行层积催芽，可以用雪和碎冰代替湿沙等湿润物，催芽效果也很好，该法适用于大多数针叶树种。

层积催芽的天数是影响催芽效果的重要因素，时间太长太短对育苗生产均有不利影响。不同树种，要求层积催芽的日数不同，如圆柏200 d，侧柏30 d，应根据不同树种确定适宜的天数(表4-2)。

表4-2　部分林木种子层积催芽天数　　　　　　　　　　　　　　单位：d

树种	催芽天数	树种	催芽天数
红松、红豆杉、山茱萸	180~300	沙枣、女贞、玉兰、核桃、花椒、山丁子、海棠、檫木、樟树	60~90
朴树、榉树、珙桐	180~200	枫杨	60~70
圆柏	150~250	落叶松	50~90
水曲柳、核桃楸	150~180	黄檗	50~60
山楂	120~240	樟子松、杜仲、杜梨	40~60
杜松、椴树、文冠果	120~150	油松、马尾松、湿地松、火炬松、沙棘	30~60
白皮松	120~130	紫穗槐	30~40
栾树、毛梾	100~120	元宝枫	20~30
黄栌	80~120	侧柏	15~30
白蜡、复叶槭、山桃、山杏	80		

②变温层积催芽。即采用高温和低温交替进行催芽的方法。高温和低温是相对的概念，高温期温度一般控制在20~25℃，低温期温度一般控制在0~5℃。催芽前应对种子进行消毒和浸种，在变温层积催芽过程中要加强水分管理。有些种子用低温层积催芽所需的时间很长，用变温层积催芽可大大缩短催芽的时间。

③注意事项。第一，要定期检查种沙混合物的温度和湿度，如果发现问题，要及时设法调节。第二，要控制催芽的强度，以种胚裂嘴达30%左右即可播种。到春季要经常观察种子催芽的程度，如果已达到所要求的程度，要立即播种或使种子处于低温条件，以控制胚根的生长。如果种子发芽不够，在播种前1~3周把种子取出用较高的温度(18~25℃)催芽；第三，催过芽的种子要播在湿润的圃地上，以防回芽。

变温之所以能加快种子发芽速度，是因为变温比恒温更适于林木种子所长期经历的自然条件，可使种皮伸缩受伤，刺激酶的活性，使呼吸作用加强，因而对种子发芽起到了促进作用。所以生产上由于种种原因，如种子来不及普通层积等，往往采用变温层积催芽来处理种子。如黄栌种子可在30℃温水中浸种24 h，混沙后在20~25℃的条件下放置4 d，再把种沙混合物移到寒冷地方，直到混合物开始结冰时，再把它移到温暖的屋子里，4 d后再移到寒冷的地方，这样反复5次，只需25 d，即可完成催芽过程。用普通层积法催芽，则需要120 d。

(3) 药剂催芽

用化学药剂、微量元素、植物激素等溶液浸种，可以加强种子内部的生理过程，解除种子休眠，促进种子提早萌发，使种子发芽整齐，幼苗生长健壮。

①化学药剂催芽。常用的化学药剂主要是酸类、盐类和碱类，如浓硫酸、稀盐酸、小苏打、溴化钾、硫酸钠、硫酸铜、钼酸铵、高锰酸钾等，其中以浓硫酸和小苏打最为常用。种皮具有油质或蜡质的种子，如车梁木、黄连木、乌桕、花椒等树种，用1%苏打水浸种，有较好的催芽效果。漆树、刺槐、凤凰木等种皮坚硬的种子，可用浓硫酸处理，以腐蚀种皮，增加透性。

②植物激素和微量元素催芽。植物激素和微量元素，如赤霉素、2,4-D、吲哚乙酸、吲哚丁酸、萘乙酸、激动素及硼、铁、铜、锰、钼等，对种子都有一定的催芽效果。但所需浓度和浸种时间要经过试验，催芽时要慎重。据黑龙江省林业科学研究所的材料，用2,4-D浓度0.1~0.5 μg/g处理花曲柳种子，可提高发芽率30%~45%；浓度增至10 μg/g无效；浓度达100 μg/g时产生药害。

(4) 其他催芽方法

用各种物理方法擦伤种皮，以利种子吸水，可大大促进皮厚坚硬种子的发芽，如北京植物园将油橄榄种子顶端剪去后播种，获得了44.7%发芽率。生产上常将种子与粗沙、碎石等混合搅拌（大粒种子可用搅拌机进行），以磨伤种皮。

近年来，种子催芽处理技术又有了新的发展，主要有以下几个方面：

①汽水浸种(aerated water soaks)。将种子浸泡在不断充气的4~5℃水中，并保持水中氧气的含量接近饱和，能加速种子发芽。

②播种芽苗(germinant sowing)。或称液体播种(fluid drilling)，即在经汽水浸种时，水温保持在适宜发芽的温度，直到胚根开始出现，这时种子悬浮在水中，将其喷洒在床面，故称液体播种。据研究，该方法能使经层积催芽60 d后的火炬松种子在4~5 d内发芽长出胚根，而且发芽很整齐。

③渗透调节法(priming)。该方法用渗透液处理种子时，使种子处于最适宜的温度，但又能控制不让其发芽，等到播种后发芽更迅速、更整齐。最常用的渗透液为聚乙二醇，简称PEG(polyethylene glycol)。

④静电场处理种子。根据刺槐种子研究，经静电处理后的种子萌发生理指标和苗木生长情况均发生变化，种子导电率比对照降低，呼吸强度、脱氢酶活性、活力指数均比对照提高，用处理后的种子育苗，苗高、地径、生物量、合格苗产量都有提高。

⑤稀土液处理。采用稀土液对油松种子进行浸种后发现，稀土溶液能提高油松种子的

活力指数、发芽率、发芽势，同时还能提高萌发种子的呼吸速率和过氧化氢酶活性，促进种子可溶性糖的变化，提高种子的氨基酸含量。

4.2.1 播种时期

适时播种是培育壮苗的重要措施之一。它可以提高发芽率，使幼苗出土迅速整齐，并直接关系到生长期的长短、苗木的出圃年限、苗木的产量及幼苗对恶劣环境的抵抗能力。

我国地域辽阔，树种繁多，各地树种的生物学特性和气候条件差异较大。不同地区、不同树种播种时间有差异，南方大部分地区气候温暖，雨量充沛，一年四季均可播种。北方地区冬季寒冷干旱，播种时期受一定的限制，多数树种以春播为主。因此在育苗工作中，应根据树种的生物学特性和当地的气候，选择适宜的播种时期，以便作到适时播种。

播种时期通常按季节分为春播、夏播、秋播和冬播。

4.2.1.1 春播

春季是育苗最主要的播种季节，在我国大多数地区、大多数树种都可以在春季播种。春季播种，种子在土壤中停留的时间较短，因此受风沙、鸟兽、病虫危害较小。播种地管理比较省工，土壤表层不易发生板结现象。春季土壤湿润，气温适宜，有利于种子发芽，种子出苗后，也可以避免低温和霜冻危害。但春季适播时间较短，如安排不当或天气影响，可能造成迟播，而降低苗木质量。

春播的具体时间因气候条件而异。一般在幼苗出土后，不遭受低温危害的前提下，越早越好。具体应在地表 4 cm 处平均地温稳定在 10 ℃ 时为适宜。我国中原地区一般从惊蛰到清明(3月上旬至4月上旬)进行春播，在土壤解冻后，应立即整地播种。

实践证明，早播不仅幼苗出土早而整齐，生长健壮，而且在炎夏到来之前，根茎处已经木质化，大大提高了苗木的抗旱和抗病能力，同时也延长了苗木生长期，这一点对干旱和生长期短的地区尤为重要。但播种过早，幼苗出土后，易遭晚霜危害。目前北方地区采用塑料薄膜覆盖、温室育苗，或施用土面增温剂的方法育苗，可使播种期大大提前。

4.2.1.2 夏播

在当年夏天，种子成熟后立即采下播种。夏播可以省去种子贮藏工序，提高出苗率，但生长期短，当年苗木小。

该法适用于夏季成熟而又不易贮藏的树种，如杨、柳、榆、桑、桉、檫等。我国北方春季干旱山地，无灌溉条件，常在雨季前，或透雨后趁墒播种；盐碱地在雨季土壤含盐量低，夏季播种容易成功。

夏播时间尽可能提前，当种子成熟后，立即采下播种，以延长苗木生长期，提高苗木质量，使其安全越冬。由于夏季气温高，土壤易干燥，幼苗易被强光灼伤，必须细致管理。

4.2.1.3 秋播

自然界的树木种子大多数都是秋季成熟脱落，经过一个漫长的冬季后发芽出土。秋播符合树木生长的自然规律，种子在圃地中完成催芽过程，免了人工催芽和贮藏的作业。第二年幼苗出土早而整齐，苗木生长期长，生长健壮，对不良环境条件抵抗力较强。秋播工作时间长，便于安排劳力，也减轻了春播作业的繁忙程度。但秋播也有一定的缺点，秋播的种子在土壤中停留时间长，易遭鸟兽、病虫危害，种子也易腐烂；含水量大的种子，如橡栎类、板栗在冬季严寒地区，翌春发芽过早，幼苗容易遭受晚霜危害；在南方，秋季土壤比较干燥，含水量大的种子难以存活；在风大地区，播种地易遭风蚀、沙埋、造成发芽困难，影响苗木的产量，又浪费种子。

适于秋播的主要是休眠期长的种子和大、中粒种子，如椴树、白蜡、山桃、山杏、核桃、文冠果、华山松等。小粒种子和含水量高的种子不宜秋播。

秋播时间的确定，原则上以当年秋播种子不发芽为宜，以免幼苗遭受冻害。所以一般长期休眠的种子，如椴树、白蜡、水曲柳等可适当提早播种。而对强迫休眠的种子应在晚秋播种，宁晚勿早，在土壤冻结前越晚越好。

4.2.1.4 冬播

在我国南方，气候温暖，冬季土壤不冻结，雨水充沛，可进行冬播。冬播实际上是春播的提前和秋播的延续，间有春播和秋播的优点。

播种不仅要选择季节，而且应注意以下3点：一是风大的天气不宜播小粒和特小粒种子；二是土壤过湿时不宜播种；三是土壤干燥，无灌溉条件的不宜播已催芽的种子。

4.2.2 苗木密度

苗木密度是指单位面积或单位长度上苗木的数量。密度直接影响苗木产量和质量。人工育苗的目标是在单位面积苗圃地上获得最大量的合格苗。但苗木的质量和产量间存在着矛盾关系，这实质上是苗木的个体与群体之间的矛盾关系。单位面积上个体数量增加时，在一定限度内合格苗的数量随着群体的增大而递增。但超过一定的限度，苗木的质量则显著下降，合格苗的数量也急剧下降。苗木密度过大，相互拥挤，苗木个体的营养面积减少，由于光照、水分、养分供给减少，影响了光合作用，减少了干物质的积累，因而苗木质量随之降低。在这样的条件下育成的苗木，苗木细弱，根系不发达，造林成活率低。但苗木密度过小，不仅不能保证单位面积上合格苗的产量，而且圃地上也容易滋生杂草，增加了土壤水分和养分的消耗，同时也增加了抚育管理费用，提高了育苗成本。因此，培育苗木要的是合理密度。

合理密度是一个相对的概念，也是一个复杂的问题，它因树种、苗木种类、环境条件、育苗技术的不同而异，合理密度是一个适宜的密度范围。在确定某一树种苗木的密度时，可以根据以下原则综合考虑。

①树种特性。如速生、喜光、分枝力强的密度低，反之密度高。

②苗木种类。播种苗密度高，营养繁殖苗和移植苗密度低；针叶树种密度高，阔叶树种密度低。

③苗木培育年龄。培育小苗密度高，培育大苗密度低。

④经营条件和自然条件。土壤条件好，气候条件适宜，或者经营水平高者密度高，反之，密度低一些。

此外，根据育苗所使用机器、机具的规格确定行距。

4.2.3 播种量

播种量是指单位面积或单位长度播种行上所播种子的重量。合理的播种量是合理密度的基础。苗木密度决定着苗木品质优劣和产量高低，而苗木密度大小，很大程度上取决于播种量的多少。播种量不仅与苗木生长发育有着极为密切的关系，而且在经济上也有一定意义。播种量过大，浪费种子，增加间苗工作量；播种量过小，不仅苗木产量低，而且由于过于稀疏，光照过强，或杂草滋生，增加了抚育费用，提高了育苗成本。因此，播种前一定要科学地确定播种量表(4-3)。确定播种量有两个途径：一是参考生产实践中的经验数据；二是通过一定的方法计算。

播种量可用以下公式计算：

$$X = C \times \frac{N \times W}{P \times G \times 1000^2} \tag{4-1}$$

式中：X——单位面积播种量，kg；

N——单位面积产苗量，即苗木的合理密度，可根据育苗技术规程和生产经验确定；

W——种子千粒重，g；

P——种子净度，%；

G——种子发芽率，%；

C——播种系数。种粒大小、苗圃环境条件及育苗技术水平不同，种子发芽成苗率各异。根据各地经验，C 值大致如下：

大粒种子(千粒重在 700 g 以上)播种系数 C 略大于 1。

中小粒种子(千粒重在 3~700 g 之间)播种系数 C 在 1.5~5。

极小粒种子(千粒重在 3 g 以下)播种系数 C 达到 5 以上，甚至 10~20。

表 4-3 部分林木播种量与产苗量关系

树种	100 m² 播种量(kg)	100 m² 产苗量(株)	播种方式
油松	10~12.5	10 000~15 000	高床撒播或垄播
白皮松	17.5~20	8000~10 000	高床撒播或垄播
侧柏	2.0~2.5	3000~5000	高垄或低床条播
桧柏	2.5~3.0	3000~5000	低床条播

(续)

树种	100 m² 播种量(kg)	100 m² 产苗量(株)	播种方式
云杉	2.0~3.0	15 000~20 000	高床撒播
银杏	7.5	1500~2000	低床条播或点播
黄杨	4.0~5.0	5000~8000	低床撒播
小叶椴	5.0~10	1200~1500	高垄或低床条播
紫椴	5.0~10	1200~1500	高垄或低床条播
榆叶梅	2.5~5.0	1200~1500	高垄或低床条播
国槐	2.5~5.0	1200~1500	高垄条播
刺槐	1.5~2.5	800~1000	高垄条播
合欢	2.0~2.5	1000~1200	高垄条播
元宝枫	1.5~3.0	1200~1500	高垄条播
小叶白蜡	1.5~2.0	1200~1500	高垄条播
臭椿	1.5~2.5	600~800	高垄条播
香椿	0.5~1.0	1200~1500	高垄条播
茶条槭	1.5~2.0	1200~1500	高垄条播
皂角	5.0~10	1500~2000	高垄条播
栾树	5.0~7.5	1000~1200	高垄条播
青桐	3.0~5.0	1200~1500	高垄条播
山桃	10~12.5	1200~1500	高垄条播
山杏	10~12.5	1200~1500	高垄条播
海棠	1.5~2.0	1500~2000	高垄或低床两行条播
山丁子	0.5~1.0	1500~2000	高垄或低床条播
贴梗海棠	1.5~2.0	1200~1500	高垄或低床条播
核桃	20~25	1000~1200	高垄点播
卫矛	1.5~2.5	1200~1500	高垄或低床条播
文冠果	5.0~7.5	1200~1500	高垄或低床条播
紫藤	5.0~7.5	1200~1500	高垄或低床条播
紫荆	2.0~3.0	1200~1500	高垄或低床条播
小叶女贞	2.5~3.0	1500~2000	高垄或低床条播
紫穗槐	1.0~2.0	1500~2000	平垄或高垄条播
丁香	2.0~2.5	1500~2500	低床或高垄条播
连翘	1.0~2.5	2500~3000	低床或高垄条播
锦带花	0.5~1.0	2500~3000	高垄条播
紫薇	1.5~2.0	1500~2000	高垄或低床条播

(续)

树种	100 m² 播种量(kg)	100 m² 产苗量(株)	播种方式
杜仲	2.0~2.5	1200~1500	高垄或低床条播
山楂	20~25	1500~2000	高垄或低床条播
花椒	4.0~5.0	1200~1500	高垄或低床条播
枫杨	1.5~2.5	1200~1500	高垄条播

4.2.4 播种方法

常用的播种方法包括条播、撒播和点播3种，应根据树种特性、育苗技术及自然条件等因素选用不同的播种方法。

4.2.4.1 条播

条播是指按一定行距在播种地上开沟，将种子均匀播在沟内的播种方法。条播一般要求播幅（播种沟宽度）10~15 cm，行距20~25 cm。这种方法在生产上应用最为广泛，适于各种中、小粒种子。条播育苗苗木通风透光条件较好，且便于抚育管理和机械化作业，同时节省种子，起苗也方便。

在大田育苗时，为了便于机械化作业，可采用带播（即多行式条播），即把若干播种行，组成一个带，加大带间距，缩小行间距。行距一般为10~20 cm，带距30~50 cm。具体宽度可由苗木生长特性、播种期和播种机的构造不同而异。

播种沟的方向，可分为纵行条播和横行条播。纵行条播是指播种行的方向与苗床长边平行，便于机械化作业；横行条播是指播种行的方向与苗床的短边平行，便于手工作业。

4.2.4.2 撒播

将种子直接均匀地撒播在苗床上或者垄上，称为撒播，适用于极小粒种子。其优点是充分利用土地，单位面积产苗量较高，并且苗木分布均匀，生长整齐一致。但这种方法抚育管理不太方便，用工较多，苗木通风透光不良，苗木生长不好。撒播在生产上多用于集中培育小苗，苗木发芽后长到3~5 cm即进行移植。目前化学除草剂的应用，可减少中耕除草的次数，这样就为撒播的应用创造了良好的条件。

4.2.4.3 点播

在苗床上或大田上，按一定的株行距挖小穴播种，或按行距开沟后，再按株距将种子播入沟内的播种方法。主要适用于大粒种子。点播具有条播的全部优点。但苗木产量较低。点播的株行距可根据树种特性和苗木培育年限而定。点播时注意种子出芽的部位，一般种子出芽部位都在尖端，所以横放，使种子的缝合线与地面垂直，尖端指向同一方向，使幼芽出土快，株行距分布均匀。若在干旱地区播种，种子也可尖端向下，使其早扎根，以耐干旱(图4-1)。

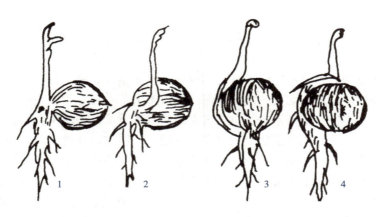

1. 缝合线垂直；2. 缝合线水平；3. 种尖向上；4. 种尖向下。
图 4-1　核桃种子放置方式对出苗的影响

4.2.5　播种工序

播种工序包括开沟(压实)、播种、覆土、镇压和覆盖 5 个环节，这几个环节工作的质量和配合的好坏，直接影响到种子的发芽和幼苗生长。人工播种，这几个环节可分别进行，而采用机械播种，环节之间是连续结合进行的。

4.2.5.1　开沟

开沟是条播和点播播种的第一道工序。育苗工作人员按设计的行距和播幅在苗床上横向或纵向开沟，沟深根据土壤性质和所播种子的大小决定。开沟要求沟底平，开沟宽窄深浅一致，以便做到播种均匀及覆土厚薄均匀。采用撒播，不开沟，把种子直接撒在苗床上。

4.2.5.2　播种

人工播种是徒手将种子播在育苗地上。为了做到均匀播种和计划用种，播种前首先根据预算的播种量，按苗床数量等量分开，把种子的数量具体落实到每一个苗床。小粒和特小粒种子播种前应对播种沟或苗床适当镇压，再将种子均匀地撒在播种沟内或苗床上。为避免出现先密后稀，可分数次播种。如播种杨、柳等小粒种子，应用适量细沙子或泥炭土与种子均匀混合后再播。

4.2.5.3　覆土

覆土的目的是保持种子处于水分和温度适宜的环境，并防止风吹种子和鸟兽等危害，以促进种子发芽和幼芽出土。

①覆土厚度。在播种后要立即覆土。覆土厚度是影响种子发芽的关键，要求覆土厚度适宜，而且均匀。覆土过薄，种子容易暴露，受风吹和日晒，得不到发芽所要求的水分，并且也容易遭受鸟、兽、虫等危害。覆土过厚，土壤通气不良，土壤温度过低，不利于种

子发芽。

覆土厚度一般为种子直径的2~3倍为宜。在确定具体厚度时，应考虑树种子特性、土壤条件、播种期、管理技术等因素。子叶留土种子厚，子叶出土种子薄。质地疏松土壤厚，质地黏重土壤薄。秋播厚，春播薄。部分树种覆土厚度见表4-4。

覆土不仅厚度应适当，而且一定要均匀，使苗木出苗一致，生长整齐，若覆土厚薄不一，幼苗出土参差不齐，疏密不匀，影响苗木的产量和质量，如图4-2所示。

②覆土材料。以不影响幼苗出土为原则，尽量因地制宜，就地取材。一般大中粒种子可用苗圃地原土覆盖，对于小粒种子，若床面土壤疏松细碎也可用原土覆盖，在质地黏重的土壤上，则多用过筛的细土覆盖。对于极小粒种子，不论土壤质地如何，都要用过筛的细土覆盖。东北地区有些苗圃采用经过腐熟粉碎的马粪作为覆土材料，效果很好。此外，也可用腐殖质土、锯末、糠皮、黄心土或火烧土覆盖。

表4-4 部分树种播种覆盖厚度

树 种	覆土厚度(cm)
落叶松、杉木、柳杉、樟子松、榆树、黄檗、黄栌、马尾松、云杉等，以及种粒大小相似的种子	1.0~5.5
油松、侧柏、梨、卫矛、紫穗槐等，以及种粒大小相似的种子	2.0~5.0
核桃、板栗、栓皮栎、油茶、油桐、山桃、山杏、银杏等，以及种粒大小相似的种子	3.0~5.0
刺槐、白蜡、水曲柳、臭椿、复叶槭、椴树、元宝枫、槐树、红松、华山松、枫杨、梧桐、女贞、皂角、樱桃、李子等，以及种粒大小相似的种子	2.0~3.0
杨、柳、桦、桉、泡桐等极小粒种子	隐见种子为度

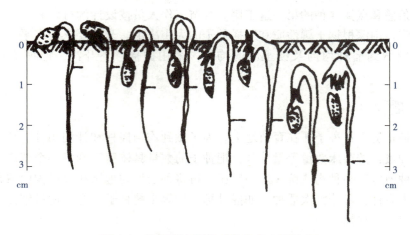

图4-2 不同覆土厚度对苗木出土的影响

4.2.5.4 镇压

在干旱地区和土壤疏松的情况下，覆土后还应进行镇压，可用专门的镇压器镇压，也可以用木板轻拍，使种子与土壤密接，恢复土壤毛细管作用，有利于水分的吸收。小粒种子可在播种以前将床面先镇压一下，再播种覆土。在黏重或潮湿的土壤上，播种后绝对不能镇压，以防土壤板结，影响幼芽出土。

4.2.6　播种器具

使用播种机，播种均匀、播深一致，有利于后续机械化管理。播种机有牵引式和悬挂式两类，分床作和垄作两种方式。

播种机由种子箱、排种器、开沟器、导种管、传动装置、挂结装置、机架、覆土压实装置、行走装置、深浅调节装置等部分组成，有的播种机配有覆沙装置。种子箱用来储存种子并向排种器连续供应种子。排种器配置在种子箱底部，作用是将种子从种子箱中按一定播量均匀排入导种管，常用的有外槽轮式、内槽轮式、型孔式。导种管把排种器排出的种子导入开沟器，常用的有卷片式、漏斗式和波纹管等。开沟器用于开出种沟、导种和覆土，主要有锄铲式、滑刀式、芯铧式、双圆盘式、单圆盘式、压沟滚等，苗圃常用芯铧式、压沟磙。覆土可采用拖环、拖杆、覆土板等。压实采用压实轮。

4.2.7　危害处理

松柏类种子发芽时顶壳出土，往往受到鸟的危害，鸟啄食种壳，折断幼芽。采用遮盖幼苗，或驱赶、恐吓等办法防鸟害。

一般壳斗科树种出苗前往往受老鼠的危害。生产中往往用煤油或磷化锌拌种，减少鼠害。防鼠害的另一措施是先用灭鼠药灭鼠，然后再播种。

4.3　幼苗期管理

4.3.1　播种苗年生长规律

播种苗即1年生实生苗。其年生长过程可分为出苗期、幼苗期、速生期和生长后期4个时期。这个过程具有不可逆性，但各个阶段生长快慢能适当调节。至于幼苗生长产生快慢节奏的原因，主要是指系统发育过程与大自然斗争的关系，并与光合作用面积大小及生命活动强弱有关。了解播种苗的年生长规律，是要认识播种苗各个时期生长特点及对外界环境条件的不同要求，明确不同时期的中心任务，及时采取相应措施，以达到丰产优质的目的。

4.3.1.1　出苗期

从播种开始到幼苗出土、地上部分出现真叶、地下部分长出侧根为止。此期一般为1~5周。当种子播入土壤后，随着吸水膨胀，酶活性加强，使复杂的物质转化为简单的物质，成为种胚可以吸收利用的状态，呼吸作用特别旺盛，种胚生长，幼芽出土，初生根深入土层，幼芽嫩弱，根系分布浅，一般多在表土10 cm以内，幼苗抗性弱。此时期影响种子和幼芽生命活动的外界因子很多，且是综合作用的，主要因子是土壤水分、土壤温度及覆土厚度。

①土壤水分。当土壤水分不足时，种子无法吸胀，一切过程不能正常进行，发芽很慢，甚至不能发芽；土壤水分过多，则土温低，通气不良，影响发芽，甚至使种子腐烂。

②土壤温度。发芽时期的温度条件，不但影响种子发芽快慢，而且发芽的提前或推迟，对幼苗的整个生长也有很大影响。各种林木种子，只有在适宜的温度范围内才能发芽，一般种子在日平均温度5 ℃左右开始发芽。如落叶松、樟子松为5~6 ℃，油松约为4.4 ℃，刺槐约为5.2 ℃，紫穗槐约在6.2 ℃时开始发芽，但发芽速度很慢。一般在20~30 ℃之间，发芽速度最快。

③覆土厚度。覆土厚度及土壤松实细碎程度也影响种子发芽出土的快慢和能否出土。

出苗期育苗的中心任务是保证幼芽能适时出土，现苗整齐、均匀、健壮。为此，需要采取相应的技术措施，主要是做好播种前的整地，选择适宜播种期，做好种子催芽处理，提高播种技术，加强播种地管理，使出苗前土壤保持湿润、疏松和适宜温度，以满足种子发芽、幼芽出土的要求。

4.3.1.2 幼苗期

从幼苗出土长出真叶开始至幼苗迅速生长之前为止。此期一般为3~6周。此时期地上部分长出真叶，地下部分生出侧根，能独立营养。根系生长较快，根系活动的土层在10~20 cm，但主要侧根在2~10 cm土层，此时幼苗幼嫩，对外界不良环境因子的抵抗力弱，如遇干旱、炎热、低温、水浑、病虫等，则容易死亡。影响幼苗生长发育的主要外界因子有水分、养分、气温和光照。水分不足，不仅使幼苗根系易遭干旱危害，且影响吸收养分，所以保持土壤湿润是保证苗木成活的首要因素，但不宜过湿，以免影响土壤温度。苗木生长初期，虽然对养分的需要量不多，但很敏感，特别是磷、氮影响较大。此时苗木幼嫩，易发生日灼和猝倒病。

这一时期育苗的中心任务是在保苗的基础上，进行蹲苗，加强管理措施，促进营养器官的生长，特别要促进根系的生长发育，使苗木扎根稳固，为中后期的速生、健壮打下良好的基础，并使成苗整齐，密度合理，分布均匀。为此，需要采取的技术措施，主要是适当灌水，喷药防病，严防日灼，合理施肥，加强松土除草，某些树种必要时还可遮阳，调节光照和温度，确定留苗密度，进行间苗等。

4.3.1.3 速生期

从苗木加速高生长开始到高生长速度下降为止。此时期长短因树种不同而异，一般为1~3个月。此时期苗木的主要特点是生长速度最快，生长量最多，苗高生长量占全年生长量的90%以上，并在茎干上长出侧枝。根系生长强烈，营养根系主要分布在40 cm以内土层，主根长度可达0.3~1 m。

速生期影响苗木生长发育的因子主要有土壤水分、养分、光照和温度等。我国初夏干旱和炎热，最高气温常达30~35 ℃。有些树种的苗木常在此时出现生长暂缓现象。而到夏末秋初，雨季来临，水分充足，气温不太高时，生长速度逐渐上升，所以，在整个速生期中有些树种出现两个速生阶段。如果在干旱炎热时，加强灌溉，施肥及其他技术措施，则可消除或缩短由于不良外界环境条件造成的生长暂缓现象。速生期育苗的中心任务是在继续保苗的基础上，采取一切加速苗木生长的措施。这是提高苗木质量的关键。需要采取的主要措施是追肥、灌溉、除草松土及防治病虫害等。

4.3.1.4 生长后期

生长后期也称苗木硬化期或木质化期，由苗木速生期结束（即生长速度显著下降）开始到苗木停止生长进入休眠时为止。这一时期的特点是苗木生长速度减慢，高生长量仅为全年生长量的5%左右，最后停止生长。地径和根系还在生长，苗木逐渐木质化，并形成健壮的顶芽，以增强苗木的越冬能力。为此，这一时期的主要任务是停止一切促进苗木生长的措施（包括灌水、施肥、松土），设法控制苗木生长，做好越冬防寒的准备工作，特别是对播种较晚，易遭早霜危害的树种更应注意。

4.3.2 出苗期和幼苗期管理

4.3.2.1 覆盖

覆盖是指用草类或其他物料遮盖播种地。其目的是防止地表板结，保蓄土壤水分，防止杂草生长，避免烈日照射、大风吹蚀和暴雨打击，调节地表温度，防止冻害和鸟害等。所以，覆盖可以提高场圃发芽率。

①覆盖材料。应就地取材，如稻草、麦秆、草帘、松针、松柏、锯屑、谷壳等。要求覆盖物不易腐烂，不带杂草种子和病虫害。目前生产上采用彩色地膜覆盖，效果较好。

②覆盖厚度。决定于所采用的材料和当地气候条件，不宜过薄或过厚。过薄，达不到覆盖的目的；过厚，降低土壤温度，延迟发芽，而且浪费材料，还容易压坏幼苗。覆盖厚度一般以不见土面为度。如用稻草覆盖，其厚度为 2~3 cm，每亩约需稻草 200~250 kg；如用谷壳锯末覆盖，厚度为 1~1.5 cm。

覆盖费工费料，增加育苗成本，因而对于大中粒种子，如土壤条件、灌溉条件较好，可不覆盖，以减少投资。

以上是人工播种的方法，有条件的地方还可以进行机械播种。机械播种工作效率高，播种均匀，覆土厚度一致，且开沟、播种、覆土及镇压一次完成，既节省人力，又可保证幼苗出土整齐一致，是今后苗圃育苗的发展方向。

4.3.2.2 遮阴

苗木在幼苗期组织幼嫩，对炎热干旱等不良环境条件的抵抗能力较弱，在炎热的夏季，为避免烈日灼伤幼苗，必要时应采取遮阴措施，降低育苗地的地表温度，使苗木免遭日灼。

①适用范围和状况。一是喜阴的阴性树种和中偏阴树种，此种情况下遮阴时间较长。

二是夏季播种育苗，幼苗阶段需遮阴。三是天气干旱，且苗圃的灌溉条件较差，可通过遮阴防止干旱。

②遮阴时间。因树种和气候条件而异。喜荫的阴性树种和中偏阴树种，一般从苗木幼苗期开始遮阴，停止期各地差异较大。我国北方，在雨季或更早即可停止遮阴；而在南方，如浙江、广西秋季酷热，遮阴时间可延续到秋末。夏季播种育苗，苗木基部木质化后可撤除遮阴物。第三种应用，待高温干旱情况改善后撤除遮阴物。有条件的苗圃，可在9:00~10:00开始遮阴，17:00~18:00撤除，其他时间以及阴雨天或凉爽天气不遮阴。这样做对苗木生长有利，但会增加劳动强度和育苗成本。

③遮阴透光度。与苗木质量有密切的关系。在不影响苗木正常生长发育的情况下，为了保证苗木质量，透光度宜大一些，一般为1/2~2/3。

④遮阴方法。一般采用苇帘、竹帘、毛草、遮阳网等材料，搭设遮阴棚进行遮阴。基本上有两类，即侧方遮阴和上方遮阴。

a. 侧方遮阴即垂直式侧方遮阴，是将荫棚设置在苗床的南侧或西侧，与地面垂直。

b. 上方遮阴是在苗床或播种带的上方设荫棚，可分为斜顶式、水平式、屋脊式和拱顶式4种。倾斜式上方遮阴是将荫棚倾斜设置，南低北高或西低东高，低的一面高度约50 cm，高的一面100 cm。水平上方遮阴、屋脊式和拱顶式荫棚两侧高度约1 m，仅顶的形状不同。目前生产上多采用水平式上方遮阴，这种荫棚透光度均匀，能很好地保持土壤湿度，床面空气流通，有利于苗木生长。

在苗床上插上一些干后不易落叶的杉枝、松枝及蕨类，也可以起到一定的遮阴作用。还可以套种高秆农作物遮阴。

若采用间隙喷雾设施和滴灌设施进行灌溉，无须遮阴，全光育苗。行间盖草能有效地降低地表温度，同时还可减少土壤水分蒸发，减少松土除草的次数。但在幼苗期易引发病虫害，要谨慎使用。

4.3.2.3 灌溉

土壤适宜的温度和水分是种子发芽的主要外界条件。在温度条件适宜的情况下，给以充足的水分，才能保证种子迅速发芽、顺利出土。大、中粒种子，因覆土厚，只要在播种前灌足底水，采用经过催芽的种子播种，一般原有的土壤水分，就可满足发芽出土。如果浇水(蒙头水)反而会使土壤板结，地温下降，不利于发芽出土。但有些小粒种子，由于覆土过薄，播种后几小时，种子就处在干燥的表土中，不能迅速发芽，甚至经过催芽的种子，会因土壤干燥而失去生命力。因此，对这类树种，就需要根据实际情况进行灌溉。一般多用喷壶、水车灌溉，但比较费工，成本高。若采用细水慢灌的办法，工作效率高、省工，但技术上应当注意避免灌水后覆土厚度不一和种子被冲走的现象。有条件时，应用微喷技术，一般使种子处在比较潮润的土壤中即可。幼苗出土后可适当灌溉。

4.3.2.4 松土除草

幼苗出土前，如因下雨或灌溉造成土壤板结时，应进行松土，否则幼苗出土困难。松土深度,应比原覆土厚度浅些,否则易损伤幼苗。新播苗木往往杂草生长迅速,一定要坚持除早、除小、除了的原则,及时将杂草拔除,可结合松土清除杂草。另外,化学除草效果较优,但要注意避免污染环境、维护生态平衡。

4.3.2.5 危害处理

播种后应组织人力看守、轰赶、覆网等防止鸟害,是目前最有效的办法。鼠害严重时,可用磷化铝(90%原粉),安妥(80%原粉)拌成毒饵诱杀。

4.3.2.6 间苗、补苗和幼苗移植

虽然在确定播种量时,已尽量控制好播种量,播种时也力求做到均匀,使苗木出苗均匀,形成适宜的密度,力求少间苗。但在生产实践中,播种量仍往往偏大,另外播种不均匀的现象也在所难免。为了调节密度,使每株苗木都有适当的营养面积,保证苗木的产量和质量,还必须及时进行间苗和补苗。

(1)间苗

间苗又称疏苗,即将部分苗木除掉,目的是使苗木密度调整到适宜密度。间苗应贯彻"早间苗,迟定苗"的原则。早间苗保证苗木一直有充足的营养空间,迟定苗避免因不良因素影响而造成苗木数量不足的后果。

①间苗时间。主要根据幼苗密度、幼苗生长速度而定。一般是在苗木幼苗期,分1~3次进行。大部分阔叶树种,如刺槐、臭椿、榆树等生长迅速、抵抗力强,在幼苗长到5 cm即可间苗,尽量一次间完。但大部分针叶树种,如落叶松、油松、侧柏、杉木等生长较慢,需间苗2~3次。第一次在幼苗出齐后长到5 cm时进行,之后大约每隔20 d间苗一次。定苗在幼苗期的后期或速生期初期进行,定苗量应大于计划产苗量的5%~10%。

②间苗原则。留优去劣,留疏去密。间苗对象为受病虫危害、机械损伤、生长不良、过分密集的苗木。

间苗最好在雨后或灌溉后,土壤比较湿润时进行。拔除苗木时,注意不要损伤保留苗,间苗后要及时灌溉,以淤塞拔苗留下的孔隙。

(2)补苗

补苗是指从密度过大的地方取苗种植到过疏的地方。补苗可结合间苗进行,一边间苗,一边补苗。补植最好在阴雨天或傍晚进行,补植后及时灌水,必要时进行遮阴。

(3)幼苗移植

移植通常是指将培养到约5 cm高的幼苗全部移植到其他苗圃地培养。适用于生长速度快的树种、珍贵树种和特小粒种子的育苗。生产中也可结合间苗,将间出的健壮幼苗移植。

> 实践训练

实训项目 4-1　种子催芽技术

一、实训目标
掌握种子消毒和催芽的常用方法。

二、实训场所
实验室、实习苗圃或生产性苗木基地。

三、实训形式
在老师或师傅指导下，分组完成现场操作。

四、实训条件

(一)材料

本地区主要树种 2~3 种，河沙，草把等。

(二)药品

福尔马林、高锰酸钾、硫酸铜、生石灰、多菌灵等。

(三)器具

天平、烧杯、量筒、盛种容器、水容器、撅头、铁锹等。

五、实训内容与方法

(一)种子消毒

播种前可用 0.15% 福尔马林浸种 20~30 min，倒去药液后，在密闭容器中继续闷 2 h，然后用清水冲洗种子，稍晾干后播种。

(二)种子催芽

1. 层积催芽

消毒后将种子和砂子按 1∶3 的体积比混合均匀（或不混合以分层层积），砂子的湿度为其饱和含水量的 60%，即手握砂子成团，但又不滴水即可。

层积或堆积：挖贮藏坑，坑底铺上 10 cm 厚的粗湿沙，中间每隔 1~1.5 m 插一束秸秆，再将已混好的种子和砂放入坑内，然后上面再覆一层 3~5 cm 厚的湿沙，最后封土成丘，以便检查湿度变化情况，坑的四周挖小沟，以利排水。并作好记录。

种子催芽期间，应定时检查温、湿度，防止种子霉变，待播种前一周左右将种砂取出分开。此方法适用于落叶松、红松、椴树等长期休眠种子的催芽。

2. 水浸催芽

适用于浅休眠种子，一般要求种子与水的体积比为 1∶3。种子浸种 1~2 d 即可吸胀，种皮薄的只需几小时即可吸胀，而种皮坚硬致密的需要 3~5 d 甚至更长一些时间才能吸胀。凡浸种时间超过 12 h 的都要每天换水 1~2 次。

一般种皮较薄、含水量较低的种子，如杨、柳、榆、桑、泡桐、悬铃林木等，适用 20~30 ℃ 的温水或冷水浸种；种皮较厚的种子，如油松、侧柏、杉木、柳杉、马尾松、湿地松、火炬松、华山松、落叶松、元宝枫、臭椿等，适用 40~50 ℃ 的温水浸种；种皮较厚的种子，如刺槐、合欢、皂荚、山楂等，可用 70~90 ℃ 的热水浸种。对硬粒种子采用逐次增温浸种效果最好，方法是先用 70 ℃ 热水浸渍 1 d 后过筛，筛出的硬粒种子，再用 90 ℃ 的热水浸渍，反复 2~3 次大部分硬粒种子都能吸胀。山楂种皮坚硬，不易吸水，可在夜间浸泡，白天捞出，摊在水泥地上曝晒，反复 10 余天即可吸胀咧嘴。

种子吸水后，捞出催芽。种子数量少，可放在通风透气良好的筐、篓或蒲包里，置于适宜发芽温度（20~30 ℃）下催芽。在催芽期间，种子上面盖以通气良好的湿润物，每天用洁净的水淋洗 2~3 次。种子数量大时，可选择向阳背风温暖的地面，架垫秸秆，铺上苇席，将捞出的种子摊放在上面，厚度 10~20 cm，上盖塑料薄膜；或将种子与湿沙（为饱和含水量 60%）以 1∶3 体积比混合，置于向阳背风处，注意翻倒和喷水。经上述暖湿处理，一般 5~7 d 即可萌发。当露白种子达 30% 左右时即可播种。

六、实训注意事项

种子消毒时注意合适的化学药剂浓度及处理时间，以防产生药害；种子消毒应尽量对干种子进行处理，若是膨胀的种子应适当缩短处理时间或浓度；如果消毒后进行催芽，则无论采用哪种催芽方法，都应先把黏附的药液冲洗干净；层积催芽时注意经常检查，热水浸种催芽时注意水的温度，并且边倒水边搅拌。

七、实训报告及要求

①完成种子层积催芽的观察日记。
②撰写种子消毒和催芽的操作过程及所遇到问题的解决方法。

实训项目 4-2 播种育苗技术

一、实训目标
掌握播种量计算方法和播种技术。

二、实训场所
实验室和实习苗圃。

三、实训形式
在老师指导下学生现场操作。

四、实训条件

1. 种子材料

落叶松种子。

2. 土壤消毒用药

福尔马林、硫酸亚铁、敌克松、生石灰等。

3. 工具

喷壶、皮尺、卷尺、草绳、塑料薄膜、稻草等。

五、实训内容与方法

（一）土壤消毒

用福尔马林、硫酸亚铁、敌克松、生石灰等化学药剂对土壤进行消毒，如用 50 mL/m^2 福尔马林，稀释 100~200 倍，于播种前 10~15 d 喷洒在苗床上，用塑料薄膜严密覆盖，播种前一周打开薄膜通风。

(二)播种

1. 播种方法

条播。

2. 开沟播种

用锄头开沟,沟要直,沟底要平,宽窄深浅一致。开沟以后施种肥或药剂。按播种量计划用种,播种要均匀。

3. 覆土

播种以后马上用细砂覆土,厚度0.5~0.7 cm,覆土后以隐约可见种子为度,覆土要均,薄厚一致。

4. 镇压

用石滚稍加镇压,压实土壤。

5. 覆盖

播种后用草帘覆盖,有利于保蓄水分,防止杂草滋生,还可方便灌溉。

六、实训注意事项

事先计算好播种量;已经催过芽的种子,在播种过程中防止芽干缩,注意种子保湿;使用药剂注意安全;为了减少杂草与病菌的危害,播种杉、松等小粒种子之前,苗床面要先铺心土,播种后再用黄心土覆盖;播种极小粒和小粒种子,床面要用稻草或地膜覆盖,以保护土壤湿润和疏松。

七、实训报告及要求

撰写采用的播种方法和步骤及注意事项。

实训项目4-3 出苗前和幼苗期管理

一、实训目标

掌握播种后的覆盖、遮阴、灌溉、松土除草、防鸟兽害及间苗和补苗的方法和技术要点。

二、实训场所

学校实习苗圃或企业生产性苗圃。

三、实训形式

在老师指导下或技术人员带领下,分组完成现场操作。

四、实训条件

1. 材料

薄膜、稻草(麦秆、草帘、松针、锯屑、谷壳等)、草绳木桩、竹竿、遮阳网、细铁线等。

2. 工具

钳子、铁锹、锄头、喷壶等。

五、实训内容与方法

（一）覆盖

覆盖厚度一般以不见土面为度。如用稻草覆盖，其厚度 2~3 cm，每亩约需稻草 200~250 kg。草梢和草梢相对，横床摆放，用草绳固定。

（二）遮阴

上方遮阴可分为斜顶式、水平式、屋脊式和拱顶式 4 种。倾斜式上方遮阴是将荫棚倾斜设置，南低北高或西低东高，低的一面高度约 50 cm，高的一面 100 cm。水平上方遮阴、屋脊式和拱顶式荫棚两侧高度约 1 m，仅顶的形状不同。

（三）灌溉、松土除草

高床采用喷灌或喷壶进行灌溉，低床或漫灌，垄作育苗可侧方沟灌。出苗期应"少量多次"并保持床面湿润即可；幼苗期适当增加灌水量。松土除草应结合灌溉在出齐苗后进行。可人工除草 6~8 次，每次在灌溉或雨后进行，亦可施用除草剂。

（四）间苗补苗

间苗时用手或移植铲将过密、双株苗、病弱苗间出，选生长健壮、根系完好的幼苗，用小棒穿孔补于稀疏缺苗之处。

六、实训注意事项

覆盖要合理掌握覆草厚度，不宜过厚或过薄；除草注意保护幼苗，尤其避免伤害幼苗根系；除草松土后立即灌溉，以免苗根透风死亡；灌溉时要适时适量，防止水滴过大冲击幼苗。

七、实训报告的要求

撰写播种后出苗期和幼苗期管理的操作过程及所遇到问题的解决办法。

巩固拓展

一、名词解释

1. 播种育苗；2. 实生苗；3. 种子休眠；4. 长期休眠；5. 短期休眠；6. 催芽；7. 层积催芽；8. 苗木密度；9. 播种量；10. 条播；11. 撒播；12. 点播；13. 出苗期；14. 幼苗期；15. 速生期；16. 生长后期。

二、填空

1. 种子休眠的原因有（　　）、（　　）、（　　）。种子休眠的类型有（　　）、（　　）。
2. 春季播种的具体时间依（　　）条件而定，一般在地表（　　）cm 土层的平均温度稳定在（　　）时为宜。
3. 春季播种应适时偏（　　）；秋季播种应适时偏（　　）；夏季播种应在（　　），以延长种子生长期。
4. 确定播种量有两个途径：一是参考生产实践中得出的（　　）；二是通过（　　）。
5. 常用的播种方法有（　　）、（　　）、（　　）3 种，应根据（　　）、（　　）及

（　　）等因素选用不同的播种方法。

6. 播种苗的年生长是从（　　）开始的，萌发后幼苗在生长速度上表现为（　　）性。

7. 播种苗的出苗期一般为（　　）周，时期影响种子和幼芽生命活动的外界因子主要是（　　）、（　　）及（　　）。

8. 幼苗期育苗的中心任务是在保苗的基础上进行（　　）。

9. 间苗的原则是（　　）、（　　）。间苗的对象是（　　）、（　　）、（　　）、（　　）。

三、选择题

1. 种子长期休眠的原因有（　　）。
   A. 种皮结构　　B. 种子成熟度　　C. 种子含水量　　D. 种子的寿命
2. 种子为长期休眠的树种是（　　）。
   A. 水曲柳　　B. 桧柏　　C. 杨树　　D. 银杏
3. 适于层积催芽的种子是（　　）。
   A. 刺槐　　B. 油松　　C. 红松　　D. 白蜡
4. 适于种子消毒的化学药剂是（　　）。
   A. 硫酸亚铁　　B. 硫酸铜　　C. 福尔马林　　D. 石灰水
5. 确定苗木密度应综合考虑的原则是（　　）。
   A. 树种特性　　B. 苗木种类　　C. 苗木培育年龄　　D. 经营条件
6. 播种时一般覆土厚度为种子直径的（　　）为宜。
   A. 1~2倍　　B. 2~3倍　　C. 3~4倍　　D. 4~5倍
7. 一般中、小粒种子采用的播种方法是（　　）。
   A. 宽幅条播　　B. 撒播　　C. 点播　　D. 条播
8. 苗圃中常用的播种方法有（　　）。
   A. 条播　　B. 撒播　　C. 块播　　D. 点播

四、简答题

1. 播种苗有哪些优缺点？
2. 简述春播、夏播和秋播的特点。
3. 怎样确定春播和秋播的时间？
4. 怎样进行播前的种子消毒？
5. 简述休眠种子的特点，为什么要进行种子催芽？
6. 简述种皮结构与种子休眠的关系。
7. 举例说明种子休眠的类型有哪些？
8. 怎样进行刺槐、核桃楸、落叶松的种子催芽？
9. 简述苗圃中各播种方法及其特点。
10. 简述苗圃播种技术要点。
11. 简述确定合理密度的原则。
12. 简述播后覆盖的意义，怎样进行覆盖？

13. 简述播后遮阴的应用条件及方法。
14. 怎样进行间苗？

五、论述题

试论述一年生播种苗的年生长特点及相应的育苗技术措施。

六、计算题

1. 每公顷计划生产 1 年生油松播种苗 300 万株，已知种子净度 95%，发芽率 60%，千粒重 37 g，种苗损耗系数为 1.5，试计算每公顷播种量？

2. 苗圃计划播种落叶松 20 亩，采用床作，床长 10 m，床面宽 1 m，步道 0.5 m。苗木株行距均为 0.05 m，如果其种子净度 80%，发芽率 75%，千粒重 4.5 g，损耗系数 1.8，请计算所需落叶松种子用量？

七、知识拓展

1. 国家林业局. 中华人民共和国主要林木目录(第一批). 自 2001 年 6 月 1 日起施行.
2. 国家林业局，中华人民共和国主要林木名录(第二批). 自 2016 年 9 月 20 日起施行.
3. 北京林业大学全国苗木供需分析研究组. 2020 年度全国苗木供需分析报告[R]. 2020.
4. 祁金玉，邓继峰，尹大川，等. 外生菌根菌对油松幼苗抗氧化酶活性及根系构型的影响[J]. 生态学报，2019，39(08)：2826-2832.

单元 5　无性繁殖育苗

学习目标

知识目标
1. 掌握扦插、嫁接、埋条、压条、分株等无性繁殖育苗方法和技术要点。
2. 熟悉无性繁殖育苗的相关概念、意义及其在生产中的应用。
3. 了解扦插、嫁接等无性繁殖育苗成活的原理。

技能目标
1. 能够正确选择采条母树并采集种条。
2. 精通插穗、接穗制作和处理技术。
3. 能够根据树种特性，正确运用扦插、嫁接、埋条、压条、分株等无性繁殖育苗技术进行育苗。

素质目标
1. 培养吃苦耐劳、爱国、敬业、励志、求真、务实、勇于创新的精神。
2. 树立保护生态环境，维持国土生态安全的意识。
3. 培养团队协作精神，养成严格执行生产技术规范的科学态度。

理论知识

无性繁殖育苗，又称营养繁殖育苗，是指利用乔、灌木树种的枝、茎、根、叶、芽等营养器官，在适宜的条件下，培养成一个独立新植株的育苗方法。

用无性繁殖育苗方法培育的苗木称无性繁殖苗或营养繁殖苗。

无性繁殖育苗与实生繁殖育苗相比较有以下特点：①有利于母本优良遗传性状的保持；②开花结实较实生苗早；③可解决某些树种种子繁殖比较困难的问题；④无性繁殖育苗方法简便，经济；⑤无性繁殖苗根系没有实生苗根系发达（嫁接苗除外），抗性差，寿命较短，多代无性繁殖后，会产生早衰现象；⑥扦插育苗繁殖材料来源不足，大面积育苗和造林受到限制。

生产上常用的无性繁殖育苗方法主要有扦插育苗、嫁接育苗、埋条育苗、压条育苗、分株育苗、组织培养育苗等。本单元主要介绍扦插育苗、嫁接育苗、埋条育苗、压条育苗和分株育苗。

5.1 扦插育苗

扦插育苗是指切取植物营养器官的一部分,如枝、茎、根、叶等在一定条件下插入土、沙或其他基质中,利用其再生能力,培育成一个完整新植株的育苗方法。

直接用于扦插的育苗材料称插穗。用扦插育苗方法培育的苗木称扦插苗。

扦插育苗的方法有枝插育苗(硬枝扦插育苗、嫩枝扦插育苗)、根插育苗、叶插育苗、针叶束扦插育苗等。生产上以枝条(茎干)扦插育苗应用最广,根插次之,针叶束扦插应用较少,园林植物繁殖中也可用叶插育苗。

5.1.1 扦插育苗成活原理

插穗成活与否,主要决定于插穗能否生根。能生根则成活。生根快的成活率高,生根慢的成活率低。插穗所形成的根是不定根。不定根的形成部位因树种不同有很大差异,有些树种是从插穗周身皮部的皮孔、节(芽)等已形成的根原始体(原生根原基)上萌发出不定根,称皮部生根型;有些树种是从基部愈合组织,或与基部愈合组织相临近的茎节上长出不定根,称愈合组织生根型;有些树种是插穗皮部和愈合组织都能生根,称综合生根类型(图5-1)。上述生根类型的生根机理不相同,从而生根的难易也不相同。

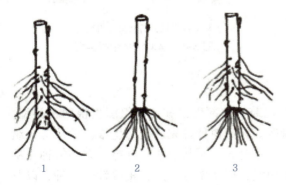

1. 皮部生根型;2. 愈合组织生根型;3. 综合生根类型。

图 5-1 插穗生根类型

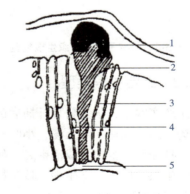

1. 根原始体;2. 皮部;3. 木质部;4. 髓线;5. 髓。

图 5-2 根原始体的构造

5.1.1.1 皮部生根型

皮部生根型树种的根原始体多位于枝条内最宽髓射线与形成层的结合点上(图5-2)。此生根类型树种枝条的根原始体在母体发育过程中就已经形成,因受母体顶端优势和内源激素抑制的影响,根原始体的萌发处于被抑制状态,当枝条脱离母体后,激素抑制被解除，在适宜的环境条件(温度、湿度、通气)下，根原始体迅速萌发形成不定根。皮部生根型树种的扦插育苗，生根期较短，生根较快、扦插容易成活。如小叶黄杨、青杨派杨树、黑杨派杨树、柳树、水杉、沙棘、柽柳、木槿等属于此种类型。

5.1.1.2 愈合组织生根型

愈合组织生根型树种的枝条(茎)扦插后，在插穗下切口表面周围先形成愈合组织薄壁细胞，薄壁细胞继续分化，逐渐形成和插穗相应组织发生联系的形成层、木质部、韧皮部等组织，最后愈伤组织将切口包合。这些愈伤组织细胞和愈伤组织附近部位的细胞不断分化，形成根的生长点，在适宜的环境条件下，就产生大量的不定根。因此生根所需时间长，生根缓慢。一般扦插后成活较难，生根较慢的树种，其生根部位大多数是愈合组织生根类型，如落叶松、辐射松、雪松、金钱松、赤松、圆柏、悬铃木、栓皮栎、樟树、胡枝子(图5-3)等。

图5-3 胡枝子愈合组织生根类型

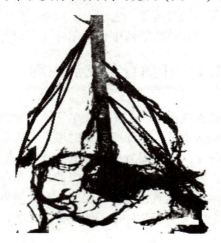

先从皮部生根，后从愈合组织生根

图5-4 旱柳综合生根类型

5.1.1.3 综合生根类型

在生产实践中，很多树种扦插后的生根部位兼有皮部生根和愈合组织生根两种类型，如毛白杨、加拿大杨、钻天杨、小叶杨、旱柳等。有些树种是先从皮部生根，后从愈合组织生根，扦插后生根快，成活率高，如毛白杨、小叶杨、旱柳(图5-4)等。有些树种先从愈合组织生根，后从皮部生根，枝条扦插后生根慢，成活率低，如花柏等针叶树种，以及部分阔叶树种(表5-1)。

表5-1 部分阔叶树种插穗生根部位及根的分布状况　　　单位:%

树种	生根部位		备注
	皮部生根	愈合组织生根	
毛白杨	62.8	37.2	部分幼茎生根
加拿大杨	48.2	51.8	

(续)

树种	生根部位		备注
	皮部生根	愈合组织生根	
钻天扬	42.2	57.8	
小叶杨	76.6	23.4	
旱柳	48.0	52.0	芽周围呈丛生根
紫穗槐	61.0	39.0	
胡枝子	0	100.0	

5.1.2 影响扦插育苗成活的因素

5.1.2.1 内因

(1) 树种遗传特性

不同的树种，由于遗传特性不同，插穗生根的能力也不一样。根据枝条生根的难易程度可分为以下4类。

① 易生根类。插穗生根容易，生根快。如旱柳、沙柳、北京杨、黑杨派、青杨派、怪柳、沙地柏、沙棘、连翘、木槿、常春藤、扶芳藤、金银花、红叶小檗、卫矛、黄杨、瑞香、紫穗槐、葡萄、石榴、无花果、迎春、穗醋栗等。

② 较易生根类。插穗生根较容易，生根较快。如毛白杨、新疆杨、银中杨、山杨、刺槐、泡桐、国槐、悬铃木、刺楸、花柏、铅笔柏、侧柏、罗汉柏、罗汉松、五加、接骨木、小叶女贞、石楠、竹子、花椒、山茶、杜鹃、野蔷薇、夹竹桃、绣线菊、猕猴桃、红杉、池杉、柳杉、水杉等。

③ 较难生根类。插穗能生根，但生根较慢，对扦插技术和管理水平要求较高。如大叶桉、赤杨、槭树、樟树、榉树、梧桐、苦楝、臭椿、日本白松、美洲五针松、日本五针松、君迁子、树莓、醋栗、枣树、挪威云杉、桂花、雪松、火棘等。

④ 极难生根类。插穗不能生根或生根困难。如松类、冷杉、核桃、栎类、板栗、桃树、柿、苹果、梨树、朴树、赤松、蜡梅、日本栗、腊梅、鹅掌楸、广玉兰、桦树、榆树、木兰、棕榈、杨梅等。

(2) 母树年龄

插穗生根能力随母树年龄增加而降低。因为随着母树年龄的增加，枝条的再生能力减弱，所含抑制生根物质逐渐增加，生根能力下降。相同苗龄时，实生苗作插穗比营养繁殖苗作插穗成活率高。实生苗发育阶段年幼，再生能力强，枝、茎插穗生根能力强，成活率高。而营养繁殖苗发育阶段相对较大，其枝条的生根能力减弱。无论实生苗，还是营养繁殖苗，年龄越大，插穗成活率越低；年龄小，生命活动旺盛，枝条的再生能力强，生根能力也高。生产上多选用幼年期母树上的枝条或1~2年生的实生苗干作插穗。

表5-2是湖北省潜江县林业科学研究所进行水杉扦插实验，在不同年龄的母树上采集

同龄插穗，在同等条件下进行试验，其成活率差异很大。

表 5-2　水杉不同年龄母树采穗扦插成活情况

母树年龄(a)	1	2	3	4	7	9
扦插数	500	500	500	500	500	500
成活率(%)	92.5	90.4	76.5	65.0	34.0	31.0

（3）插穗年龄

插穗生根的能力随其本身年龄增加而降低，一般插穗年龄小，再生能力强，扦插容易生根。硬枝扦插，一般1年生枝条的生根能力比2年生枝条强。1年生实生苗干作插穗比多年生苗干上的1年生枝条作插穗生根率高。多年生树木上的多年生枝条生根能力更低。一般采用1年生枝条作插穗。慢生树种的插穗稍带2年生枝段。较难生根的树种和难生根树种以当年生半木质化嫩枝扦插成活率较高。

（4）枝条在母树上着生的部位

枝条在母树上着生的部位不同，其营养状况、阶段发育年龄不同，扦插后生根能力也不相同。着生在树木主干根颈部的萌蘖条比着生在树木主干上的枝条发育阶段较幼，其生根力高（表5-3）。Ⅰ级侧枝的生根能力大于Ⅱ级侧枝。树冠阳面枝条比树冠阴面枝条发育充实，生根力高；树冠内部的徒长枝比一般枝条生根能力高。

表 5-3　毛白杨不同部位的一年生枝条扦插生根与生长情况

扦插日期	插穗生长位置	插穗年龄(a)	平均生根数(条)	平均苗高(cm)
当年11月下旬	树干基部萌条	1	21	80
当年11月下旬	树冠上的枝条	1	6	50
翌年3月下旬	树干基部萌条	1	25	133.2
翌年3月下旬	树冠上的枝条	1	9	82.1

（5）母树及插穗健康状况

从生长健壮的母株上采集的插穗，比从长势衰弱的或受病、虫害感染危害的母株上采集的插穗成活率高。凡是生长健壮，发育充实的枝条，营养物质含量高，有利于插穗生根成活。

（6）枝条的不同部位

同一枝条的不同部位根原基数量和贮存营养物质的数量不同，插穗生根率、成活率和苗木生长量都有明显差异（表5-4）。具体部位强弱，因树种而异。

表 5-4　加杨同一枝条不同部位扦插成活与生长情况

枝条部位	成活率(%)	苗高(cm)		地径(cm)		平均侧根数
		平均	较上部	平均	较上部	
上	45	214	100	1.71	100	23
中	95	287	134.1	2.36	138.0	23
下	85	257	120.5	2.02	118.1	17

一般落叶阔叶树种，硬枝扦插，枝条中下部较好，因为枝条中下部发育充实，木质化程度高，积累的营养物质多，根原基数量多，容易生根成活；枝条上部则相反。落叶树种嫩枝扦插，中上部枝条内源生长素含量最高，细胞分生能力旺盛，对生根有利。常绿树种，枝条中上部较好，因为枝条中上部代谢旺盛，光合能力强，营养充足，对生根有利。水杉，目前知道梢部插穗成活率最高。萌芽力弱的树种，插穗要带顶芽。

(7) 插穗粗细与长短

年龄相同的插条，发育充实粗壮的插穗比生长较纤细的插穗容易生根。长插穗相比短插穗，根原基数量多，贮藏养分多，有利于生根。插穗的适宜长度和粗细因树种而异，在生产实践中，为了合理利用穗条，提高穗条的利用率，应掌握"粗枝短剪，细枝长留"的原则。

(8) 插穗的叶片和芽

插穗上的叶和芽能供给插穗生根所必须的营养物质和生长激素、维生素等，对生根有利。叶对嫩枝扦插、常绿阔叶树种和针叶树的扦插更为重要。一般嫩枝、常绿阔叶树和针叶树扦插，插穗上常保留2~4个叶片。根据油橄榄插穗不同留叶数的比较试验，留两对叶片比留一对叶片的插穗生根率高。叶片能进行光合作用，制造养分，有利于生根。但留叶量太多，插穗蒸腾耗水量大，易导致插穗萎蔫。若有全自动间歇喷雾装置，随时喷雾保湿，可多留叶片。

一般硬枝扦插，插穗上要保留2~3个健壮饱满芽，尤其是上下剪口的芽要保留，上剪口的芽是形成茎干的基础，下剪口的芽是合成促根物质，促进插穗愈合生根的基础。

5.1.2.2 外因

影响插穗生根的外因主要有温度、湿度、光照、基质等。

(1) 温度

温度对插条生根的影响很大，温度适宜则生根快。适宜的生根温度因树种而异，一般树种插穗生根要求15~25℃比较适宜，如毛白杨要求18~24℃；常绿阔叶树种以23~25℃为适宜；嫩枝扦插一般25~30℃有利于生根成活。在插穗生根期间，一般土温高于气温3~5℃有利于生根。

我国北方春季气温升高快于土温，解决春季插条成活的关键是采取措施提高土壤温度，使插穗先生根后发芽，以利于根系吸收水分，维持插穗内水分平衡。

(2) 湿度

包括土壤湿度和空气湿度。插穗生根前难于从土壤中吸收水分，而插穗本身由于蒸腾作用，尤其在生长期带叶扦插时，水分消耗很大，极易失去水分平衡，使插穗干枯。扦插时土壤含水量最好保持在田间最大持水量的60%左右较适宜。空气相对湿度保持在85%~90%为宜。生产实践中通过灌溉、覆膜、搭建塑料小拱棚、遮阴等措施进行插床保湿，提高空气湿度。同时适当通风调节温度和湿度，提高扦插成活率。

当插穗开始生根时，逐渐降低空气湿度和土壤湿度，有利于根系生长，并可达到炼苗的目的。

(3) 光照

光照可以提高土温和气温，促进插穗生根。对于嫩枝扦插及常绿树种扦插，光照有利于叶子进行光合作用，制造养分和促进生长素的形成，有利于生根。但强光促进蒸腾，易造成插穗失水萎蔫，降低成活率。因此在插穗生根前期，应采取遮阴、喷水降温等措施防止插穗过分蒸腾失水，维持插穗水分平衡。当插穗开始生根后，逐渐延长光照时间，促进叶片光合作用，加速根系生长。夏季扦插最好的措施是应用全光照自动间歇喷雾技术，既保证供水又不影响光照。

(4) 基质

插穗生根时需要氧气，研究表明，当基质的含氧量达15%时，有利于生根。通气性好的基质能满足插穗生根对氧气的需求，有利于生根成活。通气性差的基质或基质中水分过多，氧气供给不足，易造成插穗下切口腐烂，不利于生根成活。因此选择透气、保温、保湿，富含养分的基质是扦插成活的重要保证。目前所用的扦插基质有以下3种状态。

①固态基质。生产上最常用的固态基质有砂壤土、河沙、泥炭土、煤渣、珍珠岩、蛭石、苔藓、泡沫塑料等。

a. 砂壤土：较疏松透气，保水，保肥，来源广泛，是大田扦插育苗常用的基质。

b. 河沙：疏松透气，易吸热，来源广泛，但保水性能差，必须勤灌水，一般与其他基质混合使用。

c. 泥炭土：具有机质，质地轻，酸性，有团粒结构，保水、透气、无病原菌。常与沙、珍珠岩混合使用。

d. 煤渣：孔隙度较大，具有良好的透气性，保水、保肥、保温，不带病菌，pH 6.8。

e. 珍珠岩：白色，具有保湿、隔热、疏松透气、保水的作用，pH 7.0~7.5。

f. 蛭石：质地轻，孔隙度大，疏松透气，保水、保肥、保温性好，阳离子代换量大。一般为中性至微碱性。但易破碎，一般使用1~2次后需更换。

育苗生产中，根据树种的要求，以上基质既可单独使用，也可按比例配置成营养土使用。如沙土的配置：沙40%~50%、黏土35%~40%、有机肥15%~20%；腐殖质土的配置：腐殖质20%~30%、黏土40%~50%、沙20%~30%；泥炭土的配置：泥炭与沙等量混合。在露地进行扦插育苗时，大面积更换基质，实际上是不可能的，通常选用排水良好的砂壤土。

②液态基质。生产上常用的液态基质有纯水和营养液。

将插穗插于水中或营养液中，使其生根成活的方法，称为水插或液插。营养液易造成病菌滋生，导致插穗腐烂，所以扦插多用水而少用营养液。

③气态基质。在相对湿度较高的温室环境条件下，空气中的水汽呈雾状，把插穗悬挂于相对湿度较大的空气中，使其生根发芽成活的方法，称为雾插或气插。这种方法需要在高温、高湿的温室或大棚环境中进行，产生的根系较脆弱，需要通过炼苗提高成活率。如络石、榕树等可用这种基质扦插。

5.1.3 促进插穗生根的主要技术

催根处理是提高扦插成活率的有效手段,对较难生根的树种和极难生根的树种尤显重要。易生根的树种和较易生根的树种可不催根,但若采取催根措施,扦插育苗效果会更好。

5.1.3.1 生长激素、生根促进剂处理

(1)生长激素

常用的生长激素有萘乙酸(NAA)、吲哚乙酸(IAA)、吲哚丁酸(IBA)、2,4-D 等。这些植物激素都有促进生根的效果,其中吲哚丁酸效果最好,但萘乙酸成本低,使用浓度见表 5-5。

生长激素绝大多数是粉剂,一般不溶于水,使用时,先将定量生长激素用少量酒精溶解,一是根据需要用水配置成不同浓度的药液,低浓度(50~200 mg/L)溶液浸泡插穗下端(3 cm 左右)6~24 h,高浓度(500~1000 mg/L)溶液可进行速蘸处理;二是将溶解的生长素与滑石粉混合均匀,阴干后制成粉剂,使用时,先将插穗下端 3 cm 左右用水浸湿,然后蘸粉进行扦插;或将粉剂加水稀释成糊状,插穗下端蘸糊扦插;或做成泥浆,包裹于插穗下端扦插。

不同的树种,不同插条种类,因生根难易程度不同,使用生长激素溶液的最适宜浓度和处理时间各异,一般生根较易的树种浓度低,生根较难的树种浓度高;同一树种硬枝扦插浓度高,嫩枝扦插浓度低;一般速蘸浓度高,长时间浸泡浓度低。

(2)"ABT 生根粉"系列

由中国林业科学研究院王涛于 20 世纪 80 年代初研制成功的"ABT 生根粉"系列,是一种广谱高效生根促进剂,用其处理插穗,能参与插穗不定根形成的整个生理过程,具有补充外源激素与促进植物体内源激素合成的功效,因而能促进不定根的形成,缩短生根时间,效果优于吲哚丁酸等生长激素。"ABT 生根粉"系列有 7 个型号,其中 1 号用于处理珍稀树种和难生根树种,2 号用于处理较容易生根树种(表 5-5)。

(3)HL-43 生根剂

由华中农业大学涂炳坤、胡婉仪发明。对学术界公认生根非常困难的板栗等 33 个树种,用 HL-43 生根剂处理后,进行全光喷雾扦插,获得较好的生根效果,其中板栗生根率达到 82.4%,使用浓度见表 5-5。

(4)911 生根素

由湖北省林科院周心铁发明。最初用于难生根树种松树针叶束水培扦插育苗,能使松树针叶束生根率达到 85%。后来制成粉剂,用于其他难生根树种扦插,使用浓度见表 5-5。

表 5-5 促进插穗生根的植物激素、生根剂及其主要用途和使用浓度

名称	英文缩写	应用范围	使用浓度
萘乙酸	NAA	刺激插穗生根	使用浓度 50~100 mg/L,浸泡 12~24 h
吲哚乙酸	IAA	刺激插穗生根	嫩枝扦插用 50~100 mg/L 溶液浸泡 6~12 h; 硬枝扦插用 100~300 mg/L 溶液浸泡 12~24 h
吲哚丁酸	IBA	刺激插穗生根	硬枝扦插用 50~100 mg/L 溶液浸泡 12~24 h; 或用浓度为 500~1500 mg/L 溶液速浸 5 s

(续)

名称	英文缩写	应用范围	使用浓度
ABT 生根粉	ABT1 号	主要用于难生根树种扦插，如落叶松、红松、桉树、泡桐、刺槐、榆树、银杏、枣、梨、杏、山楂、苹果、玉兰等	硬枝扦插用 50~200 mg/L 溶液浸泡 8~24 h；或用浓度为 500~1000 mg/L 溶液速浸 5 s；也可用 1000~5000 mg/kg 粉剂蘸沾
	ABT2 号	主要用于生根不太困难的树种扦插，如香椿、石榴、花椒、柏类、白蜡、紫穗槐、悬铃木等	使用浓度同上
911 生根素	911	主要用于松树针叶束扦插和生根非常困难的树种扦插	使用浓度 100~200 mg/L，插穗下端浸泡 12~24 h
HL-43 生根剂	HL-43	主要用于板栗等难生根树种扦插	插穗在原液中速浸 5~10 s；或将原液用水稀释 10 倍，浸泡 1~6h
2,4-D	2,4-D	刺激插穗生根	使用浓度 5~15 mg/L

5.1.3.2 化学药剂处理

用化学药剂处理插穗，能增强新陈代谢作用，从而促进插穗生根。常用的化学药剂有酒精、蔗糖、高锰酸钾、二氧化锰、醋酸、硫酸镁、磷酸等。用 0.05%~0.1% 的高锰酸钾溶液浸泡硬枝插穗 12 h，不但能促进插穗生根，还能抑制细菌发育，起到消毒作用。水杉、龙柏、雪松等插穗用 5%~10% 蔗糖溶液浸泡 12~24 h，能有效地促进生根(表 5-6)。

表 5-6 水杉插穗用化学药剂处理浓度和时间

处理药剂名称	浓度(%)	处理时间(h)
酒精	1~3	6
酒精+乙醚	1+1	2~6
高锰酸钾	0.1~1	12~24
硝酸银	0.05~0.1	12~24
硝石灰	2~5	12~24

5.1.3.3 洗脱处理

许多树种的插穗含有抑制生根的物质，采用流水浸泡、温水浸泡、酒精浸泡插条，可除去部分抑制性物质，促进插穗生根。

(1)流水洗脱处理

将成捆插穗放入流动的水中，浸泡数小时，具体时间因树种不同而异。多数树种在 24 h 以内，有的可达 72 h，甚至更长，可使部分抑制物质溶于水中被除去，同时有利于插穗吸收充足的水分，缓解生根过程中水分亏缺，促进生根。如毛白杨、河北杨、新疆杨等树种，将成捆的插穗在流水中浸泡 10 d 左右，或在容器中用清水浸泡 10 d 左右，每天换水 1 次，有利于促进插穗生根。

(2) 温水洗脱处理

如松、云杉等树种的插穗用 30~35 ℃温水浸泡 2 h 或更长时间，可除去部分松脂，有利于切口愈合生根。

(3) 酒精洗脱处理

用 1%~3% 的酒精，或 1% 的酒精和 1% 的乙醚混合液浸泡杜鹃插穗下端 6 h，能有效地除去杜鹃插穗中的抑制物质，显著提高生根率。

5.1.3.4 温床催根

一般土温高于气温 3~5 ℃时，有利于插穗生根。硬枝扦插多在早春进行，这时气温高于土温，插穗上的芽容易萌发，而不定根尚未形成，导致插穗失水萎蔫。采用温床扦插，能促进插穗下切口愈合生根。具体作法是选择背风向阳处，挖宽 1 m，长 10 m、深 30 cm 的低床，在插床底部填一层酿热物，如马粪、厩肥、饼肥等，再在其上铺一层插壤，然后扦插。由于酿热物在腐熟过程中释放出热能，使土温提高，从而促进插穗生根。现在大型温室采用电热丝提高插壤温度，或用热水管道提高土温，也可用塑料薄膜覆盖，吸收太阳能增加土温，促进生根。

5.1.3.5 低温贮藏处理

将硬枝放入 0~5 ℃的低温条件下冷藏一定时期，至少 40 d，使枝条内的抑制物质转化，有利生根。

5.1.3.6 机械处理

在生长季节，将木本植物的枝条刻伤，环状剥皮或绞缢，阻止枝条上部的营养物质向下运输，使其滞留在枝条中，从这种枝条上剪取的插穗容易生根。有些生根困难的树种，采用以下方法可促进生根：将插穗的下端纵向切开，中间夹以石子等物；把插穗基部表皮木栓层剥去一圈；用小刀在插穗基部 1~2 节的节间刻伤 5~6 道纵伤口，深达韧皮部；在插穗基部裹以泥球后扦插。

5.1.3.7 黄化处理

亦称软化处理。在新梢生长期用黑色纸、布或塑料薄膜等包裹基部遮光，在黑暗条件下生长，使叶绿素消失，组织黄化、软化，薄壁细胞增多，生长素有所积累，有利于根原始体的分化和生根。处理必须在扦插前 3 周进行。这种方法适用于含有较多色素、油脂、樟脑、松脂的树种。

5.1.4 扦插育苗方法

扦插育苗方法有枝（茎）插、根插、叶插、针叶束扦插育苗等。枝（茎）插育苗根据枝条木质化程度分为硬枝扦插育苗和嫩枝扦插育苗。

5.1.4.1 硬枝扦插育苗

硬枝扦插育苗,是指利用充分木质化的枝条作插穗进行扦插育苗的方法。是生产上广泛采用的扦插育苗方法。适用于扦插容易成活的树种,如杨树、柳树、悬铃木、水杉、池杉、白蜡等。

(1) 扦插时期

春、秋两季均可进行扦插。春季扦插宜早,在萌芽前进行,我国北方地区可在土壤化冻后及时进行。一般选择3月上、中旬至4月上、中旬进行扦插。秋季扦插在落叶后、土壤封冻前进行,扦插应深一些,并保持土壤湿润。我国南方温暖地区普遍采用秋插。在北方寒冷地区,秋季扦插易遭冻害。冬季扦插需要在大棚或温室内进行。

(2) 插条采集

①选择采条母树。根据育苗目的选择采条母树,用材林树种,应选生长迅速、干形通直圆满、无病虫害、树体健壮、品种优良的幼龄母树(最好是优树)进行采条,或从良种采穗圃中选择发育充实、健壮的枝条。

②穗条选择。培育用材林苗木,最好选择主干根颈部的萌蘖条,或靠近根部的主干上发育充实、生长健壮、无病虫害、充分木质化、芽体饱满的1~2年生枝,或1~2年生实生苗干。经济林或观赏树种,选择树冠中上部发育健壮,充实的枝条。

③采条时间。一般在树木休眠期进行,最迟在树液流动前采集,有利于生根。落叶树种在秋季落叶后或开始落叶时至翌春萌芽前进行;含抑制剂浓度较高的树种,在叶变黄而未脱落时采条;常绿树种芽苞开放前为宜。

(3) 插穗截制

①插穗的长度。插穗长度因树种特性、枝条的充实度、扦插育苗环境等条件而异。长插穗营养物质含量高,成活率高,苗木生长健壮。但插穗不宜过长,浪费材料、费时、费工,作业难度也大。北方干旱地区可稍长,南方湿润地区可稍短;粗枝稍长,细枝稍短;难生根树种稍长,易生根树种稍短;沙土地扦插稍长,黏土地扦插稍短。

②插穗粗度。因树种不同有较大差异。粗插穗,所含营养物质多,对插穗成活有利,但插穗太粗,切口愈合的时间较长,不定根未长出,插穗下切口即从形成层开始腐烂,失去生命力。插穗过细,含营养物质少,不利于生根。

③剪口位置。上剪口应在顶芽上1 cm左右剪成平口,太长会形成死桩,太短顶芽易

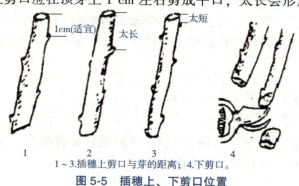

1~3.插穗上剪口与芽的距离;4.下剪口。

图5-5 插穗上、下剪口位置

失水干枯(图5-5)。

下剪口的位置因树种而异。一般芽附近，根原基分布较多，营养物质也丰富，而且芽在萌发时，内源激素也增多，这些都有利于插穗愈合生根。所以，插穗下切口在靠近下芽基部平切、斜切、双面切或踵状切。

平切，伤口面积小，愈合速度快，生根均匀(图5-6中的1、4)。斜切、双面切，伤口面积大，有利于吸收水分，促进插穗生根，但易形成偏根(图5-6中的2、3、5)，多用于生根较慢，生根期长，以愈合组织生根为主的树种。

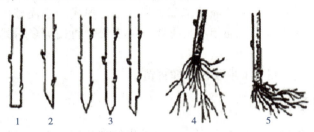

1. 平切；2. 斜切；3. 双面切；4. 平切生根均匀；5. 斜切偏根。

图5-6 插穗下切口形状与生根

(4) 插穗贮藏

是指将插穗埋藏在湿润，低温、通气环境中。秋、冬季采条后，春季扦插的树种，或对于一些生根困难的树种，需要在秋季采条，冬季低温沙藏催根的树种应进行贮藏。低温沙藏有利于软化皮层，促进其体内抑制物质的转化，促进生根。越冬贮藏的方法有室外沟藏和室内堆藏两种。短期贮藏可在阴凉处用湿沙埋藏。

①室外沟藏。选择地势高燥，排水良好、背风阴凉的地方挖沟，沟深60~80 cm，沟长视插穗数量而定。沟底铺10 cm厚湿沙，将成捆插穗，小头朝上，直立于沙中(未剪的种条可分层横放)，分层沙埋，层间和捆间填充湿沙。沟顶做成屋脊形防水。贮藏期间，定期检查温、湿度，防止发霉、干枯。

②室内堆藏。在室内铺一层10 cm厚湿沙，将一层插穗一层湿沙交替堆放其上，堆积层数以2~3层为宜。注意室内通风透气和保持适当湿度。

(5) 插床准备

大田育苗，以土层深厚、质地疏松、保湿、透气性较好的砂壤土为宜。太黏重的土壤透气性不好，不利于插穗生根。插前应施足基肥，细致整地，制作插床。硬枝扦插一般用高床，或高垄扦插(如杨、柳树以垄插为宜)；干旱地区和花灌木多用低床扦插。

(6) 插穗催根

对于难生根树种的插穗可用植物激素、ABT生根粉等处理，也可采用洗脱处理、温床催根、化学药剂催根等方法，促进插穗生根。

(7) 扦插

①扦插时间。一般春、秋季均可。我国北方地区以春插为主，春插宜早不宜迟，最好在芽萌动前，气温稳定在10 ℃左右(毛白杨15 ℃左右)时进行。

②扦插密度。扦插密度因树种而异。一般行距20~40 cm，株距10~20 cm。速生树

种、土壤肥沃，行距应大些；反之，应小些。杨、柳树以高垄扦插为宜，垄距60~80 cm，垄高20 cm，垄面宽30~40 cm。每垄1行，株距20~40 cm，密度$3×10^4$~$5×10^4$株/hm^2。

③扦插方法。如果土壤疏松、插穗未经催根处理，可直接将插穗插入苗床。如果插床土壤紧实、插穗已产生愈合组织，或不定根已露出表皮，打孔扦插或开沟扦插。扦插角度以直插为好。但插穗较长，土壤黏重湿润时可斜插。斜插角度不宜超过45°。斜插易造成偏根，起苗不便。常绿树种一般直插。

扦插深度要适当，过深地温低，氧气不足，不利生根。过浅插穗外露多，易失水。

有些难生根树种扦插时，可把插穗基部先插在黏土捏成的小泥球中，再连泥球一同插入基质中，能更好地保持水分，插穗不易干燥。如雪松、竹柏等多用此法扦插。

(8) 扦插后管理

具体内容参照实训项目5-1中硬枝扦插育苗。

5.1.4.2 嫩枝扦插育苗

嫩枝扦插育苗，是指在生长期中利用半木质化的带叶枝条进行扦插育苗的方法。大多数树种，半木质化的嫩枝，含有丰富的生长素和可溶性糖类，酶活性强，分生组织细胞分裂能力强，再生能力都较完全木质化枝条强。因此，对于不易成活的树种，如雪松、桧柏、龙柏、落叶松、毛白杨、银杏、侧柏、桑树等，嫩枝扦插，能提高成活率。

(1) 扦插成活原理

难生根树种嫩枝插穗，大多数属于愈合组织生根型，生根慢，生根所需时间较长。

(2) 采条时间

在林木生长期，一般5~7月，采集当年生半木质化枝条。过早枝条幼嫩容易失水萎蔫干枯；过迟枝条木质化，生长素含量降低，抑制物增多。不同树种采条时间不同。如桂花、冬青等，以5月中旬为好；银杏、侧柏、石楠以6月中旬为好。

(3) 扦插

①扦插时间。最好在早晨和傍晚进行，防止插穗失水，提高扦插成活率。做到随采、随保湿、随制穗、随催根(对生根困难的树种，扦插前要用生根素处理)、随扦插、随浇水，随遮阴。

②扦插方法。一般在低床内打洞扦插，直插或斜插，深度要适宜。

③扦插密度。以插后叶片互不拥挤重叠为原则。

(4) 插后管理

一般基质温度20~23℃，少数可达28℃，空气相对湿度85%~90%。光照对插穗生根影响较大。嫩枝扦插由于组织幼嫩，叶片的蒸腾，易导致插穗失水萎蔫。因此，插后要采取遮阴、喷水保湿、降温等措施，或搭建塑料小拱棚。生根期长的树种，要在温室或塑料棚内扦插。有条件时可安装全光自控喷雾设备(参照实训项目5-1中嫩枝扦插育苗)。

5.1.4.3 根插育苗

截取树木或苗木的根段，插入或埋于育苗地培育成新植株的育苗方法，称为根插(或埋根)育苗。此法适用于插条成活率低、根插效果好、根蘖性强的树种。如泡桐、毛白杨、山杨、刺槐、臭椿、漆树、板栗、核桃、山核桃、柿树、枣树、桑树、文冠果、合欢、香椿、丁香、栾树、楸树、香花槐等。泡桐根插育苗在生产上使用比较普遍。

(1) 根插成活原理

根插后，在适宜的环境条件下，由根穗中原有根原基长出新根或由愈合组织长出新根，由根部维管束鞘发生的不定芽，发育成新梢。

(2) 采根期

一般在树木休眠期进行，秋季、冬季或早春均可。

(3) 根穗来源

①充分利用起苗时或起苗后翻出的苗根或残留在圃地中的根段。

②选生长健壮的幼龄母树，在树冠外围挖取1年生根。秋末挖的根要进行湿藏。

(4) 制备根穗

穗长10~15 cm，大头粗度0.5~2.0 cm。上端剪成平口，下端剪成斜口。

(5) 扦插

①扦插时间。北方宜春插，南方可随挖根随插。多用低床，也可用高垄。

②扦插方法。一般在苗床内开沟，将根穗直插或斜插于固体基质中，上端与地面平，或露出1~2 cm。也可将根穗平埋于固体基质中。插后压实根穗周围的基质，使根穗与基质密接。随即灌溉，生根前保持基质适当的湿度。一般15~20 d可发芽。

有些树种如泡桐根系多汁，插后容易腐烂，应在插前放置阴凉通风处晾1~2 d，待根穗稍微失水萎蔫后再插。

此外，还有水插，即将插穗插于水中，生根后取出移栽，如栀子花等。有些针叶树可用针叶束进行扦插，有些园林花卉植物如橡皮树、山茶、桂花等可用叶插。

5.1.5 全光喷雾扦插育苗技术

全光喷雾扦插育苗，是指在全日照条件下，不加任何遮阴措施，利用半木质化的嫩枝插穗和排水通气良好的插床，采用自动间歇喷雾技术，进行高效率、规模化扦插育苗的方法。

其优点是插床上方空气湿度基本饱和，叶面温度下降，叶面蒸腾降至最低，避免土壤湿度过高，在全日照下叶片形成的生长素和营养物质运至基部，促使插穗迅速生根，缩短育苗周期。可实行专业化、工厂化扦插育苗。

5.1.5.1 设备类型

目前，我国广泛采用的自动喷雾设备有3种：电子叶喷雾设备，双长悬臂喷雾设备和微喷管道系统，其构造的共同点都是由自动控制器和机械喷雾两部分组成。

(1) 电子叶喷雾设备

电子叶喷雾设备主要包括进水管、贮水槽、自动抽水机、压力水筒、电磁阀、控制继电器以及输水管道和喷水器等。使用时将电子叶安装在插床上。由于喷雾，电子叶上形成一层水膜，便会接通两个电极，控制继电器的两个电磁阀关闭，使水管上的喷头自动停止喷雾。之后由于蒸发，电子叶上的水膜逐渐消失。一旦水膜断离两个电极，电流也被切断。此时，由控制继电器支配的电磁阀打开，又继续喷雾。这种随水膜干湿情况而自动调节插床水分的装置，在叶面水分管理上是比较合理的。其最显著的优点是根据插穗叶片对水分的生理需要而自控间歇喷雾，这对插穗生根非常有利。

(2) 双长悬臂喷雾设备

这是我国自行设计的对称式双长臂自压水式扫描喷雾装置，采用新颖实用的旋转扫描喷雾方式和低压折射式喷头，正常喷雾不需要高位水压，在 160 m³ 喷雾面积内，只需要 0.4 kg/cm² 以上的水压即可。

双长悬臂喷雾设备的工作原理是：当自来水、水塔、水泵等水源压力系统以水压 0.5 kg/cm² 的水从喷头喷出时，双长悬臂在水的反冲作用下，绕中心轴顺时针旋转进行扫描喷雾。特点是中心立柱不转动，钢性好，双长悬臂用细钢索双向斜拉，应力分布合理、水平和垂直方向无挠度，高度可调，喷射距离可以调到离插条顶几厘米，保证了插穗叶片在大风时不萎蔫。长臂喷管用薄壁铝镁合金管材，质量轻，轴承转动，摩擦系数小、力臂长、力矩大。该系统停电时能在 0.25 Pa 自压水反冲推力下即可旋转喷水。

(3) 微喷管道系统

采用微喷管道系统进行扦插育苗，其优点是技术先进、节水、省工、高效；安装使用方便，不受地形影响；喷雾面积可调节。其主要结构包括水源、水分控制仪、管网和喷水器等。插床附近最好修建水池，一般容积 333.3 m³，不低于 6 m³。水压在 4 kg/cm² 以上，出水量在 7000 L/h 左右。

5.1.5.2 插床

苗床选在地势平坦，排水良好，四周无遮光物体的地方。选用架空苗床或砂床。

(1) 架空苗床

①架空苗床的特点。容器底部的根系遇到干燥的空气后停止生长，起到空气断根的作用；增加了容器间的透气性；减少基质的含水量；提高了早期苗床的温度；便于安装苗床的增温设施。

②架空苗床的制作方法。地面用一层或两层砖铺平，上砌 3~4 层砖高度的砖垛，砖垛之间的距离根据育苗盘尺寸确定。每个插床砖垛的顶面应在一个水平面上，上面摆放育苗盘。一般在 4 个苗床中央修建一个共用水池，这种设计方案最省工省料，如图 5-7 所示。育苗盘用塑料或其他材料制作，底部有透气孔。育苗容器码放在托盘上面，这样有利于空气断根。

图 5-7 全光喷雾扦插架空苗床

(2) 沙床

①沙床的特点。能够使多余的水分自由排出，但散热快，保温性能差。在早春、晚秋和冬季育苗时，应采用保温性能好的基质或增设加温设备和覆盖物。

②沙床的制作方法。沙床的外周砌砖墙，墙高 40 cm，砖墙底层留多处排水孔。沙

床内最下层铺小石子，中层铺煤渣，上层铺纯净的粗河沙。沙床上安装自动间歇喷雾装置。每次喷水能使插床基质内变换一次空气。如图5-8所示。

全光喷雾扦插育苗基质有河沙、蛭石、珍珠岩、炉渣、锯末、炭化稻壳、草炭等。育苗技术环节同嫩枝扦插育苗，但插穗可带数枚叶片。扦插后接通电源，进行自动喷雾，调节插壤、空气的相对湿度和光照。

图 5-8　双长臂全光喷雾扦插沙床

5.2　嫁接育苗

嫁接育苗，是指切取具有优良性状植株的枝或芽，接在另一种有根植株的茎（枝）或根上，使之愈合生长在一起，形成一个独立新植株的育苗方法。供嫁接用的枝、芽称接穗或接芽，承受接穗或接芽的有根植株称砧木；用枝条作接穗的称枝接；用芽作接穗的称芽接。用嫁接方法培育出来的苗木称嫁接苗。嫁接植株的表示方法通常以"接穗/砧木"表示，例如，"毛白杨/加杨"表示嫁接在加杨砧木上的毛白杨。嫁接苗和其他无性繁殖苗所不同的特点是借助了另外一种植物的根，因此嫁接苗称它根苗。

嫁接育苗是经济林、园林花卉培育中一种很重要的育苗方法。通过嫁接可保持亲本的优良性状。利用砧木对接穗的生理影响，调节树体矮化或乔化；增强嫁接苗的抗逆性，适应性，扩大栽培范围；有很多古树名木，因树体衰老，树势衰弱，可用生长健壮的砧木进行桥接或寄根接，恢复树势。利用接穗或接芽植株的优良性状，更换品种、改变植株的雌雄性；缩短幼年期，提早开花结实。利用"芽变"，通过嫁接培育新品种。通过高接换头更换优良品种，使一树多种、多头、多花、多果，提高其食用价值和观赏价值。

5.2.1　嫁接育苗成活的原理

当接穗和砧木的形成层紧密对接后，在适宜的条件下，砧、穗创伤面形成层细胞进行分裂，形成愈合组织，不断增加的愈合组织逐渐填满接口缝隙，使两者的愈合组织结合成一体。愈合组织进一步分化，形成共同的形成层和输导系统（图5-9），并与砧木、接穗的

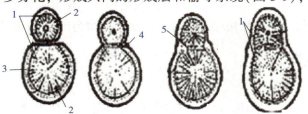

1. 形成层；2. 木质部；3. 韧皮部；4. 愈伤组织；5. 隔离层。

图 5-9　嫁接愈合示意图

输导系统相连通，成为一个整体，使接穗成活并与砧木形成一个独立的新植株。

5.2.2 影响嫁接育苗成活的因素

5.2.2.1 内部因素

(1) 砧、穗的亲和力

亲和力是指砧木和接穗在内部组织结构、生理和遗传特性上，彼此相同或相近，嫁接后能正常愈合、生长和开花结实的能力。

亲和力的强弱与树木亲缘关系的远近有关，一般亲缘关系越近，亲和力越强；同品种或同种间嫁接亲和力最强，这种嫁接组合称为共砧嫁接。如油松/油松、杉木/杉木、板栗/板栗。同属异种间嫁接，亲和力次之，一般也较亲和，如梅花/杏、苹果/海棠、五针松/黑松、梨/杜梨等。同科异属间的嫁接一般亲和力比较小，成活较困难，但也有较多嫁接成活的实例，如桂花/小叶女贞、核桃/枫杨、梨/木瓜、枇杷/石楠等。不同科之间嫁接亲和力极弱，一般很难成活。

(2) 形成层与髓射线的分裂作用

嫁接后砧穗接口处的形成层与髓射线的薄壁细胞分裂，形成愈合组织。愈合组织的生长速度和数量直接影响接穗成活。如愈合组织生长缓慢，接穗在砧、穗的愈合组织未连接前就已萌发或失水干枯，则嫁接不易成活。愈合组织的形成与植物的种类、环境条件、砧、穗形成层是否紧密对接有关。木本植物中含营养物质多、韧皮部发达的树种，其愈合组织形成较快，成活率就高。

(3) 内含物的影响

有些植物如核桃、柿子、板栗等嫁接时伤口处会产生伤流，伤流中富含单宁和酚类物质，切面易形成氧化隔离层，阻碍愈合，因此嫁接选在伤流较小时进行，如春季砧木萌芽前进行。松类富含松脂，处理不当也会影响愈合。

(4) 砧、穗的生活力

愈合组织的形成与砧、穗的生活力有关。一般砧、穗生长健壮，生活力高，体内营养物质丰富，生长旺盛，形成层细胞分裂活跃，嫁接容易成活。

(5) 生物学特性

砧木萌动比接穗稍早，能及时供应接穗所需的养分和水分，嫁接易成活；接穗萌动比砧木早，则不易成活。此外，砧木和接穗的细胞结构、生长发育速度不同，嫁接则会形成"大脚"或"小脚"现象。如五针松/黑松，桂花/女贞，均会出现"小脚"现象。

5.2.2.2 外部因素

(1) 温度

在适宜温度下，愈合组织形成快，嫁接易成活。温度过高或过低，都不适宜形成愈合组织。一般植物愈合组织生长的适宜温度为20~25 ℃，低于15 ℃或高于30 ℃会影响愈合组织的旺盛生长；低于10 ℃或高于40 ℃，愈合组织基本停止生长，高温甚至会引起愈合组织死亡。但不同物候期的植物，对温度的要求也不一样。物候期早的比物候期迟的适宜温度要低一些。物候期早的如桃、杏、梅等愈合组织生长的适温为20 ℃左右。物候期适中的如苹果、核桃等为20~25 ℃，物候期迟的如枣为30 ℃左右。因此春季枝接时可以根据不同树种的物候期安排嫁接次序。

(2) 湿度

湿度在嫁接成活中起决定性作用。湿度对愈合组织的生长影响体现在两个方面，一是愈合组织生长本身需要一定的湿度条件；二是接穗要在一定湿度条件下才能保持生活力。保持接穗及接口处的湿度，是嫁接成活的关键之一。空气湿度越接近饱和，对愈合越有利。空气干燥会影响愈合组织的形成，导致接穗失水干枯。嫁接时，如土壤干旱，应先灌水增加土壤湿度。生产上常用塑料薄膜带包扎接口，或涂上接蜡以保持湿度。但保持湿度并不是使嫁接部位浸水，会导致愈合组织形成不良。如芽接后遇阴雨天，往往影响成活。

(3) 光照

光照对愈合组织的形成和生长有明显抑制作用。在黑暗的条件下，有利于愈合组织的形成。在生产实践中，嫁接后用不透光的材料绑缚接口，创造黑暗条件，有利于愈合组织的生长，促进嫁接成活。

(4) 空气

空气也是愈合组织生长的必要条件之一。砧、穗接口处的薄壁细胞增殖，形成愈合组织，都需要有充足的氧气。如果氧气供应不足，愈合组织形成缓慢，不利于嫁接成活。因此，低接培土保湿时，土壤含水量不宜过高。

(5) 嫁接技术

在嫁接操作中，要做到"平""齐""快""净""紧"五字要领。"平"是指砧木与接穗的切面平整光滑，最好一刀削成，不要呈锯齿状。"齐"是指砧木与接穗的形成层必须对齐，使愈合组织能尽快形成，并分化成各组织系统。"快"是指操作的动作要迅速，尽量减少砧、穗切面失水。对含单宁多的植物，快可减少单宁被空气氧化的机会。"净"是指砧、穗切面保持清洁，不要被泥土污染等。"紧"是指砧木与接穗的切面通过绑扎紧密地结合在一起。

5.2.3 砧穗的相互作用

5.2.3.1 砧木对接穗的影响

(1) 砧木对嫁接树树体生长的影响

有些砧木能使树体长成高大的乔木，称为乔化砧。乔化砧可增强栽培品种的生长势，扩大树冠。如山定子、海棠果是苹果的乔化砧，山桃、山杏是梅花、碧桃的乔化砧，锥栗是中国板栗的乔化砧。

有些砧木能使嫁接苗生长势变弱，形成矮小的树冠，这类砧木称为矮化砧，如寿星桃是桃和碧桃的矮化砧。我国引入英国的M系或MM系苹果矮化和半矮化砧都属于这一类型。一般用乔化砧的树木寿命长，用矮化砧的树木寿命短。所以选择不同类型砧木以达到培育高大树体或矮小树体的不同生产目的。在果树生产上，为了便于机械化作业和密植栽培，以达到早期丰产的目的，已广泛地采用矮化砧。

（2）砧木对嫁接树抗性和适应性的影响

嫁接所选砧木一般都具有较强的抗逆性和适应性，如抗旱、抗寒、抗涝、抗盐碱、抗病虫等，因此能增加嫁接苗的抗性。如用枫杨做核桃的砧木，能增加核桃的耐涝和耐瘠薄性；海棠做苹果的砧木，可增加苹果的抗旱和抗涝性，同时也增加对黄叶病的抵抗能力；山定子做苹果的砧木，可增强苹果的抗寒性；油柿用作柿树的砧木，可增强柿树的耐湿性；梨嫁接在杜梨上，可提高前者对盐碱土的适应能力。用美洲葡萄作欧洲葡萄的砧木，可提高后者对根瘤蚜的抵抗力。

（3）砧木对嫁接树结果的影响

砧木对嫁接树结实年龄的早晚、果实的成熟期、色泽、品质、产量、耐贮性等方面都有一定的影响。例如，金冠苹果嫁接在河南海棠、山定子砧木上结果较早，而嫁接在三叶海棠上结果较晚。甜橙嫁接在酸柚上，果皮变厚，风味变淡，但嫁接在酸橙或枳壳上则相反。苹果矮化砧有使果实着色早、色泽好、提早成熟的作用。

5.2.3.2 接穗对砧木的影响

嫁接后砧木根系的生长是靠接穗所制造的养分来供给的，因此，接穗对砧木也会有一定的影响。如红魁嫁接在苹果实生砧上，砧木须根非常发达而直根发育很少；初笑嫁接在苹果实生砧上，则砧木成为具有2~3叉深根性的直根根系。此外，在接穗的影响下，砧木根系中的淀粉、碳水化合物、总氮、蛋白态氮的含量，以及过氧化酶活性，都有一定的变化。

5.2.4 嫁接技术

5.2.4.1 嫁接时期

选择适宜的嫁接时期是嫁接成活的关键因素之一，嫁接时期的选择与植物的种类、嫁接方法、物候期有关。一般情况下，枝接宜在春季芽萌动前进行，芽接多在夏、秋季砧木树皮易剥离时进行，而嫩枝接多在生长期进行。

（1）春季嫁接

春季是枝接的适宜时期，主要在2月下旬至4月中旬，一般在早春树液开始流动时即可进行。落叶树宜用经贮藏后处于休眠状态的接穗进行嫁接，常绿树采用去年生长未萌动的一年生枝条作接穗，如果接穗芽已萌动，影响嫁接成活率。但有的树种如蜡梅，芽萌动后嫁接成活率高。大部分植物适于春季嫁接。春季气温低，接穗水分蒸腾弱，易成活，但愈合较慢。

（2）夏季嫁接

夏季是芽接和嫩枝接的适宜期，一般是5月至7月，尤其以5月中旬至6月中旬最为适宜。此时，砧、穗皮层较易剥离，愈合组织形成和增殖快，利于愈合。

（3）秋季嫁接

秋季也是芽接的适宜时期，从8月中旬至10月上旬。此时期新梢成熟，养分贮藏多，芽充实饱满，是形成层活动的旺盛时期，因此，树皮容易剥离，最适宜芽接。如樱桃、杏、桃、李、榆叶梅、苹果、梨、枣等都适宜于此时芽接。

5.2.4.2 砧木选择与培育

(1)砧木选择条件

一般情况下,砧木的选择应满足以下条件。

①与接穗亲和力强;②对接穗的生长、开花、结果有良好的影响;③对栽培地区的环境条件适应能力强,根系发达,生长强健;④抗逆性强。抗病虫、耐旱涝、耐低温、耐盐碱等;⑤容易繁殖;⑥能满足特殊的需要,如乔化、矮化、无刺等。主要树种嫁接常用的砧木见表5-7。

表5-7 主要树种嫁接常用砧木

树种	砧木	树种	砧木	树种	砧木
核桃	核桃、山核桃、核桃楸、枫杨	桃	山桃、毛桃、杏、中国李、毛樱桃	苹果	山丁子、湖北海棠、西府海棠、海棠果
雪松	油松、黑松	李	山桃、毛桃、山杏	柑橘	枳、酸橘、酸橙
马尾松	马尾松、湿地松	银杏	银杏	桑	桑
楸树	梓树	枇杷	枇杷、石楠	广玉兰	白玉兰
五针松	黑松	枣	枣、酸枣、铜钱树	桂花	水蜡、女贞
油松	油松、黑松	山楂	野木爪、野山楂	碧桃	毛桃、山桃
落叶松	落叶松	樱桃	野樱桃、山桃	紫叶李	山桃、毛桃
樟子松	樟子松	山楂	山里红、野山楂	丁香	欧洲丁香
侧柏	扁柏、杜松	杏	杏、山杏、山桃	山茶	普通油茶
刺槐	刺槐	油桐	油桐	龙爪槐	国槐
板栗	板栗、茅栗、锥栗、麻栗	梨	杜梨、豆梨、沙梨、秋子梨、木梨	柿	普通柿、君迁子、油柿
毛白杨	加杨、小叶杨	板栗	板栗、茅栗、锥栗、麻栗	—	—

(2)砧木培育

砧木一般用实生苗。实生苗根系发达、抗性强、寿命长。但对种子来源少或种子繁殖困难的树种可选用扦插、分株、压条等营养繁殖方法培育砧木。

砧木的大小、粗细、年龄,对嫁接成活和接后生长有密切的关系。生产实践证明,一般嫁接所用的砧木,粗度以1~3 cm为宜。生长快而枝条粗壮的核桃,砧木宜粗,山茶、桂花等,砧木可稍细。砧木以1~2年生为最佳,生长慢的树种也可用3年生以上的苗木作砧木。子苗嫁接所用的砧木则是刚刚萌动的芽苗。因此,要根据不同植物种类、不同嫁接方法的要求,生产出大量的、合格的砧木,满足生产需要。

5.2.4.3 接穗采集与贮藏

(1)接穗采集

①用材林树种。选生长健壮、干形优良、无病虫害,经济价值高、符合培育目标的幼

年期母树基部，芽体饱满，粗细均匀的1~2年生萌发条或1~2年生苗木茎干作接穗。

②经济林树种。选择品质优良、品种纯正，经济价值高的青壮年母树的树冠外围中上部、向阳面、发育充实的1~2年生发育枝条作接穗。如无花果、油橄榄等树种，也可用2年生以上的枝条作接穗。

③春季嫁接。一般选生长健壮、发育充实、芽体饱满、无病虫害、粗细均匀的1年生枝条作接穗。针叶常绿树的接穗应带有一段2年生发育健壮的枝段。

④夏季嫁接。一般采用芽接，接穗主要采用当年生发育枝上的饱满芽，随采随接。也有采用头一年秋冬经贮藏的1年生枝条，如枣树的1年生枝条可贮藏到翌年5~6月嫁接。

⑤秋季枝接、芽接。一般都采用当年生健壮枝条。

(2) 接穗贮藏

当夏、秋芽接的接穗不能及时使用时，将枝条下部浸于水中，放在阴凉处，每天换水1~2次，可短期保存4~5 d。如果要求保存时间更长，可将枝条放入井、冷窖中保存，最好是用湿布或塑料薄膜包裹后放在冰箱中保存。需长途运输的接穗，先让接穗充分吸水，用浸湿的麻袋包裹后，装入塑料袋运输。运输途中要经常检查，不断补充水分，防止接穗失水。从外地采回的接穗，要立即剪去嫩梢和叶片(保留叶柄)，及时用湿布包裹冷藏，在0~5 ℃的低温条件下冷藏。

春季嫁接用的接穗，一般在休眠期结合冬季修剪将接穗采回，每100根捆成一捆，附上标签，标明树种或品种、采条日期、数量等，低温沙藏。在贮藏期间经常检查，注意保持适当的低温和湿度，以保持接穗新鲜，防止失水、发霉。特别早春气温回升需及时调节温度，防止接穗芽体膨大，影响嫁接成活。有伤流现象、树胶、单宁含量高的接穗可用蜡封方法贮藏，如核桃、板栗、柿等树种的接穗，用此法贮藏效果较好，具体方法是：将枝条采回后，剪成8~13 cm长的接穗(一个接穗上至少有3个饱满的芽)。用水浴法将石蜡溶解，即将石蜡放在容器中，再把容器放在水浴锅内加热，使石蜡熔化，当蜡液达到85~90 ℃时，将接穗两头分别在蜡液中速蘸，使接穗表面全部蒙上一层薄薄的蜡膜，中间无气泡。然后将一定数量的接穗装于塑料袋中密封好，放在-5~0 ℃的低温条件下贮藏备用。翌年随时都可取出嫁接。存放半年以上的接穗仍具有生命力。这种方法不仅有利于接穗的贮藏和运输，而且可有效地延长嫁接时间，在生产上具有很高的实用性。

经低温贮藏的接穗，在嫁接前1~2 d放在0~5 ℃的湿润环境中进行活化，经过活化的接穗，嫁接前再用水浸泡12~24 h，能提高嫁接成活率。

5.2.4.4 嫁接前的准备工作

(1) 嫁接工具

嫁接方法不同，砧木大小不同，所用的工具也不同。嫁接工具主要有嫁接刀、修枝剪、手锯、手锤等。嫁接刀可分为芽接刀、枝接刀、单面刀片、双面刀片等，还有磨刀石。为了提高工作效率，提高嫁接成活率，嫁接前要正确磨好刀具，使刀口锋利。

(2) 绑扎材料

常用塑料薄膜、麻皮、蒲草、马蔺草等。以塑料薄膜应用最为广泛，其保温、保湿性能好，且松紧适度。根据砧木粗细和嫁接方法的不同，选用厚薄和长短适宜的塑料薄膜。

一般芽接所用的塑料薄膜较薄，剪成的条带窄而短，枝接所用的塑料薄膜比芽接要厚，条带长一些，宽一些。砧木越粗，所用的条带就越长、越宽。用蒲草、马蔺草绑扎，很易分解，不用解绑。

(3) 涂抹材料

通常用工业石蜡，使用前将石蜡切成小块，放入铁锅或铝锅内加热熔化，用毛笔蘸取迅速涂抹嫁接口，在嫁接部位形成一层薄膜。可减少嫁接部位失水，防止病菌侵入，促进愈合，提高嫁接成活率。

5.2.4.5 嫁接方法

嫁接方法很多，常因植物种类、嫁接时期、气候条件、砧木大小、育苗目的不同而选择不同的方法。一般根据接穗不同分为枝接和芽接。

(1) 枝接

用带有 2~3 个饱满芽的枝段作接穗进行的嫁接，称为枝接。枝接时期一般在树木休眠期进行，特别是在春季砧木树液开始流动，接穗尚未萌芽的时期。板栗、核桃、柿树等含单宁多的树种，展叶后嫁接较好。

枝接的优点是嫁接后苗木生长快，健壮整齐，当年即可成苗，但需要接穗数量大，可供嫁接时间较短。枝接的方法有劈接、切接、腹接、插皮接、双舌接、芽苗砧（子苗）嫁接、髓心形成层对接、根接、靠接等。

①切接。是枝接中最常用的一种嫁接方法（图 5-10）。一般用于直径 1~2 cm 的小砧木。

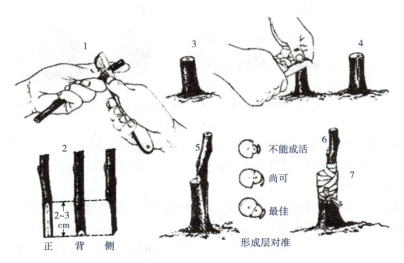

1. 削接穗；2. 接穗削面；3~5. 切砧；6. 插入接穗；7. 绑缚。

图 5-10 切接

a. 削接穗：穗长 5~8 cm，具 2~3 个饱满芽。接穗从下芽背面距芽眼 0.5 cm 处用切接刀以 30°向内切至接穗横断面 1/3~2/5 时，改直刀向下平削到底，切面长 2~3 cm，背面末端切削成一个约呈 45°、长 0.5 cm 左右的短削面。削面必须平滑，最好是一刀削成。

b. 切砧木：砧木选直径 1~2 cm 粗的幼苗，稍粗些也可以。在距地面 10 cm 左右或适宜高度处剪砧，削平断面，选取较平滑的一侧，用切接刀在砧木横断面上直径的 1/5~1/4 垂直向下切，深 2~3 cm。

c. 插入接穗：将接穗的长削面朝里插入砧木切口，使双方形成层对准密接。如果砧木切口过宽，可对准一侧的形成层。接穗插入的深度以接穗削面上端露出 0.2~0.3 cm 为宜（俗称"露白"），这样有利于接穗与砧木愈合组织的形成和生长。

d. 绑缚：用塑料带由下而上捆扎紧密，使形成层密接。绑扎时注意不要露出嫁接部位，不要触动接穗，以免两者形成层错开，影响愈合。

嫁接后采用套袋、涂接蜡（蜡液温度 100~130 ℃，涂抹用时 1 s 之内）等措施，保持接口和接穗湿度。

② 劈接。通常在砧木较粗、接穗较细、或砧穗等粗时使用。高接换头、芽苗砧嫁接、根接均可使用。方法如图 5-11 所示。

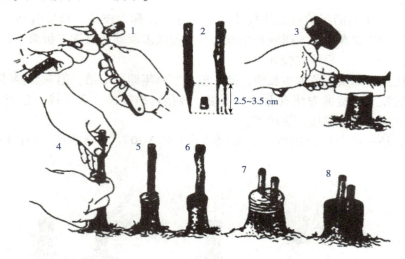

1. 削接穗；2. 接穗削面；3. 劈砧；4~6. 插入接穗；7~8. 涂接蜡。

图 5-11 劈接

a. 削接穗：穗长 5~8 cm，具 2~3 个饱满芽。把接穗基部削成楔形，削面长 2.5~3.5 cm，削面要平滑，外侧比内侧稍厚。削接穗时先截断下端，削面削好后再在饱满芽上方 0.5~0.8 cm 处截断，这样容易操作。

b. 劈砧木：将砧木在离地面 10 cm 左右光滑处剪断，削平剪口，用劈接刀从其横断面的中心垂直下切，深 2.5~3.5 cm。

c. 插入接穗：用劈接刀的楔部撬开劈口，将接穗削面厚的一侧朝外，薄的一侧朝里插入劈口中，使两者的形成层对齐，接穗削面的上端高出砧木切口 0.2~0.3 cm。砧木较粗时，可插入 2~4 个接穗。

d. 绑缚：用塑料带由下向上把接口绑紧，使形成层密接。嫁接后采用套袋、封土、涂接蜡等措施，保持接口和接穗湿度。

③ 插皮接。是枝接中最易掌握、成活率最高、应用较广泛的一种嫁接方法。在砧木直

径在 3 cm 以上，皮层容易剥离的情况下采用，多用于高接换头。方法如图 5-12 所示。

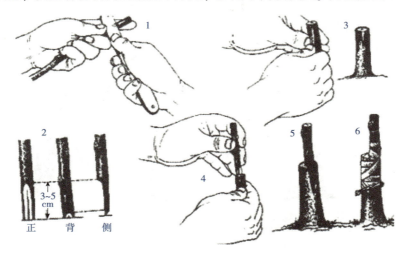

1. 削接穗；2. 接穗削面；3. 砧木皮层开口；4~5. 插入接穗；6. 绑缚。
图 5-12　插皮接

a. 削接穗：穗长 5~8 cm，具 2~3 个饱满芽。在接穗下芽 1~2 cm 的背面处，削一个 3~5 cm 的长削面，切削深度到达髓心或略超过髓心。在长削面背面下端削一个呈 45°，长 0.5 cm 的短削面。也可将削面两侧的皮层稍削去一些，露出形成层。

b. 切砧木：在距地面适宜的高度剪断砧木，用快刀削平断面，选平滑顺直处，将砧木皮层由上而下垂直划一刀，深达木质部，长 3~5 cm，用刀尖向左右挑开皮层。

c. 插接穗：将削好的接穗从砧木切口沿皮层和木质部中间插入，长削面朝向木质部，并使接穗的背面对准砧木切口正中。接穗插入时要轻，注意"露白"。如果砧木较粗或皮层韧性较好，砧木也可不开口，直接将削好的接穗插入皮层即可。高接时如果砧木很粗，一个砧木上可同时接 3~4 个接穗。

d. 绑缚：用塑料条由下向上把接口绑紧，使形成层密接。高接时如果砧木很粗，一个砧木上可同时接上 3~4 个接穗，接后可在接穗上套袋保湿。

④腹接。又称腰接，是在砧木腹部进行的枝接。可在嫁接后立即剪砧，也可在嫁接后不剪砧，仅剪去砧木顶梢，待成活后再剪砧。常用于龙柏、五针松等针叶树种的繁殖。腹接有切腹接和嵌腹接等。

a. 切腹接：砧木与接穗的粗细可以相似。

● 削接穗：穗长 6~12 cm、具 3~4 个饱满芽，将其基部削成楔形削面，一个削面稍长，2.5 cm 左右，一个削面稍短，2~2.3 cm。

● 切砧木：将 1~2 年生的砧木，在距地面 10 cm 左右处，选择光滑的侧面，与干成 20~30° 的斜角，自上而下斜切，深度达到砧木直径的 1/3~1/2，切口长度与接穗长削面相当。

● 插接穗：将接穗长削面朝里插入切口，对准形成层。

● 绑缚：用塑料条由下向上把接口绑紧，使形成层密接，接后绑扎和套袋。方法如图 5-13 所示。

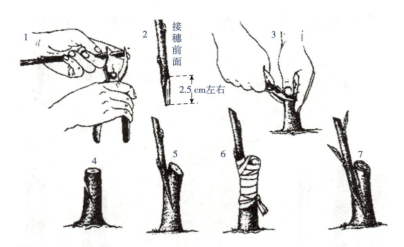

1. 削接穗；2. 接穗削面；3~4. 剪砧木接口；5. 插入接穗；6. 绑缚；7. 愈合成活。

图 5-13　切腹接

b. 嵌腹接：砧木较粗。

• 削接穗：接穗长 6~12 cm、具 3~4 个饱满芽，将其基部削成一个长 3.5 cm 左右的斜面，在其反面削一个长 0.5 cm 左右的短削面。

• 切砧木：在砧木距地面 15 cm 左右处，选取平滑的一面，将砧木皮层切成"冂"字形的切口，撕开皮层。

• 插接穗：将接穗嵌入撕开的皮层中，并用撕开的皮层包住接穗，注意"露白"。

• 绑缚：用塑料条由下向上把接口绑紧，使形成层密接，接后绑扎和套袋。方法如图 5-14 所示。

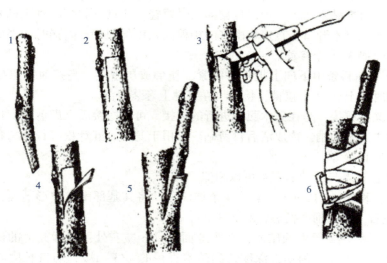

1. 接穗削面；2~4. 切开砧木皮层及撬开砧木皮层；5. 插入接穗；6. 绑缚。

图 5-14　嵌腹接

⑤双舌接。双舌接砧木与接穗接触面积大，结合牢固，成活率高。适用于砧木与接穗粗细相似。

a. 切砧木：将砧木上端由下向上削成 3 cm 长的斜面，在斜面由上往下 1/3 处，垂直下切深 1 cm 左右的纵切口，成舌状。

b. 削接穗：在接穗下端平滑处由上向下削 3 cm 长的斜面，在斜面由下往上 1/3 处同样切 1 cm 左右的纵切口，和砧木斜面部位纵切口相对应。

c. 插接穗：将接穗的内舌（短舌）插入砧木的纵切口内，使彼此的舌部交叉起来，互相插紧，形成层对齐。

d. 绑缚：用塑料条由下向上把接口绑紧，使形成层密接，接后绑扎和套袋。方法如图 5-15 所示。

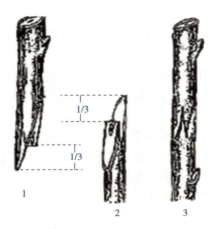

1. 接穗削面；2. 砧木削面；3. 砧穗结合。

图 5-15　双舌接

⑥髓心形成层对接。多用于针叶树种嫁接。砧木的芽开始膨大时嫁接最好，也可在秋季新梢充分木质化时进行嫁接。方法如图 5-16 所示。

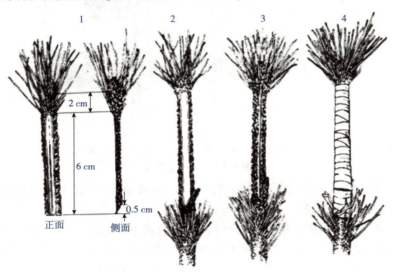

1. 接穗削面；2. 砧木削面；3. 砧穗贴合；4. 绑缚。

图 5-16　髓心形成层对接

a. 削接穗：选取生长健壮的 1 年生枝作接穗。穗长 8~10 cm，具有完整的顶芽，保留顶端 10 束左右的针叶，2~3 个轮生芽，其余的针叶全部摘除。从顶芽基部以下 2 cm 左右入刀，沿髓心向下直削，长 6 cm 左右。削面要求平直光滑，一刀完成。

也可从下端开始，通过髓心把接穗自下而上剖开，直到距顶芽 2 cm 左右处，逐渐斜着切掉一半，留下来的一半带有顶芽和针叶。接穗背面斜削 0.5 cm 左右的短斜面。

b. 切砧木：利用主干顶端 1 年生枝作砧木或用 2~4 年生的移植苗，在略粗于接穗的部位摘除针叶，摘除针叶的部位长度略长于接穗削面。然后从上到下沿形成层或略带木质部垂直切削，削面长、宽与接穗削面相同，可在切口的下端保留 1~2 cm 的皮层，有利于绑缚时防止接穗错位。

c. 插接穗：将接穗长削面向内，使接穗与砧木的形成层对齐，接穗下端插入砧木切口下部的凹槽中。

d. 绑缚：用塑料条由下向上把接口绑紧，使形成层密接。

待接穗成活后再将砧木去顶。为了保持接穗萌发枝的生长优势，用摘心法控制砧木各侧枝的生长势。

⑦芽苗砧（子苗）嫁接。芽苗砧嫁接是用刚发芽、尚未展叶的胚苗作砧木进行的嫁接。主要用于核桃、板栗、银杏、油茶、香榧、文冠果等大粒种子树种的嫁接。采用芽苗砧嫁接可缩短育苗时间，同时芽苗砧无伤流现象，不含单宁、树胶等影响嫁接成活的物质，成活率高。但操作较精细，技术难度较高。方法如图 5-17 所示。

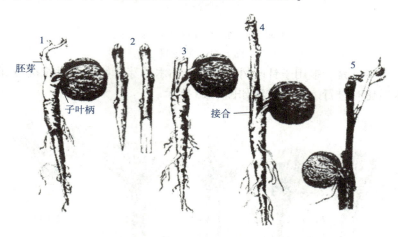

1. 芽苗；2. 接穗削面；3. 芽苗砧木切口；4. 插入接穗；5. 愈合成活。

图 5-17　芽苗砧嫁接

a. 接穗选择：根据芽苗粗度选择接穗，穗长 6~10 cm，上有 2~3 个饱满芽，下部削成楔形，削面长 1.5 cm 左右。

b. 砧木准备：将已层积催芽的大粒种子播种在室内湿润的沙土中，保持室温 21~27 ℃。在胚苗第一片叶子即将展开时，用双面刀片在子叶柄上方 1.5 cm 左右处切断砧苗，再用刀片在横切面中心纵切深 1.2 cm 左右的切口，但不要切伤子叶柄。

c. 插接穗：将接穗插入砧木切口中。

d. 绑缚：砧穗结合处用嫁接夹夹紧，或用普通棉线或牙膏皮绑紧。

注意不可挤伤幼嫩的胚苗。

将嫁接苗假植在透光密封保湿的容器或温室中，用已消毒的洁净河沙将嫁接部位埋住。

待接穗开始萌动前移至荫棚培育。也可直接移栽至圃地，用塑料棚保湿，注意喷水、遮阴和适当通风。

⑧根接。根接是剪取根段作砧木进行嫁接。

嫁接方法可选用劈接、切接、靠接、插皮接、腹接等。方法如图5-18所示。

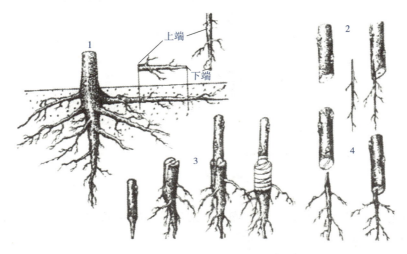

1. 根的上下端；2. 倒插皮接；3. 接；4. 倒劈接。

图5-18　根接

具体采用方法，依据砧木和接穗的粗度而定，如根砧木细可以倒接，即将根砧木削面楔形插入接穗的切口。

a. 削接穗：根接的接穗可削成劈接、切接、插皮接、靠接的削面，与劈接、切接、插皮接、靠接的接穗要求相同。如果接穗比根粗，可用倒劈接或倒插皮接。倒劈接就要从接穗下部横切面的中间切开，倒插皮接就要从接穗下部光滑的一面纵向划一刀，深达木质部。

b. 切砧木：砧木的粗度一般1~2 cm，长15 cm左右。切法与劈接、切接、插皮接、靠接的砧木要求相同。倒劈接是将砧木削成楔形，倒插皮接砧木的削法与插皮接接穗的削法相同。

c. 插接穗：将接穗与砧木结合。

d. 绑缚：用塑料条带把接口绑紧，使形成层密接。

接后埋入湿沙中促进愈合，成活后栽植。

⑨靠接。靠接主要用于培育一般嫁接难于成活的珍贵树种，要求砧木和接穗均为自根植株，且粗度相近。

a. 移苗：嫁接前将需要嫁接的苗木移栽在一起。

b. 削砧木和接穗：在生长季节（一般6~8月），将砧木和接穗苗靠近，在相邻的等高部位选取光滑处，各削一个大小相同的削面，削面长3~6 cm，深达木质部，露出形成层。

c. 砧穗切口靠紧：将砧木和接穗的切口靠在一起，使二者的形成层对齐密接。

d. 绑缚：用塑料条绑扎紧。待愈合成活后，将砧木从接口上方剪去，接穗从接口下方剪去，即成一株嫁接苗。这种嫁接方法的优点是砧木和接穗均有根，不存在接穗离体失水问题，容易成活。方法如图 5-19 所示。

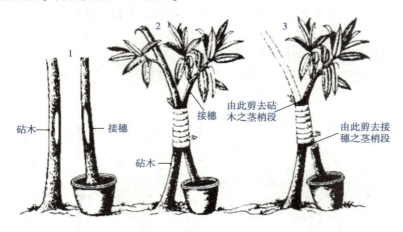

1. 砧穗削面；2. 对准形成层绑缚；3. 剪去砧木上部和接穗下部。

图 5-19　靠接

（2）芽接

芽接是指选用生长健壮枝条上的饱满芽作接芽进行嫁接的方法。芽接的方法有"T"字形芽接、嵌芽接、块状芽接、凹形芽接等。

①"T"字形芽接。是生产上应用最广的一种芽接方法，操作简单，嫁接速度快，成活率高。一般在夏、秋季节皮层易剥离时进行。砧木一般选用 1~2 年生的小苗，直径 1~3 cm。方法如图 5-20 所示。

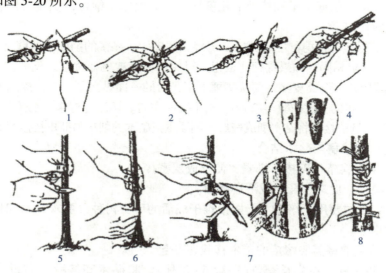

1~4. 取芽片；5~6. 砧木切口；7. 撬开皮层、嵌入芽片；8. 绑缚。

图 5-20　"T"字形芽接

a. 取芽片：在当年生枝上，选健壮饱满的芽，先从芽上方 1 cm 左右横切一刀，深达木质部，再在芽下方 1.5 cm 左右，略带木质部向上斜削至上切口处，取下芽片。芽片一般不带木质部。

b. 切砧木：砧木距地面 10~15 cm 处选择背阴面的光滑部位，横切一刀，宽度比接芽略宽，深达木质部，再在横切口中央垂直纵切一刀，长度与芽片长相适应（勿小于芽片），在砧木上形成一个"T"字形切口。

c. 插入芽片：用芽接刀骨柄撬开砧木切口，将芽片插入"T"字形切口内，向上推一下，使其横断面与砧木横切口皮层紧密相连，并使两者形成层密接，将芽片用挑开的砧木皮层包裹。

d. 绑缚：用塑料条绑扎紧，仅露出芽及叶柄。

②嵌芽接。又称带木质部芽接。此法不受树木离皮与否的季节限制，能提早或延长芽接时期。嫁接后接合牢固，利于成活，在生产中广泛应用。

a. 取芽片：从接穗芽的下方 1.5 cm 左右向下斜切一刀，深达木质部 0.3 cm 左右，再从芽上方 1.5 cm 左右稍带木质部向下平削，与下端横切口相交，取下芽片。

b. 切砧木：在砧木上选平滑部位稍带木质部向下纵切，切口大小要与芽片相当（勿小于芽片），再从下端朝下斜切，去掉切块。

c. 嵌入芽片：将芽片插入砧木切口，对齐形成层，如果砧木切口过宽，要使一侧形成层相互对齐。

d. 绑缚：用塑料条绑扎紧，仅露出芽及叶柄。如图 5-21 所示。

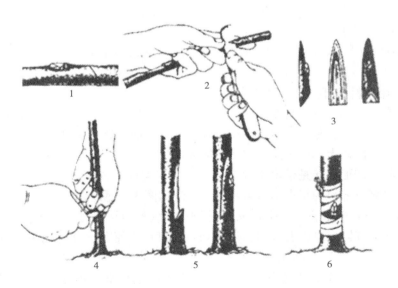

1~3. 取芽片；4. 切砧木；5. 去掉切块、嵌入芽片；6. 绑缚。
图 5-21 嵌芽接

③块状芽接。块状芽接所取的接芽块大，与砧木形成层接触面积大，成活率较高。多用于柿树、核桃等较难嫁接成活的树种。但操作较复杂，工效较低。生产上专门使用"工"字形芽接刀进行块状芽接，可以提高工效。方法如图 5-22 所示。

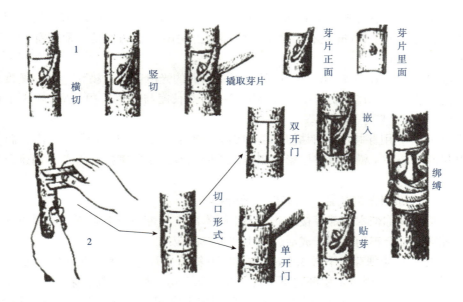

1. 取芽片；2. 切砧木、嵌入芽片、绑缚。

图 5-22　块状芽接

a. 取芽片：用"工"字形芽接刀在饱满芽上下端等距离部位横切一刀，再在芽两侧等距离纵切一刀，深达木质部，撬开芽片一侧的皮层，取下芽片。

b. 切砧木：在砧木上选平滑部位，用"工"字形芽接刀先横切一刀，再在两切口中间或一侧纵切一刀，切断韧皮部。

c. 嵌入芽片：用刀尖将砧木切口的韧皮部挑起，把长方形的接芽嵌入，将砧木韧皮部覆盖在接芽上。

d. 绑缚：用塑料条绑扎紧，仅露出芽及叶柄。

砧木切口有3种形式：一是双开门。纵切口开于横切口中间，呈"工"字形，砧木的韧皮部可以向两侧打开。二是单开门。纵切口开于横切口的一侧，呈"匚"形。三是块状。在砧木上取下与芽片同样大小的皮层，将接芽嵌入其中。

④凹形芽接。凹形芽接是带木质部芽接，适用于直径3 cm以上的砧木。如果砧木皮层过厚，可先将接口部位的粗皮刮掉再嫁接。方法如图5-23所示。

a. 取芽片：先从芽的上下方各1 cm处分别横向朝外斜切一刀，深度达到木质部0.3~0.4 cm，再从芽上方横切口以上入刀，沿横切口深度向下平削，使之与下方横切口相交，取下芽片。

b. 切砧木：在砧木上选平滑部位，先纵向按芽片宽度和长度切两刀，再将其中间的皮层切掉，长度约1.5 cm。

c. 嵌入芽片：撬开切口两端的皮层，从一侧横推嵌入芽片。

d. 绑缚：用塑料条绑扎严紧，仅露出芽及叶柄。

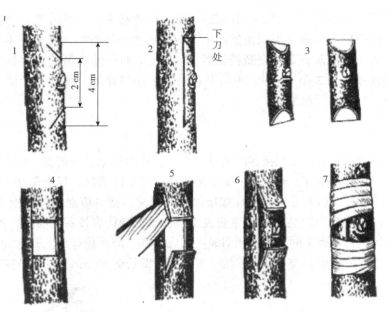

1~3. 取芽片；4. 切砧木；5~6. 撬开砧木皮层、嵌入芽片；7. 绑缚。

图 5-23　凹形芽接

5.2.5　嫁接苗管理

嫁接苗管理工作包括检查成活、补接、解除绑缚物、剪砧、抹芽、除萌、立支柱及其他管理措施。

5.2.5.1　检查成活

芽接在接后 7~15 d 即可检查成活率。如果带有叶柄，用手轻轻一碰，叶柄即脱落的，表示已成活。若叶柄干枯不落或已发黑的，表示嫁接未成活。不带叶柄的接穗，若已萌发生长或仍保持新鲜状态的即已成活。若芽片已干枯发黑，则表明嫁接失败。秋季或早春的芽接，接后不立即萌芽的，检查成活率可以稍晚进行。

枝接或根接一般在嫁接后 1 个月左右检查成活率。若接穗保持新鲜，皮层不皱缩不失水，或接穗上的芽已萌发生长，表示嫁接成活。根接在检查成活时须将绑缚物解除，芽萌动或新鲜、饱满，切口产生愈合组织的，表示成活。

5.2.5.2　补接

嫁接未成活的，应抓紧时间进行补接。如芽接未成活，且已错过补接最好时间，可以采用枝接补接。对枝接未成活的，可将砧木在接口下剪除，在其萌条中选留一个生长健壮的进行培养，待到夏、秋季节再采用芽接或枝接补接。

5.2.5.3　解除绑缚物

夏季芽接在成活后半个月左右即可解绑，秋季芽接当年不发芽，到第 2 年萌芽后松绑。用刀片在绑缚物上纵切一刀，将其割断即可，随着枝条生长绑缚物自会脱落。

枝接由于接穗较大，愈合组织虽然已形成，但砧木和接穗结合常常不牢固，因此解绑不宜过早，以防风吹脱落，最好在新梢长到 20~30 cm 时解除绑缚物。接穗上套有塑料袋保湿的，当接穗芽长到 3~5 cm 时，可将套袋剪一个小口通风，使幼芽经受外界环境的锻炼并逐渐适应，5~7 d 后脱袋。

5.2.5.4 剪砧

将接芽上部砧木剪去，以利接芽的萌发和生长，称为剪砧。一般夏、秋芽接的，应在翌春萌芽前剪砧。在我国南方，夏季桃、李芽接成活后可立即剪砧，促进萌芽生长。春季芽接可在嫁接时或芽接成活后剪砧；枝接在嫁接的同时剪砧。剪口应在接芽以上 1 cm 左右，并稍有倾斜(图 5-24)。剪口过高影响接芽萌发生长，过低则伤害接芽。有些树种，如桃、李、杏等，采取先折砧，再剪砧的方法，能明显提高成活率。即将接芽以上砧木的木质部大部分折断，仅留一小部分韧皮部与下部相连接，等接芽萌发长至 10 cm 左右时再剪砧。

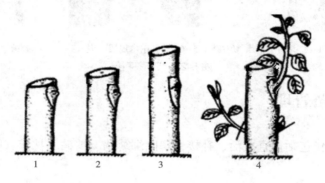

1. 剪砧过低；2. 剪砧正确；3. 剪砧过高；4. 除萌。
图 5-24 剪砧、除萌、抹芽

对于嫁接成活困难的树种，如五针松、龙柏、山茶、桂花等，可采用二次剪砧，即第 1 次剪砧时留下一部分砧木枝条，以帮助吸收水分和制造养分，供给接穗生长，1~2 年后再进行第 2 次剪砧。

5.2.5.5 抹芽、除萌

为了集中养分供给新梢生长，要随时抹除砧木上的萌芽和萌蘖条。抹芽和除萌一般要反复多次。嫁接未成活的，注意从萌条中选留一壮枝，留作补接之用，其余也要剪除。

5.2.5.6 立支柱

在春季风大的地区，为了防止接口或接穗新梢风折，要在新梢长到 20~30 cm 时立支柱绑缚新梢。如果是地面嫁接，可将支柱插入土中，高接可将支柱绑缚于砧枝上。绑缚的新梢不宜过紧，稍稍拢住即可。也可以用砧木的枝干代替支柱，即分两次剪砧，第 1 次剪砧时在接口上留一定长度的茎干用以拢缚嫁接新梢，待风季过后再进行第 2 次剪砧。

5.2.5.7 其他管理

嫁接成活后，要根据苗木生长状况和生长规律，适时灌溉、施肥、除草、防治病虫害，促进苗木生长。为了防止嫁接品种混杂，要及时挂牌。

5.3 埋条、压条、分株和留根育苗

5.3.1 埋条育苗

埋条育苗，是指将剪下的1年生生长健壮的枝条或不带根（带根）的1年生苗干平埋于土中，使其生根发芽，形成一些新植株，待苗生长到一定高度，再将母条逐一切断，使之成为独立植株的育苗方法。其优点是埋条上一处生根，所有的芽苞都能萌发生长，容易成活。但单位面积产苗量低，且苗木质量参差不齐。多用于皮部生根、扦插生根困难的树种，如泡桐、楸树、玫瑰、毛白杨、河北杨、悬铃木等。

5.3.1.1 埋条时期

埋条育苗宜在春季进行。秋季采条，剪掉梢头，冬季进行低温埋藏。在春季育苗时，种条应随取随埋，避免失水。

5.3.1.2 埋条方法

根据埋条育苗所用的材料不同分为苗干埋条和带根埋条。

(1) 苗干埋条

① 平埋法。选长2.5 m以上，无病虫害的1~2年生苗干作种条。种条经过低温处理的效果更好。一般采用低床，床宽1.2~1.4 m，长10~20 m。做床前施足基肥，在床面上开埋植沟，沟宽30 cm，沟深4~6 cm，将种条一根放入沟内，为了提高产苗量，也可将两根种条平放沟内。如遇有弯曲条，可在弓弦处剪一切口，使种条伸直，覆土厚度1.5~2 cm，踏实，灌水。灌水后进行检查，如有种条露出，应再覆土。如图5-25中的1所示。

② 点埋法。与平埋法不同的是，点埋法开沟深度2~3 cm，种条平放后，在其上每隔40 cm堆成10 cm高的小土丘，其他苗干裸露在外。土丘处可保持土壤湿度，裸露处提高土壤温度。这样解决了平埋覆土过浅易干、覆土过深地温低、不利于幼芽萌发出土的弊端。如图5-25中的2所示。

③ 短床条梢对接埋条法。将低床的长度做成相当于两根种条对接的长度，宽度为1.2~1.5 m，顺苗床开沟，将两根种条梢对梢，基部对水沟埋好，并在种条梢部结合部和基部堆成小土丘压牢。这种埋条方法使种条切口或根部可从灌水沟中源源不断吸收水分，

在发芽生根期间不需上方灌溉，床面不板结，地温高，氧气足，有利成活。如图 5-25 中的 3 所示。

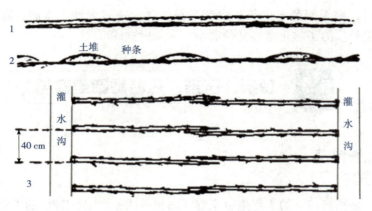

1. 平埋法；2. 点埋法；3. 短床条梢对接埋条法。

图 5-25　埋条育苗

(2) 带根埋条

是用带根的 1 年生苗木进行埋条育苗。因苗木有根系，埋后能从土壤中吸收水分和养分，供给埋条发叶生根和新发的幼苗生长之需，所以它比苗干埋条成活率高，苗木生长粗壮，较省工。

具体方法：选择苗高 1.5 m 以上、粗 1.5~2 cm、芽子饱满、无病虫害的 1 年生带根苗木作种条，埋前将苗木根系在 50 mg/kg 的 ABT 生根粉溶液中浸泡 5 min。顺苗床开深 6 cm、宽 30 cm 的沟，埋根处挖一个能将根系全部埋入土内的坑。然后将两株苗木根梢相接（重叠 30 cm 左右），平放入沟内，覆土厚 1.5~2.0 cm，踩实，在根部封一土堆，立即灌水。灌水后进行检查，如有种条露出，应再覆土。出苗后，浅锄松土。当萌条长成完整的植株后，用利铲切断，分离成独立的苗木。

5.3.2　压条育苗

压条育苗，是指将未脱离母体的部分枝条或茎蔓压入土内或空中包裹湿润物，待生根后把枝条切离母体，培育成独立植株的育苗方法。这种繁殖方法由于枝条不脱离母体，所需的水分和养分均由母体供给，埋入土中的部分又有黄化作用，所以生根比较快。压条育苗能保持母本的优良性状，操作技术简便，成活率高，但繁殖量不大。多用于扦插难以生根或一些根蘖丛生的树木。如玉兰、桂花、山茶、贴梗海棠、白兰、樱桃等，都可以用此法繁殖。压条时间，一般落叶阔叶树宜早春和秋季进行压条，常绿树多在梅雨季节进行。压条的方法主要分为土中压条和空中压条。

5.3.2.1　土中压条（低压法）

将母株的枝条直接埋入土中的压条方法。分为普通压条、波状压条、水平压条、壅土压条等，如图 5-26 所示。

(1) 普通压条

选择靠近地面而向外伸展的 1~2 年生枝条。压条前，先对枝条要埋入土中的部位进行刻伤或环剥，并结合涂抹生根促进剂处理，以刺激生根。再将枝条处理的部位弯入土中，枝条梢端向上。为防止枝条弹出，可在枝条下弯部分插入小木叉或压砖石固定，再覆土压紧，生根后切割分离。绝大多数树木、藤本都可采用此法繁殖。如图 5-26 中的 1 所示。

(2) 波状压条

适用于地锦、常春藤、凌霄、金银花等枝条较长而柔软的蔓性植物。压条时将枝条成波浪状埋入土中，待地上部分发出新枝，地下部分生根以后，再切断相连的波状枝，形成各自独立的植株。如图 5-26 中的 2 所示。

(3) 水平压条

主要适用于葡萄、紫藤、连翘、扶芳藤等藤本和蔓性树木。压条时选取生长健壮的 1~2 年生枝条，开沟将枝条平埋于沟内，并用竹钩或木钩固定。被埋枝条生根发芽后，将两株之间的地下相连部分切断，使之各自形成独立的植株。如图 5-26 中的 3 所示。

(4) 壅土压条

又称堆土压条、培土压条。主要用于萌蘖性强和丛生的灌木，如贴梗海棠、八仙花、无花果、玫瑰、黄刺梅等。方法是对要压条的株丛先进行重剪，促其萌发多数分蘖。第二年将萌发枝条基部刻伤，并在周围堆土呈馒头状。待枝条基部根系充分生长后切离，重新栽植。如图 5-26 中的 4 所示。

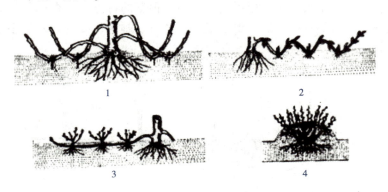

1. 普通压条；2. 波状压条；3. 水平压条；4. 壅土压条。

图 5-26　土中压条

5.3.2.2　空中压条（高压法）

空中压条主要用于枝条坚硬不易弯曲、树体较高、不易产生萌蘖、扦插繁殖困难的树种。选择发育充实的 1~2 年生枝条，也可以选择当年生半木质化的枝条，距枝条基部 10 cm 左右处将枝条进行环状剥皮，剥皮宽度 3~4 cm，生根慢的树种可涂抹促根剂，然后用塑料薄膜、竹筒等包裹，内填湿润的基质如苔藓、木屑、砻糠灰、泥炭或砂壤土等。并注意保持适当湿度，为了方便起见可用注射器注水补充。如塑料薄膜破损应及时再包裹一层。生根所需时间因植物种类、枝龄及气候等而异，一般当年生的半木质化枝条比多年生枝条生根快。生根时间少则1个月，多则3~4个月，甚至更长。压条数量一般不超过母树枝条数量的1/2。待枝条生根后剪离母树，栽植前要剪掉部分枝叶，以维持水分平衡。栽植后应加强水分管理，保持较高的空气湿度。此法适用于丁香、白兰、佛手、桂花、山茶、杜鹃、米兰、含笑等。如图5-27所示。

图5-27 空中压条

5.3.3 分株育苗

分株育苗，是指利用某些树种能够萌生根蘖，或灌木丛生的特性，把根蘖或丛生枝，从母体上带根分离，进行栽植，培育成独立植株的育苗方法。如刺槐、香椿、臭椿、枣、银杏等，常在树根上产生不定芽，长出地面形成一些未脱离母体的小植株。又如贴梗海棠、蜡梅、迎春、月季、玫瑰、牡丹等灌木类，都能在基部长出许多丛生枝，形成许多不脱离母体的簇生小植株。分株繁殖具有保持母本优良性状、成活率高、成形早、见效快、简单易行等优点，但繁殖系数小，苗木规格不整齐，不便于大面积生产，多用于少量繁殖和名贵花木繁殖。林木分株繁殖分为根蘖分株和灌丛分株。

5.3.3.1 根蘖分株

根蘖分株，是指利用某些树木根系周围能萌生根蘖的特点，将根蘖苗从母株上分离下来栽植，形成独立植株的育苗方法。枣、银杏、香椿、刺槐、桑等易萌生根蘖的树种可采用此法育苗。如图5-28所示。

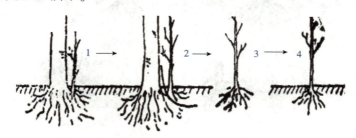

1. 长出的根蘖；2. 切割；3. 分离；4. 栽植。

图5-28 根蘖分株

(1) 归圃育苗

春季发芽前或秋季落叶以后，将易产生根蘖苗的树种周围散生的根蘖苗分离、按大小分级，集中栽植到苗圃地，培养成独立植株，这种育苗方法称为归圃育苗。

(2) 断根法育苗

选品种优良、树体健壮和无病虫害的植株，在2月下旬至3月下旬根系开始活动时，沿树冠外围挖深40~50 cm、宽30 cm左右的沟，切断直径1~2 cm以下的小根，注意不要割伤大根，以影响母树生长。用快刀削平断根切口，并施入一些肥料，用疏松湿土覆盖所有断根。5~6月即可见丛状的根蘖苗。当幼苗长到20~30 cm高时，进行间苗，每丛选 1~2 株壮苗，用土覆盖幼苗基部 1/3，并加强肥水管理。当年秋或翌年春带根移栽到苗圃。

5.3.3.2 灌丛分株

主要用于黄刺梅、牡丹、玫瑰、珍珠梅、绣线菊、贴梗海棠等茎基部丛生的花灌木。

分株在春季和秋季进行，一般春季开花的多在秋季落叶后进行，夏秋开花的多在早春萌芽前进行。分株时可将母株连根崛起（图 5-29 中的 1），用利刀或利斧把株丛分成几份，每份上都有根系，略经修剪后分别栽植，各自即可长成独立植株（图 5-29 中的 2 和 3）。也可将株丛根部周围的土壤挖开，用利斧劈下一些带根的株丛，进行栽植，再将母株根部用土覆盖，踩实（如图 5-30）。

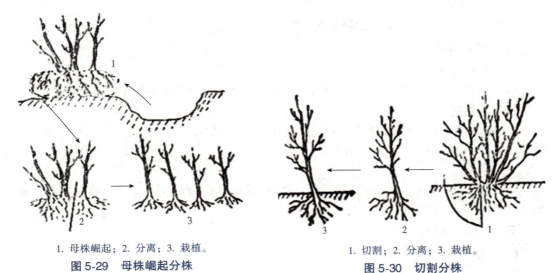

1. 母株崛起；2. 分离；3. 栽植。
图 5-29　母株崛起分株

1. 切割；2. 分离；3. 栽植。
图 5-30　切割分株

5.3.4 留根育苗

留根育苗，是指利用起苗时残留在圃地的根系萌发出新芽培育成苗。适用于根蘖性较强的树种，如毛白杨、火炬树、泡桐等。此法育苗技术简便、成本较低、节约种条和劳力，但苗木参差不齐，合格苗产量少。

将两年根一年干的埋条苗，于秋季起苗留根，即先距植株 20 cm 左右处将四周根系切断，挖出苗木，留下部分根系。翌春解冻后，如果墒情不好，可先进行灌溉再松土，松土深度为 3~6 cm，并整平床面。为了防止土壤板结，妨碍苗木出土，在幼苗出土前应尽量避免灌溉。因根系在土壤中分布的深浅不一，开始萌发出土的时间不同。待根蘖幼苗出齐后，按计划株行距进行间苗和定苗。生长时期应注意抹芽、除萌、培土，促使生根成苗。

实践训练

实训项目 5-1　扦插育苗

一、实训目标

掌握硬枝扦插育苗和嫩枝扦插育苗的技术要点,学会扦插育苗技术、催根技术、插后管理技术。能够观察记载。

二、实训场所

实习苗圃。

三、实训形式

学生 5~6 人一组,在老师指导下进行实操训练。

四、实训条件

(一) 插穗材料

选用本地区容易生根树种和不太容易生根树种各 2 种,每个树种制作插穗 100 根。

(二) 药剂和基质

土壤消毒用药:硫酸亚铁、福尔马林、敌克松等;催根剂:ABT 生根粉、酒精等;基质:河沙、蛭石或泥炭等。

(三) 工具

铁锹、锄头、耙子、修枝剪、钢卷尺、测绳(或皮尺)、洒壶、盆、桶、盛穗容器、量筒、量杯、塑料薄膜、遮阳网等。

五、实训内容与方法

(一) 硬枝扦插育苗

1. 整地做苗床

硬枝扦插一般用高床,或高垄,干旱地区可用低床。床宽 1~1.2 m,高 20 cm 左右。扦插前用 2%~3% 的硫酸亚铁溶液进行土壤消毒。

2. 采条

从生长迅速、干形通直、无病虫害的健壮幼龄母树(以优树最佳)上,采集根蘖条或主干上发育充实的 1~2 年生木质化枝条,或 1~2 年生苗干。

3. 制穗

落叶阔叶树先剪去粗度 <0.5 cm 的梢端和无饱满芽的基部,用中下段制插穗。大多数树种穗长 15~20 cm,单芽插穗长 3~5 cm。具体长度因树种而异,如柳树 20~25 cm。穗粗 0.5~2.0 cm,具有 2~3 个饱满芽。

常绿阔叶树种插穗长度为 5~20 cm,小叶树种保留上端 2~4 片叶,大叶树种保留 1~2 片叶的 1/2~2/3。

上剪口距顶芽 1 cm 左右处剪成平口,下剪口位于芽(叶节)的基部或萌芽环节处,易生根树种剪成平口,难生根树种剪成斜口或双斜口,切口要平滑,防止劈裂。

针叶树的插穗，仅选枝条顶端部分，剪成长 10~15 cm，粗 0.3 cm~1.5 cm，保留 2~4 束针叶。1 年生枝条过短时，可稍带 2 年生枝段（带踵扦插）。具体长度也因树种而异。如湿地松、杉木优良无性系插穗长 5~10 cm。

4. 插穗分级

插穗按小头直径粗细分为粗、中、细 3 级，每 50 根或 100 根扎捆，芽的方向要保持一致，下切口对齐，便于催根或贮藏。

5. 催根处理

对于易生根树种可用清水浸泡催根，每天换水 1 次。难生根树种可用 ABT 生根粉等进行催根处理。生根粉配置方法：将 1 g 生根粉用少量酒精溶解后，加水稀释成 50~200 mg/L 溶液，将插穗下端 3 cm 左右，浸泡在溶液中 8~24 h；或把插穗基部在 500~1000 mg/L 溶液中速浸 5 s。

6. 扦插

用与插穗粗细相当的木棒或铁扦，按株距 10~20 cm，行距 20~40 cm 打孔，孔深与插穗长度一致或稍浅，不能大于插穗的长度。将插穗顺孔插入，填实插穗周围的土壤，使插穗与土壤紧密接触，严防下端蹬空。

扦插深度。落叶阔叶树春季扦插，盐碱地扦插，插穗上部顶芽露出地面；秋季扦插、干旱地区扦插，顶芽埋入土中。寒冷而干燥的条件下，插后上端应覆土，到发芽时再扒去覆土。常绿树种，扦插深度为插穗长度的 1/2~2/3 为宜。

7. 插后管理

①浇水。扦插后要立即浇足第 1 次水，以后每隔 3~5 d 浇水 1 次，连续浇 2~3 次，直至愈合生根后，再每隔 1~2 周浇水 1 次。以后应经常保持土壤和空气的湿度。

②遮阴。常绿树种、难生根和生根需时较长的树种，要采取适当的遮阴措施或采取全光照喷雾，以保持光合作用和插穗的水分平衡。

③除草、松土。扦插后，插穗基部愈合组织形成时期，土壤宜紧实，有利于愈合组织的形成。当插条进入大量发根阶段，要及时除草、松土，增加土壤的透气性，促进不定根的形成与生长。

④施肥。插穗生根后，每隔 1~2 周用 0.1%~0.3% 尿素随浇水施入插床。常绿树种也可叶面施肥。

⑤摘叶。插穗未生根前，如果地上部已展叶，则应摘除部分叶片。

⑥除萌条。当新梢长到 15~30 cm 长时，选留一个健壮直立的枝条培养为苗干，其余的除去。

8. 注意事项

①插穗的采集、截制、扦插过程中要保护好上下剪口处的芽，防止风干和损坏。

②基质要求疏松、通气、保水。

③插穗芽的方向朝上，防止倒插，插后压实插穗周围的土壤，使插穗与土壤紧密接触，严防下端蹬空。

④插后立即浇足水，插穗生根前要保持土壤湿润，防止插穗失水死亡。

（二）嫩枝扦插育苗

1. 插床准备

一般低床扦插。扦插基质：可采用蛭石、珍珠岩、河沙、泥炭土等。

2. 插壤消毒

用0.15%的福尔马林溶液熏蒸消毒。

3. 采条

生长期，从采穗圃母树或其他幼年期母树的根茎部或靠近主干下部，选择生长健壮的半木质化枝条。采条时间，早、晚或无风的阴天。严禁中午采条。做到随采条，随保湿（剪下的枝条，随即放在盛水桶或塑料保湿袋中）。

4. 制穗

在阴凉处制穗，穗长5~15 cm，具2~4节，粗0.3 cm以上。小叶树种留叶2~4片，大叶树种留1~2片叶的1/2~2/3。上剪口应在顶芽上1~1.5 cm处剪成平口，下剪口宜紧靠节下剪成单斜口或双斜口。针叶树种保留顶梢。按小头直径粗细分级，每50~100根捆成一捆，节的方向保持一致。

5. 催根处理

将插穗下端3 cm左右浸泡在浓度50~100 mg/L的ABT生根粉或萘乙酸（吲哚乙酸）溶液中6~12 h。也可用高浓度的生长素溶液速蘸插穗下端。

6. 扦插

按株、行距10 cm左右打孔，将插穗垂直插入孔中，扦插深度为插穗长度的1/3~1/2。插后压实插穗周围土壤，使插穗与土壤密接，立即浇足水，搭设遮阴棚。

7. 扦插后管理

①水分管理。扦插后立即浇水，每天喷水2~3次，气温高每天3~4次，愈合组织形成之前空气湿度保持在95%以上，保持插壤湿度60%左右。愈合组织长出后，空气湿度可降低至80%~90%。

②光照管理。露地扦插后要搭设塑料小拱棚或用遮阴网遮阴，有条件时可采取全光照喷雾技术。插穗生根后加大透光度，延长光照时间。

③温度管理。温室或塑料大棚扦插，棚内温度控制在18~28 ℃为宜，超过30 ℃时应立即采取通风、喷水、遮阴等措施降温。插穗生根以后，可延长通风时间，减少喷水量，使其逐渐接近自然环境。

④施肥。插后每隔1~2周喷洒0.1%~0.3%氮磷钾复合肥。

⑤松土。插穗愈合组织形成后要及时松土，促进不定根的形成和生长。

⑥炼苗。在温室和温床中扦插时，插穗生根展叶后，要逐渐开窗流通空气，使其逐渐适应外界环境，然后再移至圃地。

8. 注意事项

采穗、制穗期间，要用湿润物覆盖枝条和插穗，以免失水萎蔫；在早晨和傍晚或阴天温度低、湿度高时采穗扦插；防止倒插，插穗要与插壤密接；插后立即浇水遮阴。

(三) 观察记载(表5-8和表5-9)

表5-8　不同树种扦插成活情况调查表

扦插树种	扦插时期	扦插方法	扦插数量(条)	成活数量(条)	成活率(%)	备注

表 5-9　扦插育苗根系和苗木生长情况调查表

调查日期	扦插树种	开始生根（日/月）	生根数量（条）	根长（cm）	开始萌芽（日/月）	苗高（cm）	地径（cm）

六、实训报告及要求

①说明硬枝扦插、嫩枝扦插育苗的操作方法步骤。
②对扦插成活率、根系生长、苗木生长、生根类型进行统计分析。
③分析影响扦插生根成活的因素。
④提出解决措施。

实训项目 5-2　嫁接育苗

一、实训目标

掌握嫁接育苗技术要点，学会枝接、芽接的操作技术。

二、实训场所

实习苗圃。

三、实训形式

学生 5~6 人一组，在老师指导下进行嫁接育苗实操训练。

四、实训条件

(一)材料

砧木、接穗材料的准备。

(二)工具

修枝剪、芽接刀、切接刀、剪刀、手锯、高枝剪、磨刀石、塑料薄膜、盛穗容器、湿布、石蜡等。

五、实训内容与方法

(一)芽接

1. 采穗

选生长健壮、无病虫害、性状优良，符合育苗目的的植株作为采穗母树。剪取母树树冠外围中上部、向阳面、芽体饱满的当年生枝条作接穗。采穗后要立即去掉叶片，保留 1 cm 长的叶柄，保湿。采后将接穗枝段按品种捆好，挂上标签。

2. 嫁接方法

"T"字形芽接、嵌芽接。

3. 嫁接技术

选取接穗中上部的饱满芽，切削砧木与插穗时，切削面要平滑，大小要吻合，形成层要对齐，绑扎要紧密，露出叶柄和芽眼，必要时套袋保湿。

4. 接后管理

检查成活、除萌、抹芽、解绑、补接。

(二)枝接

1. 采穗

从符合育苗目的的优良树种或品种中选择生长健壮、无病虫害的植株。采穗部位因培育目的而异。林木种子园、经济林用苗,要从成年母树树冠中上部采集健壮的发育枝。用材树苗最好采用实生苗条、根蘖条,或靠近树干基部的1年生萌条,或从采穗圃中采条。穗长一般5~8 cm,具3个以上的饱满芽,上剪口离上芽0.5~0.8 cm剪截。注意保湿。采后将接穗枝段按品种捆好,挂上标签。

2. 剪砧

枝接前对苗圃播种的1~2年生的实生苗进行剪砧,在距地面10~15 cm剪去砧木,将切面削平。

3. 嫁接方法

各学校根据当地生产实际,有选择性地让学生练习切接、劈接、插皮接、双舌接、腹接、芽苗砧嫁接、髓心形成层对接等方法。

4. 嫁接技术

切削接穗时,削面要平滑;砧木和接穗的形成层至少有一侧要对齐;要"露白"。劈接时插穗稍厚的一侧朝外。

5. 嫁接后管理

适时检查成活、补接、解绑、剪砧、抹芽、立支柱等。

六、注意事项

①嫁接时要小心操作,用力均匀,注意安全,切勿伤了手指。
②嫁接刀要锋利,切削时,削面要光滑,一刀削成。
③嫁接前,按接穗粗细剪好一定长度和宽度的条带。
④接穗要用湿布包裹,以免失水影响嫁接成活。
⑤削穗、剪砧、插接穗、绑缚等技术环节必须紧密配合。

七、实训报告及要求

撰写实训报告、填嫁接成活调查表(表5-10)。并分析以下相关内容。
①说明嫁接育苗的操作方法及操作要领。
②分析影响嫁接成活的因素。
③提出解决措施。

表5-10 嫁接成活率调查表

嫁接方法	嫁接日期(日/月)	砧木种类	接穗品种	嫁接株数	嫁接成活株数	成活率(%)	备注

实训项目5-3 埋条、压条、分株育苗

一、实训目标

熟悉埋条、压条、分株育苗技术要点,学会埋条、压条、分株育苗操作方法。

二、实训场所

实习苗圃。

三、实训形式

学生5~6人一组,在老师指导下进行埋条、压条、分株育苗实操训练。

四、实训条件

铁锹、锄、铲、斧或砍刀、修枝剪、手锯、芽接刀或单面刀片、生根粉、塑料薄膜、竹筒、绳子、砂壤土、蛭石或苔藓、木屑等。

五、实训内容与方法

(一)埋条育苗

1. 采集种条

落叶后或萌芽前采集种条,按小头直径粗细分级处理或贮藏。秋冬采集的种条要低温沙藏。春天萌芽前可随采随埋。

2. 浸水处理

埋条前将枝条用清水或流水浸泡,浸泡时间因树种而异。

3. 整地做床

选择砂壤土地块,做低床。

4. 埋条方法

平埋或条稍对埋。

5. 管理

埋条后立即灌水,以后要保持土壤湿润。当幼苗长到10~15 cm高时,结合松土除草,于幼苗基部培土,促进新茎生根。苗高30 cm左右时,间苗,一般分两次进行。苗高40 cm左右时追肥,除萌蘖。

(二)压条育苗

1. 土中压条育苗

根据树种特性,可选用普通压条、波状压条、水平压条或壅土压条。

①选条。选择1~2年生生长充实、芽体饱满的枝条。

②刻伤或环状剥皮。把枝条小心压弯,在枝条贴地面部位用刀刻伤或环状剥皮。

③挖埋植穴或沟。用铁锹在枝条下方挖浅穴或沟,将枝条刻伤部位慢慢压入穴或沟中,用土覆盖枝条,踩实,使枝条与土壤密接,枝条顶端露出土面。生根后切离母株即成独立植株。

④管理。适时灌水,中耕除草,保持合理的土壤湿度和土壤通气。

2. 高空压条育苗

①选条。春季选取生长充实的1~2年生的枝条,枝条基部直径1.5~2 cm。

②环状剥皮。在选定的枝条上距基部10 cm处环状剥皮,宽度为3~4 cm左右。

③涂抹生根剂。可用毛笔蘸500~1000 mg/L的ABT生根粉溶液涂抹割口。

④包裹保湿基质。用湿润苔藓、锯末或泥炭等作基质,湿度以用手捏不滴水为度,用透明塑料布在环割口下端扎成漏斗状,填入基质并压实,最后扎紧塑料布上部。待生根后,切离母

体，移栽培育成新植株。

（三）分株育苗

1. 根蘖分株育苗

将母株周围的根蘖苗，用利铲或利斧带根挖出，另行栽植。

2. 灌丛分株育苗

将母株周围的土壤挖开，用利斧或利刀劈下一些带根的株丛，进行栽植。或将母株连根崛起，把株丛分成几份（每份都带根系），分别栽植。

3. 断根分株育苗

①在母树树冠外围环状挖深 40 cm，宽 30 cm 的沟，切断直径 1~2 cm 树根，并将伤口削平。

②在沟内施入肥料并用松散土覆盖断根。

③当苗长到 20~30 cm 高时注意间苗，每丛留 1~2 株，并加强水肥管理。

④当年秋季或翌年春季，分级移栽到苗圃不同的地块进一步培育。

六、注意事项

①土中压条，压入土中的部位要固定。高空压条要经常保持基质适当的湿度。

②分株时注意不要对母株根系造成太大的损伤，影响母株的生长发育。

③断根法分株时，注意不要损伤或挖断直径 2 cm 以上的粗根，以免影响母株生长，切断的小根要将伤口处削平。

七、实训报告及要求

①说明埋条育苗、压条育苗、分株育苗的操作方法步骤。

②说明埋条育苗、压条育苗、分株育苗的适用条件。

 巩固拓展

一、名词解释

1. 无性繁殖育苗；2. 扦插育苗；3. 扦插苗；4. 硬枝扦插育苗；5. 嫩枝扦插育苗；6. 根插育苗；7. 嫁接育苗；8. 共砧嫁接；9. 砧木；10. 接穗；11. 嫁接亲和力；12. 枝接；13. 芽接；14. 芽苗砧嫁接；15. 剪砧；16. 归圃育苗；17. 压条育苗；18. 埋条育苗。

二、填空题

1. 无性繁殖育苗的方法有（　　）、（　　）、（　　）、（　　）、（　　）、（　　）等。
2. 扦插育苗插穗生根的类型有（　　）、（　　）、（　　）3 种。
3. 扦插育苗的方法主要有（　　）、（　　）、（　　）、（　　）等。
4. 在生产中，嫁接后创造（　　）条件，有利于愈合组织生长，促进嫁接成活。
5. 北方地区枝接最适宜的时期是（　　），芽嫁最适宜的时期是（　　）。
6. 芽嫁的方法主要有（　　）、（　　）、（　　）、（　　）等。
7. 嫁接技术影响嫁接成活率，嫁接操作要做到（　　）、（　　）、（　　）、（　　）、（　　）五字要领。

8. 检查芽接成活与否，用手指碰叶柄后即能自行脱落，表示嫁接（　　）。

三、选择题

1. 下列育苗方法属于无性育苗方法的有（　　）。
   A. 扦插育苗　　　B. 播种育苗　　　C. 嫁接育苗　　　D. 组织培养
2. 下列无性育苗的意义正确的是（　　）。
   A. 遗传变异大　　　　　　　　　　B. 推迟开花结实
   C. 能保持母本的优良特性　　　　　D. 解决种子困难问题
3. 落叶阔叶树硬枝扦插，插穗粗度一般为（　　）。
   A. 0.5~2.0 cm　　B. 3~5 cm　　C. 0.3~2 cm　　D. 0.1~2 cm
4. 嫁接育苗的工序主要有（　　）。
   A. 培育砧木　　　B. 确定嫁接时期　　C. 采集接穗　　D. 嫁接和管理
5. 枝接的方法主要有（　　）。
   A. 切接　　　　　B. 劈接　　　　　C. 插皮接　　　　D. 嵌芽接
6. 在生长期中选用（　　）进行扦插育苗的方法称为嫩枝扦插。
   A. 插穗　　　　　B. 枝条　　　　　C. 半木质化枝条　　D. 木质化枝条
7. 母树年龄影响插穗生根，扦插成活率最高的采条母树是（　　）
   A. 苗木　　　　　B. 幼树　　　　　C. 青年期树木　　　D. 成年期树木
8. 扦插难生根树种最好用（　　）
   A. 硬枝扦插　　　B. 嫩枝扦插　　　C. A+B　　　　　　D. 根插
9. 扦插难生根树种，在枝龄相同的条件下，应采集（　　）
   A. 树干基部萌蘖枝　　　　　　　　B. 树干（或苗干）上的一级侧枝
   C. 树冠上部的枝条　　　　　　　　D. A+B
10. 易生根树种插穗的年龄一般应为（　　）
    A. 0.5年生　　　B. 1~2年生　　　C. 2~3年生　　　D. 3年生
11. 以下情况亲和力最强的是（　　）
    A. 同种不同个体间　　　　　　　　B. 同属不同树种间
    C. 属与属树种间　　　　　　　　　D. 科与科树种间
12. 检查枝接成活率一般应在嫁接后（　　）
    A. 0.5个月　　　B. 1个月　　　　C. 1.5个月　　　D. 2个月

四、问答题

1. 简述影响插条生根的内部因素和外界条件。
2. 简述促进插穗生根的技术措施。
3. 简述硬枝扦插后的管理工作。
4. 简述嫩枝扦插后的管理工作。
5. 论述杨树硬枝扦插育苗技术。
6. 简述嫁接砧木选择应考虑的条件。
7. 如何选择采集嫁接种条？

8. 如何贮藏接穗？

9. 如何活化种条？

10. 简述髓心形成层对接的操作步骤及适用树种。

11. 简述影响嫁接成活的因子。

12. 论述影响插穗生根的内部因素

13. 为何核桃、柿、松树等嫁接比其他树种成活困难？

14. 阐述切接、劈接的操作步骤。

15. 论述嫁接苗的管理技术

五、 知识拓展

1. 黄烈健，詹妮. 林木扦插生根率影响因子研究进展[J]. 林业与环境科学，2016（2）：99-106.

2. 孙延稳，袁全国. 泡桐优良无性系筛选及育苗技术研究[J]. 现代农业科技，2019（09）：118-119.

3. 林昌礼，吴丽萍，储景洪. 轻基质直播式油茶良种无性系育苗技术[J]. 现代农业科技，2011（12）：76-77.

4. 张文献，白社娟. 刺槐优良无性系推广及栽培技术研究[J]. 北京农业，2015（19）：176-177.

单元 6　大田管理

学习目标

知识目标

1. 掌握苗木培育大田管理的内容与技术要求。
2. 掌握苗圃地的灌溉与排水技术。
3. 了解中耕除草的意义、一般原则及除草剂类型；熟悉除草剂作用原理；掌握中耕除草的方法和除草剂的使用方法。
4. 熟悉苗木的缺素症状及诊断方法；掌握肥料的施用方法。
5. 掌握苗木截根、苗木保护的技术要点。

技能目标

1. 能熟练完成灌溉与排水的技术操作。
2. 熟练中耕除草的技术和除草剂的使用技术。
3. 能熟悉苗木的缺素症状和诊断技术，以及肥料的施用技术。
4. 熟练苗木截根、苗木保护技术。

素质目标

1. 推动形成绿色低碳的生产方式和生活方式。
2. 通过苗木培育大田科学管理，培养提高苗木质量的科学素养。
3. 实现苗木生产经营领域的创新创业意识教育。
4. 养成知行合一、团结协作、吃苦耐劳、务实敬业的职业品格。

理论知识

6.1　灌溉排水

6.1.1　灌溉

6.1.1.1　灌溉的必要性

水是植物的主要成分，它是植物形成碳水化合物、蛋白质和脂肪的重要元素。任何时候，水对植物生长和发育都是不可或缺的。土壤水分是植物吸收水分的主要来源，在种子萌发和苗木生长的全过程都具有重要作用。土壤物质转化如土壤中有机质的分解快慢均与土壤水分有关。土壤如果缺水，出现干旱现象，则苗木枝叶发黄、凋落，生长缓慢或停止生长，甚至植株枯萎。植物的枝叶、高、茎生长和根系生长是通过细胞分裂形成的，而新分裂出来的细胞需要水分。根系从土壤中吸收矿质营养时，矿质元素必须先溶于水；苗木蒸腾作用也需要水；在水分适宜的条件下，苗木吸收根多，水分不足则苗木根细长；水分过多则苗木的粗根多，细根少。由此可知，水分适宜是培育壮苗的重要条件之一。

苗木所需水分来源于降水、灌溉和地下水等，但一般情况下只靠降水和地下水不能满足苗木全生长过程对水分的需求，尤其在干旱地区，或培育对水分要求比较严格的树种时，灌溉更为重要。所以，灌溉是培育壮苗不可缺的重要环节。

6.1.1.2 科学灌溉

水虽然是苗木不可缺的重要成分，但也不是也越多越好。土壤水分过多会使种子或插穗腐烂，苗木的根系如果在过湿的环境中，会妨碍其吸收根的生长，导致苗木生长不良或致死。此外，过量灌溉，不但不利于苗木生长，还会引起土壤次生盐渍化。科学的灌溉要根据依据不同树种的生物学特性确定，如马尾松、落叶松、油松等对水的要求比桉树、杉木和柳杉少。同一树种在出苗期和幼苗期对水分的需要量虽不多，但较敏感，进入速生期需水量最多。每次灌溉湿润深度，应该达到主要吸收根系的分布深度。保水能力较好的土壤灌溉间隔宜长，保水能力差的沙土，灌溉间隔期短；气候干燥或干旱时期灌溉量宜多，气候湿润或多雨季节灌溉量宜少。

（1）灌溉效果

取决于是否做到科学合理灌溉。科学合理灌溉是在一定的气候、土壤和苗木培育技术条件下，为获得优质、高产、成本低的苗木所采取的人工供水技术措施。科学合理灌溉包括：适宜的灌溉量、灌水时间和次数、灌水方法等。合理灌溉要根据树种、苗木种类、苗木大小、苗龄、季节、土壤墒情等综合规划。

（2）灌溉量

地栽育苗，一般要求灌溉后的土壤湿度达到田间持水量的60%~80%即可，并且湿土层要达到主要根群分布深度。例如，在苗床上培育的杉木半年生实生苗灌溉浸润深度达到根系集中分布深度10 cm时，每公顷每次灌水量需50~120 m³，而1年生苗浸润深度达到15 cm以上，每公顷每次灌水量需提高到120~200 m³。容器苗每次灌水量以保证基质处于湿润状态为宜。生产上一般播种苗的出苗期、扦插苗的成活期应浅灌、勤浇；幼苗期灌溉要适时适量，以根群分布土层湿润为适，速生期可一次灌透耕作层，量多次少；苗木硬化期要少灌或停止灌水。

（3）灌溉时间

一般以清晨和傍晚为好。为防日灼而灌的"降温水"，可在午间进行；为防霜冻而灌的"防霜水"，可在霜日前一天傍晚进行。

（4）灌溉方法

灌溉方法有侧方灌溉（沟灌）、畦灌、喷灌、滴灌、微喷灌、渗灌和地下灌溉等。

①侧方灌溉。一般用于高床或垄式作业，水从侧方渗入床内或垄中。在平作的带状育苗时，于带间开临时浇水沟，把水引入沟中进行灌溉。主要优点：因为水分由侧方浸润到土壤中，床面不易板结，灌溉后土壤仍有良好的通气性能。但是耗水量较大，苗床较宽时，不够均匀，小粒种子不易适用。

②畦灌。又称漫灌。它是低床育苗和大田育苗平作常用的灌溉方法。畦灌时水不宜淹没苗木叶子。主要优点：相比侧方灌溉省水。但床面易板结，土壤通气不良，水渠占地较多，灌溉效率低。另外，灌溉流量过大时，容易冲淤小苗叶片，影响呼吸和光合作用。

③喷灌。是喷洒灌溉的简称，又称人工降雨。它是利用机械和动力设备，使水通过喷头(或喷嘴)射至空中，以雨滴状态降落田间，供给植物水分的一种灌溉方法。是目前苗圃应用较多的一种灌溉方法。缺点：喷灌基本建设投资较高，受风的限制较多，在3~4级风力以上，喷灌不均匀。灌溉时，水点应细小，防止冲倒幼苗、裸露根系或溅起泥土污染叶面，影响光合作用。主要优点：省水；便于控制灌溉量，并能防止因灌水过多使土壤产生次生盐渍化；比渠道占地面积少，能提高土地利用率；土壤不板结，并能防止水土流失；工作效率高，节省劳力；在春季灌溉能提高地面温度，并有防霜冻作用；在高温时喷灌能降低地面温度，使苗木免受高温之害；灌溉均匀，地形稍有不平也能进行较均匀的灌溉。

喷灌设备又称喷灌机具，是用于喷灌的动力机、水泵、管道、喷头等机械和电气设备的总称。

喷灌机(机组)将动力机、水泵、管道、喷头等设备配套成一个可以移动的整体，称之为喷灌机或喷灌机组。

喷灌系统是指将喷灌设备和水源工程联系起来，以实现喷洒灌溉的一种水利设施。喷灌系统的类型很多，其分类方法也有多种。

a. 按系统获得压力方式分类。

• 机压喷灌系统：靠机械加压使系统获得工作压力。

• 自压喷灌系统：利用地形自然落差获得工作压力。

b. 按系统喷洒特征分类。

• 定喷式喷灌系统：喷头在一个位置上进行定点喷洒，如各类管道式喷灌系统和定喷机组式喷灌系统。

• 行喷式喷灌系统：喷头在行走移动过程中进行喷洒作业，如中心支轴、平移等行喷式喷灌机组成的喷灌系统。

c. 按系统设备组成分类。

• 管道式喷灌系统：水泵与各喷头间由一级或数级压力管道连接，由于管道是这类系统设备的主要组成部分，故称之为管道式喷灌系统。根据管道的可移程度，这类系统又分为固定管道式喷灌系统、半固定管道式喷灌系统和移动管道式喷灌系统。

• 机组式喷灌系统：以喷灌机(机组)为主体的喷灌系统，称为机组式喷灌系统。机组式喷灌系统又分为定喷机组式喷灌系统和行喷机组式喷灌系统。主要优点：灌水均匀，少占耕地，节省人力，对地形的适应性强等，主要缺点：受风影响大，设备投资高等。

d. 按系统使用特点分类。

经过几十年的努力，现在我国已有喷灌面积逾 100×10^4 hm^2。喷灌系统的形式很多，其优缺点也就有很大差别。在我国普遍采用的有以下几种。

• 固定管道式喷灌：干支管都埋在地下（或支管铺在地面，但整个灌溉季节都不移动），这样管理更省人力，可靠性高，使用寿命长，只是设备投资很高，目前使用塑料管道的系统单位造价也有 1500~2000 元/亩。有的甚至达到 4000 元/亩。

• 半移动式管道喷灌：干管固定，支管移动，这样可大大减少支管用量，从而使得投资仅为固定式的 50%~70%，但是移动支管需要较多人力，若管理不善，支管容易损坏。

• 滚移式喷灌支管：是将喷灌支管（一般为金属管）用法兰连成一个整体，每隔一定距离以支管为轴安装一个大轮子。在移动支管时用一个小动力机推动，使支管滚到下一个喷位。每根支管最长可达 400 mm，适用于矮秆作物（如蔬菜、小麦等），要求地形比较平坦。

图 6-1 时针式喷灌系统

• 时针式喷灌机：又称圆形喷灌机，如图 6-1 所示，是将支管支撑在高 2~3 m 的支架上，全长可达 400 m，支架可以行走，支管的一端固定在水源处，整个支管就绕中心点绕行，像时针一样，边走边灌，可以使用低压喷头，灌溉质量好，自动化程度很高。在华北和东北已有一定的使用经验，适用于大面积的平原（或浅丘区），要求灌区内没有任何高的障碍（如电杆、树木等）。其缺点是只能灌溉圆形区域，边角要用其他方法补灌。此机值得我国大平原地区大规模农场推广。

• 大型平移喷灌机：如图 6-2 所示，为了克服时针式喷灌机只能灌圆形区域的缺点，在时针式喷灌机的基础上研制出可使支管作平行移动的喷灌系统。这样灌溉区域就成矩形。其缺点是当机组行走到田头时，要专门牵引到原来出发地点，才能进行第 2 次灌溉。而且平移的准直技术要求高。因此，没有时针式喷灌机使用广泛。其适于推广的范围与时针式喷灌机相仿。

图 6-2 大型平移喷灌机

●绞盘式喷灌机：用软管给一个大喷头供水，软管盘在一个大绞盘上。灌溉时逐渐将软管收卷在绞盘上，喷头边走边喷，灌溉一个宽为两倍射程的矩形田块。这种系统要求的田间工程少，机械设备比时针式简单，从而造价也低一些，工作可靠性高一些。但一般采用中高压喷头，能耗较高。适合于灌溉粗壮的作物（如玉米、甘蔗等）。也要求地形比较平坦，地面坡度不能太大，在一个喷头工作的范围内最好是一面坡。其中，桁架式绞盘机可采用低压喷头。

●中、小型喷灌机：这是我国在20世纪70年代用得最多的一种喷灌模式，常见的形式配有1~8个喷头，用水龙带连接到装有水泵和动力机（多为柴油机与电动机）的小车上，动力功率多为3~12马力。使用灵活，投资约为固定管道式的20%~60%，移动费劳力大，管理要求高，只适用于中小型的农场和田块。

以上各种喷灌溉形式各有利弊，各自适合于不同的条件，因此只能因地制宜地决策选用。

④滴灌。滴水灌溉的简称，是指利用塑料管道将水通过直径约10 mm毛管上的孔口或滴头送到作物根部进行局部灌溉。作业时用小塑料管将灌溉水直接送到每棵作物根部附近，水由滴头慢慢滴出，是一种精密的灌溉方法，只有需要水的地方才灌水，可真正做到只灌作物。如图6-3所示，而且可长时间使作物根区的水分处于最优状态，因此既省水又增产。但其最大缺点是滴头出流孔口小，流速低，因此堵塞问题严重。对灌溉水一定要认真地进行过滤和处理，除防止物理堵塞之外，同样严重的生物堵塞和化学堵塞需引起足够的重视。

图6-3　滴灌

a. 固定式地面滴灌：一般是将毛管和滴头都固定地布置在地面（干、支管一般埋在地下），整个灌水季节都不移动，毛管用量大，造价与固定式喷灌相近，主要优点：节省劳力，由于布置在地面，施工简单而且便于发现问题（如滴头堵塞、管道破裂、接头漏水等）主要缺点：毛管直接受太阳曝晒，老化快，布置方式对其他农业操作有影响，且容易受到人为的破坏。

b. 半固定式地面滴灌：为降低投资只将干管和支管固定埋在田间，而毛管及滴头都是可以根据轮灌需要进行移动。投资仅为固定式的50%～70%。但增大了移动毛管的劳力，且部件易于损坏。

c. 膜下灌：在地膜栽培作物的田块，将滴灌毛管布置在地膜下面，这样可充分发挥滴灌的优点，不仅克服了铺盖地膜后灌水的困难，而且还大大减少地面无效蒸发。

d. 地下滴灌：将滴灌干、支、毛管和滴头全部埋入地下，能大大减少对其他耕作的干扰，避免人为破坏，避免太阳辐射，减慢老化，延长使用寿命，其缺点是不容易发现系统的事故，如不作妥善处理，滴头易受土壤或根系堵塞。

⑤微喷灌。有的地方称之为雾灌，与滴灌相似，为了克服滴头太易于堵塞的缺点，将滴头改为微喷头，由于微喷头出流孔口大一些，流量大一些，流速慢一些，所以不像滴头那么容易堵塞，但流量加大了，毛管相应也要加粗。在每棵作物或树下装1～2个微喷头一般即可满足灌溉的需要。微喷头仍有堵塞问题，因此也要对过滤问题给予足够的重视，造价与固定式滴灌相仿。在国外有逐渐以微喷灌取代滴灌的趋势。但是在温室（或大棚）内使用微喷灌会大大提高室内空气湿度，不利于湿度敏感作物（如黄瓜）等的生产，这时只好用滴灌。近年来微喷灌设备生产逐渐完善，微喷灌面积的发展迅速，是一种很有发展前途的节水灌水方法。如图6-4所示。

（a）花卉微喷　　　　　　　　　　（b）温室放滴微喷

图6-4　微喷灌

⑥渗灌。渗灌与地下的滴灌相似，只是用渗头代替滴头全部埋在地下，渗头的水不像滴头那样一滴一滴地流出，而是慢慢地渗流出来，这样渗头不容易被土粒和根系所堵塞。

⑦地下灌溉。是用控制地下水位的方法进行灌溉。灌溉时把地下水位抬高到水可以进入根系活动层的高度，地面仍保持干燥，所以非常省水，不灌溉时把地下水位降下去。这方法的局限性很大，只有在根系活动层下有不透水层时才行。因此不适于普遍推广。

⑧注意事项。

a. 侧方灌溉和上方灌溉宜在早、晚进行，喷灌和滴灌不受限制。

b. 井水不宜直接用于灌溉，应在贮水池中提高水温后再使用。

c. 不能用污染过的水和含盐量高的水进行灌溉。

d. 灌溉要有连续性，从开始到苗木不需要灌溉为止，中间不能间断灌溉。

e. 硬化期，要基本停止灌溉，促使苗木木质化，以利苗木安全越冬。

6.1.2 排水

排水在育苗过程中与灌溉同等重要，土壤积水过多，影响好气性微生物活动，降低有机质分解速度，使根系形成无氧呼吸，造成根系腐烂。排水主要是指排除因大雨或暴雨造成的苗圃区积水，在地下水位较高，盐碱严重的地区，排水还具有降低地下水位，减轻土壤含盐量或抑制盐碱上升的作用。

建立苗圃时，要设置完整的排灌系统，这是做好苗圃排水工作的关键。在每个作业区，都应有排水沟，沟沟相连，直通总沟，将积水彻底排除。特别是在我国南方降水量大，要注意排水。在北方虽然天气干旱，但在降水量集中的月份也要注意排水。

6.2 中耕除草

中耕是在苗木生长期间对土壤进行的松土作业。中耕的目的的破除板结土壤层，改善土壤通气条件，切断毛细管，减少土壤水分蒸发，促进气体交换，给土壤微生物创造适宜的生活条件，提高土壤中有效养分的利用率，促进苗木生长。杂草是苗木生长的劲敌，苗圃杂草生长迅速，繁殖力强，夺取苗木的水分、养分和光照。有些杂草还是病虫害的根源，如禾本科杂草是锈病的中间寄主，菊科杂草是蚜虫危害的媒介等。因此，育苗必须及时清除杂草。

6.2.1 中耕、除草原则

除草应掌握"除早、除小、除了"原则，一般结合松土进行，在水分充足地区，1年生播种苗应进行4~6次，气候干旱，灌溉困难之处，应进行6~10次。苗木生长初期10~15 d一次，速生期15~30 d一次，生长后期可停止除草。

中耕必须及时，每逢灌溉或降雨后土壤湿润可以中耕时，要及时进行中耕，以减少水分的蒸发和避免土壤板结和龟裂。中耕的深度对效果影响较大，过浅效果不好，具体深度取决于苗木的大小和根系分布情况，小苗的根系分布较浅，中耕宜浅，大苗的根系分布较深，中耕宜深。一般幼苗期中耕深度2~4 cm，以后逐渐加深到8~10 cm。除草与中耕可结合进行，但干旱时不除草也要中耕。

6.2.2 除草方法

除草方法有人工除草、机械除草和化学除草。

6.2.2.1 人工除草

人工除草效率较低，工作效率与杂草密度、杂草种类、苗木生长发育阶段、苗木种类和苗龄型等有关。

6.2.2.2 机械除草

人工除草是利用各种形式的除草机械和表土作业机械切断草根，干扰和抑制杂草生长，达到控制和清除杂草的目的。

6.2.2.3 化学除草

化学除草是利用除草剂代替人力或机械，在苗圃、绿地、造林地、防火线等地面上消灭杂草的技术。近年来我国苗圃已广泛采用化学除草。化学除草省工，成本低，除草效果好。

(1) 常用化学除草剂的种类

①选择性除草剂。药剂与植物接触被植物吸收，能杀死杂草而不伤苗。如除草醚、西马津、扑草净等。适用于各类育苗区。

②灭生性除草剂。药剂不分杂草与苗木都能抑制和杀死，如五氯酚钠、甲基胂酸二钠、敌草隆等。适用于休闲地、粪场、水渠外沿等非育苗区。

③触杀性除草剂。药剂只在接触植物的部位发生作用，一般很少吸收到体内进行传导，如除草醚、五氯酚钠等。

④内吸传导性除草剂。药剂被植物吸收后，可运转到没有接触药剂的部分。内吸性除草剂按主要吸收药剂的部位分为两类，一类是茎叶内吸性除草剂，叶片吸收后能将药剂随光合作用产物运输到根系和其他叶片和茎尖上，如二甲四氯、草甘膦、2,4-D 等；另一类是根系内吸性除草剂，根系吸收后随水分上升到叶部，如西马津、敌草隆、绿麦隆等。

苗圃常用化学除草剂见表 6-1。

表 6-1 苗圃常用化学除草剂及其使用方法

药名及亩用量（kg）	主要性能	适用树种	使用时间和方法	注意事项
草枯醚 0.2~0.5	药效期 20~30 d	针叶树类、杨、柳插条、白蜡属、桉属	播后芽前或苗期，喷雾法	针叶树用高剂量，阔叶树用低剂量。杨柳插后苗期毒土法
灭草灵 0.2~0.4	选择性，内吸性药效期 30 d	针叶树类	播后芽前或苗期，喷雾法	用药后保持土壤湿润
茅草枯 0.2~0.4	选择性，内吸性药效期 20~60 d	杨、柳科	播后芽前或苗期，喷雾法	药液现用现配，不宜久存
二氯苯类 0.125~0.2	选择、骨吸性溶解度低，药效期长	针叶树类、棕榈、凤凰木、女贞、悬铃木和杨树插条	针叶树播后芽前或苗期，阔叶树播芽前，喷雾法	注意后茬苗木；针叶树用高剂量，阔叶树用低剂量

(续)

药名及亩用量(kg)	主要性能	适用树种	使用时间和方法	注意事项
甲草胺 0.25~0.5	选择、骨吸型，药效期60~70 d	杨树插条	播后芽前，喷雾法	注意风蚀
氟乐果 0.1~0.2	选择、骨吸性，药效期长	杨树插条	播后芽前，喷雾法	用药后拌土
五氯酚钠 0.3~0.5	灭生性、内吸性，药效期3~7 d	针、阔叶树	播后芽前，喷雾法	出芽后禁用
扑草净 西马津 0.15~0.25	选择、骨吸性溶解度低，药效期长	针叶树类	播后芽前或苗期，喷雾法，茎叶土壤处理	注意后茬苗木的安排

(2) 化学除草剂的合理用药量及施药方法

①合理用药量。施用除草剂，必须了解除草剂有效成分的含量。用药量一般是指按量，计算除草剂的用药量，要注意掌握不同有效成分药剂施药量的换算方法。

苗木因树种、年龄及所在地区不同，其抗药性也不同。因此，在不同情况下除草剂用药量都有一定限度范围，分上限、中限、下限。一般针叶树苗比阔叶树苗抗性强，同一树种两年以上的留、换床苗较当年播种苗抗药性强，因此，阔叶树苗木可选用药量的下限，常绿针叶树苗可选采取用药量的上限，同树种当年生播种苗可选用药量的中、下限，两年生以上的留、换床苗可选用药量的上限。

②施药方法。因药剂的剂型不同，使用方法也不一样。浇洒法适用于水溶剂、乳油和可湿性粉剂，用水量一般每亩500~700 kg，施于苗床和主、副道。喷雾法适用剂型同浇洒法，用喷雾器喷药，每亩用水90~130 kg，施于苗床及主、副道。喷粉法主要用于粉剂和可湿性粉剂，应加入填充剂再施用，用于幼林、防火线和果园。毒土法适用于粉剂、可湿性粉剂和乳油，每亩约用毒土25 kg，施于苗圃、幼林和果园。

施用化学除草剂时间一般选择晴天，施药后12~48 h内无雨；施药速度快慢适宜，均匀周到，一定面积上应刚好施完一定数量的药液，严防漏施、重施；第2次以后施药时，应先拔除杂草再进行。

6.3 施 肥

6.3.1 施肥的作用

施肥是利用肥料改善土壤的肥力因素，并间接改善土壤肥力条件。培育苗木的年龄越大，消耗的养分越多，为了弥补养分消耗，提高土壤肥力，增加合格苗的产量，缩短育苗年限，提高出圃苗木的质量及造林成活率，必须合理施肥。

苗圃施肥之所以能提高苗木质量和产量，是因为土壤本身严重缺乏营养元素，施肥后得到了补充。特别是施用有机肥料，对土壤的物理和化学性质都有良好的改善作用。

①通过施用有机肥料和各种矿质肥料，既给土壤增加营养元素又增加有机质，同时将大量的有益微生物带入土壤中，加速土壤中无机养分的释放，提高难溶性磷的利用率。

②通过施肥改善土壤的物理性质，加速有机质的分解，增加土壤的容气量，如改善土壤的通透性和气热条件，给土壤微生物的生命活动和苗木根系生长创造有利条件。

③通过施肥调节土壤的酸碱度。

④通过施肥促进土壤形成团粒结构，减少土壤养分的淋洗和流失；调节土壤的化学反应，促进某些难溶性的物质的溶解，减少养分的固定，从而提高土壤可给态养分含量。

6.3.2 苗木的营养诊断

通过植物的叶片分析、土壤测定及植物外观、色泽判断等诊断方法确定植物是否缺失元素，以及缺失量，从而确定施肥方案，缺什么，施什么，缺多少，施多少，做到科学施肥，有的放矢。苗木的营养诊断有外形诊断、化学诊断和施肥诊断3种。

(1) 外形诊断

苗木的外部形态是内在因素和外界条件的综合反应，因此，叶片颜色的变化、苗木的长相等，都是判断缺素症的主要外形依据。例如，土壤氮素不足，苗木则矮小瘦弱，叶小而少，叶色黄绿，老叶枯黄或脱落，侧芽死亡，枝梢生长停滞；氮素充足，苗木则生长健壮，叶大而多，叶色浓绿。苗木的这些表现，为确定是否追施氮肥提供依据。植物的外形、色泽等直观诊断见表6-2。

表6-2 营养元素不足的缺素症状

元素	针叶和叶片的变色情况		其他症状
	针叶	叶片	
氮	淡绿~黄绿	叶柄叶基红色	枝条发育不足
磷	先端灰、蓝绿、褐	暗绿、褐斑；老叶红色	针叶小于正常，叶片厚度小于正常
钾	先端黄，颜色逐步过渡	边缘褐色	年轻针叶和叶片小，部分收缩
硫	黄绿~白~蓝	黄绿~白~蓝	
钙	从枝条先端开始变褐	红褐色斑，从叶脉间开始	
镁	先端黄，颜色转变突然	黄斑，从叶片中心开始	针叶和叶片较易脱落

(2) 化学诊断

化学诊断是鉴别苗木缺乏营养元素的比较可靠的手段，因为营养失调一开始往往没有迅速表现出外形症状，但植物体内部的营养状况已发生变化，这些变化可通过化学方法诊断出来。化学诊断通常包括植物组织养分测定和土壤测定两方面。在植物组织中，一般以叶部集中的养分最多，所以叶部鉴定尤为重要。叶组织中各种主要营养元素的缺乏与苗木的生长反应有密切的关系，叶分析的方法是当前较成熟的简单易行的树木营养诊断方法，用这种方法诊断的结果来指导施肥，能获得较好的经济效益。诊断所用主要仪器有原子吸收分光光度计、发射光谱仪、X-射线衍射仪等。如广东怀集对黄化症状的杉木苗进行测定表明，叶部和根部的氮、磷、钾含量均呈规律性下降，特别是针叶的氮、磷含量减少显著，尤以磷为突出，健康苗与严重黄化苗约相差 5 倍；当磷为 30 ppm 左右，针叶便会出现紫红色。在土壤养分方面，红壤土硝态氮 25 ppm 以下，速效磷 5 ppm 以下，速效钾 75 ppm 以下，都算土壤养分缺乏。

当苗圃苗木叶子发紫或呈古铜色，表明苗木缺磷，但不一定意味着土壤缺磷。例如，马尾松苗往往出现针叶颜色发紫的情况。化学分析表明，松针中的矿物质养分较正常苗木低，特别是磷的含量更低；然而，调查土壤的结果表明，这种现象是在土壤过湿、过紧、pH 过高等情况下发生的。因此，遇到苗木叶子发紫或呈古铜色的情况，要结合土壤情况做具体分析，不可一概而论。

用土壤营养诊断方法来反映植物的营养状况，用浸提液提取土壤中各种可给态养分，进行定量分析，以此估计土壤的肥力，确认土壤养分含量的高低，能间接地表示植物营养的盈亏状况，作为施肥的参考依据。叶分析和土壤分析，虽说是不同的两个方面，但他们之间可以相互补充，联系分析。在实际施肥时，应当把叶分析与土壤养分分析结果结合起来，从而更加精准地指导施肥，才有最大的实用价值。目前国内土壤养分速测仪器有土壤养分测定仪 TFC-ID 系列，电脑密码数控自动校准、自动调整、自动充电、自动打印结果；凯氏定氮仪；智能型多功能微电脑土壤分析仪；泰德牌土肥测定仪；睿龙牌系列土壤养分测试仪等。

(3) 施肥诊断

根据初步提出的施肥方案进行试验，若缺素症状消失或大为减轻，就能肯定是缺乏某种营养元素。这种方法既适用于大量元素，也适用微量元素的缺乏症。包括根部追肥、根外追肥和组织浸泡等诊断方法。此外，也可采用现有的施肥处理进行分析研究。

在苗圃土壤不正常情况下，有时苗木的叶子表现出黄化或白化现象，统称为失绿症。有些失绿症与土壤含游离碳酸钙，或者土壤过湿等条件有关；有些失绿症与土壤缺乏某种微量元素有关，这就要通过苗木注射或喷洒微量元素溶液的办法进行诊断。

总之，鉴定苗木的缺素症，应采取综合措施进行诊断。一般苗木缺乏营养元素时，叶子大都呈黄或黄棕色，只是在缺磷的条件下有时呈紫红或呈古铜色，在缺钾的条件下有时呈亮黄色。除营养条件失调外，其他原因也可能引起类似症状。因此，要注意区别下述情况：

①缺素症状与干旱、霜冻、烟害、病虫害和正常秋色等，有类似表现形式。
②不同缺素症所表现的同样外观。
③缺素症状的季节变动。
④种内遗传上的差异及其他原因导致同一缺素症的不同表现。
⑤同时缺乏若干元素与缺乏一种元素所表现的同样症状。

在苗圃里，缺素症状的出现通常是成片或成斑状分布，且出现之后在同一面积上只有症状强弱的变化，而不再蔓延，也就是出现症状的地块面积相对比较固定；而微生物侵染性病害通常从若干点开始，逐渐因传染或虫害活动而向周围蔓延，并且通常能用生物培养法分离出病原菌，或在田间出现害虫或虫卵。

6.3.3 肥料的种类与性质

苗圃使用的肥料多种多样，它们的性质与肥效各不相同。概括起来分为有机肥料、无机肥料和生物肥料。

6.3.3.1 有机肥料

有机肥料是包含有机物的肥料。如堆肥、厩肥、绿肥、泥炭、腐殖酸类肥料、人粪尿、鸡粪、骨粉等。有机肥料含有多种元素，故称为完全肥料。有机质要经过土壤微生物分解，才能被植物吸收利用，肥效慢，又称为迟效肥料。

有机肥料含有大量的有机质，改良土壤的效果最好。有机肥料施于沙土中，既能增加沙土的有机质，又能提高保水性能，给土壤增加有机质，利于土壤微生物生活，使土壤微生物繁殖旺盛，促进土壤形成团粒结构。

(1) 人、动物粪尿

人、动物粪尿含有各种植物营养元素，丰富的有机质和微生物，因此是重要的有机完全肥料，见表 6-3。

表 6-3 人、动物粪尿的养分含量　　　　　　　　　　　　　　　单位:%

类别	成分	水分	有机质	N	P_2O_5	K_2O	CaO
人	粪	70	20	1.0	0.5	0.37	—
	尿	90	3	0.5	0.13	0.19	—
猪	粪	82	15.0	0.56	0.40	0.44	0.99
	尿	96	2.5	0.30	0.12	0.95	—
牛	粪	83	14.5	032	0.25	0.15	0.34
	尿	94	3.0	0.50	0.03	0.65	0.01
马	粪	76	20.0	0.55	0.30	0.24	0.15
	尿	90	6.5	1.20	0.01	1.50	0.45
羊	粪	65	28.0	0.65	0.50	0.25	0.46
	尿	87	7.2	1.40	0.03	2.10	0.16

资料来源：苗圃施肥，南京林产工学院，1982。

①人粪尿。人粪尿是重要的肥源之一，含有氮、磷、钾和有机质。其中含氮量较高而含磷、钾相对较少。所以一般把它看作氮肥。人粪尿肥分比一般有机肥料浓，用量远比一般有机肥料少，改良土壤的作用小。人粪尿应该腐熟后使用，这是为了加速它的肥效和杀灭有害的传染病。腐熟时间为 2~3 周。人粪尿的肥效大致相当于硫酸铵的九成，可作基

肥或追肥。

②牲畜粪尿。牲畜尿含有各种植物营养元素，丰富的有机质和微生物，因此是重要的有机完全肥料。牲畜粪中的氮主要是蛋白质态，不能被苗木直接吸收利用，分解释放速度比较缓慢，尿中的氮呈尿素及其他水溶性有机态，易转化为作物能吸收的铵态氮。牲畜尿中的磷、钾肥效也很好。牲畜粪尿分解速度比人粪尿缓慢，见效也比较迟，为迟效肥料。牛粪粪质细密，含水量多，分解腐熟缓慢，发酵温度低，为冷效肥料。而马粪中纤维较粗，粪质疏松多孔，含很多纤维分解细菌，腐熟分解速度快，发热量大，一般称为热性肥料。羊粪发热性质近似马粪而稍差，猪粪发热性质近似牛粪而较好。马粪除直接用作肥料外，也可用于温床上作发热材料，在制造堆肥时加入适量马粪，可促进堆肥腐熟。但马粪属"火性"，后劲短，而猪粪性质柔和，后劲长。通常牲畜粪尿在使用前先堆沤腐熟，使原来不能被作物直接利用的养料逐渐转化为有效状态，并且在一定程度上杀灭其中所带病原菌、虫卵、杂草种子等，但堆腐时间愈长，腐熟程度愈高，其有机质及氮的损失就愈大。厩肥不一定要等到完成腐熟过程后才使用。在轻质或有机质贫乏的土壤进行改良时，可直接施用新鲜厩肥。在苗圃用作基肥时，一般是均匀撒布在地表，然后翻埋入土壤中，对大苗开沟施用。苗木对厩肥中氮的利用率为10%~30%。大量施用时一般都有良好后效。

(2) 饼肥、堆肥

饼肥、堆肥含有丰富的植物营养元素，见表6-4。

表6-4 饼肥、堆肥的养分含量　　　　　　　　　　　　单位:%

类别＼成分	水分	有机质	N	P_2O_5	K_2O	C/N 比
饼肥	5.5	87	5	1.83	1.5	—
一般堆肥	60~75	15~25	0.4~0.5	0.18~0.26	0.45~0.70	16~20
高温堆肥	—	24.1~41.8	1.05~2.00	0.3~0.82	0.47~2.53	9.67~10.67

资料来源：苗圃施肥，南京林产工学院，1982。

①饼肥。是作物种子榨油后剩余的残渣，因为含氮量高，施用量比一般有机肥少得多，通常把它视为氮肥，但其中的磷、钾也有良好的肥效。饼肥所含氮素，主要是蛋白质形态的有机氮，所含磷素主要是有机态的，绝大部分不能直接被苗木吸收，必须经过微生物分解后才能发挥肥效，所以是缓效性肥料，适宜作基肥。大豆饼当年肥效约为硫酸铵的七成。每公顷用量为1500~2250 kg，要将饼肥磨碎，施用时与土壤混合均匀。

②堆肥。是用作物秸秆、落叶、草皮、杂草、刈割绿肥、垃圾、污水、肥土、少量人畜粪尿等材料，混合堆积，经过一系列转化过程所制成的有机肥料，我国各地很多苗圃使用堆肥作基肥。可以供给苗木所需的各种养分和植物生长激素物质，大量施用还可以增加土壤有机质，改良土壤。堆肥是迟效肥料，一般都用作基肥，施用时要与土壤充分混合。

(3) 泥炭和森林腐殖质

①泥炭。也称草炭，一般含有机质40%~70%，含氮1.0%~2.5%，C/N比率都在20

左右。含磷钾较少，以 P_2O_5 和 K_2O 计，均在 0.3% 左右。多呈酸性反应，pH5~6.5，并且大都含有一定量的铁素。泥炭中的养分绝大部分是苗木不能直接利用的有机化合物状态，但泥炭本身具有强大的保水保肥能力。通常分解程度较低的泥炭适宜作床面覆盖物。分解程度较高的泥炭适宜作堆肥、颗粒肥料及育苗的营养钵肥等。分解程度差的、酸性强的泥炭，可用于喜酸树种的育苗。分解强度高而酸性弱的泥炭，可直接用作肥料，但肥效较差，最好与其他肥料配合施用。

②森林腐殖质。是指森林地表面上的枯落物层，包括未分解和半分解的枯枝落叶无定形有机物。森林腐殖质的 pH 通常为 5~5.6，全氮量为 0.3%~1.5%，速效 P_2O_5 为 50~70 mg/kg，速效 K_2O 为 180~660 mg/kg，一般是阔叶林的腐殖质层养分含量高于针叶林。由于森林腐殖质中的养分大都呈苗木不能立即利用的有机状态。所以通常是用作堆肥的原材料，经过发酵腐熟后作为基肥，大量施入可改良土壤的物理性质。森林腐殖质还含有菌根，可为苗木接种菌根，促进苗木生长和抗性提高。使用森林腐殖质育苗，由于其肥素单一，应与其他化肥混合使用效果更好，如与磷酸铵和硫酸钾混合施用。

（4）绿肥

绿肥是用绿色植物的茎叶等沤制或直接将其翻入土壤中作为肥料。绿肥含营养元素全面，属完全肥料。绿肥的种类很多，如紫云英、苕子、沙打旺、芸芥、草木樨、羽扇豆、黄花苜蓿、大豆、蚕豆、豌豆、肥田萝卜、紫穗槐、胡枝子、荆条、三叶草等，绿肥植物的营养元素含量因植物种类而异，见表6-5。

表 6-5　几种绿肥植物的养分含量(鲜重)　　　　　　　　　单位：%

成分 类别	水分	有机质	N	P_2O_5	K_2O
巢菜	82.0	—	0.56	0.13	0.43
猪屎豆	77.5	22.5	0.44	0.09	0.41
田青	80.0	—	0.52	0.07	0.15
木豆	70.0	27.4	0.64	0.02	0.52
胡枝子	79.0	19.5	0.59	—	0.25
紫穗槐	60.9	—	1.32	0.30	0.79
羽扇豆	82.6	14.4	0.50	0.11	0.25
新鲜野草	70.0	—	0.54	0.15	0.46
苕子	—	—	0.56	0.13	0.43
紫云英	—	—	0.40	0.11	0.35
青刈燕麦	80.1	—	0.37	0.13	0.56

资料来源：重要绿肥作物栽培，中国农科院土肥所，1979。

在绿肥分析结果中，以紫穗槐的含量为最高。总之，绿肥植物磷、钾含量少，在苗圃大量使用绿肥时要补充磷、钾肥,尤其缺补磷肥会影响苗木质量。绿肥的施用方式有刈割运入或就地翻埋,深度一般为 10 cm,15~20 d 腐烂。

6.3.3.2 无机肥料

无机肥料即矿物肥料,包括化学加工的化学肥料和天然开采的矿物质肥料。不含有机质,元素含量高,主要成分能溶于水,或容易变为能被植物吸收的部分,肥效发挥快,大部分无机肥料属于速效性肥料。

(1) 氮肥

①硫酸铵[$(NH_4)_2SO_4$]。又称硫铵,是一种速效性铵态氮肥,含氮量 20%~21%。当施入土壤时,硫酸铵很快就溶于土壤水中,然后发生离子代换作用,大部分氨离子就成为吸附状态。这样可暂时保存,免于淋失。由于土壤中硝化细菌的活动,部分硫酸铵还会逐渐转化为硝酸与硫酸,成为部分硝态氮,铵态氮与硝态氮均可为苗木吸收,但硝态氮不被土壤吸附,易于淋失。苗木吸收 NH_4^+ 比吸收 SO_4^{2-} 快,对 NH_4^+ 的需求量也比 SO_4^{2-} 大得多。因此,硫酸铵具有生理酸性,即由于苗木利用 NH_4^+ 后残留 SO_4^{2-} 于土壤中,从而使土壤逐渐变酸。施肥时应注意:硫酸铵可作基肥,也可作追肥,但在气候湿润的地区最好作追肥使用。施用时干施、湿施均可,干施可以同细土拌匀使用,撒施、条施也可;湿施可用水稀释后浇灌土壤。长期施用会导致土壤板结,所以要同有机肥配合施用。

②氯化铵(NH_4Cl)。含氮量 24%~25%,易溶于水,也是生理酸性肥料,在土壤中的吸附与硫酸铵相似。氯化铵施入土壤中后,短期内不易发生硝化作用,所以损失量比硫酸铵少。氯化铵不宜作种肥,同时还要注意氯离子对苗木的毒害程度。

③碳酸氢铵(NH_4HCO_3)。含氮量 17%~17.5%,易溶于水。在 35~60 ℃的条件下逐渐分解为氨和二氧化碳,这是它的严重缺点,易造成肥分损失,所以贮藏时要保持干燥,严密包装,并且放置于阴凉的地方。碳酸氢铵在土壤中溶解后,在土壤胶体上发生代换作用,铵态氮被吸附保存。由于这种肥料易挥发,而且刚入土壤中时,会因水解而使土壤反应暂时变碱。施用应注意不宜在播种沟中施用,因为暂时的碱性反应会影响种子发芽,可以用作追肥,开沟深施的效果比浅施好,施后要及时覆土,以减少肥分挥发损失。

④硝酸铵(NH_4NO_3)。又称硝铵,它是速效氮肥,有一半呈硝酸态,一半呈铵态,都易被植物吸收。含氮量 34%~35%,水溶液呈中性,在土壤中不残留任何物质,对土壤性质无不良影响,适用于各种土壤和苗木,硝酸态氮在土壤中易淋失,一般只作追肥,硝酸铵不能和碱性肥料混合使用,否则会引起分解,损失氮素。由于硝酸铵具有吸湿、助燃和爆炸性,因此在运输及贮藏时要防湿、防火,并且不能用铁器敲击。

⑤尿素(CH_4N_2O)。含氮量 44%~48%,易溶于水,是固体氮肥中含氮率最高的一种,是中性肥料,适用于各种土壤和苗木。尿素含有的氮素是酰铵态氮,其在土壤中经微生物的作用,转化为碳酸铵,才能被植物吸收,转化速度春秋季需 5~8 d,夏季需 2~4 d。也可进一步变成硝态氮。尿素作基肥、追肥均可,不宜用作种肥。作基肥最好和有机肥混合使用。作追肥用沟施为宜,施后要盖土以防氮挥发。尿素还可用作根外追肥,浓度 0.2%~0.1%,但缩二脲含量高的尿素,不能用作根外追肥。

⑥磷酸铵($NH_4H_2PO_4$)。属于氮磷复合肥类,一般含氮量 12%~18%,含磷量 46%~

52%。肥料易溶于水，但在潮湿的空气中易分解，造成氨挥发损失。不能与碱性肥料混用。磷酸铵为高浓度速效肥料，适用于各种土壤与苗木，也可作基肥使用。

⑦磷酸氢二铵[$(NH_4)_2HPO_4$]。为白色粉末，物理性状良好，易溶于水，含磷量50%，含氮量30%。适用于各种土壤与苗木。可用作基肥与追肥。

a. 氮肥增效剂：如2-氯-6吡啶、硫脲、2-氨基-4氯-6-甲基嘧啶等。许多研究表明，在苗圃施用的氮肥，苗木吸取的氮素化肥不超过施肥量的40%~50%。其余的氮素，有部分转化为有机氮，有部分由于挥发、淋溶和反硝化作用而损失。为提高氮素化肥的施肥效果，试用氮肥增效剂（硝化抑制剂）来抑制土壤中的硝化作用，以防止硝态氮的淋失。增效剂用量为所用氮肥的0.5%~5%，可使氮的损失减少1/5~1/2。此外有些除草剂、杀菌剂和杀虫剂也有类似的效果。如西马津、阿特拉津、氯化苦、乐果等。

b. 长效氮肥：如脲甲醛、脲醛包膜氯化铵、钙镁磷包膜碳酸氢铵、异丁叉二脲、硫衣尿素等。化学氮肥见效快而肥效持续时间短，又易于挥发、固定和淋失，由于一般化学氮肥具有这种特性，人们试图造出一种新型的化学肥料，期望它能在土中逐渐分解或溶解，使肥料中有效养分的释放大体符合苗木整个生长期的要求，这样即可免除多次追肥的麻烦。又能提高肥料的利用率。防止有效养分的挥发或淋失。符合这种要求的肥料称长效肥料。

(2) 磷肥

①过磷酸钙{[$Ca(H_2PO_4)_2 \cdot H_2O$]+$CaSO_4 \cdot 2H_2O$}。又称过磷酸石灰。一般硫酸钙占50%左右，有效磷约占16%~18%。过磷酸钙是水溶的速效肥料。磷酸根离子易被土壤吸收和固定，故流动性小，肥效期长。适用于中性和碱性土壤，也可用于酸性土壤。不能与石灰混在一起使用。苗圃用过磷酸钙应力求靠近根部（不能施于根的上方）才能发挥良好肥效。分层施肥效果更好，也可用于根外喷施，浓度1%~2%。

②磷矿粉。磷矿粉是磷灰石[$Ca_5(SO_4)_3F$]或磷灰土[$Ca_3(SO_4)_2$]磨细制成的，是迟效性磷肥，因磷矿石不同，含磷量也不同，最低约为15%，最高达38%。施用于缺磷的酸性土壤肥效好，如施在pH 6.5以下的土壤中。不宜施在中性或碱性土壤中。一般用作基肥，不宜作追肥。

③钙镁磷肥。是迟效性磷肥，含磷率为14%~18%，含氧化镁12%~18%，含氧化钙25%~30%。不溶于水，能溶于弱酸。呈微碱性，适用于酸性、微酸性土壤和缺镁贫瘠的沙土。与有机肥堆制后再用肥效更好。

(3) 钾肥

①硫酸钾(K_2SO_4)。硫酸钾是速效性钾肥，含钾量为48%~52%，能溶于水，是生理酸性肥料。适用于碱性或中性土壤，如用在酸性土壤，要与石灰性间隔施用。作基肥、追肥均可，但以基肥较好。

②氯化钾(KCl)。含K_2O为40%~50%，速效性钾肥，易溶于水，是一种生理酸性肥料，适用于碱性或中性土壤，可作基肥和追肥。

新肥料的研制和应用前景良好。我国产的多元磁化肥，利用率比美国产的复合肥磷酸二铵还要高出5%~10%，后者的达70%~80%；多功能专用复合肥"丰田宝"，经试验，相比普通肥能增产10%，并克服复合肥使用黏结剂导致土壤酸化和污染问题。

6.3.3.3 生物肥料

生物肥料是指一类含有大量活的微生物的特殊肥料。这类肥料施入土壤中，大量活的微生物在适宜条件下能够积极活动：有的可在作物根的周围大量繁殖，发挥自生固氮或联合固氮作用；有的还可分解磷、钾矿质元素供给作物吸收或分泌生长激素刺激作物生长。生物肥料不是直接供给作物需要的营养物质，而是通过大量活的微生物在土壤中的积极活动来提供作物需要的营养物质或产生激素来刺激作物生长，这与有机肥和化肥的作用在本质上是不同的。生物肥料的种类很多，现在推广应用的主要有根瘤菌类肥料、固氮菌类肥料、解磷解钾菌类肥料、抗生菌类肥料和真菌类肥料等。

6.3.4 施肥原则和施肥量

施肥的良好效果，是在科学施肥的基础上取得的。如果施肥不合理，不但不能提高苗木产量和质量，有时会得到相反的结果。要得到施肥的最好效果，必须在了解苗圃的土壤、气候条件的基础上，参照育苗树种的特性，选用适宜的肥料，各种肥料混合使用，科学的确定施肥量，施肥适时，正确施肥，并且必须配合合理的耕作制度等措施。

6.3.4.1 合理施肥原则

(1) 根据苗圃的土壤养分状况施肥

缺少什么元素就施用什么元素。如在红土壤和酸性沙土中，磷和钾的供应量不足，施肥时应增加磷、钾肥。华北的褐色土中，虽然磷、钾的供应情况比上述土壤较好，但氮、磷仍然不足，故应以氮、磷为主。钾肥可以不施或少施。

质地较黏的土壤通透性不好，为了改良其物理性状，施肥应以有机肥为主。沙土有机质少，保水保肥能力差，更要以有机肥料为主，追肥要少量多次。酸性土壤要选用碱性肥料。氮素肥料选用硝态氮较好。在酸性土壤中的磷更易被土壤固定，钾、钙和氧化镁等元素易流失，故应施用钙镁磷肥和磷矿粉等肥料以及草木灰可溶性钾盐或石灰等。碱性土壤要选用酸性肥料。氮素肥料以铵态氮肥如硫酸铵或氯化铵等效果好。在碱性土壤中磷容易被固定，不易被苗木吸收利用，选用肥料时，选水溶性磷肥，如过磷酸钙或磷酸铵等。在碱性土壤中常出现缺铁失绿症。在碱性土壤上除选用酸性肥料外，还要配合多施有机肥料或施用土壤调节剂如硫黄或石膏等。在中性或接近中性，物理性也很好的土壤，适用肥料较多，但也要避免施用碱性肥料。

我国一般土壤中氮的水平相当低，在苗圃地上施用氮肥，可提高苗木的生长量和质量。但对一些有机质含量高、氮素极充足的土壤，应考虑加大施用磷钾肥的比例。

(2) 根据气候条件施肥

夏季大雨后，土壤中硝态氮大量流失，这时，立即追施速效氮肥，肥效比雨前施好。根外追肥最好在清晨、傍晚或阴天进行，雨前或雨天根外追肥无效。在气温较正常偏高的年份，苗木第一次追肥的时间可适当提前一些。在气候温暖多雨地区有机质分解快，施有机肥料时宜用分解慢的半腐熟的有机肥料。追肥次数宜多，每次用量宜少。在气候寒冷地区有机质分解较慢，有机肥料的腐熟程度可稍高些，但不要腐熟过度，以免损失氮素。降水少，追肥次数可少，施肥量可增加。

(3) 根据苗木情况施肥

一般苗木以氮肥为主，而刺槐一类豆科苗木却以磷肥为主，对弱苗要重点施用速效性氮肥；对高生长旺盛的苗木可适当补充钾肥，对表现出缺乏某种矿质营养元素症状的苗木，要对症施肥，及时追肥。对一些根系尚未恢复生长的移植苗，只宜施用有机肥料作为基肥，不宜过早追施速效化肥。

(4) 各种肥料配合施肥

氮、磷、钾和有机肥料配合使用的效果好。因为三要素配合使用能相互促进发挥作用。磷能促进根系发达，利于苗木吸收氮素，还能促进氮的合成作用。速效氮、磷与有机肥料混合作基肥，减少磷被土壤固定，提高磷肥的肥效，又能减少氮的淋失，提高氮的肥效。混合肥料必须注意各种肥料的相互关系，不是任何肥料都能混合施用，有些肥料一旦混用会降低肥效。各种肥料可否混合施用见表6-7。

(5) 根据气候条件选择肥料种类

矿质氮肥既可作追肥又可作基肥，但作基肥不要用硝酸铵等硝态氮肥，宜用硫酸铵和尿素。在冬季或早春降雨多，易发生肥料淋失的地区，不宜用氮肥作基肥。磷肥虽可作追肥，但作基肥的效果好，故一般用作基肥。钾肥一般作追肥为主，也可作基肥。

寒害或旱害以及病虫害等较严重的地区为使苗木健壮，要适当多用含钾的有机肥料如草木灰、草皮土和腐熟的堆肥等，适当减少氮肥施用量。基肥要以有机肥料为主，适当配合矿质肥料。而追肥必须用速效肥料。施肥要适时适量，并且基肥与追肥配合使用，保证及时而稳定的供应苗木养分，并能减少无机肥料的养分淋失。

6.3.4.2 施肥量

确定施肥量，首先要诊断土壤现有的养分含量是多少，根据所栽培树种需要的养分等级（浓度），两者之差即为要补充给土壤的养分量，再转变为施肥量。各地土壤养分成分的含量和比例关系不同，土壤中含氮最丰富的是东北平原的黑土，全氮量为 0.1%~0.5%，茂密森林覆被下的土壤为 0.5%~0.7%，而一般耕地上土壤全氮量相当低，常低于 0.1%。施肥时要考虑土壤原有的氮素状况，在一般苗圃土壤上，应以氮肥为主，但对于一些有机质含量高，氮素极充足的土壤，就应考虑加大施用磷钾肥。

各地土壤中磷的总含量，最高的为 0.35%，东北平原黑土为 0.13%~0.15%，南方茂密森林覆被下的土壤表层可达 0.20%~0.25%，南方强酸性的荒地土壤、耕地及沙土中，全磷量很低，大都在 0.1% 以下，在石灰性土壤中，磷可被固定为难溶性的磷酸三钙，苗木不易利用，通常在石灰性土壤中施入水溶性的过磷酸钙作肥料苗木能够吸收一小部分。其余还是被土壤固定。应当采取降低土壤 pH 的办法，使磷成为可给态。在微酸性到中性的非石灰性土壤中，磷肥的利用率稍高，在强酸性土壤中，磷也大都成为难溶性磷酸铝和磷酸铁状态，苗木较难利用。因此，在石灰性土壤或强酸性土壤中，都易发生缺磷状况，施肥时磷所占的比例要相应增大一些。各地土壤中全钾量，也有较大差异，在东北平原、华北平原土壤中为1.8%~2.5%，长江以南的酸性土壤中则为0.5%左右。由花岗岩、片麻岩、斑岩、云母片岩、长石砂岩一类岩石发育的土壤，含钾量都特别丰富。一般说来，各地土壤中的全钾量和有效钾含量都是不少的，除石英沙土及某些热带砖红壤及类似的土壤以外，是不缺钾的。对苗木而言，只有在大量施氮、磷肥的苗圃地，或者为了增强苗木抗性，才需要补给钾肥。苗圃土壤的养分等级见表6-6。

表6-6 苗圃土壤养分分级标准

土壤养分等级	全氮量(%)	速效性养分(kg/hm²)	
		P_2O_5	K_2O
甲级	0.2	112.5	285
乙级	0.12	78.85	225
丙级	0.07	28.5	112.5

资料来源：苗圃施肥，南京林产工学院，1982。

在全氮量低于0.1%的土壤中，单施氮肥或施用以氮为主的氮磷钾平衡肥料，对针阔叶树苗都有显著肥效。在一般苗圃土壤中施肥，应以氮肥为主，磷、钾肥适当配合，但在一些缺磷或缺钾土壤中，施肥时要适当增加磷或钾肥所占比例。

6.3.5 施肥时期与方法

6.3.5.1 施肥时期

苗木自土壤中吸收养分的季节动态，与苗木生长习性、根系状况有密切联系。因此，在苗圃生产中首先要掌握各种苗木的年生长过程；有条件的可通过植物分析，了解它们对各种营养元素的吸收状况，以便为考虑施肥时期提供资料。其次，施肥时期应根据生产经验并且通过科学试验，确定合适的施肥时期，以提高肥料的使用效率和获得良好的效果。生产中很重要的一条经验就是施足基肥（有机肥料和磷肥），以保证在一年中苗木整个生长期间能获得充足的矿质养料。一般来说，1年生苗木的追肥时期应在幼苗期（或生长初期）和速生期的前期。如落叶松的第一次追肥通常是在生出2~3层真叶时开始。追肥的次数，用速效性氮肥可分成1~3次施入，以保证苗木在速生期长所需要的大量养分。有些地方在秋初也使用磷钾作后期追肥，目的是促进径向生长以及增加磷、钾在苗木体内的贮存，加速苗木木质化进程。对于一些生根快、生长量大的扦插苗可早期追肥。播种苗可在夏秋季追肥。通常认为，苗圃追氮肥的时间最迟不能超过8月。个别树种在南方可推迟到9月，北方为了苗木越冬施肥时间不可太晚。

6.3.5.2 施肥方法

(1) 施基肥

我国苗圃地的土壤肥力一般较差,为了改良土壤多施用基肥,基肥一般以有机肥料为主,如堆肥、厩肥、绿肥等,有机肥与矿质肥料混合使用效果更好。为了调节土壤的酸碱度,改良土壤施用石灰、硫黄或石膏等间接肥料时也应作基肥。

施基肥的方法,一般是在耕地前将肥料全面撒于苗圃地,耕地时把肥料翻入耕作层中,施肥要达一定深度,施基肥的深度应在15~17 cm。

(2) 施种肥

种肥是在播种时或播种前施于种子附近的肥料。一般以速效磷为主。种肥一般用过磷酸钙制成颗粒肥施用,与种子同时播下。容易灼伤种子或幼苗的肥料如尿素、碳酸氢铵、磷酸铵等,不宜用作种肥。

(3) 追肥

追肥是在苗木生长发育期间施用的速效性肥料,目的在于及时供应苗木生长发育旺盛时对养分的大量需要,以加强苗木的生长发育,达到提高合格苗产量和改进苗木质量的目的。同时也是为了经济有效地利用速效肥料,以避免速效养分被固定或淋失。为了施肥均匀,一般都先加几倍的细土搅拌均匀或加水溶解后使用。

① 土壤追肥。常用的方法有撒施、条施和浇施。

a. 撒施:把肥料均匀地撒在苗床或苗圃地,浅耙1~2次以盖土。对于速效磷钾肥,由于它们在土壤中移动性很小,撒施的效果差,对于用尿素、碳酸氢铵等氮肥作追肥时,不应撒施。据资料,撒施尿素时当年苗木只能吸收利用其中氮的14%,随水灌溉施用为27%,条施可达45%。

b. 条施:又称沟施,在苗木行间或行列附近开沟,把肥料施入后盖土。开沟的深度以达到吸收根最多的层次,即表土下5~20 cm为宜,特别是追施磷钾肥。

c. 浇施:把肥料溶解在水中,全面浇在苗床或行间后盖土。有时也可使肥料随灌溉施入土壤中。浇灌的缺点是施肥浅,肥料不能全部被土覆盖,因而肥效减低。对多数肥料而言,不如沟施效果好。更不适用于磷肥和挥发性较大的肥料。

② 根外追肥。是在苗木生长期间将速效性肥料施于地上部分的叶子,使之吸收而立即供应苗木的需要。根外追肥可避免土壤对肥料的固定或淋失,肥料用量少而效率高。供应养料的速度比土壤中追肥更快。根外追肥能及时供给苗木所亟须的营养元素,喷施后约经几十分钟到两小时苗木即开始吸收,经约24 h能吸收50%以上,经2~5 d可全部吸收。节省肥料,能严格按照苗木生长的需要供给营养元素。根外追肥浓度要适宜,过高会灼伤苗木,甚至会造成大量死亡。如磷钾肥料浓度以1%为宜,最高不能超过2%,磷、钾比例为3∶1。尿素浓度以0.2%~0.5%为宜。为了使溶液能以极细的微粒分布在叶面上,应使用压力较大的喷雾器,喷施溶液的时间宜在傍晚,以溶液不滴下为宜。根外追肥一般要喷3~4次。它只能作为一种补充施肥的方法。

表 6-7　各种肥料混合施用情况表

		1	2	3	4	5	6	7	8	9	10	11	12	13	14	15	16	17	18	19	20	21	22	23
1	硫酸铵																							
2	硝酸铵	●																						
3	氨水	×	×																					
4	碳酸氢铵	×	●	×																				
5	尿素	○	●	×	×																			
6	石灰氮	×	×	○	×	×																		
7	氯化铵	○	●	×	×	×	×																	
8	过磷酸钙	○	●	○	×	○	×	○																
9	钙镁磷肥	●	●	○	○	○	×	×	×															
10	硼酸肥料	○	○	×	×	○	×	○	○	●														
11	硫酸锰	○	○	×	×	×	×	×	○	×	○													
12	骨粉类	○	×	×	×	×	×	×	×	×	×	×												
13	重过磷酸钙	○	●	×	×	×	×	×	○	×	×	×	○											
14	磷矿粉	○	○	×	○	×	○	×	●	○	○	○	●	○										
15	硫酸钾	○	●	×	●	×	○	×	○	○	○	○	○	○	○									
16	氯化钾	○	●	×	×	×	●	×	○	○	○	○	○	○	○	○								
17	窑灰钾肥	×	×	×	×	×	×	×	×	×	×	×	×	×	×	×	×							
18	磷酸铵	○	●	×	×	×	×	×	○	○	○	○	○	○	○	○	○	×						
19	硝酸磷肥	●	×	×	●	×	×	●	×	×	○	○	●	○	●	○	○	×	●					
20	钾氮混合肥	○	●	×	×	×	×	●	○	○	○	○	○	○	○	○	○	×	○	●				
21	氨化过磷酸钙		●	×	×	×	×	○	●	×	×	×	○	×	×	×	×	×	●	×	○			
22	草木、石灰	×	×	×	×	×	×	×	×	×	×	×	×	×	×	×	×	×	×	×	×	×		
23	粪、尿	○	○	×	○	×	×	×	×	×	×	×	×	×	×	×	×	×	×	×	×	×	×	
24	厩肥、堆肥	○	×	○	○	○	○	○	○	○	○	○	○	○	○	○	○	○	○	○	○	×	○	○

注：○可以混合；●混合后不宜久放；×不可混合。

（4）施肥新技术

现在苗圃施肥存在着肥料总量不足，施肥和肥料结构不合理，肥料分配不当，化肥施用不合理，浪费严重，导致环境污染；盲目施肥的多，科学施肥的少；在容器育苗配合的基质中，施肥量与苗木需肥量和苗木生长之间存在相互不适应等现象。国内外土壤肥料科研人员在这方面做了大量工作，取得了很多成果，但许多施肥方面的科研新技术还未在苗圃育苗上得到应用。

①二氧化碳气体肥施用技术。北京农学院研制了一套计算机测控封闭状态下（塑料大棚内）育苗二氧化碳浓度的系统设备。在自然状态下大气中二氧化碳浓度较低为 300 mg/kg，苗木生物量（鲜重）平均增加 30% 左右。对国槐、黄栌、侧柏、银杏高生长和地径生长有极显著的促长作用。施气肥要与苗木的生长周期相适应，日施肥、月施肥、季施肥规律不同。利用酿酒厂废气二氧化碳进行施肥是一项环保新技术。

②高效测土平衡施肥技术。中国农业科学院土壤肥料所使用联合浸提剂测定土壤各大、中、微量营养元素速效含量，只要一人就可操作，一天便可以完成60个样品11种营养元素840个项次的测定，比常规土壤测土推荐施肥技术提高工作效率8~10倍，大大提高了测土推荐施肥工作的时效性。通过计算各营养元素的缺素临界值，并制作电子表格软件，研制成功一套集统计分析计算、分类汇总、数据库管理、图表编辑、施肥推荐和检索查询等功能于一体的计算机数据库及数据管理系统。应用该系统，可在施肥推荐时，根据土壤测试和吸附试验结果，植物类型及测量目标等，用计算机确定各营养元素的施用量，由此形成一套完整的土壤养分综合系统评价和平衡施肥推荐技术。

6.4 其他抚育管理措施

6.4.1 截根

幼苗截根主要是截断苗木的主根，截根的作用在于除去主根的顶端优势，控制主根的生长，促进苗木多生侧根和须根，扩大根系的吸收面积；截根能抑制苗木高生长，防止徒长，促进苗木充分木质化等。截根适用于主根粗长而侧根较少的树种，如油松、樟子松、栎类、核桃、樟树等。

①截根时期。应在秋季苗木硬化期，以及苗木根系生长停止前进行，使苗木截根后还有较长的生长期，以发展侧根。北方可在7月中下旬，苗高8~10 cm时进行。此外，培育两年以上的留床苗也可在第一年秋季生长停止后、土壤尚未冻结前截根。

②截根方法。可使用拖拉机等牵引截根刀，从苗床表面下部10~15 cm处切断主根；也可用锹在苗床两侧或垄旁向土中斜切，以切断主根。截根后应立即灌溉，并增施磷、钾肥料，促使苗木苗壮生长。

6.4.2 苗木保护

6.4.2.1 苗木防寒

(1)越冬保苗

在冬季寒冷的北方，苗木在原地越冬经常大量死亡的原因，一般多是在早春因干旱风的吹袭，使苗木地上部分失水太多，而根系因土壤冻结不能供应地上所需的水分，苗木体内因失去水分平衡而致死。

越冬保苗的方法很多，如土埋、盖草、设防风障和暖棚等方法。现分别介绍如下。

①土埋法。是防止苗木生理干旱较好的方法。如辽宁阜新市的樟子松苗，用土埋法的死亡率只有3%，而用遮阴法及对照的苗木都全部死亡。

本法适用于大多数春季易患生理干旱的苗木，如红松、云杉、冷杉、油松、樟子松、核桃和板栗等。

埋苗的时间不宜太早，在土壤结冻之前开始，早埋苗木易腐烂。埋土厚度因地而异，总之超过苗梢1~10 cm。苗床南侧覆土宜稍厚。生长高的苗木可以卧倒用土埋住。

翌春撤土的时间很重要，早撤仍易患生理干旱，晚撤易捂坏甚至使苗木腐烂，宜选起苗时或在苗木开始萌芽前，分两次撤除覆土较好。撤土后要立即进行一次充足的灌溉，以满足早春苗木所需水分，这是防止早春生理干旱的有效措施。

②覆草。对春旱不太敏感的苗木可用覆草法，防止苗木水分的蒸腾，即在降雪后用麦秆或其他草类将苗木加以覆盖，覆盖的厚度超过梢3 cm以上。为了防止草被风吹走，可用草绳压住覆草。圃地如果太干，应在土壤结冻前进行灌溉。在春季起苗前一周左右撤草，过早仍会受旱风危害。

此法较土埋法的效果差。苗木死亡率虽然不太高，但是费用高于土埋法的数倍。

③防风障。在冬季和春季风大的北方，可用防风障防止苗木的生理干旱。防风障能减低风速，减少苗木水分的蒸腾，并增加积雪，起到保护苗木的作用。防风障防干旱的效果也较好。例如，吉林省八家子林业局的鱼鳞松2年生苗试验表明，设防风障的死亡率为11.2%，未设风障的死亡率为64%。当年苗木生长情况前者也比后者好。

我国北方一般在土壤结冻前用秫秸建立防风障。针叶树苗每隔2~3床，用秫秸等建一道风障，风障的长度与主风方向垂直设立，梢端向顺风方向稍倾斜或垂直均可。

覆草防寒的育苗和假植区防风障的距离，一般是每隔障高的5~10倍设一道防风障。设防风障预防春旱有效。但用料太多，费工费料，增加苗木成本。

④暖棚。暖棚又称霜棚。在我国的南方，苗木越冬时，可用暖棚，春季也有防霜冻的作用。其构造与荫棚相似，但是暖棚要密而且北面与地面相接，南面高。棚的高度比苗稍高。

(2) 防霜冻

春季播种或插条的幼苗刚发芽如遇晚霜幼苗易遭霜冻，防护方法有以下几种。

①熏烟法。温暖的烟雾能吸收一部分水蒸气，使其凝成水滴放出潜热，能使地表气温增高1~2 ℃，此法用于平地效果较好。熏烟时应先准备熏烟材料，如稻草、麦秸、锯末、棉壳皮、秫秸、枝条等。每公顷平均分布约50堆，每堆20~25 kg。在预知有寒霜的夜间，当温度下降到0 ℃时，把草堆燃烧，燃烧时做到火小烟大。如火势不好，可将火堆加以松动，太旺可压紧，保持有较浓的烟幕。日出后应继续保留浓烟1~2 h。

②灌溉法。在霜冻来临之前，用喷灌或地面灌溉防霜较为有效。因水的比热较大，冷却迟缓，水汽凝结时放出凝结热，故能提高地表温度。据试验表明，地面灌溉的圃地能提高2 ℃以上。春季灌水既能防霜冻，又能免受春季干旱。

6.4.2.2 病虫害防治

苗木在生长过程中，常常会受到病虫危害。防治病虫害必须贯彻"防重于治"的原则。如果苗圃的病虫害发展到严重的程度，不仅增加防治的困难，而且会造成无法挽救的损失。因此，在防治上要掌握"治早，治了"。关于育苗技术上的预防措施在前面有关章节中已有阐述。至于发现问题用药物防治病虫害的具体措施，因在有关课程中已讲授，故本单元从略。

6.4.3 轮作

6.4.3.1 轮作的意义

在同一块土地上，用不同树种或将树种和农作物（绿肥作物或牧草）按一定的顺序轮换种植的方法称为轮作，又称换茬。在同一块土地上连年培育同一种苗木的方法称为连作。轮作是生物改良土壤的措施之一，实践证明，合理轮作，能提高苗木的产量和质量。

轮作的苗木产量高，质量好，是由于轮作具有以下优点。

①在苗圃中不同树种轮作或与农作物、绿肥、牧草换茬，不仅使土壤增加有机质，还使土壤形成团粒结构，改善土壤的肥力条件，提高土壤肥力。

②轮作是一种较好的生物防治病虫草害的措施之一，通过轮作可以改变病原菌、害虫和杂草的生活环境，使它们失去原来的生存条件而逐渐死亡。

③在苗圃中实行轮作，还可以收获一部分农产品和饲料，对于苗圃开展多种经营，综合利用有一定的现实意义。

6.4.3.2 轮作的方法

苗圃地的轮作，要根据育苗的任务，树种和农作物等的生物学特性，以及它们与土壤的相互关系，进行合理的安排。我国各地苗圃应用的轮作方法很多，大体归纳为下列几种。

（1）树种与树种轮作

这种轮作方法是在育苗树种较多的情况下，能充分利用土地，将没有共同病虫害的、对土壤肥力要求不同的乔灌木树种进行轮作。如红松、落叶松、油松、马尾松等针叶树种类，即可以互相轮作，也可连作。这些松类苗木具有菌根，因而连作苗木生长仍好。但间隔数年如能休闲或半休闲一次，便于恢复地力，有利育苗。

杨树、榆树、黄波罗等树种不宜连作，油松在板栗、杨树、刺槐等茬地上育苗，生长良好，病虫害较少。油松、白皮松与合欢、复叶槭、皂荚轮作，可减少猝倒病。杉木、马尾松在白榆、槐树茬地上育苗生长良好。刺槐、紫穗槐、杉木连作的产苗量比轮作产苗量低，而且苗木生长弱。实施树种间的轮作还必须了解各种苗木对土壤水分和养分的不同要求，各种苗木易感染的病虫害种类的抗性大小，以及树种的互利和不利的作用等情况，才能做到树种间的合理轮作。

（2）树种与农作物轮作

苗圃适当的种植农作物和绿肥作物等，对增加土壤有机质，提高肥力有一定的作用。目前在生产上多采用苗木与豆类，或其他农作物进行轮作。在南方实践证明，松苗与稻田轮作效果良好，杂草、病虫害少。一般是松苗连作几年后，种一季水稻，以后再连续育苗几年。据东北地区的轮作试验，水曲柳—黄豆—杨树—榆树—黄波罗—休闲较好。而落叶松、赤松、樟子松、云杉等不宜与黄豆地换茬，易引发病虫害。

(3) 休闲

休闲也可说是一种轮作方式。只耕作管理的称全休闲。在休闲地上种植豆科植物以增加氮素含量的，称为半休闲。一般把豆科植物在花期即翻入地下，以增加土壤肥力，也可以收获，休闲地一般占育苗地面积10%~15%，各育苗区轮换间隔2~3年休闲1次。

 实践训练

实训项目6-1　灌溉技术

一、实训目标

通过本次实训理解灌溉对育苗的重要作用，初步认识喷灌、滴灌等先进灌溉设备的组成构造等，掌握几种常用的灌溉方法。

二、实训场所

学校苗圃、种苗实训基地或附近种苗生产企业。

三、实训形式

在教师指导下分组进行实训。

四、实训条件

按组配备各种管道、喷头、毛管等。

五、实训内容与方法

①观摩学校苗圃或企业绿地的喷灌、滴灌设施。
②在教师的指导下，利用实训材料简单地连接好喷灌、滴灌设备，并进行试用。

六、注意事项

在观摩时应充分了解各种灌溉设施对土壤、作物的灌溉效果；了解单位时间的灌溉量。

七、实训报告要求

撰写整个灌溉操作过程及操作的要点和注意事项。

实训项目6-2　中耕、除草

一、实训目标

通过本次实训进一步了解中耕除草在育苗中的作用；掌握中耕除草的主要方法；学会使用各种除草剂除草。

二、实训场所

学校苗圃、种苗实训基地或附近种苗生产企业。

三、实训形式

在教师指导下学生分组进行操作。

四、实训条件

水桶、盆、量杯或量筒、除草剂、喷雾器、勺子、锄头等。

五、实训内容与方法

（一）人工除草

进行半小时的人工中耕除草。

（二）化学除草

按一定浓度配制除草剂。选择以下几种除草方法进行实操。

1. 浇洒法

适用于水溶剂、乳油和可湿性粉剂，一般每亩用水量 500~700 kg，施于苗床和主、副道。

2. 喷雾法

适用剂型同浇洒法，用喷雾器喷药，每亩用水量 90~130 kg，用于苗床及主、副道。

3. 喷粉法

主要适用于粉剂和可湿性粉剂，应加入填充剂再施用。

4. 毒土法

适用于粉剂、可湿性粉剂和乳油，每亩约用毒土 25 kg。

六、注意事项

在人工除草时尽可能避免带苗；一般要求在晴天施用化学除草剂，施药后 12~48 h 内无雨；喷药速度要快慢适宜，均匀，一定面积上应刚好喷完一定数量的药液，严防漏施、重施。

七、实训报告要求

撰写整个中耕、除草操作过程及操作的要点和注意事项。

实训项目 6-3　苗木施肥

一、实训目标

通过本次实训理解苗木施肥的重要意义；熟悉肥料的分类；学会苗木的营养诊断；掌握苗圃施肥方法及操作技能技巧。

二、实训场所

学校苗圃、种苗实训基地或附近种苗生产企业。

三、实训形式

在教师的指导下进行苗木营养诊断、认识肥料种类、施基肥和追赶肥。

四、实训条件

苗床、各种肥料、喷雾器、量筒、水桶、瓢、锄头、镐、桶等。

五、实训内容与方法

（一）苗木营养诊断

根据苗木外形、色泽对植物进行营养诊断。

（二）施肥方法及操作

1. 施基肥

一般是在耕地前将肥料全面撒于圃地，耕地时把肥料翻入土层中，深度应在 15~17 cm

2. 施种肥

一般以速效磷为主，用过磷酸钙制成颗粒肥与种子同时播下。

3. 追肥

①撒施。在下小雨时把尿素、碳酸氢铵等肥料均匀地撒在苗床上。

②条施。在苗木行间开沟，把肥料施入后盖土。开沟的深度以达到吸收根最多的层次为宜，即表土下 5~20 cm，特别是追施磷、钾肥。

③浇施。把经过腐熟的人粪尿或畜粪尿稀释后，均匀地撒施在苗床上。或将 0.5%尿素水溶液撒施在苗床上。

④根外追肥。磷、钾肥料浓度为 1%，磷、钾比例为 3∶1。尿素浓度为 0.2%~0.5%。用喷雾器均匀地喷洒在叶片上。

六、注意事项

注意施肥浓度不能过高，否则易烧叶、烧根；特别注意硝铵不能用铁器敲击，易燃易爆；根外追肥时叶片的正反两面都要喷洒。

七、实训报告要求

(1) 撰写各种施肥操作过程及技术要点，着重阐述实训中要注意的问题。

(2) 撰写苗木施肥的操作过程所遇到问题的解决方法。

实训项目 6-4　苗木防寒

一、实训目标

通过本次实训了解苗木防寒防冻的重要意义；掌握各种防寒方法的操作技能。

二、实训场所

学校苗圃、种苗实训基地。

三、实训形式

在老师指导下分小组进行操作。

四、实训条件

竹竿或小树枝、稻草或秸秆、稻壳、麦秸、锯末、棉籽壳皮、水壶或水桶、瓢、锄头、土箕、锹、镐等。

五、实训内容与方法

(一) 土埋法

埋土厚度因地而异，一般以超过苗梢 1~10 cm 为宜。苗床南侧覆土宜稍厚。生长高的苗木可以卧倒用土埋住。

(二) 风障

设防风障一般在土壤结冻前用秫秸建立防风障。针叶树苗每隔 2~3 床，用秫秸等建一道障，风障的长度与主风方向垂直设立，梢端向顺风方向稍倾斜或垂直均可。

(三) 烟法

每公顷平均堆积约 50 堆稻壳、麦秸、棉籽壳等混合物，每堆 20~25 kg。当温度下降到

0 ℃时，把草堆点燃，燃烧时要作到火小烟大。日出后应继续保留浓烟1~2 h。

六、注意事项

防风障的长度与主风方向垂直；用熏烟法防霜时应注意清理火堆周围的易燃物，以免引起火灾，烧坏苗木。

七、实训报告要求

撰写整个防寒防冻的操作过程及各操作的技术要点和注意事项。

 巩固拓展

一、名词解释

1. 喷灌；2. 滴灌；3. 截根；4. 化学除草；5. 根外追肥。

二、填空题

1. 灌溉方法有侧方灌溉（沟灌）、（　　）、（　　）、滴灌、微喷灌和地下灌溉。
2. 除草的方法有（　　）、（　　）和化学除草。
3. 土壤追肥常用的方法有撒施（　　）、（　　）和（　　）。

三、简答题

1. 在灌溉中怎样确定灌溉量？灌溉注意事项有哪些？
2. 比较漫灌、喷灌和滴灌的优缺点？
3. 在育苗的抚育管理过程中中耕除草有什么作用？
4. 化学除草剂通常分有哪些类型？在使用化学除草剂时应注意哪些问题？
5. 施肥的原则是什么？怎样给苗木进行根外追肥？
6. 苗木的防寒措施有哪些？

四、知识拓展

1. 赵裕明，田云，史浩，等. 国内外节水灌溉技术的发展趋势[J]. 黑龙江科技信息，2014(30)：244，295.
2. 原阳晨. 苗圃智能化信息管理系统研究[D]. 保定：河北农业大学. 2019.
3. 杨波，冯建森，李锋，等. 酒泉市林业苗圃杂草危害规律及除草剂防治应用研究[J]. 林业实用技术，2018(01)：30-34.

单元 7　温室和容器育苗

学习目标

知识目标

1. 认识不同类型的温室大棚。
2. 掌握温室大棚育苗技术。
3. 认识不同类型的容器及其用途。
4. 掌握容器育苗技术要点。

技能目标

1. 会识别不同类型的温室大棚；会根据育苗情况进行温室设施的调控和管理。
2. 会根据生产过程组织并进行容器育苗，能独立进行容器苗管理。
3. 基本能依据育苗技术规程的国标地标开展基层人员培训。

素质目标

1. 具备创新精神，创业能力和综合运用所学知识的能力。
2. 具有能干、吃苦、爱岗的职业素养。
3. 具有分析和解决温室及容器育苗生产过程中实际问题的能力。
4. 具有良好的沟通能力和团结协作的精神。

理论知识

7.1　温室育苗

7.1.1　温室育苗的特点及应用

温室也称暖房，是采用透光材料覆盖屋面而形成的具有保护性能的育苗或栽培的生产设施。温室是植物栽培中最重要，对环境因子调控最全面、应用最广泛的栽培设施。尤其在花卉、蔬菜栽培中，露地栽培正向温室化方向发展。我国温室面积也迅速增长，同时我国的温室控制系统研究比较晚，从目前的研究情况看，科研水平与国外仍有较大差距。我国温室中95%以上为日光温室。普通加温温室和大型现代化温室，因能源问题，运行效果不经济使其在我国大面积发展受限制。

图 7-1　温室育苗

温室育苗（图7-1）不同于室外育苗。温室育苗生产能抵御自然灾害、防霜、防轻冻、防风、防轻度冰雹等。温室内的温度、光照、湿度等，均较露地更易于调节和控制，使之适于苗木生长需要。温室育苗其气候因子及生长条件主要由人工控制，改变了传统的春播形式，可提前育苗60~90 d，延长了苗木生长期，变一季育苗为两季育苗。温室育苗对于珍贵树种尤为重要。然而，温室栽培属于高投入、高产出的技术密集型产业，对技术人员要求标准高，工作难度大，需严格掌握，如一环失误就可能功亏一篑。

近年来智能化玻璃温室能够集成温室配套体系以及水肥一体化管理体系完成对温室内的温度、湿度、二氧化碳浓度等的实时监测反应，根据实时反应数据，操作温室的遮阳、通风、降温、加温、水肥一体机等设备，以满足植物的正常成长需求。

7.1.2　温室的种类及附属设施

7.1.2.1　温室的种类

温室根据透光材料、屋面形式、室内温度、用途及功能分类不同分为不同的种类。

(1) 按透光材料分类

①玻璃温室。凡是用玻璃覆盖进行采光的温室，称为玻璃温室（图7-2）。玻璃具有透光率高、寿命长等优点，但温室造价高，夏天降温较难，保温性比薄膜温室差。

②塑料薄膜温室。凡是用塑料薄膜或硬质塑料板覆盖进行采光的温室，称为塑料薄膜温室（图7-3）。此温室具有保温性能好、造价低等优点。缺点是覆盖材料寿命短，薄膜容易老化，透光率不如玻璃温室。

③PC板温室。用PC板覆盖为透光材料的温室（图7-4）。此温室具有透光率高，保温性能好，寿命长等优点。PC耐力板温室大棚具有鲜明的中国特色，是我国独有的设施，保温好、投资低、节约能源，非常适合我国经济欠发达地区使用。

④聚碳酸酯中空板温室。采用聚碳酸酯中空板作为覆盖材料的温室（图7-5）。此温室整体透光性好，寿命可达10年以上，保温性能较普通塑料膜或玻璃提高1倍，可节省冬季保温运行成本50%，而且外形美观漂亮。此类温室结构合理，抗风灾及雪灾能力强，室内环境因子的调控已经完全实现了电脑智能化控制。基本代表了国内农

业及林业育苗温室的先进水平。但由于受聚碳酸酯中空板温室及配套设备成本高、一次性投资大等因素的影响，目前只能适应于珍稀树种、花草、蔬菜等附加值较高的苗木的工厂化育苗生产。

图 7-2　玻璃温室

图 7-3　塑料薄膜温室

图 7-4　PC 板温室

图 7-5　聚碳酸酯中空板温室

（2）按屋面形式分类

①单屋面温室。构造简单，一般北面有高墙，屋面向南倾斜为玻璃面，能充分利用阳光，保温良好，但通风较差，光照不均衡。

②双屋面温室。一般采用南北走向，面向东西的、两个相等的倾斜屋面，这种温室的屋顶均为玻璃的。光照与通风良好，但保温性能差，适于温暖地区使用。

③不等屋面温室。一般采用东西走向，坐北朝南，南北面有不等长的屋面，北面的屋面长度比南面的短，约为南面的 1/3。南面为玻璃面的温室，保温较好，防寒方便，为最常用的一种。

④圆顶温室。屋顶圆形，美观大方，可作展览温室用。

⑤连接屋面温室。可将上述同样面积和同样式的温室连接起来成为连接式温室。这种温室适合作大面积栽植，保温良好，但通风较差。

（3）按屋面框架结构分类

①竹木结构。框架由竹竿、竹片、木杆构成。取材方便，造价低，但木杆易腐烂且操作管理不便。

②钢架结构。框架由钢筋或钢管焊接而成,坚固耐用且操作方便。

③混合结构。框架由钢铁和竹木混合而成。

(4)按室内温度分类

①高温温室。又称热温室。室内温度一般保持在18~30℃,专供栽培热带种类或对不耐低温的植物进行冬季促成栽培之用。

②中温温室。又称暖温室。室内温度一般保持在12~20℃,专供栽培热带、亚热带种类之用。

③低温温室。又称冷温室。室内温度一般保持在7~16℃,专供亚热带、暖温带种类栽培之用。

④冷室。室内温度保持在0~5℃,供亚热带、温带种类越冬之用。

(5)按用途分类

①展览温室。又称陈列温室。陈列苗圃培育的主要出圃苗木种类。也供参观和科普之用。

②栽培温室。也称繁殖温室。专供播种、扦插和培育幼苗之用。

③生产温室。专供成品苗的生产用,多为移植容器苗。蔬菜栽培温室、花卉栽培温室、养殖温室等均属于生产性温室。

(6)按最终使用功能分类

可分为生产性温室、试验(教育)性温室和允许公众进入的商业性温室等。

①生态采摘园玻璃温室。该采摘温室根据采摘植物的不同分为特征蔬菜类采摘温室、特征水果类采摘温室。目前较为常见的为无土栽培蔬菜、无土栽培草莓(图7-6)、特征火龙果、樱桃采摘园、早春油桃采摘园等。

②科普教育宣扬玻璃温室。此类玻璃温室多作为实验教育基地运用,一方面能够进行高校的科研教育;一方面向社会学生群体作为宣扬讲学的课堂。

③生态餐厅型玻璃温室。生态餐厅玻璃温室根据实践运用情况分为生态宴会厅、园林体验式零点等(图7-7)。玻璃温室作为生态餐厅运用时,具有内部光线明亮、造价经济、环境操控方便等优点。

图7-6 生态采摘园玻璃温室

图7-7 生态餐厅型玻璃温室

④出产工厂式玻璃温室。该玻璃温室内部能够作为农业园区中的农产品加工分拣贮存车间运用。

⑤都市绿色工作场所温室。将办工场所、绿色植物、玻璃温室有机结合起来，作为都市里的绿色工作室。能够享用阳光、绿色植物、新鲜空气等。

7.1.2.2 温室的栽培装置及附属设施

温室栽培装置包括栽种槽、供水系统、温控系统、辅助照明系统及湿度控制系统；栽种槽设于窗底或做成隔屏状，供栽种植物；供水系统自动适时适量供给水分；温控系统包括排风扇、热风扇、温度感应器及恒温系统控制箱，以适时调节温度；辅助照明系统包含植物灯及反射镜，装于栽种槽周边，于无日光时提供照明，使植物进行光合作用，并经光线的折射作用而呈现出美丽景观；湿度控制系统配合排风扇而调节湿度及降低室内温度。

温室设施的关键技术是环境调控技术与自动化技术。人们利用温室创造供苗木生长发育所需要的适宜条件，主要包括室内温度、湿度的自动调节，水温及灌水量的自动调节，CO_2施肥的调节以及通过降温等方面的调节与控制方法。其方式有两种：一是单因子控制，分别对温度、湿度、光照、CO_2浓度等因子进行调控，主要是土壤与空气的温度与湿度；二是复因子控制，用计算机调控室内多种环境因子，首先要将各种不同植物不同生长发育阶段所需的综合环境要素输入计算机中，用一定的计算机控制程序软件，当温室中某一环境要素发生变化时，其他多项要素能自动作出相应的反应，并进行修正和调整。一般以光照为始变条件，温度、湿度、CO_2浓度等为随变条件，使4个主要环境要素始终处在最佳的组配状态。

①加温系统。主要采用锅炉散热管加温或热风炉（暖房机）热风加温、太阳能加温等。

目前采用燃油热风炉加温的较多；利用热水管道加温，运行安全性好，室内温度不至于有急剧的变化，但消耗燃料较多，不经济。美国、日本、韩国等多采用热风机（暖房机）直接向温室内进行热风加温。电热和暖风加温是较科学的方法，但造价高。

②保温系统。多用无纺布、LS节能保温膜、银灰色"夜暖膜"、双层或多层保温幕，用手动或机动揭盖，可保温和节省能耗达24%。

③降温系统。除自然通风开窗外，效果好的有湿帘风机降温增湿系统，可降室温5~6℃。具体做法是在温室靠北面的墙上安装专门的纸制湿帘，在对应的温室墙上安装大功率排风扇。使用时必须将整个温室封闭起来，开启湿帘水泵使整个湿帘充满水分，再打开排风扇排出温室内的空气，吸入外间空气，外间的热空气通过湿帘时因水分的蒸发而使进入温室的空气温度较低，从而达到降低温室内温度的目的。另外，也可以采用微雾系统降温，但由于其湿度太大，降温效果往往不尽如人意。

④通风系统。良好的通风性能对种苗生产是非常重要的，通风系统包括自然通风和机械通风两种。自然通风是开启顶窗、侧窗而产生通风效果；机械通风是通过置于侧壁的排风扇及室内的搅拌扇来完成。目前应用的主要是结合湿帘系统的大型通风机和温室内部循环风扇。通过大型通风机可实现温室内外空气交换，而内部循环风扇可以使温室内部空气实现循环而降低叶片表面湿度和达到夏季辅助降温的目的。在冬季和多雨季节，温室内空气湿度相当高，温室内部的空气循环有助于降低植株茎叶表面的水分和减少病虫害的发生。

⑤灌溉与施肥系统。早期引入的温室以喷灌为多,可根据设施内土壤湿度自行调控。近年来引进的温室多为滴灌系统或滴灌与喷灌兼有的灌溉系统,滴灌较喷灌更为节水,同时可降湿防病。设施内施肥系统与喷滴灌系统相结合,可根据苗木的需求实现滴灌与施肥的自动化作业。

⑥CO_2施肥装置。设施内有CO_2发生装置,通过燃烧航空汽油或丙烷产生CO_2进行设施内CO_2补给。

⑦光照系统。在冬天或连续的阴雨天气会使温室中的光照严重不足,从而导致种苗的生长不良,而有些植物必须用光照处理来调节生长。因而在温室中最好有加光装置,光源可采用白炽灯、日光灯、高压钠灯、金属卤灯等,在种苗生产中最好采用高压钠灯和金属卤灯作为加光的光源。

7.1.3 塑料大棚温室的类型及建造

塑料大棚又称塑料温室,是用塑料作覆盖材料的温室,为与玻璃温室区别而得名。所用材料可以是塑料薄膜,也可以是塑料板材或是硬质塑料。在塑料大棚内进行育苗称塑料大棚育苗,又可称塑料大棚温室育苗。

7.1.3.1 塑料大棚温室的类型

由于塑料有软有硬,可大可小,质量轻,可塑性强等优越性能,形成了比玻璃温室更多的类型,分述如下。

(1) 按加温方式分类

①日光塑料大棚。主要是利用太阳能提高室温,通过土墙及后屋蓄热保温,或通过覆盖物、风障保温,有时也采用临时火炉加温(图7-8)。一般规模较小,可作季节性大棚使用。此种温室结构可简可繁,消耗能源很低或不需要消耗能源,生产成本低,具有很大的潜力。

②人工加温塑料大棚。室内具有人工加温系统,如电热加温、热水加温、热气加温、热风加温、烟道加温等(图7-9)。加温塑料大棚一般多为固定式保护栽培,它可以栽培各种类型的苗木,对花卉的花期调控能力也较日光塑料大棚强。

图7-8 日光塑料大棚

图7-9 人工加温塑料大棚

(2) 按建筑材料分类

①竹木结构。主要以竹木材料作为支撑结构。拱条用竹竿或毛竹片，屋面横梁和边桩用圆木，顶端成拱形。这种塑料大棚结构简单、投入资金少、建造容易。缺点是空间低矮、操作不便、抗风雪能力弱。

②全竹结构。用竹条弯成弓形，两端插在苗床两侧或两侧土埂上，用横杆在弓顶部或两侧将各个弓串联起来。属于无边桩的拱罩或简易大棚，拆建方便，成本极低，适宜小规模苗木生产。

③镀锌钢架结构。主要采用镀锌钢管制成各种成套的管架。特点是应用方便，能够随意组装。它拆装简单、塑料薄膜覆盖容易，并能够防锈，目前应用较多。

④全塑结构。是以工程塑料管材为大棚的主承力结构架，用工程塑料连接件和紧固件，配以塑料棚膜构成的全塑工程塑料大棚。主要特点是重量轻、运输、安装施工简单，可节省费用。不锈蚀，不需涂漆维护。全塑大棚管材、连接件、紧固件，均采用热塑性玻璃纤维增强塑料。

⑤焊接钢结构。是以钢筋与钢管焊接成大棚的骨架。可作成大跨度、连栋式大棚。特点是骨架强度高，室内无支柱，空间大。但钢材容易锈蚀，需要加以维护。

(3) 按大棚栋数分类

可分为单栋塑料大棚（图 7-10）、连栋塑料大棚（图 7-11），以及双连栋、三连栋、五连栋、多连栋塑料大棚等。

图 7-10　单栋塑料大棚

图 7-11　连栋塑料大棚

(4) 按大棚屋顶形状分类

可分为拱圆型与屋脊型塑料大棚。

(5) 按拱架形状分类

可分为落地拱大棚，拱架两侧呈光滑的圆弧与地面相交（图 7-12）；柱支拱大棚，拱架两侧垂直或近乎垂直入地（图 7-13）。

图 7-12　落地拱大棚

图 7-13　柱支拱大棚

(6) 根据大棚利用时间分类

可分为全年利用型、单作利用型以及春作大棚、秋作大棚等。

塑料大棚需要根据应用目的、栽培作物、利用时期以及投资、管理和当地的气象条件等进行选择，因地制宜，因陋就简地设计当地适宜的结构类型。

7.1.3.2　塑料大棚温室的建造

(1) 塑料大棚的选址

为了充分发挥塑料大棚的覆盖效果，建造大棚时要选择适宜的场所十分必要，如果在不利的环境和场所建造塑料大棚，即使具有优良的栽培技术，也不能发挥塑料大棚的最佳效益。

①大棚应建在通风、向阳、南面开阔的地方。在深秋初春，太阳光线充分的棚地，日照充足，有利于保温，能促进植物生长。南面开阔，无遮光障碍物，西北面最好有防风的树林。

②大棚应建在地下水位低、水源充足、有灌溉条件的地方。

③大棚应建在地势平坦的地方。因为坡地容易造成大棚内部温度不一致，地势高的地方温度偏高，而地势低的地方土壤容易受潮。如果只能选择在坡地建造塑料大棚，一定要选择南低北高的地形。

④大棚应建在土壤肥沃、土层深厚的地方。如果育苗是利用的大棚内原有土壤，要求土壤肥沃、土层深厚、质地疏松，以免土壤肥力不足。在大棚内进行容器育苗或穴盘育苗则无此要求。

⑤大棚应建在工业污染区或污染源以外。在有较严重空气污染的地方，一定要避开污染的下风方向。

(2) 塑料大棚的规格

①跨度。单栋大棚跨度在 5~18 m，一般在 8~12 m。竹木结构跨度较小，钢结构跨度较大。温暖的地区跨度较大，而寒冷地区则较小。一般来说，为了增加安全性，跨度不可过大。连栋大棚的每个单栋跨度一般在 5~10 m。

②长度。棚体长度根据通风换气效果和管理要求来确定，短的 10~30 m，长的可达百米，一般在 30~50 m。棚体太长对通风、透光、加温、灌水、机械作业均不利。

③高度。大棚越高通风换气越好，但散热加快，升温缓慢，栽培花卉易受低温影响，也增加了大棚的不安全性和维修、盖草席等作业的难度。因此，在不影响花卉生长发育和生产管理操作的条件下，应尽量降低棚高。

（3）简易大棚搭建

塑料大棚的建造要符合经济、有效、实用的要求。搭建的方向，只要条件允许大棚应采用南北走向。人工操作的大棚高度较低，一般在 2~3 m，宽 6~12 m，长 40~60 m，单个大棚面积为 0.5~1.0 亩。两个大棚之间相距 1.5~2.0 m，边柱距棚边 1 m 左右，同一排柱间距离为 1.0~1.2 m。有机械设备或进行无土栽培的大棚、生产大型花木的大棚，棚高常增到 3.0~4.2 m，檐高 2.0~2.5 m。我国常用的单斜面日光大棚棚高在 2.0~2.5 m，后墙高度在 1.5~1.8 m。

（4）塑料大棚覆盖材料的种类与性能

①聚氯乙烯（PVC）棚膜。具有良好的透光性，但吸尘性强，易受污染，膜上易附着水滴，透光率下降快。夜间保温性能比聚乙烯膜强，而且耐高温日晒，抗张力、伸长力强，较耐用，撕裂后易粘补。但耐低温性不如聚乙烯膜，并且相同厚度、相同质量的膜，覆盖面积约为聚乙烯膜的 3/4。根据生产工艺中添加剂的不同，聚氯乙烯膜又有以下几种：

PVC 普通膜：有效使用期为 4~6 个月，厚度为 0.08~0.12 mm，幅宽有 1.0 m、2.0 m、3.0 m 等 3 种。

PVC 无滴膜：是在聚氯乙烯膜的原料中再加入一定比例的表面活性剂，使膜表面具有与水相似的表面张力，因而吸附在膜表面的小水珠能凝结成大水珠而沿膜流下，仅在膜的表面留下极薄的水膜，对透光率影响较小。PVC 无滴膜防雾滴持效期为 4~6 个月。

PVC 防尘无滴膜：针对 PVC 无滴膜吸尘性强的特点而研制的一种新膜，是在 PVC 无滴膜的外表面附上一层不易吸尘的薄膜制成，其厚度为 0.12 mm，使用寿命长，可在较长时期内保持良好的透光性。

②聚乙烯（PE）棚膜。PE 棚膜透光性强，不易吸尘，耐低温性好，耐高温性差，相对密度轻。但其夜间保温性能不及 PVC 膜，常出现夜间棚温逆转现象。抗张力、伸长力不及 PVC 膜，但延伸率大。由于制作时采用吹塑工艺，所以幅度可大可小，最宽的可达 10 m，是南方地区主要使用的棚膜。根据添加剂的不同，PE 膜又有以下几种：

PE 普通膜：有效使用期为 4~6 个月，厚度为 0.06~0.12 mm，幅宽有 2.0 m、4.0 m、5.0 m 等。

PE 长寿膜：又称 PE 防老化膜。是在生产 PE 普通膜的原料中加入一定比例的紫外线吸收剂及抗氧化剂等防老剂。它克服了 PE 普通膜不耐高温、易老化的缺点，有效使用寿命延长至 12~18 个月。

PE 长寿无滴膜：是在生产 PE 长寿膜的原料中加入无滴剂制成的。使用期长，防雾滴持效期为 2~4 个月。

PE 多功能膜：是在生产 PE 普通膜的原料中加入多功能助剂，因而使产品具有长寿、保温、增加散射光、无滴的特性，同时具有阻止某些波长的紫外线透过的特性，从而减轻某些病害发生。使用寿命为 12~18 个月，防雾滴持效期为 2~4 个月。

③乙烯—醋酸乙烯（EVA）棚膜。它是以乙烯—醋酸乙烯酯共聚物为基础材料制成的棚膜，具有耐低温、耐老化、透光率好、机械强度高等优点，并且投入产出比更合理，被誉为我国第三代农用薄膜。

④有色透明薄膜。是在塑料薄膜中加入适当的颜色，使透过薄膜的光线有利于光合作用。不同波长的光对不同的植物有不同的反应。波长在 400~500 nm 的蓝光可活跃叶绿体运动，有利生长；500~600 nm 的绿光则可使光合能力下降，生长减弱；波长在 600~700 nm 的红光可以增强叶绿素光合能力，也有利于生长。

7.1.4 温室大棚的环境调控技术

7.1.4.1 温室大棚环境因子特点

实现有效的温室大棚环境调控，首先要了解温室大棚的环境特点。

(1) 温度

温度是影响苗木生长的重要因素，温度过高、过低均不利于苗木生长。只有在最适宜的温度下，苗木的生长最快，积累的干物质最多。所以，控制温度变化，使其适合苗木生长的要求至关重要。

温室容器育苗虽然克服了自然界的季节限制和气候影响，但必须依靠人工来调解室内环境因子，使苗木始终处在比较适宜的温度变化区域内，以便达到苗木生长的生态要求。室内的温度尽管由人为控制，但受自然界的直接影响，它会随着自然界的气温变化而升高或降低。早、午、晚、午夜温差较大，最高可达 45 ℃。其变化规律：8：00 温度开始上升较快，11：00~14：00 为高温阶段，14：00~16：00 温度逐渐下降，16：00 后温度变化趋于直线，23：00 至次日 2：00 温度最低。冬天和早春季节为保证温室内温度变化平缓，应选择在 16：00、23：00、2：00 加温。播种后的温度控制：出苗前阶段的室内温度要稍高于室外播种期的温度（主要考虑营养钵以下 5 cm 的地温）；空间温度一般应控制在 18~22 ℃ 为宜，最高不超过 30 ℃，最低不低于 5 ℃；地温控制不高于 23 ℃，不低于 5 ℃。冬季和早春，可不考虑通风，晚间需加盖防寒设备（棉褥子、牛皮纸被等）。4 月中下旬室外天气渐暖，玻璃温室可适当开启天窗通风、透气。5 月上旬可打开 1/4 前后窗，1/3 天窗，5 月中旬打开 1/2 天窗和前后窗。4 月下旬至 5 月中旬 9：00 左右打开天窗，15：00~16：00 关闭，以保证室内温度不突降。5 月下旬至 6 月应全部开启天窗和前后窗，昼夜通风。大棚温室可将塑料薄膜卷至一半以上。5 月下旬外界气温开始升高，温室内的气温会急骤上升，中午最高可达 40~45 ℃，这一阶段要采取各种措施进行降温。出苗后期的温度白天一般应控制在 25~30 ℃ 为宜，最高不超过 33 ℃，否则会灼伤苗木，甚至会全部灼死。

(2) 湿度

温室内空气相对湿度白天一般可达50%~60%，夜间则在90%左右，遇到阴雨天棚内相对湿度更大，棚内周边部位的相对湿度比中央部位的高10%。湿度也是植物正常生长的重要条件之一。植物体内所含的水分常达总量的80%以上，植物的一切生活的功能都要求水分的存在，没有水分，植物的代谢功能就停止。有些植物能够在光线非常微弱和空气极为稀薄的条件下生存，但却没有一种植物能够在完全无水的条件下生存。因此，掌握植物生长的湿度尤为重要。

在种子发芽和出苗期间，空气相对湿度最好保持在70%~80%，浇水不要过于频繁。等到幼苗发根以后，吸收水分的能力增大，相对湿度应降低到50%~70%，以便在浇水以后培养基表面和叶面能迅速干燥。温室内要有适当的空气流通，否则在浇水以后，叶面附近会造成局部饱和，影响苗木的正常生长。温室内的土壤、空气湿度随着喷水量的多少和通风时间的长短而发生变化，不仅影响空气、土壤湿度，也影响温度。

(3) 光照

光照是苗木光合作用的主要能源，也是影响温室大棚内温度的重要因素。增加光照无疑可以提高苗木的光合强度，有利于苗木的生长。但是不同的树种需光量并不一样。因此，应根据不同树种和不同的生育期来确定棚内的光照强度。一般出苗期光强可小，以后逐渐增加，速生期应达到光饱和点，以利提高光合速率加快苗木生长。温室大棚的透光率一般在50%~60%，并因季节变化而有差异，垂直光照度的分布上强下弱。温室大棚方位影响光照分布，上午东侧的光照度大于西侧，下午则与此相反。

(4) CO_2浓度

光合作用是绿色植物利用光能同化CO_2和水，制造有机营养，释放氧气的过程；是绿色植物生命活动的基础。充足的CO_2，可以增加苗木的净光合速率，提高苗木生长量。当春暖季节，光照较强，苗木光合作用消耗CO_2较多，有时会出现CO_2亏缺现象，则常需要加以补充。据试验表明，即使CO_2不低于大气浓度时，适当地增加CO_2浓度也可以提高苗木的净光合速率，干物质可增加50%~100%，有利于苗木的生长和发育。施用CO_2一般应在晴天上午进行。阴雨天气气温低，一般不施用CO_2。还可以通过通风换气调节CO_2的浓度，提高光合效率。CO_2浓度与光合有效辐射呈负相关，一天中，早、晚浓度较高，中午较低。下午关棚后，棚内CO_2浓度逐渐增加，至日出前达到最高值。日出后1~1.5 h，CO_2浓度迅速下降，至9:00时跌至最低，通风后CO_2浓度有所回升。一般情况下，由于棚内空气流动差，土壤有机质分解和微生物活动旺盛以及苗木夜间呼吸作用较强，所以棚内CO_2浓度有时高于大气CO_2浓度。在冬季温室是密闭的，1d只换气1~2次，室内CO_2含量降低，影响苗木生长，补给CO_2就很重要。在温室内补给CO_2，可以增加光合作用净值，促使苗木快速生长，所以CO_2又称为气肥。

7.1.4.2 温室大棚环境调控技术

在了解温室大棚环境特点的基础上，根据苗木生长需要有针对性地采取调控技术来调整温室内的环境条件，以利于苗木生长。

（1）温度的调控

①增温技术。

a. 充分利用太阳辐射增温。太阳辐射属于短波辐射，可透过薄膜或玻璃进入室内，被土壤和空气吸收转化为热能，使温度升高。温室内的土壤也不断向外辐射能量，而且温度越高向外辐射的能量越多，地面辐射属于红外热辐射。塑料薄膜或玻璃能让短波辐射进入，但对地面长波辐射有一定的阻挡能力，在温室内形成辐射能量的积累，使室内气温增高，这种现象称为"温室效应"。对流是温室内外热量传递的一种重要方式，密封温室，抑制对流，可以减少热量外传，这种现象称为"密封效应"。传导是热量外传的另一种方式，多层覆盖能在一定程度上减少热量外传。因此，温度调节根据上述原理进行，应设法增加棚内的短波辐射，并保持塑料大棚或温室的密封性，充分显示出其"温室效应"。

b. 应用酿热材料增温。如棚室内可增施马粪、谷糠等酿热材料，通过微生物分解释放热量，以提高温度。当温度下降到15 ℃以下时，可采取关闭门窗、棚顶遮盖草苫、燃煤、暖气等增温措施；可以采用现代化加热设备如暖器、电热器等进行加温，也可采用电热线加温，电热线加温有空气加温和地加温两种方式。电热线空气加温，是把电热线架在大棚空间中，加温时通电即可；电热线地加温，是把电热线埋设在30 cm左右深的土层中，通电可给土壤加温。

②保温技术。保温设施包括棚膜、不透明覆盖材料、围膜、防寒沟、风障等导热系数小、隔热性能良好的材料，在塑料大棚育苗中应用最常见。同时要正确掌握揭盖覆盖材料的时间。不同地方、不同季节、不同天气情况揭覆盖物的时间不完全一样，要在实践中不断摸索、总结、掌握。

③降温技术。当温室、大棚内温度达到30 ℃以上时，可以通过打开门窗通风或排气扇强制通风降温；可以通过灌水降温，即从塑料棚顶喷淋冷水，通过流水带走热量和蒸发耗热，以降低温度；也可以通过遮阴降温，国外采用合成纤维帘布制成的苫布进行棚顶遮阴，阻止太阳辐射入棚，以降低温度。国内则常用廉价的草帘等遮阴降温。根据季节、天气情况来灵活掌握通气时间及通风时间的长短。一般自9：00开始放风，16：00关闭气口，另外也可采用间隔草苫、冷水洒地或喷雾的方法，使棚内降温。

（2）空气湿度的调控

塑料温室大棚内空气相对湿度一般都比较大，有利于苗木生长，但也易感染病害，应注意调节。调节湿度的方法：要提高温室大棚内湿度时，可在温室大棚内地面喷水或安装喷雾装置定时喷雾；当温室大棚内湿度过大时，打开门窗通风或相应提高温室大棚内温度。根据温室内苗木对湿度的要求，可采用通风换气，改变湿度，适时适量灌水，以及地面浇灌，地面洒水及空中喷雾等方式。设置双层覆盖，以免在寒冷季节时玻璃或塑料薄膜的内侧发生凝结。

喷灌可有效地调节空气温、湿度。喷灌有人工喷灌、半自动喷灌、全自动喷灌。全自动即可自动控制温度、湿度变化，自动开启或停止喷灌。半自动有固定式与移动式两种。固定喷头有的装在地面上，有的装在上方桁架上。固定喷灌设备安装成本较大，但使用比较方便。移动喷灌的特点是喷洒均匀，无死角，喷完后可将移至一侧。移动式喷灌有的是天车,有的是地面双轨平车。无论人工、自动、半自动喷灌都要力求喷洒均匀,水滴成雾状。每次喷洒的时间越短,室内的空气湿度就可以较快地从100%下降到所要求的状态,这样会减少真菌病害发生机会。喷灌压力应适当,喷嘴不宜过大或过小,过大水滴易击伤幼苗或冲刷营养基质,过小会延长喷灌时间。

(3) 光照的调控

首先,认真选择温室大棚建造地址,使之避免遮光。其次,注意正确方位和棚面角度,使温室大棚内尽可能多入射阳光。此外,还应注意选择透光度高的覆盖材料。在塑料大棚内允许的温度条件下,防寒草帘适当早揭、晚盖,充分采光。并且每隔 1~2 d 用拖把或其他用具将棚膜上的尘土等杂物清除掉,包括清除棚膜内面的水滴,以增加透光度。有条件的苗圃还可以安装活动反光镜或增加人工光源补充光照。冬季自然光线减弱,日照时间缩短,导致棚内光照不足,可采用钠光灯、水银灯、日光灯、碘钨灯、高压汞灯、生物效应灯、弧氙气灯等人工光源辅助照明。其中碘钨灯不仅增光还可增温,弧氙气灯近似于日光,都比较适宜。夏、秋两季太阳照射强烈,可用苇帘、竹帘、遮阳网等遮阴。在保证环境条件便于调控、坚固耐用、抗性较强的前提下,适当降低棚体高度,以增加苗木光照;尽量减少支柱等遮挡光线的面积。为了防止苗木提前休眠,应适当延长光照时间。方法是:日落后和日出前增加光照 4~8 h;夜间增加光照 2~5 h。这样可以打破苗木的黑暗期,达到促进苗木继续向高生长的目的。

(4) CO_2 浓度的调控

最常见的增施 CO_2 的方法有:土壤增施有机肥;液态 CO_2 钢瓶释放;发电厂废气利用;个别使用 CO_2 发生器或营养槽法。营养槽法增施 CO_2 的做法是:在棚内植株间开挖深 30 cm,宽 30~40 cm,长 100 cm 左右的沟,在沟底及四周铺设薄膜,将人粪尿、干鲜杂草、树叶、禽畜粪便等填入,加水后使其自然腐烂,产生 CO_2。此法能使 CO_2 持续产生 15~20 d,整个生育期可进行 2 次。采用 CO_2 发生器补充 CO_2 方法要注意以下几点:一是增施 CO_2 时必须停止室内通风,气体中不应含有有毒成分,燃烧时会产生大量水气,室内温度将因此升高,不能在夜间施用 CO_2,燃烧时有足够的空气供应;二是 CO_2 发生器可以吊挂在温室内上方,使发生的 CO_2 直接渗入空气内,也可安装在室外,发生的 CO_2 通过管道输入室内。夏季不需要采取增加 CO_2 的措施,因为夏季的通风量较大,植物耗用的 CO_2 可以从室外来的新鲜空气中得到补给。另外,空气流动有利 CO_2 能被植物所利用。据试验表明,如果气流速度达到 0.5 m/s,空气中的 CO_2 含量可提高 50%。

(5) 土壤的调控

温室和塑料大棚内没有天然降水,特别是栽培上施肥量大,集约化程度高,利用时间长,就形成了很多与露地不同的土壤特性。在不灌溉的条件下,土壤易干燥缺水,在灌溉条件下,因设施不同,就有不同的土壤水分状况。玻璃温室,因有缝隙,土壤易干,需较大的灌水量;塑料温室和大棚,因密闭性好,土壤水分蒸发在棚面凝结成水珠后,又流向两边,逐步使棚的中间部位干燥,而两边较湿润,因此,在管理上,中间部位要多灌水。无论是玻璃温室还是塑料温室和大棚,因没有大量雨水冲刷,都易在地表积聚盐类,提高土壤含盐率,影响植株吸水。所以栽培中必须采用相应的调节措施,才能保持好土壤肥力。

①土壤湿度的调节。土壤湿度直接影响植株根系生长和肥料吸收，也间接影响地上部分生长发育。灌溉是调节土壤湿度的有效方法。温室和塑料大棚内灌水方式有漫灌、沟灌和滴灌。

a. 漫灌：是指利用水泵等设施将水直接输入到栽植沟。此种灌溉方式优点：给水充分，设施简便。缺点：水浪费严重，不易控制浇水量，长期漫灌会破坏土壤结构，造成养分损失和土壤板结，灌水过多还会影响根系生长，造成局部烂根。

b. 滴灌：是指通过供水管路和滴头，将水以水滴形式滴到植物根部。此种灌溉方式优点：一是滴灌比漫灌节省水资源50%以上，能够较精确控制用水量；二是供水均衡，维持土壤水分状况稳定，受环境影响小，有利于各季节地温的提高；三是保持土壤结构，有利于养分的释放，提高肥料利用率，减少肥料对环境的污染，有效提高作物的产量和品质。缺点：出水口易堵塞，需要经常清洗过滤器。滴灌系统一般由贮水池、过滤器、水泵、加肥系统、输水管线、滴灌带构成。在滴灌系统使用井水、河水、湖水时需要高效过滤器，以免出水口堵塞。

c. 喷灌：是指通过管道系统和水加压系统，将水喷射到温室或大棚内空间，从而实现给植物供水。此种灌溉方法优点：夏季可为温室降温，增加温室湿度，喷灌均匀，节水，不会破坏土壤结构。缺点：需要配备压力泵，设施造价相对高。喷灌装置一般分为两类：固定式喷灌、移动式喷灌。

目前在温室大棚中使用最多的灌溉技术还有吊挂微喷，吊挂微喷又称倒挂微喷或悬吊式微喷，它是由微喷头、防滴阀、重锤、毛管、双倒钩组成的。吊挂微喷的灌溉效果非常高效，是通过低压管道系统，以较小的流量将水均匀喷灌到植物上，这样的灌溉方法提高水分的利用率，避免出现浪费水源的情况。吊挂微喷采用新型的工程塑料，耐磨性强，精确设计、精密制造，喷头喷洒弧度流量均匀，安装维护简便、价格低廉。适用于各种硬度的水质，使用寿命长。吊挂微喷还可以结合施肥，将肥料混合于水中，实现水肥一体化，提高施肥效率，节省化肥用量。采用吊挂微喷减少灌溉渠道和管道的铺设，增大植物种植面积。吊挂微喷还可调节小气候，为植物创造最好的成长环境。

②土壤中盐类浓度的调节。温室大棚内的土壤与露地相比具有明显不同，一是所施入的肥料，部分被植物吸收利用，而未被吸收利用的养分则全部留存在土壤中，使土壤溶液浓度比露地土壤高得多；二是土壤中的水分，由于毛细管的作用总是向上移动，使盐分向土壤表层聚集；因而导致土壤盐渍化。种植在这种盐含量过高土壤上的植物，会受到严重的盐害。由于土壤溶液的渗透压太高，植物根部对水分和养分吸收困难，影响植物的正常生长发育，严重时会导致烧根和死苗。

为防止盐分积聚造成危害，首先，要避免使用同一种化肥，特别是含有氯或硫化物等副成分的肥料，因这些副成分是造成土壤中盐分浓度增高的主要元素，最好少用或不用，而施用硝酸铵、尿素、磷铵和硝酸钾等肥料，或以这些肥料为主体的合成肥，就可减轻盐分积聚。其次，要配合施用有机肥料，有机肥料虽然肥效迟缓，但没有盐分积聚的隐患，还能对土壤的物理性质起缓冲作用，达到改良土壤的目的。另外，对于塑料大棚管理，夏季也应除去薄膜，让大雨淋洗，或是在施肥后加大灌溉量，这样也能降低盐分浓度，减轻危害。

7.2 容器育苗

7.2.1 容器育苗的特点及其应用

容器育苗，是指利用各种材料制成的不同容器装入配制的营养土(基质)进行育苗。容器盛有养分丰富的营养土等基质，使苗木的生长发育获得较佳的营养和环境条件。有条件者再加上温室大棚等育苗设施进行容器育苗，容器苗起苗和栽种过程中根系受损伤少，成活率高、缓苗期短、发根快、生长旺盛，对不耐移栽的树种，对立地条件较差的造林地尤为适用。造林时带着完整的根团栽植有利于提高造林成活率。特别适用于裸根苗栽植不易成活的地区和树种，以及珍稀树种和营造速生丰产林，也适用于培育园林绿化苗木等。容器育苗是当前世界各国广泛使用的苗木生产技术。

容器育苗技术在林业生产中及在现代化管理工艺中的应用，能够实现育苗工作的机械化生产。通常情况下，容器育苗是在每个容器中投入一定数量的种子，此种植方法极易实现机械化操作，并且在一定程度上降低树种种子的使用量，降低育苗环节的资金投入。此外，现代化育苗工作也有助于降低人工劳作的强度，提高育苗工作的质量和效率，提升林业生产水平。

为了满足林苗木市场供应，尽快培育出优质的苗木品种，应根据当地的气候条件，结合各地树种特性要求，选择合适的容器、基质，按照合理的生产流程进行容器育苗生产，为提供大量合格优质的苗木提供强有力的基础。

7.2.1.1 容器育苗的特点

容器育苗与裸根苗相比具有诸多优点：

①种苗根系在容器内形成，有发育良好的完整根团(图7-14)，起苗时不伤根，栽植后没有缓苗期，苗木成活率高。

②容器育苗采用相适应的营养基质和精细管理，有利于培育优质壮苗，并可缩短育苗周期。一般苗床育苗需要8~12个月才能出圃栽植，但采用容器育苗，只需3~4个月或更短的时间即可出圃，而且不需进行切根、起苗、假植和包装等作业，苗木的出圃率较高。

③由于每个容器只播种一粒至几粒，可省大量种子，往往比苗圃地育苗节约2/3~3/4的种子量。

④设施容器育苗可以提前播种，延长苗木生长期，加之管理方便，可以满足苗木对湿度、温度和光照的要求，促进苗木迅速生长，有利于培育壮苗。此外，设施容器育苗不受季节限制，可以周年生产，且管理方便。

⑤育苗全过程都可实行机械操作，为育苗工厂化创造了条件。工厂化容器育苗的显著优势是育苗周期短、苗木规格和质量易于控制，大大节约了时间、土地和劳力。

图 7-14　容器苗根团

但同时也存在一定问题。目前，容器育苗存在的主要问题是，育苗技术较复杂，需要一定的栽培设施，运输费用较高，综合成本高等因素，制约了容器育苗的普及。目前我国大多数林业苗圃和林场仍然选择圃地育苗，林木容器育苗的基地和企业只占少数，并且受经济技术条件制约或观念约束，在这些企业或基地中，有一部分也不是真正意义上的容器育苗，并未采用播种繁育和无土基质栽培，而是利用容器进行扦插繁殖或使用"有土栽培"。虽然这样育出的苗木质量也较一般裸根苗高，但质量较难实现标准化，而且，露地条件下土壤基质容器育苗单位面积产苗量较低，此外，配制营养土的优质土壤受限制，不能长期和大量地生产容器苗木。

7.2.1.2　容器育苗的应用

容器育苗是当代世界林业生产技术的一项重大突破。国际上，容器育苗最早兴起于20世纪50年代中期，70年代前半期为高速发展期，在生产上最先推广应用的国家是瑞典、芬兰、挪威等。目前已发展到50多个林业先进国家中应用，并作为规范化育苗的必要手段。瑞典、芬兰、加拿大等国家的种苗供应中，容器苗已经占到一半以上。在城市绿化用苗和林业、经济林种苗生产中容器育苗的应用也日渐普及。随着容器育苗研究的开展，国内外学者先后针对容器类型、形状、规格、质地、水肥管理以及苗木生产规律等进行了大量试验研究，基本摸索出了一系列技术方案。随着新型林木育苗容器和新型塑料温室的进一步研制，机械化作业，育苗车间的生态条件的自动控制，基质营养成分配比及根系营养特性等相关技术的进一步成熟，将会给林木容器育苗带来广阔的前景。目前，容器育苗是变裸根苗造林为带土苗造林，变一年两季造林为一年多季造林，大幅度提高造林质量，确保造林成活率和保存率达标的先决条件。北欧国家大面积推广应用容器苗造林技术，取得了显著的经济效益和社会效益。各国各地区的造林实践充分证明了容器苗的实用性和先进性。对干旱少雨的地区，容器苗的巨大优势已日趋凸现。此外，控根容器苗育苗技术在绿化大苗培育中已成功应用。控根容器苗育苗技术是一种新型的以调控根系生长为核心的快速培育大苗技术，是传统大田育苗和常规容器育苗在技术上的重大突破。

7.2.2 育苗容器种类

育苗容器种类很多,根据制作材料可分为以下4类。

(1) 泥质容器

用泥炭、牛粪、苗圃土、塘泥等掺入适量的过磷酸钙等肥料作为材料制成,也有用土、秸秆、木屑、禽畜肥料、粉煤灰、腐殖质等配方制成的各型容器,称为泥质容器,也称环保型育苗容器。可用手工制造或添加纸浆用压力机和模具等机械制造成营养砖、营养杯、营养钵(泥钵)等。

(2) 塑膜容器

一般是指用厚度为0.02~0.06 mm的无毒塑料薄膜加工制作而成的容器,简称塑料袋或营养袋(图7-15)。塑膜容器又可分为以下两种:

① 有底塑膜容器。将塑膜吹成筒状,切割热压黏合而成。为排水、通气,在塑料袋下半部需打6~12个直径为0.4~0.6 cm的小孔,小孔间距2~3 cm或者剪去两边底角。

② 无底塑膜容器。将塑膜吹成筒状切割而成。制作简单,成本较低。无底塑膜容器又分单筒式和联筒式两种。联筒式便于机械化育苗。

容器规格应根据要求培育的苗木规格而异。容器规格对苗木生长量有着显著影响,生产上,在保证造林效果的前提下,可采用小规格容器,薄膜容器用于培育3~6个月苗木,以直径4~5 cm,高10~12 cm为宜;培育一年生苗,以直径5~6 cm,高12~15 cm为宜。

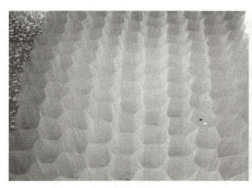　　

(a) 联筒蜂窝式　　　　　　　　　　(b) 单体式

图7-15　营养袋

(3) 硬质塑料容器

用聚氯乙烯或聚苯乙烯通过模具制成的容器。例如,硬塑料杯,又分单杯式和联体多杯式;塑料营养钵和硬质塑料花盆(图7-16);平顶式育苗盘和穴式育苗盘(图7-17)等。用育苗盘培育苗木,尤其是用气盘和气杯培育苗木,无盘旋根和畸形根,侧根发达,通气状况好。

（a）塑料营养钵　　　　　　（b）硬质塑料花盆

图 7-16　单体塑料容器

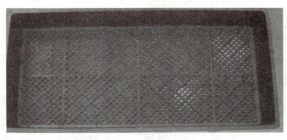 

（a）平顶式育苗盘　　　　　　（b）穴式育苗盘

图 7-17　育苗盘

目前，我国在花卉育苗方面已大量使用育苗盘。虽然使用育苗盘时一次性投入很大，但苗盘由耐用、易洗、可回收的优质塑料制成，使用寿命长，在热带可用 8 年，在凉爽地区可用 10 年，因此育苗综合成本较低，且便于机械化作业。

（4）无纺布育苗容器

采用比较薄的纺粘无纺布制作而成（图 7-18），厚度一般在 0.5 mm 以下，具有透气透水的特点，可以防止幼苗烂根，还能保肥、保湿，这样很大程度上节约了成本。

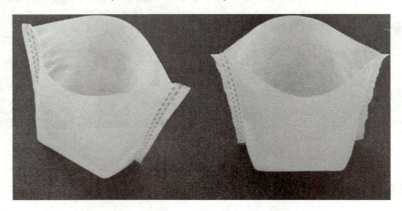

图 7-18　无纺布育苗袋

无纺布育苗袋彻底解决了塑料营养钵育苗中幼苗根系因无法穿透容器壁而形成窝根、歪根、稀根、腐根等问题带来的各种不良后果。从而有效提高了种苗繁育中的各种抗性和生长速度，极大地降低了幼苗因根系生长环境不良而演变为"小老头树"的概率。无纺布做成的育苗袋方便苗木运输和搬动。在现代苗木种植中起着很大的作用。

（5）纸质容器

以纸浆和合成纤维为原料制成的单体式纸质育苗钵（图 7-19）和多杯式容器。多杯式容器是采用热合或不溶于水的胶粘合而成无底六角形纸筒。纸筒侧面用水溶性胶粘成蜂窝状，折叠式的 250～350 个纸杯可在瞬间张开装土。在灌水湿润后纸杯可以单个分离。通过调整纸浆和合成纤维比例，控制纸杯的微生物分解时间。它既有硬质塑料杯的牢固程度，又有埋入土中容易分解的优点。

图 7-19　纸质育苗钵

（6）控根容器

控根育苗容器由澳大利亚专家于 20 世纪 90 年代初研究发明，现已在新西兰、美国、日本、英国等国家广泛应用。其产品包括两大类：培育幼苗的"控根苗盘"和培育大苗的"控根苗盆"。前者的关键技术是容器形状和内壁设计。后者主要由 3 部件组成：底盘、侧壁和铆钉。底盘对防止根腐病和主根的盘绕有独特的功能。侧壁凸凹相间，外侧顶端有小孔，既可扩大侧壁表面积，又为侧根"气剪"（空气修剪）提供了条件。控根快速育苗容器是一种以调控根系生长的新型快速育苗技术，对防止根腐病和主根的盘绕有独特的功效。控根容器可以使侧根形状粗而短。不会形成缠绕的盘根，克服了常规容器育苗带来根缠绕的缺陷，总根量增加 30～50 倍，苗木成活率达到 98% 以上，育苗周期缩短一半，移栽后管理工作量减少 50% 以上，该容器除能使苗木根系健壮，生长旺盛，特别是对大苗木培育移栽及季节移栽和恶劣条件下的植树造林，具有明显优势（图 7-20）。

（a）不同规格控根容器　　　　　　　　　　（b）控根容器结构图

图 7-20　控根容器

（7）轻基质网袋容器

网袋容器是由可降解或半降解的纤维材料，经过织造或非织造工艺，加工成网状结构。容器形状规格：直径 35～60 mm，长度 30～160 mm，常用的一种规格：直径 40 mm、高度 80 mm，外表网袋状包被纤维重 0.3 g，内装无土轻型育苗基质，基质干重 50 g 左右。由于配制基质的原料成分主要为木质化的农作物秸秆、树木枯枝落叶及锯屑、果壳、玉米芯等和一些轻体矿物类加工配制而成，因此具有重量轻，疏松透气，不板结，良好的固相、液相、气相结构，富含有机质、腐殖质等特点，不会积水又能保水保肥，促进根系生长，其基质纤维含量高，能与根系交织在一起形成良好的根团结构。网袋状包被纤维：系高分子纤维网，属半可降解惰性无毒害物质。经特定工艺加工而成，透气透根，移栽时不需脱掉，入土后能破裂。残留在土壤中后呈纤维状，不阻碍根系生长。现已研制出3种规格的"轻基质网袋容器机"和"可控长短的容器切段机"。农闲时生产肠状容器存放，育苗时集中切段使用。

图 7-21　轻型基质网袋容器

轻基质网袋容器可以利用空气修根，通过空气修根的网袋容器苗可促进多级侧根生长，增大根的表面积，使根系与基质紧密交织为一体，形成富有弹性的根团。移栽时不需脱掉容器，根系可完全穿透容器，水平生长。轻型基质网袋容器苗（图7-21）移栽造林时不需要脱除网袋容器，可直接将网袋容器栽入土壤中，根系将穿透网袋直接生长，苗木根系呈自然状态，无任何盘根现象。容器脱与不脱虽然一字之差，但苗木成活率大不相同。容器不脱掉时，苗木的根系在移栽时不会受到伤害和破坏，栽入土壤后很快与土壤建立良好的根际关系，苗木生长无缓苗期，显著提高了造林的成活率，对苗木的初期生长具有显著的促进作用。轻型基质又具有良好的保水性，苗木抗逆性好，可实现无季节限制造林。而且，网袋容器采用可自然降解材料制作，在1年内可45%分解成无害物质，避免塑料袋苗移栽时造成的塑料袋污染环境的问题。

（8）其他容器

因地制宜使用竹篓、竹筒以及泥炭、木片、牛皮纸、树皮、陶土等制作的容器。

在生产实践中，具体选择哪种类型的容器，受经济水平的约束，多种情况下会选用塑料薄膜容器，该种容器在应用过程中具有成本较低廉，在百日苗培育领域中表现出较高适用性。但是容易破碎与窝根，难以适应机械化作业模式，经对比分析，发现纸质容器易于储存与运输，不易划破，能够直接带筒进行移栽操作，装土效果相对较好，减少水土的使用量，应用效果较优良。同时生产上已有研制成功的新型育苗容器，可以针对不同的植物对肥料的不同需求加入相应的有机肥压制成真正的营养钵，实现配方施肥，也可以加入保水剂制成旱作育苗容器，提高旱地移栽的成活率，还可以加入防治药剂，减少土传病害的感染和虫害，使育苗容器集环保、育苗、配方施肥、保水、病虫害防治于一体。

7.2.3　容器育苗技术

7.2.3.1　育苗地的选择

容器育苗大多在温室或塑料大棚内进行。因为在这种环境下育苗，能人为控制温、湿度，为苗木创造较佳的生长条件，使苗木生长快，缩短育苗时间。如果在野外进行容器育苗，容器育苗地应选择土壤肥沃，有水源，靠近造林地，地势平坦，排水良好，利于通风，以及无病虫害及家禽、野兽危害的地方。

7.2.3.2 育苗容器的选择

选用大、小合适的容器，可为种苗根系提供充足的空间，并为养分保留一定的空间，以便生产出优质苗木。根据树种、育苗周期、苗木规格等不同要求选择相应规格的育苗容器。容器太小，不利于苗木根系生长，且大大地增加管护难度；容器太大，用营养土多，重量大，搬运和造林都不方便，同时会导致根系过大，影响栽植效果，有可能导致栽植后死亡，并增加了不必要的生产和运输成本。因此适宜容器可以降低育苗成本，提高造林成活率。现在国内外使用的育苗容器种类很多，规格不一，但容器的大致范围是高度 8 cm~10 cm，直径 5 cm~10 cm。对于干旱和固沙地区造林，采用高 30 cm，直径 5 cm~6 cm 等大规格容器。

7.2.3.3 育苗土的准备

(1) 培养基质的种类

培养基质也称"营养土"，是容器育苗的基础，也是育苗成败的重要环节。但应本着"因地制宜，就地取材"的原则选用基质。通常培养基质材料主要分为以下几种：

①泥炭。泥炭又称泥煤、草煤或草炭，是煤化程度最低的煤，由水、矿物质和有机质 3 部分组成。不同产地的泥炭其组成成分变化较大，具有不同的理化性质。

②火烧土。是指利用铲起带土草皮，经晒干后，加入部分杂草、稻、麦、油菜秸秆等，收拢成堆，用火焖烧而成，其含有氮、磷、钾和一些微量元素。可就地取材，烧熟碾细，并用孔径 0.5~0.6 cm 的细筛过筛后，堆放备用。

③黄心土。选择表土层以下的无污染、无病虫源的新鲜黄泥土。所取土壤需经细碎过筛后使用。

④锯屑。木材加工的锯屑或经过碎化的脚料和林木采伐废弃物，按 8∶2 的比例与牲畜粪等混合，并经沤制腐熟后使用。

⑤蛭石。蛭石又称水云母，为水合镁铝硅酸盐，是由云母无机物加热到 800 ℃~1000 ℃时形成的。孔隙度大、透气，保水，保肥能力强，能提供一定量的钾、钙、镁等营养元素。

⑥珍珠岩。是一种火山喷发的酸性熔岩，通常是指经高温膨化的产物。

⑦有机肥。是指以有机物为主的肥料，如堆肥、厩肥、绿肥、腐殖质、人粪尿、家禽粪、饼肥等。

(2) 培养基质的配比

容器育苗的基质要按一定比例混合后使用，要根据培育树种的生物学特性配制基质。树种不同，其生物学特性不同，培养基质也不同。但所有培养基必须透气，保水性能佳、肥分高、质地轻、不含杂草种子和病虫害。在培养土的配制上，一般都以 1~2 种材料为主要基质，然后掺加进其他的一些材料以调节营养土的性能（重点从营养土的持水性、通气性、容积比重和阳离子交换能力4个方面考虑），另外基质配制时必须添加适量基肥，用量按树种、培育期限、容器大小及基质肥沃度等确定。可用有机肥或复合肥、过磷酸钙或钙镁磷肥。也可使用缓释肥，但需控制其用量，以防容器苗陡长。松类树种基质配制时应加入适量的菌根土或按时接种菌根。如我国北方地区侧柏、油松、落叶松、樟子松、云杉、冷杉等林木的容器育苗基质，常采用黄心土50%~70%，腐殖质土30%~50%，外加过磷酸钙2%，黏性土再加沙5%~10%或是圃地土80%，土杂肥20%，再加过磷酸钙2%[《容器育苗技术》(LY/T 1000—2013)]配制而成。我国南方培育马尾松、湿地松、火炬松和桉树等苗木，培养基质大多采用40%~60%的黄心土、10%~20%的菌根土、10%~20%的火土灰或谷糠灰、10%的腐熟有机肥、3%~5%的过磷酸钙或钙镁磷肥配制而成。国内外容器育苗基质配比上有明显差异：

国外常用配方：

泥炭土+蛭石 1∶1 或 3∶1

泥炭土+沙子+壤土 1∶1∶1

泥炭土+珍珠岩 1∶1

国内常用配方：

黄心土38%+松林土30%+火烧土30%+过磷酸钙2%（常用于松类容器育苗）

黄心土50%+蜂窝煤灰30%+菌杯土18%+磷肥2%

泥炭土50%+森林腐殖质土30%+火土18%+磷肥2%

黄心土68%+火土30%+磷肥2%

营养土的配制（图7-22）方法很简单，只要把各种成分混合拌匀，制成质地均匀，含有适当水分，没有杂草种子和病虫害来源的营养土即可。

图7-22 营养土配制

(3)培养基质消毒及pH调节

①培养基质消毒。

a. 化学药剂消毒：化学药剂消毒方法简单，特别是大规模育苗使用较方便。方法是：用65%代森锌可湿性粉剂50~70 g均匀拌入1 m³培养土内，再用塑料薄膜覆盖3~4 d，最后揭去薄膜，1周后，药物气体挥发后便可使用。也可用福尔马林、硫酸亚铁（黑矾）、多菌灵、甲基托布津等药剂杀菌消毒，具体使用方法及注意事项见相关说明书。

b. 蒸气消毒：蒸气消毒是指利用高温的蒸气（80~95 ℃）杀灭基质中病菌的方法。在基质用量少且有条件的地方，可将基质装入消毒箱消毒，如基质量大，可堆成20 cm高堆，长度根据条件而定，上面覆盖防水、防高温的材料，导入蒸气，消毒1 h就能杀死病菌，其效果良好，使用安全，但在大规模育苗中消毒过程比较麻烦。

c. 太阳能消毒：太阳能消毒是目前我国日光温室和塑料大棚采用的一种安全、廉价的消毒方法，同样也适用于无土栽培的基质消毒。方法是，在夏季温室或大棚休闲季节，将基质堆成20~25 cm高，长度视情况而定。在堆放基质的同时，用水将基质喷湿，使含水量超过80%，然后用塑料薄膜覆盖起来，密闭温室或大棚，暴晒10~15 d，消毒效果良好。

②培养基质的pH调节。育苗基质的pH应调整到育苗树种的适宜范围。一般针叶树种的pH以4.5~6.5为宜；阔叶树种的pH以6.0~8.0为宜。调高pH一般可用生石灰或草木灰，降低pH用硫黄粉、硫酸亚铁或硫酸铝等。

7.2.3.4 容器育苗及管理

容器育苗必须采用良种，品质要达到国家规定的二级标准。最好将饱满种子和不饱满的种子分开播种。

（1）容器装填基质

塑料薄膜袋容器的装袋，用手的拇指、中指和食指，将薄膜袋1∶3撑开，一只手拿薄膜袋，另一只手将配制好的营养土填入袋中，抖实填满，并按苗床规格要求进行摆放。塑料杯容器培养土装至袋容量的90%~95%。穴盘装盘时注意不要用力压紧，装盘要均匀，使每个穴盘都装填，基质不能装得过满（图7-23）。

（a）营养钵装填　　　　　　　　　（b）穴盘装填

图7-23　装填基质

（2）容器播种育苗

必须使用达到国家标准规定级以上的优良种子。在播种前要对种子进行浸种、催芽和消毒处理,方法同常规育苗。每个容器播 2~3 粒种子,播后覆土,覆土厚度视种粒大小而定,一般为种子直径短径的 1~3 倍,覆土以不见种子为度。特小粒种子以不见种子为宜,再盖上一层细土。如果是穴盘播种,每穴一粒,避免漏播,发芽率偏低的种子每穴播两粒。覆盖基质不要过厚,与穴盘格室相平,极小粒种子无须覆盖基质(图 7-24)。

图 7-24　容器播种

(3)容器扦插育苗

是指将插穗插入容器中的育苗方法。其扦插过程和要求与普通的扦插育苗方法相同。在容器中扦插育苗也是目前容器育苗常用的方式。

(4)容器摆放

为便于管理,同类苗木应放在一起,排成带状,每带宽 1 m,长度视具体情况而定,两带间留步道 40~60 cm(图 7-25)。播种后的容器底部应与地面隔绝,一般采用床面铺砖或塑料薄膜的方法,以控制苗根向下扎。为防止容器中基质水分的蒸发,避免出土前过多喷水而降低温度或造成板结,播种或扦插后摆放成带状的容器最好用塑料薄膜覆盖(图 7-26),以利于提高地温、促进种子发芽和插条萌发。

图 7-25　容器摆放　　　　　　　　图 7-26　容器薄膜覆盖

(5) 苗期管理

①浇水。播种后要立即浇水，并且要浇透。对微小种子要先浇足底水后再播种、覆土，最好用细嘴壶浇少量水，湿润种子即可，以防冲掉种子。出苗和幼苗期浇水要多次、适量，保持培养基湿润；速生期浇水要量多、次少，做到培养基干湿交替；生长后期要控制浇水；出圃前要停止浇水。浇水宜在早、晚进行，严禁在中午高温时进行。为便于水分管理，容器育苗应配置喷雾、喷灌设施。

②遮阴。移苗初期和扦插生根前，若无自动间隙喷雾设施，必须进行遮阴，减少水分消耗。

③盖膜。盖膜是保持湿度的重要措施。扦插生根前，若无自动间隙喷雾设施，必须采取盖膜与遮阴相结合的措施，保持小环境有较高的空气湿度，提高扦插成活率。

④间苗。合理的苗距能够促进苗木快速生长。因此，苗木全部出齐后，要及时进行间苗。间苗的原则是去劣留优，对于间下来的优质苗木，还可以进行移植。

⑤除草。杂草是影响苗木生长的主要障碍之一。要及时清除容器内、床面和步道上的杂草，做到"除早、除小、除了"的原则。人工除草在基质湿润时连根拔除，要防止松动苗根。苗木长壮后也可用除草剂除草。

⑥松土。容器内的培养土，由于浇灌会导致表层土壤板结，松土时可将容器旋转，轻捏一下，使土块疏松。硬质容器可用竹签松土。若发现容器内的土太浅，应适当补充填土。

⑦追肥。容器苗追肥一般采用浇施。肥料溶于水后，结合浇水施入。一般 7~10 d，或 10~15 d 施 1 次肥。具体使用肥料种类和用量根据苗木对象的不同有所差异。结合树种生长期来确定。

⑧病虫害防治。容器育苗的环境湿度较大，应重视病虫害防治。本着"预防为主、综合治理"的方针，发生病虫害及时防治。立枯病是幼苗期危害较强的病害，在苗出齐后马上喷施等量式波尔多液，每周 1 次，可进行 2~3 次。具体方法参照有关专业书籍。

7.2.3.5 苗木出圃与造林

容器苗的出圃标准，主要依据苗木是否充分形成根系团。凡是未形成根系团的、苗木长势衰弱的、有根腐现象的，都不能出圃。出圃应与造林时间相衔接，做到随起、随运、随栽植。出圃前 1~2 d 要浇透水，起苗当天不浇水。起苗和苗木搬运过程中，要轻拿轻放，注意保持容器内根团完整，防止容器破碎。

(1) 出圃规格

容器苗出圃规格根据树种、培育期限、造林立地条件等确定。出圃苗木应符合基径、高度的标准，苗干直立，色泽正常，长势好，无机械损伤，无病虫害。

(2) 起苗运苗

起苗应与造林相衔接，做到随起、随运、随栽植。起苗前，将容器苗大水漫灌使苗木吸足水分。切断穿出容器的根系，不能硬拔，严禁手提苗茎。运苗工具最好选用专用运苗周转箱，以防容器破损。

（3）造林

容器苗造林以雨季来临前 10 d 左右效果最好。整地要整小埯，栽植深度以容器顶部深入坑穴面 1 cm 或与穴面略平为宜。能够深栽的树种尽量深栽一些。填土要踩实，苗木基部整成锅底状蓄水槽，以利截留地表雨水，减少水分蒸发。

 实践训练

实训项目 7-1 温室大棚育苗管理

一、实训目标

掌握温室大棚内苗木管理的方法和技术要求。

二、实训场所

实训基地温室或大棚。

三、实训形式

在教师指导下小组进行现场操作。

四、实训条件

（一）材料

部分苗木、适量肥料。

（二）器具

已生产苗木的温室大棚和育苗设施。

五、实训内容与方法

（一）温度管理

根据棚内温度的变化采取综合措施进行保温或降温，保持棚内温度处于 15~30 ℃。

（二）光照管理

根据季节变化和地区特点，分别进行补充光照或遮光，维持适宜的光照条件。

（三）湿度管理

根据温室大棚内湿度的变化，采取综合措施进行喷水增湿、通风换气降湿，使温室棚内的湿度达到苗木要求的湿度。

（四）CO_2 管理

一般情况下，在适宜的时间打开门窗，补充 CO_2。若由于天气原因不宜开门窗，则采取有机肥释放 CO_2、液体或固体补充 CO_2、燃烧释放 CO_2 等措施。根据各地实训条件采取合理的方法。

（五）苗木管理

喷灌、施肥、病虫害防治、整枝与修剪、炼苗。

六、实训注意事项

浇水是大棚育苗的重要环节，一定要根据植物的习性及当地气候条件来确定合理的浇水量，浇水量以浇完后很快渗完为宜。有些植物对水分特别敏感，若浇水不慎会影响生长和开花，甚至导致死亡。因此，对浇水有特殊要求的种类应和其他分开摆放，以便浇水时区别对待；追肥的原则是薄肥勤施。施肥要在晴天进行。施肥前先松土，待盆土稍干后再施肥。施肥后，立即用水喷洒叶面，以免残留肥液，污染叶面或者引起肥害。根外追肥不要在低温时进行；大棚内相对高温高湿，应注意防治病虫害，尤其是病害。

七、实训报告要求

简述温室大棚苗管理的技术要点。

实训项目 7-2　容器育苗

一、实训目标

掌握营养土的配制及育苗和管理技术。

二、实训场所

实训基地苗圃。

三、实训形式

在老师指导下学生现场操作。

四、实训条件

(一) 材料

容器、肥沃表土、肥料和种子(或苗木、插穗)、薄膜或稻草、遮阴网、拱条、生根粉或萘乙酸、酒精、烧杯、量筒、蒸馏水等。

(二) 土壤消毒药剂

多菌灵或其他杀菌剂。

(三) 工具

修枝剪、锄头、铁铲、桶、铲子、喷壶等。

五、实训内容与方法

(一) 营养土配制与处理

1. 营养土配制

各成分比例合理，尤其要控制好肥料比例。充分混合后堆沤备用。注意调节 pH。

2. 装土和置床

将营养土装入容器，挨个整齐排列成苗床。装袋时要振实营养土。

3. 营养土处理

育苗前 1~2 d 用多菌灵或其他杀菌剂灭菌。掌握好各杀菌剂浓度和用量，具体可根据生产经验或说明书确定其浓度和用量。

(二) 育苗

1. 播种

在播种前要对种子进行浸种、催芽和消毒处理，方法同常规育苗。每个容器播 2~3 粒种子，播后覆土，覆土厚度视种粒大小而定。注意小粒及极小粒种子可先在苗床上播种，待苗长到 3~5 cm 时将小苗移入容器中培育。

2. 扦插

①选条。在春季萌发前和生长季节分别按硬枝扦插和嫩枝扦插的要求采条。要求根据影响扦插成活的内因选择年龄适当的母树及年龄、粗细、木质化程度适宜的枝条。

②制穗。在阴凉处用锋利的修枝剪剪取插穗。插穗长度、剪口的位置、带叶数量要适宜。

③催根处理。用浓度为 1000~1500 mg/L 的萘乙酸或 300~500 mg/L 的生根粉速蘸，促进生根。也可以用较低浓度的生根剂、温水浸泡催根。

④扦插。用直插法，将插穗插入容器中，要求扦插深浅较适合。扦插完毕立即浇透水。在生根期间，围绕防腐及保持基质和空气湿度做好喷水、遮阴、盖膜、消毒等工作。

⑤管理。扦插完毕立即浇透水。在生根期间，围绕防腐及保持基质和空气湿度做好喷水、遮阴、盖膜、消毒等工作。

(三) 苗期管理

容器育苗期间做好遮阴、盖膜、灌溉、施肥和病虫防治工作。

六、实训注意事项

①严格控制水分。由于容器容积有限，水分蒸发量大，水分流失特别快，因此在苗木培育期间对水分水量管理要求非常严格，要勤浇水，保持基质水分充。

②越冬注意事项。冬季苗木培育需要格外注意，由于轻基质容器容易干，在越冬前需要浇一次透水，必要时要在浇完透水之后覆盖草帘等。

③轻基质容器摆放有讲究。为了充分利用容器透水、透气特点，摆放时容器之间要紧紧贴上，以便水分、肥料互相渗透。

七、实训报告的要求

按操作步骤详细描述容器育苗的方法步骤和技术要求。

巩固拓展

一、名词解释

1. 温室育苗；2. 容器育苗。

二、填空题

1. 温室栽培装置，包括（　　）、（　　）、（　　）、（　　）及湿度控制系统。
2. 温室环境因子调控主要有（　　）、（　　）、（　　）、（　　）。
3. 塑料大棚覆盖的膜主要有（　　）、（　　）、（　　）、（　　）。
4. 容器育苗的主要优点有（　　）、（　　）、（　　）和（　　）等。
5. 容器育苗生产工序包括（　　）、（　　）、（　　）和（　　）。
6. 容器苗管理的主要内容有（　　）、（　　）、（　　）、（　　）和（　　）等。

三、选择题

1. 目前最常用的塑料大棚的结构是采用（　　）。

A. 铝合金结构　　B. 塑钢结构　　C. 镀锌钢架结构　　D. 砖木结构

2. 当地建造大棚应选择（　　）。

A. 单斜面式大棚　　B. 双斜面式大棚　　C. 拱圆式大棚　　D. 全圆式大棚

3. 目前的塑料大棚最常用的塑料薄膜是聚氯乙烯薄膜和（　　）。

A. 聚碳酸酯薄膜　　B. 无滴丹宁薄膜　　C. 聚乙烯薄膜　　D. 聚丙乙烯薄膜

4. 降低塑料大棚内的温度，最佳的方法是（　　）。

A. 遮阴　　　　　　　　　　　　　B. 喷水

C. 通风换气　　　　　　　　　　　D. 喷水与通风换气结合

四、判断题

1. 温室育苗是植物栽培中最重要，对环境因子调控最全面、应用最广泛的栽培设施，只能用于栽培花卉。（　　）

2. 温室育苗中，环境调控只要注意温度、湿度和光照调节就行，其他环境因子对苗木生长影响不大。（　　）

3. 塑料大棚育苗，由于棚内温度和湿度过高，通风条件较差，病虫害容易爆发。
（　　）

4. 塑料大棚育苗的成败的关键是调节棚内温度。（　　）

5. 塑料大棚育苗的缺点是温度和湿度无法调节。（　　）

6. 单栋塑料大棚搭建时都采用东西走向布局。（　　）

7. 容器苗的优点是栽植不受季节限制，成活率高，种植后能保证正常生长。（　　）

8. 容器育苗只能用于播种。（　　）

9. 容器苗最大的优点是种苗根系在容器内形成，有发育良好的完整根团，移栽易成活。
（　　）

10. 容器育苗配制营养土时，使用的有机肥应充分腐熟，并做到适量和拌匀。（　　）

五、简答题

1. 塑料大棚的设置应该选择在什么地方？怎样进行布局？

2. 简述大棚育苗管理的技术要点？

3. 容器育苗配制培养土应注意哪些问题？

4. 简述容器育苗各环节的技术要点？

六、知识拓展

1. 董向辉. 日光温室灌溉技术及装备研究[J]. 农业科技与装备，2018，287（5）：69-70.

2. 李烈柳，刘雪梅. 微灌在温室大棚中的应用技术[J]. 农业机械，2017（12）：61.

3. 张驰. 微润灌溉技术在温室大棚中的应用[J]. 山东水利，2020（01）：53-55.

4. 王茂林，马德新. 温室大棚中水肥一体化技术的应用分析[J]. 乡村科技，2019（04）：98-99.

单元 8　组培和无土育苗

　学习目标

　知识目标

1. 了解组培常用仪器设备及其性能。
2. 熟悉常用培养基的种类、特点及组成成分。
3. 掌握外植体的选择和灭菌及无菌操作技术。
4. 具有分析解决继代培养、生根培养知识。
5. 熟悉无土育苗的基本设施和营养液的配方。

　技能目标

1. 会依据配方制作培养基及营养液。
2. 能正确配制母液和 MS 培养基。
3. 能合理选择无土育苗基质，会水培育苗和固体基质育苗技术。
4. 能根据《林木组织培养育苗技术规程》（LY/T 1882—2010）进行试管苗的初代培养、继代培养和生根培养。

　素质目标

1. 培养敬业奉献、精益求精的工匠精神。
2. 形成科学严谨、勇于创新的科学素养。
3. 养成自主学习、团结协作、吃苦耐劳的职业品格。

　理论知识

　　植物组织培养是根据植物细胞全能性的原理，在无菌条件下，将植物的离体器官、组织、细胞以及原生质体，应用人工培养基，创造适宜的培养条件，使其长成完整小植株的过程。无土育苗是指不用土壤而采用有机或无机材料作基质，并用营养液及其他设施栽培植物的方法。植物组织培养、无土育苗这些育苗方法都可以充分利用育苗材料、扩大繁殖系数，并在特定树种的育苗方面有着重要的生产应用。

8.1 组织培养育苗

8.1.1 组织培养的应用

植物组织培养即植物无菌培养技术，是根据植物细胞全能性的原理，利用植物体离体的器官、组织、细胞及原生质体，如根、茎、叶、花、果实、种子、胚、胚珠、子房、花药、花粉以及贮藏器官的薄壁组织、维管束组织和去壁原生质体等，在无菌和适宜的人工培养基及光照、温度等条件下，诱导出愈伤组织、不定芽、不定根，最后形成完整植株的过程。植物组织培养应用领域主要涉及以下几个方面。

8.1.1.1 无性系繁殖育苗方面

采用组织培养无性系快速繁殖，以微小的植物材料、较高的增殖倍数和较快的繁殖速度，一年生产几万、几十万甚至几百万株小苗，达到繁殖材料微型化、培养条件人工化、培养空间高密度应用合理化，实现育苗的工厂化生产。多年实践表明，工厂化生产可以实现组培苗的快速繁殖，为林业生产快速建立优良品种或新引进良种的特优单株的无性系。

8.1.1.2 植物育种方面

常规的育种工作是一个漫长的过程。植物组织培养应用现代技术手段解决了育种周期长、技术烦琐、短期不见效果的问题，主要有胚胎培养、单倍体育种和培养细胞突变体等方面的应用。

8.1.1.3 植株脱毒方面

长期用无性繁殖方法来繁衍的植物种类往往容易积累病毒病。植物不能通过种子途径去除病毒，用化学方法防治和高温处理往往成效不稳定。茎尖培养是获得无病毒植株的最好途径。

8.1.1.4 种质资源保存方面

采用无性繁殖的植物，若用组织培养方法，保存愈伤组织、胚状体、茎尖等组织，不受环境影响，节省空间、人力和物力，便于管理，随时可开发应用，也便于国际植物资源的交换交流。

8.1.2 组织培养育苗的基本设施

8.1.2.1 组培室的建立

组织培养需要建立专门的组培室。

(1) 准备室

一般面积为 20 m² 左右。要求明亮、通风。准备室可分为两间，一间用作器具的洗涤、干燥、存放，蒸馏水的制备，培养基的配制、分装、包扎、高压灭菌等，同时兼顾试管苗的出瓶、洗涤与整理工作；另一间用于药品的存放、天平的放置及各种药品的配制。

(2) 缓冲室

无菌操作室与准备室之间设缓冲室，一般面积为 3~5 m²。在进入无菌室前需在该室换上经过灭菌的服装，戴上口罩。最好安装一盏紫外灯，用以灭菌。还应安装一个配电板及其保险盒、闸刀开关、插座以及石英电力时控器等，用于自动控制每天的光照时数。

(3) 无菌操作室

也称接种室，一般面积为 10~20 m²。要求干爽、清洁、明亮，墙壁光滑平整不易积染灰尘，地面平坦无缝便于清洁和灭菌，使室内保持良好的无菌或低密度有菌状态。门窗要紧闭，一般用移动门窗。在房间内位置适当处安装紫外灯，使每个方位都能得到消毒灭菌，每天进行紫外线消毒。使室内温度保持在 25 ℃ 左右。该室主要用作培养材料的表面灭菌、外植体的接种、无菌材料的续代转苗、生根培养等（图 8-1）。

(4) 培养室

培养室是培养试管苗的场所（图 8-2）。要求室内清洁、干燥。一般配置空调控制室内保持恒温条件，在培养架上安装普通白色荧光灯作为光源。培养架的数量视生产规模而定，年产 4~10 万株苗需培养架 4~6 个；年产苗 10~20 万株约需 8~10 个。培养架的高度可以根据培养室的高度来定，以充分利用空间。一般每个架设 6 层，总高度 2 m，最上面一层距离地面 1.7 m，每 0.3 m 为一层，最下一层距离地面 0.2 m。架宽 0.6 m，架长 1.26 m。每层架安装 2 盏 40 W 日光灯，最好每盏灯安装一个开关，每个架子安装一个总开关，以便调节光照强度，而每天光照时间的长短则由时控器控制。

图 8-1 无菌操作

图 8-2 培养室

(5) 温室或大棚

为了保证试管苗周年生产，必须配有足够面积的温室与之配套。温室内应配有调温、调湿装置,通风装置,喷雾装置,光照调节装置,杀菌、杀虫工具。

8.1.2.2 组培室的仪器设备和器皿用具

(1)仪器设备

①超净工作台。是组织培养中最通用的无菌操作装置,由鼓风机、过滤板、操作台、紫外线灯和照明灯等组成。它占地小,效果好,操作方便。超净工作台的空气通过细菌过滤装置,以固定不变的速率从工作台面上流出,在操作人员与操作台之间形成风幕。在工作状态下,它可过滤掉空气中大于 0.3 μm 的尘埃、真菌和细菌孢子,保持工作环境干净无菌。

②空调机。接种室的温度控制,培养室的控温培养,均需要用空调机。培养室温度一般要求常年保持 25 ℃±2 ℃,空调机可以保证室内温度均匀、恒定。空调机应安置在室内较高的位置,如门窗的上框等,以使室温均匀。若将空调机安在窗下,室内的上层温度则始终难以下降。

③除湿机。培养室湿度是否需要保持恒定,不能一概而论。培养需要一定通气条件的植物种类时,空气湿度要求恒定,一般保持 70%~80%。湿度过高易滋生杂菌,湿度过低培养器皿内的培养基会失水变干,从而影响外植体的正常生长。当湿度过低时,可采用喷水来增湿。

④恒温箱。又称培养箱。多用于外植体分化培养和试管苗生长,亦可用于植物原生质体和酶制剂的保温,也用于组织培养材料的保存。恒温箱内装上日光灯,可进行温度和光照实验。

⑤烘箱。可以用 80~100 ℃的温度,进行 1~3 h 的高温干燥灭菌。还可用 80 ℃的温度烘干组织培养植物材料,以测定干物质。

⑥高压灭菌器。是一种密闭良好又可承受高压的金属锅,其上有显示灭菌器内压力和温度的仪表。灭菌器上还有排气孔和安全阀。一般需配 2~3 个高压灭菌锅。

⑦冰箱。配 100~200 L 电冰箱 1 台。用于常温下易变性或失效的试剂和母液的储藏,细胞组织和试验材料的冷冻保藏,以及某些材料的预处理。

⑧天平。包括药物天平、扭力天平、分析天平和电子天平等。大量元素、糖、琼脂等的称量可采用精度为 0.1 g 的药物天平;微量元素、维生素、激素等的称量则应采用精度为 0.001 g 的分析天平。有条件的,最好配用精度为 0.000 1 g 的电子天平。

⑨显微镜。包括双目实体显微镜(解剖镜)、倒置显微镜和电子显微镜。显微镜上要求能安装或带有照相装置,以便对所需材料进行摄影记录。

⑩水浴锅。可用于溶解难溶药品和熔化琼脂。

⑪摇床。在液体培养中,为了改善浸于液体培养基中的培养材料的通气状况,可用摇床(振荡培养机)来振动培养容器。植物组织培养可选用振动速率为 100 次/min 左右,冲程为 3 cm 左右的摇床。冲程过大或转速过高,会使细胞震破。

⑫转床(旋转培养机)。同样用于液体培养。由于旋转培养使植物材料交替地处于培养液和空气中,所以氧气的供应和对应营养的利用更好。通常植物组织培养用 1 r/min 的慢速转床,悬浮培养需用 80~100 r/min 的快速转床。

⑬蒸馏水发生器。实验室应购置一套蒸馏水发生器。仅用于生产时，也可用纯水发生器将自来水制成纯净的实验室用水。

⑭酸度计。用于校正培养基和酶制剂的pH。半导体小型酸度测定仪，既可在配制培养基时使用，又可在培养过程中测定pH的变化。仅用于生产时，也可用精密的pH试纸代替。

⑮离心机。用于分离培养基中的细胞及解离细胞壁后的原生质体。一般用 3000~4000 r/min 的离心机即可。

(2) 各类器皿

①试管苗培养瓶。用于试管苗培养的器皿或培养瓶。要求透光度好，能耐高压灭菌。主要有试管、三角瓶、L形管和T形管、培养皿、果酱瓶、兰花瓶、塑料瓶等。

②分注器。可以把配置好的培养基按一定量注入培养器皿中。一般由 4~6 cm 的大型滴管、漏斗、橡皮管及铁夹组成。还有量筒式的分注器，上有刻度，便于控制。微量分注还可采用注射器。也可用不锈钢锅和橡皮管来代替，但需经过反复训练，才能准确分装。

③离心管。用于离心，将培养的细胞或制备的原生质体从培养基中分离出来，并进行收集。

④刻度移液管。在配制培养基时，生长调节物质和微量元素等溶液，用量很少，只有用相应刻度的移液管才能准确量取。不同种类的生长调节物质，不能混淆，要求专管转用。常用的移液管容量有 0.1 mL、0.2 mL、0.5 mL、2 mL、5 mL、10 mL 等。

⑤实验器皿。主要有量筒(25 mL、50 mL、100 mL、500 mL 和 1000 mL)、量杯、烧杯(100 mL、250 mL、500 mL 和 1000 mL)、吸管、滴管、容量瓶(100 mL、250 mL、500 mL 和 1000 mL)、称量瓶、试剂瓶、玻璃瓶、塑料瓶、酒精灯等各类化学实验器皿，用于配制培养基、储藏母液、材料灭菌等。

(3) 接种工具

组织培养接种所需要的器械用具，可选用医疗器械和微生物实验所用的器具。包括镊子、剪刀、解剖刀、接种针、接种钩及接种铲、酒精灯、双目实体解剖镜、钻孔器。钻孔器一般做成T形，口径有各种规格，在取肉质茎、块茎、肉质根内部的组织时使用。常用的解剖刀，有长柄和短柄两种。对大型材料如块茎、块根等就需用大型解剖刀。

(4) 林木组织培养工厂化育苗生产的技术装备

包括优化采光、适温的主体组培室，过渡温室大棚、网室，洗瓶机，培养基灌装机、输送机，消毒釜，超净接种台，装土移苗生产线，自动喷淋机，立体育苗架，大棚和过

图 8-3　组培车间

渡温室环境因子调控装置等。如图 8-3 所示。

8.1.3 培养基的制备

8.1.3.1 培养基的种类

根据其态相不同，培养基分为固体培养基和液体培养基两类。固体培养基是指加凝固剂(多为琼脂)的培养基；液体培养基是指不加凝固剂的培养基。

根据培养物的培养过程，培养基分为初代培养基和继代培养基。初代培养基是指用来第一次接种外植体的培养基。继代培养基是指用来接种初代培养之后的培养物的培养基。

根据其作用不同，培养基分为诱导培养基、增殖培养基和生根培养基。

根据其营养水平不同，培养基分为基本培养基和完全培养基。基本培养基(通常称培养基)，主要有 MS、White、N_6、B_5、改良 MS、Heller、Nitsh、Miller、SH 等；完全培养基就是在基本培养基的基础上，根据试验的不同需要，附加一些物质，如植物生长调节物质和其他复杂有机附加物等。

8.1.3.2 培养基的成分

培养基的成分主要包括：无机营养元素(即无机盐类)、氨基酸、有机附加成分、维生素类、糖类、琼脂植物生长调节物质、水等。

(1) 无机营养元素

无机营养元素包括大量元素和微量元素。大量元素包括氮、磷、钾、钙、镁、硫等。它们是植物细中构成核酸、蛋白质、酶系、叶绿素以及生物膜所必不可少的营养元素。微量元素包括铁、硼、锰、锌、铜、钼、氯等。它们在植物细胞生命活动过程中，以酶系中的辅基形式起着重要作用。

(2) 氨基酸

氨基酸是蛋白质的组成成分，也是一种有机氮化合物。常用的氨基酸有甘氨酸、谷氨酸、精氨酸、丝氨酸、丙氨酸、半胱氨酸以及多种氨基酸的混合物(如水解酪蛋白、水解乳蛋白)等。

(3) 有机附加成分

有机附加物包括有些成分尚不清楚的天然提取物，如椰乳、香蕉汁、苹果汁、土豆泥、番茄汁、酵母提取液、麦芽糖等。

(4) 维生素类

维生素能明显地促进离体组织的生长。培养基中的维生素主要是 B 族维生素，如盐酸硫胺素(维生素 B_1)、盐酸吡哆醇(维生素 B_6)、烟酸(维生素 B，又称维生素 PP)、泛酸(维生素 B_5)、生物素(维生素 H)、钴胺素(维生素 B_{12})、叶酸(维生素 B_{11})，还有抗坏血酸(维生素 C 等)。

(5) 糖类

糖在植物组织培养中是不可缺少的重要物质，它不但作为离体组织赖以生长的碳源，而且还能使培养基维持一定的渗透压。其中最好的是蔗糖，其浓度为 1%~5%，其次是葡萄糖和果糖。愈伤组织与不定芽诱导最适的蔗糖浓度为3%。

（6）琼脂

琼脂无毒、无味、化学性质稳定、遇热液化、冷却后固形化，可使各种可溶性物质均匀地扩散分布等特性。一般用量为6~10 g/L。培养基偏酸时用量可酌量增加。加热时间过长，环境温度过高均会影响固化。琼脂本身并不提供任何营养，它是一种高分子的碳水化合物，溶解于热水中成为溶胶，冷却后（40 ℃以下）即凝固为固体状的凝胶。琼脂的凝固能力除与原料、厂家的加工方式等有关外，还与高压灭菌时的温度、时间、pH等因素有关。存放时间过久，琼脂变褐，也会逐渐失去凝固能力。

（7）植物生长调节物质

植物生长调节物质对愈伤组织的诱导、器官分化及植株再生具有重要的作用，是培养基中的关键物质。常用的主要有3类：一是细胞分裂素，包括激动素（KT）、6-苄基嘌呤（6-BAP）、玉米素（ZT）等。其作用强弱依次为ZT>BA>KT。它们都具有促进细胞分裂、延缓组织衰老、诱导不定芽分化等作用；二是生长素类：包括有吲哚乙酸（IAA）、吲哚丁酸（IBA）、萘乙酸（NAA）、2,4-D等。其作用强弱依次为2,4-D>NAA>IBA>IAA。它们能促进不定根分化。低浓度2,4-D有利于胚状体的分化；三是赤霉素类：通常采用的是从赤霉菌发酵液中提取的赤霉酸（GA3），它不利于不定芽、不定根的分化，但能促进以分化芽的伸长生长。

（8）水

水是生命所必不可少的，也是细胞的主要组成成分之一。水使细胞质呈胶体状态、活化状态，是细胞中各种生理、生化反应的介质，并为植物体提供氢、氧元素。在研究工作中宜选用蒸馏水或饮用纯净水。工厂化大量生产时，可考虑用来源方便的水源，但要水质较软、清洁、无毒害，配制培养基不会产生沉淀。

8.1.3.3 培养基的配制

培养基是组织培养的重要基质。选择合适的培养基是组织培养成败的关键。目前国际上流行的培养基有多种，以MS培养基最常用。MS培养基的配制技术如下所述。

（1）母液的配制

在组织培养工作中，为了减少各种物质的称量次数，可先将各种药品配成浓缩一定倍数的母液（表8-1），放入冰箱内保存，使用时再按比例稀释。母液要根据药剂的化学性质分别配制。一般配成大量元素、微量元素、铁盐、维生素、氨基酸等母液，其中维生素、氨基酸类可以单独配制，也可以混合配制。母液一般比使用液浓度高10~100倍。

表8-1 MS培养基母液配制

母液种类	成分	规定量（mg/L）	扩大倍数	称取量（mg/L）	母液体积（mL）	吸取量（mL）
大量元素	KNO_3	1900	10	19 000	1000	100
	NH_4NO_3	1650	10	16 500		
	$MgSO_4 \cdot 7H_2O$	370	10	3700		
	$KH_2 \cdot PO_4$	170	10	1700		
	$CaCl_2 \cdot 2H_2O$	440	10	4400		

(续)

母液种类	成分	规定量（mg/L）	扩大倍数	称取量（mg/L）	母液体积（mL）	吸取量（mL）
微量元素	$MnSO_4·4H_2O$	22.3	100	2230	1000	10
	$ZnSO_4·7H_2O$	8.6	100	860		
	H_3BO_3	6.2	100	620		
	KI	0.83	100	83		
	$Na_2MoO_4·2H_2O$	0.25	100	25		
	$CuSO_4·5H_2O$	0.025	100	2.5		
	$CoCl_2·6H_2O$	0.025	100	2.5		
铁盐	Na_2-EDTA	37.3	100	3730	1000	10
	$FeSO_4·7H_2O$	27.8	100	2780		
维生素	甘氨酸	2.0	100	100	500	10
	盐酸硫胺素	0.1	100	5		
	盐酸吡哆醇	0.5	100	25		
	烟酸	0.5	100	25		
	肌醇	100	100	5000		

配母液应采用蒸馏水或去离子水。配母液称重时，克以下的重量宜用感量 0.01 g 的天平，0.1 g 以下的重量最好用感量 0.001 g 的天平称量。蔗糖、琼脂可用感量 0.1 g 的粗天平。

(2) 培养基的配制及消毒

先按量称取琼脂，加水后加热，不断搅拌使溶解，然后从冰箱里拿出配制好的母液，根据表 8-1 培养基配方中各种物质的具体需要量，用量筒或移液管从各种母液中逐项按量吸取加入，再加蔗糖，最后用蒸馏水定容，再用 1 mol/L NaOH 和 1 mol/L HCl 根据需要调节 pH，培养基的 pH 因培养材料的来源不同而异，大多数植物都要求在 pH 5.6~5.8 的条件下进行组织培养。最后用分装器或漏斗将配好的培养基分装在培养用的三角瓶中，包扎瓶口并做好标记。液体培养基的配制方法，除不加琼脂外，其他与固体培养基相同。

培养基的消毒灭菌一般采用湿热消毒灭菌法和过滤消毒法两种方法。

①湿热消毒灭菌法。即把包扎好的培养瓶放入高压灭菌锅中，盖好锅盖，进行高温高压灭菌。灭菌前一定要在高压灭菌锅内加水。在增压前将灭菌锅内的冷空气放尽，以使蒸汽能达到各个消毒部位，保证灭菌彻底。加温前打开放气阀，煮沸 15 min 后再关闭或等大量热蒸汽排出后再关闭；也可以先关闭放气阀，待压力达到 0.05 MPa 时，开启排气阀，将内部的冷空气排出。压力升至 0.11 MPa（温度 121 ℃）

时，保持 15~25 min，即可达到消毒灭菌的目的。消毒时间不宜过长，也不能超过规定的压力范围，否则糖、有机物质特别是维生素类物质就会分解，使培养基变色，甚至难以凝固。灭菌后，切断电源或热源，使灭菌锅内的压力慢慢下降，灭菌锅内压力接近 0 时，方可打开放气阀，排出剩余蒸汽，再打开灭菌锅盖取出培养基。切不可因为急于取出培养基而打开放气阀放气，使压力降低太快，引起减压沸腾，导致容器中的液体溢出，造成浪费或污染。在培养基灭菌的同时，蒸馏水和一些用具也可同时进行灭菌。

②过滤消毒法。一些易受高温破坏的培养基成分，如吲哚乙酸（IAA）、吲哚丁酸（IBA）、玉米素（ZT）等，不宜用高温高压法消毒，则可过滤消毒后加入高温高压消毒的培养基中。过滤消毒一般用细菌过滤消毒器，其中的 0.4 μm 孔径的滤膜将直径较大的细菌等过滤，过滤消毒应在无菌室或超净工作台上进行，以免造成培养基污染。

8.1.4 组织培养育苗技术

植物组织培养根据培养所用材料的不同可分为器官培养、组织和细胞培养、原生质体培养和单倍体培养，其中以器官培养在育苗方面的应用最广泛。器官常以茎尖、茎段、叶片、芽等为繁殖材料。组织培养育苗应按如下技术规程要求进行操作。

8.1.4.1 器皿的清洗

植物组织培养除了要对培养的实验材料和接种用具进行严格灭菌外，各种培养器皿也要求洗涤清洁，以防止带入有毒的或影响培养效果的化学物质和微生物等。清洗玻璃器皿用的洗涤剂主要有肥皂、洗洁精、洗衣粉和铬酸洗涤液（由重铬酸钾和浓硫酸混合而成）。新购置的器皿，先用稀盐酸浸泡，再用肥皂水洗净，清水冲洗，最后用蒸馏水淋洗一遍。用过的器皿，先要除去其残渣，清水冲洗后，用热肥皂水（或洗涤剂）洗净，清水冲洗，最后用蒸馏水冲洗一遍。清洗过的器皿晾干或烘干后备用。

控制污染是林木组织培养及工厂化育苗生产中一个重要的技术环节。利用适当浓度的 $HgCl_2$、NaClO 进行严格的消毒，能很好地控制因外殖体自身带菌所致的污染；继代培养阶段无菌系已经建立，良好的无菌环境和严格的操作是控制污染的最佳途径；利用适当的药剂处理及无糖技术可对细菌、真菌的污染进行控制。

8.1.4.2 接种室消毒

接种室的地面及墙壁，在接种后均要用 1∶50 的新洁尔敏湿性消毒，每次接种前还要用紫外线灯照射消毒 30~60 min，并用 70% 的酒精，在室内喷雾，以净化空气，最后是超净台台面消毒，可用新洁尔敏擦抹，以及 70% 酒精消毒。

8.1.4.3 组培材料的选用与消毒

（1）组培材料的选用

一般用于组织培养的材料称为外植体。常分为两类。一类是带芽的外植体，如茎尖、侧芽、鳞芽、原球茎等，组织培养过程中可直接诱导丛生芽的产生。其获得再生植株的成功率较高，变异性也较小，易保持材料的优良性状；另一类主要是根、茎、叶等营养器官和花药、花瓣、花轴、花萼、胚珠、果实等生殖器官。这一类外植体需要一个脱分化过程，经过愈伤组织阶段，再分化出芽或产生胚状体，然后形成再生植株。

外植体的取用与组织部位、植株年龄、取材季节以及植株的生理状态、质量，都对培养时器官的分化有一定影响。一般阶段发育年幼的实生苗比发育年龄老的栽培品种容易分化，顶芽比腋芽容易分化，萌动的芽比休眠芽容易分化。在组织培养中，最常用的外植体是茎尖，通常切块在 0.5 cm 左右，太小产生愈伤组织的能力差，太大则占据培养瓶太多空间。培养脱毒种苗，常用茎尖分生组织部位，长度为 0.1 mm 以下。应选取无病虫害、粗壮的枝条，放在纸袋里，外面再套塑料袋冷藏（温度为 2~3 ℃）。接种前切取茎尖和茎段并对外植体进行表面消毒。

（2）外植体的消毒

植物组培能否取得成功的重要因素之一，就是保证培养物在无菌条件下安全生长。由于培养的植物材料大都采集于田间栽培植株，材料上常附有各种微生物，一旦被带入培养基，即会迅速繁殖滋长，造成污染，培养失败。所以培养前必须对外植体进行严格的消毒处理，消毒的尺度为既能全都杀灭外植体上附带的微生物，但又不伤害材料的生活力。因此，必须正确选择消毒剂和使用的浓度、处理时间及程序。目前，常用的消毒剂有次氯酸钙、氯化汞、次氯酸钠、双氧水（过氧化氢）、酒精（70%）等。具体消毒方法如下：

①茎尖、茎、叶片的消毒。消毒前先用清水漂洗干净或用软毛刷将尘埃刷除，茸毛较多的用皂液洗涤，然后再用清水洗去皂液，洗后用吸水纸吸干表面水分，用 70% 酒精浸数秒钟，取出后及时用 10% 次氯酸钙饱和上清液浸泡 10~20 min。或用 2%~10% 次氯酸钠溶液浸泡 6~15 min。消毒后用无菌水冲洗 3 次，用无菌纱布或无菌纸吸干接种。

②根、块茎、鳞茎的消毒。这类材料大都生长在土中，常带有泥土，挖取时易遭损伤。消毒前必须先用净水清洗干净，在凹凸不平处以及鳞片缝隙处，均用毛笔或软刷将污物清除干净，用吸水纸吸干后，在 70% 酒精中浸一下，然后用 6%~10% 次氯酸钠溶液浸 5~15 min，或用 0.1%~0.2% 氯化汞消毒 5~10 min，最后用无菌水清洗 3~4 次，用无菌纱布或无菌纸吸干后接种。

③果实、种子的消毒。这类材料有的表皮上具有茸毛或蜡质，消毒前先用 70% 酒精浸泡消毒，时间取决于使用的场合和要求，然后用饱和漂白粉上清液消毒 10~30 min 或 2% 次氯酸钠溶液浸 10~20 min，消毒后去除果皮，取出内部组织或种子接种。直接用种子或果实消毒，经消毒后的材料均须用无菌水多次冲洗后接种。

④花药、花粉的消毒。植物的花药外面常被花瓣、花萼包裹着，一般处于无菌状态，只需采用表面消毒即可接种。通常先用 70% 酒精棉球擦拭花蕾或叶鞘，然后将花蕾剥出，在饱和漂白粉上清液中浸泡 10~15 min，用无菌水冲洗 2~3 次，吸干后即可接种。

8.1.4.4 外植体接种

接种是指把经过表面灭菌后的植物材料切碎或分离出器官、组织、细胞,转放到无菌培养基上的全部操作过程。整个接种过程均需无菌操作。具体操作过程是:将消毒后的外植体放入经烧灼灭菌的不锈钢或瓷盘内处理,如外植体为茎段的,在无菌条件下用解剖刀切取所需大小的茎段,用灼烧过并放凉的镊子将切割好的外植体逐段(或逐片)接种到已装瓶灭菌的培养基上,包上封口膜,放到培养架上进行培养。培养脱毒苗需在双目解剖镜下剥离切取大小 0.2~0.3 mm 的茎尖分生组织。

8.1.4.5 外植体培养

(1) 外植体的增殖

接种后的培养容器置放培养室进行培养,培养温度以 22~28 ℃ 为宜,光照度为 1000~3000 lx,光照时间为 8~14 h。对外植体进行分化培养。在新梢形成后,为了扩大繁殖系数,还需进行继代培养,也称增殖培养。把材料分株或切段后转入增殖培养基中,增殖培养 1 个月左右后,可视情况再进行多次增殖,以增加植株数量。增殖培养基一般在分化培养基上加以改良,以利于增殖率的提高。

(2) 生根培养

诱导生根继代培养形成的不定芽和侧芽等一般没有根,要促使试管苗生根,必须转移到生根培养基上,生根培养基一般应用 1/2MS 培养基,因为降低无机盐浓度有利于根的分化。切取增殖培养瓶中的无根苗,接种到生根培养基上进行诱根培养。有些易生根的植物在继代培养中通常会产生不定根,可以直接将生根苗移出进行驯化培养。或者将未生根的试管苗长到 3~4 mm 长时切下来,直接栽到蛭石为基质的苗床中进行瓶外生根,效果也非常好,省时省工,降低成本(图 8-4)。

不同植物诱导生根时所需要的生长素的种类和浓度是不同的。一般诱导生根时所需要的生长素常用吲哚乙酸(IAA)、萘乙酸(NAA)和吲哚丁酸(IBA)3 种。一般在生根培养基中培养 1 个月左右即可获得健壮根系(图 8-5)。

图 8-4 杉木继代苗

图 8-5 杉木生根组培苗

8.1.4.6 试管苗练苗与移植

(1) 炼苗

组培苗的移栽生根或形成根原基的试管苗从无菌,温、光、湿度稳定环境中进入到自然环境中,从异养过渡到自养过程,必须经过一个炼苗过程。首先要加强培养室的光照强度和延长光照时间,进行 7~10 d 的光照锻炼,然后打开试管瓶塞,置于阳光充足处锻炼 1~2 d,以适应外界环境条件。

(2) 移植

试管苗移植前,要选择好种植介质,并严格消毒,防止菌类大量滋生。然后取出瓶中幼苗用温水将琼脂冲洗掉,移栽到泥炭、珍珠岩、蛭石、蔗糠灰等组成的基质中,移植到塑料大棚后,一定要控制好温度和湿度,注意遮阴。

保持较高空气湿度,温度维持在 25 ℃ 左右,勿使阳光直晒,7~10 d 后要注意通风和补充浇水,以后每隔 7~10 d 追肥 1 次。约 20~40 d,新梢开始生长后,小苗可转入正常管理。

8.2 无土育苗

8.2.1 无土栽培在育苗上的应用

无土栽培是指不用土壤而采用有机或无机材料作基质,并用营养液及其他设施来栽培植物的方法。最早的无土栽培是 1929 年美国加利福尼亚大学格里克(Gericke)教授成功栽培番茄。目前"花卉王国"荷兰,50% 的花卉生产采用无土栽培;发达国家温室作物生产 90% 采用无土栽培。目前无土栽培技术已被美国列为现代十大高新技术之一。科学家预言,无土栽培技术的广泛应用将给人类带来第三次绿色革命。

无土栽培的本质是利用基质固定植株,让植物根系直接接触营养液。为了固定植物,增加空气含量,大多数采用砾、沙、泥炭、蛭石、珍珠岩、岩棉、锯木屑等作为固定基质。其优点是可以有效地控制苗木在生长发育过程中对温度、水分、光照、养分和空气的要求,为植物提供最佳的根际环境和养分供应,而且能有效地避免土传病害和土壤连作障碍,无杂草、无病害,清洁卫生有利于苗木生长。无土栽培最突出的特点是经济效益高。由于无土栽培育苗不用土壤,可在室内进行,能充分合理地利用设施内的土地和空间,提高工作效率,加速植物生长,提高苗木质量,增加产量。无土栽培与传统栽培的主要区别可归纳为表 8-2。

表 8-2 无土栽培与传统栽培比较

栽培方式	栽培基质	营养	环境
无土栽培	有机/无机基质	营养液	设施条件
传统栽培	土壤基质	肥料	露地条件

我国无土栽培在育苗上的应用与世界发达国家相比时间较晚，在20世纪70年代后期，这项技术才开始应用于生产。80年代中期随着我国配套进口先进国家的温室及其育苗设施，无土育苗装置投产，有关育苗技术的研究也不断发展，无土育苗面积稳定上升，设施向多样化方向发展，但在设施配套、计算机自动化育苗、生态环境控制、配套无土育苗工厂化育苗技术、产品采后处理分级包装、贮运、销售及推广应用面积等方面与世界先进国家相比还有较大的差距。随着我国国民经济的发展和工业化水平的不断提高，微电子技术，先进的测试传感技术不断开发和应用，无土育苗技术将有更广阔的发展前景。

8.2.2 无土育苗基质的作用

无土育苗基质的作用可从以下4个方面进行概括：

①能锚定植株，有适当的强度和结构。这是从基质支撑适当大小的植物躯体和保持良好的根系环境方面来考虑的。只有基质有足够的强度才能不至于使植株东倒西歪；只有基质是适当的结构才能具有适当的水、气养分的比例，使根系处于最佳状态。

②有一定保水保肥能力，透气性好。有的基质能够提供植物适当的营养成分，如果没有这种能力，只有适当的保水、保肥和透气的能力也是最好的。因为，植物所需要的营养完全是通过营养液供给的。

③有一定的化学缓冲力。这是通过营养液的作用来实现的。

④安全卫生，轻便美观。

8.2.3 无土育苗基质的种类

无土基质包括两种，液体基质和固体基质。液体基质包括水、雾。固体基质又包括有机基质、无机基质和混合基质3类。无土育苗常用基质如图8-6所示。

　(a) 蛭石　　　　(b) 珍珠岩　　　　(c) 陶粒　　　　(d) 泥炭

图8-6　无土栽培常用基质

(1) 无机基质

①颗粒状。砂、砾、陶粒、炉渣。

②泡沫状。浮石、火山熔岩。

③纤维。岩棉。

④其他。珍珠岩、蛭石、硅胶等。

(2) 有机基质
①天然。草炭、锯末、树皮、稻壳、食用菌废渣、甘蔗渣、椰子壳及其他农产品废弃物，经腐熟成为有机质，可作为无土育苗的优良基质。
②合成。尿醛、酚醛泡沫、环氧树脂等。

(3) 混合基质
①有机+有机。泥炭-刨花、泥炭-树皮。
②无机+无机。陶粒-珍珠岩、陶粒-蛭石。
③无机+有机。泥炭-砂、泥炭-珍珠岩。

8.2.4 无土育苗的设施

(1) 无土育苗的装置
无土育苗所需装置主要包括育苗容器、贮液容器、营养液输排管道和循环系统。
①育苗容器。包括育苗钵、育苗床或槽、育苗箱、育苗盒等。
a. 育苗钵：通常用聚乙烯为原料制成单体、连体育苗钵，形状有方形、圆形等，基部应设排水孔。有(长×宽×高)8 cm×8 cm×6 cm、10 cm×10 cm×8 cm、12 cm×12 cm×12 cm等规格。
b. 育苗床或槽：用水泥、砖、木版等砌成床(或槽)式育苗容器。也有由塑料制成的专用无土栽培育苗床或槽，一般规格为(60~80) cm×(150~200) cm×(15~20) cm。底侧有一排液口。
c. 育苗箱：用硬质塑料制成。通常有50 cm×40 cm×12 cm、100 cm×80 cm×24 cm等类型。底侧有一排液口。
d. 育苗盒：由PE材料制成，抗老化、韧性强。30 cm×25 cm×20 cm。底侧有一排液口。
②贮液容器。包括营养液的配制和贮存用容器，常用塑料桶、木桶、搪瓷桶和混凝土池。容器的大小要根据栽培规模而定。
③营养液输排管道。多采用塑料管和镀锌水管。
④循环系统。主要由水泵来控制，将配制好的营养液从贮液容器抽入，经过营养液输排管道，进入栽培容器。

(2) 无土育苗的供液系统
①人工系统。主要通过人工用喷壶等器具给苗木逐棵浇灌配制好的营养液。此法对小规模的无土育苗十分适用。
②滴灌系统。滴灌系统是一个开放的系统。它通过一个高于栽培床1 m以上的营养液槽，在重力的作用下，将营养液输送到30~40 m的地方，通常每1000 m^2的栽培面积可用一个容积为2.5 m^3的营养液槽来供液。营养液先要经过过滤器，再进入直径为35~40 mm的管道，然后通过直径为20 mm的细管道进入栽培苗木附近，最后通过发丝滴管将营养液滴灌在植物根系周围，营养液不能循环利用。

③喷雾系统。喷雾系统是一个封闭系统,它将营养液以雾状形式,保持一定的间隔,喷洒在植物的根系上。

④营养液膜系统(NFT)。营养液膜系统一般由栽培床、贮液罐(营养桶)、水泵与管道等组成(图8-7)。在操作时先将稀释好的营养液用水泵抽到高处,然后使其在栽培床上由较高一端向较低一端流动。一般栽培床每隔10 m要设置一个倾斜度为1%~2%的回液管,通过它使营养液回流到设置在地下的营养液槽中。通常每1000 m^2 的栽培面积可安放一个4000~5000 L的营养液槽。营养液膜系统主要采用间歇供液法,通常每小时供液10~20 min。

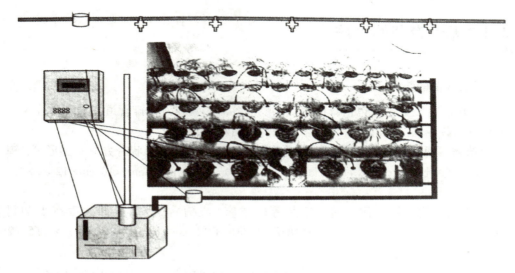

图8-7 营养液膜系统

⑤深液流系统(DFT)。DFT水培设施可由营养液槽、栽培床、营养液自动循环及控制系统(图8-8)、植株固定装置等组成。床体和栽培板是用高密度聚苯材料制成。床体规格如100 cm×66 cm×17 cm等。栽培板规格89 cm×59 cm×3 cm。栽培板上有直径3 cm的定植孔49个。也可用水泥制成育苗槽,栽培板用泡沫板[图8-8(b)]。该系统与营养液膜系统不同之处是流动的营养液层较深(5~10 cm),植物的大部分根系可浸泡在营养液中,其根系的通气靠向营养液中加氧来解决。它的主要优点是解决了在停电期间NFT系统不能正常运转的困难,营养液层较深可维持水培育苗的正常进行。

⑥浮板毛管系统(FCH)。FCH水培设施主要由贮液池、栽培槽、循环系统和供液系统4部分组成。育苗床由一定规格的聚苯乙烯发泡板构成,平置地面,内衬防渗聚乙烯农膜,营养液层深3~6 cm,液上漂浮聚苯乙烯发泡板,其上覆盖具吸水性的无纺布,两侧向下垂延至营养液槽中,通过无纺布的吸水作用,使浮板上无纺布湿润。定植在浮板孔内的植株根系,可在浮板上下吸收营养、氧气。该法可减少液温变化,增加供氧量,使根系生长发育环境得到改善,避免了停电、停水等对根系造成的不良影响,简单易行,设备造价低廉,适合我国目前的生产水平,可大面积推广。浮板毛管系统如图8-9所示。

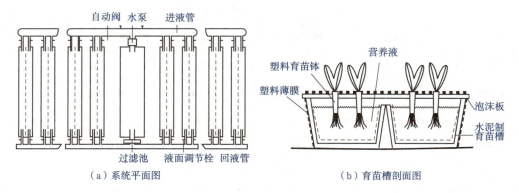

图 8-8 深液流法系统

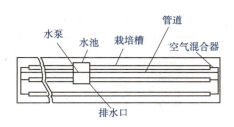

图 8-9 浮板毛管系统

8.2.5 无土育苗营养液配制

营养液的配制是无土育苗过程中的重要环节。无土育苗要靠人工供给养分，这就需要人工配制营养液。其配方的选择要根据植物的种类，以及苗木不同的生长发育阶段和不同的气候条件，选择适宜的配方。

(1) 营养液的原料

①常用肥料。无机肥料有钾化合物、磷化合物、钙化合物、镁化合物、硫化合物和微量元素等几大类，包括植物生长所需的氮、磷、钾、钙、镁和硫等大量元素和铁、锰、铜、锌、硼和钼等微量元素。用于基质无土育苗和有机生态型无土育苗有机肥料主要有厩肥、人粪尿、堆肥、绿肥、土杂肥等农家肥。

②水。水是苗木从营养液中吸收营养的介质。水质的好坏对无土育苗有重要的影响。因为无土育苗没有土壤的吸附力对盐离子的缓冲作用，因而它对水质中的盐离子基本没有缓冲力，对水中元素含量较土壤要求低，否则会产生毒害。含酸的或其他工业废水不能用来配制营养液。最好也不使用硬水，因硬水中含有过高的钙、镁离子，会影响营养液的浓度。城市自来水中含有较多的碳酸盐和氯化物，影响根系对铁的吸收，可以用乙二胺四乙酸二钠进行调节，使苗木便于吸收铁离子。

(2) 常用营养液配方

①格里克基本营养液配方(表 8-3)。

表 8-3　格里克基本营养液配方　　　　　　　　　　　　　　　　　单位：g/L

成分	化学式	用量	成分	化学式	用量
硝酸钾	KNO_3	0.542	硫酸铁	$Fe_2(SO_4)_3$	0.014
硝酸钙	$Ca(NO_3)_2$	0.096	硫酸锰	$MnSO_4$	0.002
过磷酸钙	$Ca(H_2PO_4)_2+CaSO_4 \cdot H_2O$	0.135	硼砂	$Na_2B_2O_7$	0.001 7
硫酸镁	$MgSO_4$	0.135	硫酸锌	$ZnSO_4$	0.000 8
硫酸	H_2SO_4	0.073	硫酸铜	$CuSO_4$	0.000 6

②凡尔赛营养液配方(表8-4)。

表 8-4　凡尔赛营养液配方　　　　　　　　　　　　　　　　　单位：g/L

大量元素			微量元素		
成分	化学式	用量	成分	化学式	用量
硝酸钾	KNO_3	0.568	硼酸	H_3BO_3	0.000 56
硝酸钙	$Ca(NO_3)_2$	0.71	硫酸锌	$ZnSO_4$	0.000 56
磷酸胺	$NH_4H_2PO_4$	0.142	硫酸锰	$MnSO_4$	0.000 56
硫酸铵	$(NH_4)_2SO_4$	0.282	氯化铁	$FeCl_3$	0.112
碘化钾	KI	0.002 8	—	—	—

③波斯特营养液配方(表8-5)。

表 8-5　波斯特营养液配方　　　　　　　　　　　　　　　　　单位：g/L

成分	化学式	加利福尼亚州	俄亥俄州	新泽西州
硝酸钙	$Ca(NO_3)_2$	0.74	—	0.9
硝酸钾	KNO_3	0.48	0.58	—
磷酸铵	$(NH_4)_2HPO_4$	—	—	0.007
硫酸铵	$(NH_4)_2SO_4$	—	0.09	—
磷酸二氢钾	KH_2PO_4	0.12	—	0.25
磷酸钙	$CaHPO_4$	—	0.25	—
硫酸钙	$CaSO_4$	—	0.06	—
硫酸镁	$MgSO_4$	0.37	0.44	0.43

④营养液补充液配方。当钙、镁含量不足或超过其他元素时，需要加入补充液。钙、镁含量不足时的补充液配方见表8-6，钙、镁含量相对超过其他元素时的补充液配方见表8-7。

表8-6　钙、镁含量不足时的补充液配方　　　　　　　　　　　　　　单位：g/L

成分	化学式	用量
磷酸二氢铵	$NH_4H_2PO_4$	0.07
硝酸钾	KNO_3	0.334
硝酸钙	$Ca(NO_3)_2$	0.05
硝酸铵	NH_4NO_3	0.55
硫酸镁	$MgSO_4$	0.195

表8-7　钙、镁含量相对超过其他元素时的补充液配方　　　　　　　　单位：g/L

成分	化学式	用量
磷酸二氢铵	$NH_4H_2PO_4$	0.111
硝酸钾	KNO_3	0.51
硫酸钙	$CaSO_4$	0.08
硝酸铵	NH_4NO_3	0.08

(3) 营养液的配制

①配制时先看清各种药剂的商标和说明，仔细核对其化学名称和分子式，了解其纯度，是否含结晶水。根据选定的配方，准确称量各种药剂。

②溶解盐类时要先用50 ℃的少量温水将其分别溶化，然后用所定容量的75%水溶解，边倒边搅拌，最后用水定容。并且先溶解微量元素，后溶解大量元素。

③在大规模生产中，可以用磅秤称取营养盐，然后放在专门的水槽中溶解，最后定容。

④定容后，应根据不同植物对营养液的酸碱度不同要求，对营养液的酸碱度进行调整。如果营养液偏酸，可加氢氧化钾调节；若偏碱，则用硫酸或盐酸加以调整。调整过程中，要不断用pH试纸或酸度计进行测试。

⑤在大规模的生产中，为了配制方便，以及在营养液膜法中自动调整营养液，一般都是先配制母液，然后再进行稀释。母液应分别配制。将硝酸钙和其他盐类溶液应分别装在两个溶液罐中。母液浓度一般比植物直接吸收的稀溶液浓度高100倍，使用时再按比例稀释后灌溉苗木。

8.2.6　无土栽培育苗技术

(1) 无土育苗基质的选择

无土育苗所用基质的选择，各地可因地制宜，就地取材。基质保水性要好，颗粒愈小，其表面积和孔隙度愈大，保水性也愈好，但应避免过细的材料作基质，否则保水太多易造成缺氧。基质中不能含有有害物质，如有的锯末由于木材长期在海水中保存，含有大量氯化钠，必须经淡水淋浇后才能用。石灰质（石灰岩）的砂砾含有大量碳酸钙，会造成营养液的pH升高，使铁沉淀，影响植物吸收，所以只有火成岩（火山）砾和沙适于作基质。基质的选择也与无土栽培的类型有关，下方排水的岩砾可采用很粗的材料，而滴灌的岩砾必须用细的材料。

（2）无土育苗基质的处理

①灭菌处理。无土栽培的基质长期使用，特别是连作，会使病菌集聚滋生，故每次种植后应对基质进行消毒处理，以便重新利用。蒸气消毒比较经济，把蒸气管通入栽培床即可进行。锯末培蒸气可达到80 cm的深度，沙与锯末为3∶1的混合物床，蒸气能进入10 cm深。药剂消毒，甲醛是一种较好的杀菌剂，1L甲醛（40%浓度）可加水50 L，按20~40 L/m² 的用量施于基质中，后用塑料薄膜覆盖24 h，在种植前再使基质风干约2周。漂白粉1%的浓度在砾培中消毒效果也好，将栽培床浸润0.5 h，以后再用淡水冲洗，以消除氯。

②洗盐处理。当基质吸附较多的盐分时，可用清水反复冲洗，以除去多余的盐分。在处理过程中，可以靠分析处理液的导电率进行监控。

③氧化处理。一些栽培基质，特别是砂、砾石在使用一段时间后，其表面会变黑。在重新使用时，应将基质置于空气中，游离氧会与硫化物反应，从而使基质恢复原来的颜色。

（3）水培育苗

水培是无土栽培中最早应用的技术，是将植物根系连续或不连续地浸入营养液中进行培养的方法（图8-10、图8-11）。一种是植物不采取任何固定措施，植物根系全部浸没在水溶液中生长；另一种是将植物用基质固定（如蛭石、石砾、玻璃纤维等），让根茎部分埋入基质中，根系穿过金属网伸入到营养液中吸收水、肥。

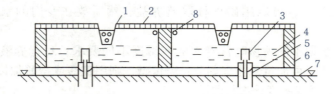

1. 定植杯；2. 定植板；3. 液位控制装置；4. 营养液；5. 回流管；
6. 种植槽；7. 地面；8. 供液管。

图8-10 种植槽横切面示意

在水培中，植物从营养液中吸取氧，而氧的主要来源是通过营养液由高处自由落下而把氧气带入，为此一天要灌水5~6次，用多孔物质作基质的可减少灌水次数。幼苗期，营养液与种植床间要保持2 cm的孔隙，以利幼小根进入营养液。此外有条件的话，应根据不同植物的不同要求，控制营养液的温度，因根系温度对植物的生长发育所起作用更大。目前，在水培育苗的设施工程上有进一步的改进。根据水培育苗的装置系统、营养液供氧方式，可选用营养液膜法（NFT，图8-7）、深液流法（DFT，图8-8）、浮板毛管育苗法

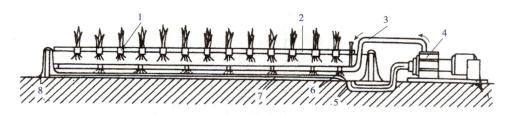

1. 海绵块;2. 定植板;3. PVC 管道;4. 水泵;5. 入水口;
6. 喷液口;7. 种植槽;8. 塑料薄膜。

图 8-11 M 式水培设施示意

(FCH,图 8-9)等供氧方式。

(4) 固体基质无土育苗

①沙培法。是以直径小于 3 mm 的松散颗粒,如沙、珍珠岩、塑料或其他无机物质作为基质,作成沙床,再加入营养液来培育苗木的方法。

②砾培法。是以直径大于 3 mm 小于 1 cm 的不松散颗粒,如砾、玄武石、熔岩、塑料或其他物质作为基质,也可采用床式育苗,再加营养液来培育苗木的方法。

③锯末培法。采用中等粗度的锯末或加有适当比例刨花的细锯末。以黄杉和铁杉的锯末为好,有些侧柏锯末有毒,不能使用。栽培床可用粗杉木板建造,内铺以黑聚乙烯薄膜作衬里,床宽约 60 cm,深约 25~30 cm,床底设置排水管。锯末培也可用薄膜袋装上锯末进行操作,底部打上排水孔,根据袋大小可以栽培 1~3 棵植物。锯末培一般用滴灌供给植物水分和养分。

④珍珠岩+草炭培法。用珍珠岩与草炭混合基质培育苗木较为普遍,珍珠岩与草炭的比例为 1∶1 或 3∶1。可采用单体或连体育苗钵,也可采用床式育苗,再加营养液来培育苗木的方法。

⑤沙砾培法。采用沙和砾混合的固体基质。在基质的配制上,粗基质(直径 5~15 mm)和细土或沙的比例最好为 5∶2 或 5∶3。可采用床式育苗,再加营养液来培育苗木的方法。

(5) 常见固体基质育苗的方式

①钵培法。在单体或连体的塑料育苗钵等容器中填充基质,栽培苗木。从容器上部供应营养液,下部排液管将排出的营养液回收入贮液罐中循环利用,也可采用人工浇灌。如图 8-12 所示。

②槽培法。采用育苗床或槽,在其内填充基质。其装置包括贮液池、水泵、时间控制器等。营养液由水泵自贮液池中提出,通过干管、支管及滴灌软管滴于苗木根际附近,也可用贮液池与根际部位的落差自动供液,营养液不回收。如图 8-13 和 8-14 所示。

③岩棉培法。岩棉块一般为 7.5 cm×7.5 cm×7.5 cm,其外侧四周包裹黑色或黑白双面薄膜,防止水分丧失,在岩棉块上部可直播或移栽小苗。岩棉育苗多采用滴灌,其装置包括营养液罐、上水管、阀门、过滤器、毛管及滴头等。大面积生产中应设置营养液浓度、酸碱度自动检测及调控装置。

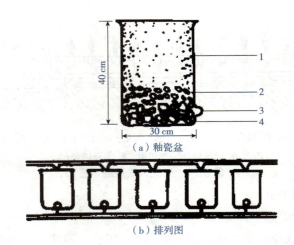

1. 沙层；2. 小石子；3. 排液口；4. 砾石。

图 8-12　钵培设施

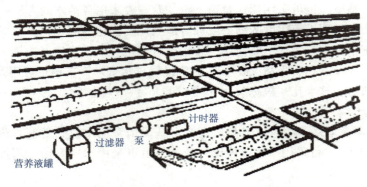

图 8-13　槽式无土育苗及滴灌装置

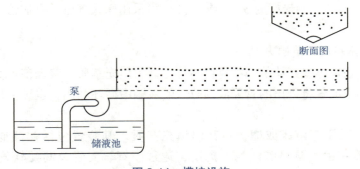

图 8-14　槽培设施

④袋培法。在塑料袋内填充基质，在袋上打孔培育苗木。塑料袋宜选用黑色、耐老化、不透光筒状薄膜袋，制成枕式袋或立式袋，其内填充混合基质。在袋的底部和两侧各开 0.5~1.0 cm 的孔洞 2~3 个，排除积存营养液，防止沤根。枕式袋（图 8-15）按株距在基质袋上设置直径为 8~10 cm 的种植孔，按行距呈枕式摆放在育苗架上或泡沫板上。立式袋（图 8-16）直立悬挂。用滴灌供液，营养液不循环使用。

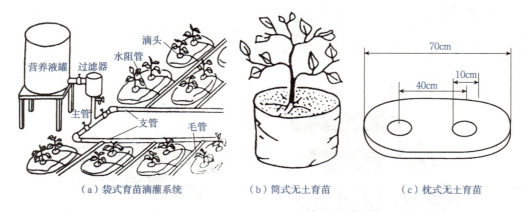

(a) 袋式育苗滴灌系统　　(b) 筒式无土育苗　　(c) 枕式无土育苗

图 8-15　袋培法无土育苗

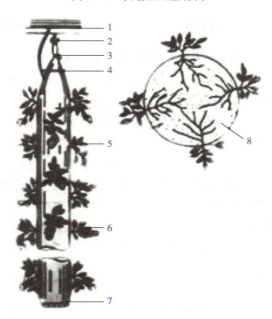

1. 供液管；2. 挂钩；3. 结扎口；4. 滴管；5. 栽培袋；6. 种植板；7. 排液口；8. 基质。

图 8-16　立式袋无土育苗

(6) 有机生态型无土育苗

有机生态型无土栽培是指不用天然土壤，不用传统的营养液灌溉植物根系，而使用基质，采用有机固态肥并直接用清水灌溉植物的一种无土栽培技术。有机生态型无土育苗可采用槽培法或钵培法方式，在槽内或容器内填充有机基质培育苗木。由于育苗仅采用有机固态肥料，取代纯化肥配制的营养液肥，因此能全面而充分地满足苗木对各种营养元素的要求，省去了营养液检测、调试、补充等繁琐的技术环节，使育苗技术简单化、一次性投入低，具有成本低、省工、省力，可操作性强，不污染环境等优点。是高产、优质、高效的育苗方法。也有人认为，由于用有机肥来提供营养，对于基质中的营养状况难以了解和控制，往往出现养分供应不均衡的现象，而且，如果施用有机肥过量，也非常容易造成硝酸盐在产品中的累积问题，而施用有机肥只是其有机态氮的释放较慢而已。无论如何，利用有机肥来进行无土栽培生产，不失为一种较低成本的无土栽培类型，有一定的应用价值。

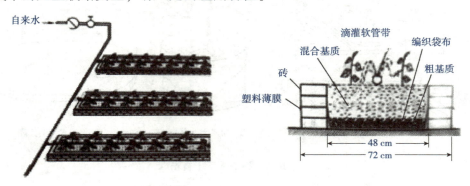

（a）槽式有机生态型无土育苗系统设施　　　　（b）槽式有机生态型无土育苗设施横断面图

图 8-17　有机生态型无土育苗系统设施

槽培法有机生态型无土栽培设施系统（图 8-17），由栽培槽和供水系统两部分构成。在实际生产中栽培槽用木板、砖块或土坯垒成高 15~20 cm、宽 48 cm 的边框，在槽底铺一层聚乙烯塑料膜。可供栽培两行作物。槽长视棚室建筑形状而定，一般为 5~30 m。供水系统可使用自来水基础设施，主管道采用金属管，滴灌管使用塑料管铺设。有机生态型基质可就地取材，如农作物秸秆、农产品加工后的废弃物，木材加工的副产品等都可按一定比例混合使用。为了调整基质的物理性能，可加入一定比例的无机物，如珍珠岩、炉渣、河沙等，加入量依据需要而定。有机生态型无土栽培的肥料，以一种高温消毒的鸡粪为主，适当添加无机化肥来代替营养液。消毒鸡粪来源于大型养鸡场，经发酵高温烘干后无菌、无味，再配以磷酸二铵、三元复合肥等，使肥料中的营养成分既全面又均衡，可获得理想的栽培效果。

 实践训练

实训项目 8-1　组织培养育苗

一、实训目的

通过实际操作掌握组培育苗的培养基配制方法，外植体的消毒与接种技术。

二、材料器具

（一）材料

配制 MS 培养基所需试剂、封口膜或塞、绑扎线绳、牛皮纸、蒸馏水或纯净水等。

（二）器具

电子天平、药物天平、烧杯、量筒、吸管、移液管、电炉、酸度计或精密 pH 试纸、试管、

三角瓶、高压灭菌锅等。

三、实训内容与方法

(一)初代培养

初代培养包括初代培养基配制,外植体的选取;外植体的清洗;外植体的表面灭菌和接种。

1. 初代培养基配制

①溶解琼脂和蔗糖。在 1000 mL 的烧杯中加入 500 mL 蒸馏水,然后将称好的 6~8 g 琼脂粉放进烧杯中加热煮溶,再放入 10 g 蔗糖,搅拌溶解。

②加入母液。用量筒量取大量元素的母液各 50 mL 加入烧杯中,然后用吸管依次将微量元素、维生素、氨基酸、肌醇和生长调节剂各 5 mL 分别加入烧杯中,加蒸馏水定容至 1000 mL。在加入母液和蒸馏水的过程中应边加边搅拌。

③调节 pH 值。搅拌后静止,用酸度剂或 pH 精密试纸测定 pH,用 1 mol 氢氧化钠或 1 mol 盐酸将 pH 调至 5.6~5.8。

④培养基分装。用漏斗将培养基分装到试管(三角瓶)中,注入量约为 2 cm。分装动作要快,培养基冷却前应灌装完毕,并尽可能避免培养基粘在管壁上。

⑤试管封口。用塑料封口膜或棉塞、塑料瓶塞等材料将瓶口封严。注意棉塞封口的试管需再用牛皮纸包扎好。

⑥培养基灭菌。将试管包扎成捆,放到高压蒸汽灭菌锅中灭菌,在温度为 121 ℃,压强 115 kPa 条件下维持 15~20 min 即可(间断式通电)。待压强自然下降到零时,开启放气阀,打开锅盖,放入接种室备用。灭菌时,注意在稳压前一定要将灭菌锅内的冷空气排除干净,否则达不到灭菌的效果。

2. 外植体的选取

取当年生半木质化、无病虫害枝条,并将叶片与叶柄基部剪掉,注意避免伤到腋芽,然后将枝条剪成约 5~6 cm(根据灭菌容器的大小可适当调整)的茎段。

3. 外植体的清洗

先将切割好的植物材料在自来水龙头下流水冲洗 30 min,然后再在洗涤剂溶液中浸泡 5 min 后,用纱布扎住烧杯口(防止植物材料被冲出),倒掉洗涤剂溶液,水龙头下流水冲洗 35 min。

4. 外植体的表面灭菌

清洗后在超净工作台上进行表面灭菌,用 0.1% 的升汞溶液小烧杯中浸泡 8~10 min,无菌水冲洗 8 次。

5. 接种

将灭菌后的茎段放到灭菌滤纸上,并将其顶端和底部切掉约 0.5 cm(灭菌剂杀死的部分),再将剩余茎段切成 1 cm 左右的小茎段,保证每个小茎段至少带有一个腋芽,插入诱导培养基上,每个培养瓶内接种一个培养物。

(二)继代培养

①超净工作台灭菌。接通电源,打开紫外灯,同时打开风机,灭菌 20 min。

②人员准备。洗净双手,穿上实验服进入接种室。在超净台内用酒精棉球(或新洁尔灭稀释液)擦拭双手、台面、接种工具、种苗瓶表面。

③种苗瓶准备。要选择生长势好,苗高在 3 cm 以上种苗瓶,每人取 10 瓶的装有继代培养基的培养瓶放入超净台内。

④转接前准备。将酒精灯放在距超净台边缘 30 cm,正对身体正前方处。将种苗瓶放在灯前偏左处,继代培养瓶放在灯前处,消毒瓶放在灯右处,以利方便操作。

⑤转接。打开原种瓶,将瓶口过火 1 次,置于一定位置。剪刀和镊子灼烧灭菌后,左手水平持种苗瓶,右手持镊子,使种苗瓶瓶口与右手所持的镊子在同一水平线上,从瓶中取出芽丛,放在无菌滤纸上,用手术刀和镊子配合对芽丛进行分割,并把每个小枝条,瓶口过火 1 次,用过火、冷却的镊子夹住分割的茎段并迅速转接在瓶中,每瓶转接 5~6 个茎段,接完后瓶口过火封口。以后重复上述动作,每人接 10 瓶。

⑥每接 5 瓶后,再用酒精棉球擦拭双手 1 次,以防交叉感染。

⑦每接完 10 瓶后,标明接种日期、品种编号、培养基编号和姓名等,移出超净台,置于台顶,再接下一批。

⑧转接结束后,将超净工作台清理干净,工作台内只保留酒精瓶、酒精灯、酒精棉瓶;将材料放在培养室内培养。

(三)生根培养

1. 配制生根培养基

每人配 1 L 花楸生根培养基,并进行分装(20 瓶左右)及灭菌。花楸生根培养基配方为:1/2MS+IBA1.0 mg/L+1%蔗糖+0.7%琼脂,pH5.8。

2. 接种

按照无菌操作规范进行接种前的准备工作。在缓冲间换衣服鞋帽,然后配制2%新洁而灭擦拭超净工作台,擦拭 3 遍,顺序由上到下。然后用酒精擦手,在超净台上打开工具包,接种的方法按照生根培养的接种方法进行。在超净台上,先把芽丛纵向切割成单株,然后切掉植株基部的愈伤组织。把切好后的单株苗插入空白培养基中,拧紧瓶盖,进行培养。要求每人接 20 瓶,每瓶 15 个苗左右。

3. 瓶外生根

①2 人一组,每组准备 1 个穴盘、2 把镊子、2 只装有清水的水桶、20 瓶待生根的组培苗。

②配置基质,用喷壶喷水于基质上(蛭石),均匀搅拌直到湿度适宜为止(即手攥蛭石,然后松开,蛭石不松散开即可)。将搅拌好的蛭石装入穴盘中并进行压实。

③洗苗,在第一桶水里,用手轻轻洗净粘着在无根苗上的培养基,然后将洗好的苗放入另一桶水里进行冲洗。冲洗后移栽前,将洗好的苗浸到生长素溶液或 1000 mg/LABT 生根粉溶液里蘸一下,以提高生根概率。

④扦插组培苗,用小木棍或竹签在每个穴孔中心位置挖个小洞,然后将组培苗栽入洞中(每个孔栽 1 棵),其深度是 1~2 cm。种好后轻压基质,使植株能直立,不倒伏。然后用喷壶向小苗上喷水,保持较高的湿度。

(四)驯化移植

①在移栽前 5~7 d 开始对生根苗进行驯化。具体做法是移栽前 5 d 把待移栽的组培苗不开口移到温室经受自然光照射,锻炼 2~3 d,然后松盖 1~2 d,使瓶内外空气逐渐流通,然后敞

开盖保持 1~2 d。

②移栽时首先准备穴盘及基质。

③洗苗，在第一桶水里，用手轻轻洗净粘着在组培苗上的尤其是根部的培养基。注意清洗时动作要轻，以免伤根。然后将洗好的苗放入另一桶水里进行冲洗。

④扦插组培苗，用小木棍或竹签在每个穴孔中心位置挖个小洞，然后将组培苗栽入洞中，每个孔栽 1 棵苗，其深度是 1~2 cm。栽时注意用镊子把根展开，不要使组培苗在穴盘的孔穴中窝根及折根，不利生长。栽好后轻压基质，使植株直立，不倒伏。然后用喷壶向小苗上喷水，保持较高的湿度。

⑤每组成员明确分工。一人先负责清洗试管苗，另一人负责一半的生根苗移栽。进行到一半时，互换任务。

四、注意事项

①接种时应对各种材料、工具消毒彻底，防止污染。

②接种用的酒精灯，火焰不要调得太高，接种时应靠近酒精灯火焰操作，接种的速度要快，动作要熟练。

③接种时严防接种箱内着火。

五、实训报告及要求

①将培养基的配制过程整理成书面报告。

②简述接种与培养的关键技术。

实训项目 8-2　无土育苗技术调查

一、实训目标

了解无土育苗的生产现状，学习无土育苗技术方法。

二、实训条件

无土育苗生产设施、配制营养液的药剂。

三、实训内容与方法

（1）参观调查无土育苗生产设施。

（2）了解营养液的配制方法。

（3）在技术人员指导下进行无土育苗操作。

四、注意事项

在参观学习过程中，未经生产人员许可不得随意动手。应积极提问，多观察、思考。

五、实训报告要求

撰写参观调查报告。内容包括无土育苗生产设施、营养液的配制方法、无土育苗的技术特点，以及相应的注意事项。

第一部分 总 论

巩固拓展

一、单元小结

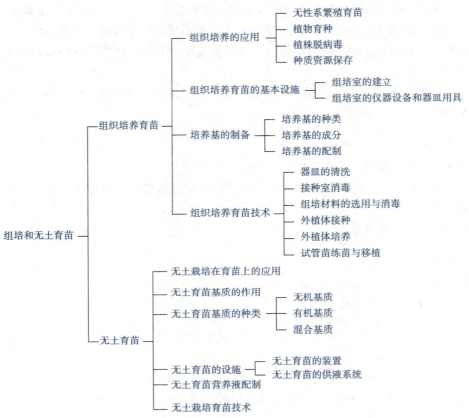

二、名词解释

1. 植物组织培养；2. 接种；3. 外植体；4. 无土栽培；5. 有机生态型无土栽培；6. 营养液膜技术。

三、填空题

1. 植物组织培养根据培养所用材料的不同可分为（　　）、（　　）、（　　）和（　　），其中以（　　）应用最广泛。

2. 一般组培室应包括（　　）、（　　）、（　　）、（　　）、（　　）、（　　）。

3. 在组织培养中，培养基常用（　　）法灭菌，不耐热物质用（　　）法灭菌。

4. 培养基的成分主要包括：（　　）、（　　）、（　　）、（　　）、（　　）和（　　）等。

5. 组培育苗中，培养过程通常包括（　　）、（　　）、（　　）、（　　）等4个过程。

6. 最早的无土栽培是（　　）年美国加利福尼亚大学（　　）教授成功栽培（　　）。

7. 无土栽培在育苗上的应用与常规育苗的主要区别，就是不用（　　），直接用

(　　)培育苗木。

8. 无土育苗所需装置主要包括(　　)、(　　)、(　　)和(　　)。

9. 有机生态型无土育苗可采用(　　)或(　　)方式。

10. 无土育苗常见固体基质可分为(　　)、(　　)和(　　)3类。

四、判断题

1. 在植物组织培养中，最常用的外植体是根系。　　　　　　　　　　　　(　　)

2. 植物组培能否取得成功的重要因素之一，就是保证操作迅速。　　　　　(　　)

3. 花药、花粉的消毒，除表面消毒外，还要进行深层次的消毒。　　　　　(　　)

4. 不同植物诱导生根时所需要的生长素的种类和浓度是不同的。　　　　　(　　)

5. 当培养基高压灭菌完后，即可切断电源，打开放气阀迅速排除锅内蒸汽，取出培养基。　　　　　　　　　　　　　　　　　　　　　　　　　　　　　　　(　　)

6. 无土栽培属于高效农业，一次性设备投资较大，且技术需专门培训才能掌握。
　　　　　　　　　　　　　　　　　　　　　　　　　　　　　　　　(　　)

7. 有的基质能够提供植物适当的营养成分，如果没有这种能力，只有适当保水、保肥和透气能力的基质也是最好的。　　　　　　　　　　　　　　　　(　　)

8. 无土栽培也可以采用土壤作基质。　　　　　　　　　　　　　　　　(　　)

9. 基质都有一定的化学缓冲力。　　　　　　　　　　　　　　　　　　(　　)

10. 营养液膜系统对小规模的无土育苗十分适用。　　　　　　　　　　　(　　)

五、简答题

1. 组织培养在育苗上的应用领域有哪些？

2. 一般组培室应包括哪些设施？

3. 简述林木组织培养工厂化育苗生产的技术装备。

4. 培养基的种类有哪些？

5. 试述培养基配制及消毒方法。

6. 基质有哪些作用？无土栽培基质的选择有哪些要求？

7. 简述浮板毛管系统(FCH)的特点。

8. 简述常见固体基质无土育苗的方式。

9. 简述基质的处理方法。

六、知识拓展

1. 何金迎，孙佳春，翟文，等．荒山绿化用聚氨酯泡沫无土栽培基质的制备与研究[J]．塑料工业，2019(7)：145-147，151．

2. 邓演文，林洁莹，吴乔娜，等．木兰属植物组织培养技术研究综述[J]．林业与环境科学，2018(5)：118-124．

单元 9　大苗培育

学习目标

知识目标
1. 了解苗木移植的意义和成活的基本原理。
2. 掌握苗木移植的技术。
3. 掌握大苗养干及整形修剪技术。

技能目标
1. 能熟练完成苗木移植的技术操作。
2. 能熟练进行当地主要培育树种的整形修剪。
3. 能开展基层从业人员大苗培育技术培训。

素质目标
1. 树立绿水青山就是金山银山的生态文明理念。
2. 培养学生分析和解决问题的能力和理论联系实际的工作作风。
3. 实现苗木生产经营领域的创新创业意识教育。
4. 养成知行合一、团结协作、吃苦耐劳、精益求精的职业品格。

理论知识

9.1　苗木移植

9.1.1　苗木移植的意义及成活的基本原理

移植苗是经过一次或数次移植后再培育的苗木，移植的幼苗又称换床苗。移栽前的苗本可以是实生苗、各类营养繁殖苗。林业苗圃中移植苗多为实生苗，插条等无性繁殖苗木很少进行移栽，但园林苗圃中的大苗，都可能经历多次移植培养。多年生大苗造林已经成为华北、西北地区利用针叶树种营造公益林的重要方法，城市绿化和城市森林营建所使用的树木材料也大量使用大苗。所以，培育移植苗是林业苗圃的重要工作之一。

我国移植育苗多为人工作业，苗木移植工作量大，费工费时。国外移植育苗已经实现机械化作业。如何将目前移植育苗中高度劳动密集型作业方式转变为机械化作业方式，是我国林业苗木行业发展亟待解决的问题之一。因此，在条件许可的地区，应注意向机械化方向发展。

9.1.1.1 苗木移植的意义

(1) 拓展苗木生存空间

用传统育苗方法如播种、扦插、嫁接等方法培育树苗时，小苗密度较大，苗间距为几厘米到十几厘米。随着苗木的不断生长，个体逐渐增大，苗木之间竞争增强，因此必须扩大苗木的株行距。扩大株距的方法有间苗和移植两种。但间苗会浪费大部分苗木，留下的苗木也不能对其根系进入进行剪截，促其发展，因此常使用移植的方法来扩大苗木的株行距。

幼苗经过移植，增大了株行距，扩大了生存空间，能使根系充分舒展，进一步扩大树形，使叶面充分接受太阳光，增强树苗的光合作用、呼吸作用等生理活动，为苗木健壮生长提供良好的环境。另外，由于增大了株行距，改善了苗木间的通风透光条件，从而减少了病虫害的滋生。同时也便于施肥、浇水、修剪、嫁接等日常管理工作。

(2) 促进苗木根系发展

幼苗移植时，主根和部分侧根被切断，能刺激根部产生大量的侧根、须根。移植苗木所用的苗圃地，一般情况下立地条件比较好，能提供根系生长较合适的土壤条件，促进根系生长发育，使根系中根数显著增多，吸收面积扩大，形成完整发达的根系，提高苗木生长的质量。另外，移植后的苗木由于切断主根，根系分布于土壤浅层，吸收根数量多，有利于将来造林栽植的成活和生长发育，达到良好的造林绿化效果。

(3) 提升苗木培育质量

在移植过程中对根系、苗冠进行科学的整形修剪，人为调节地上与地下生长平衡。苗木分级移植，淘汰了劣质苗，使培育的苗木规格整齐，枝叶繁茂，树姿优美，全面提高了移植苗木培育质量。

(4) 提高土地利用效率

苗木生长不同时期，树体大小不同，对土地面积的需求也不同。对于园林绿化所需的大苗，在各个龄期，根据树种特点、苗体大小及群体特点合理安排密度，这样才能最大限度地利用土地，在有限的土地上尽可能多的培育出大规格优质的绿化苗木，使土地效益最大化。

总之，经过移植，给苗木提供适当的生长空间和土肥水条件，使苗木能长出发达的根系和优美的树体，为造林绿化提供优质的苗木。

9.1.1.2　苗木移植的依据

（1）根据苗木培育特点和生长特性确定移植苗龄

幼苗移植一般指1年生和1年生以上苗木的移植，有时也指芽苗的移植。为促进多生侧根和须根，培养好的干形和冠形，提高苗木质量，培育2年生以上的苗木，一般都应进行移植。芽苗移植是指播种苗在子叶出土后、真叶刚刚形成时，或真叶刚刚出土（子叶留土型）、根系正处于第一次伸长生长高峰时所进行的移植。芽苗移植工序简单，成活率高，是容器播种育苗中补苗常用技术。

大田移植育苗中，移植用的苗木年龄过小则移植费工，且效果不佳；过大则根系生长粗而长，移植后缓苗期长，移植效果也不理想。适宜的移植苗龄因树种不同而异。速生树种如桉树，当幼苗高达6～10 cm时即可开始移植，当年移植，当年出圃；生长较快的多数阔叶树种和部分针叶树种如落叶松、侧柏等，1年生播种苗即可移植；生长慢的树种如红松、冷杉等在播种地生长2年，云杉生长2～3年再进行移植。

（2）根据移植苗培育目的确定移植次数和移植后的培育年限

移植次数和移植后的培育年限作为造林用苗，一般移植1次即可出圃造林，云杉苗有时需要移植2次。如果培育城市绿化用的大苗，针、阔叶树都可根据需要进行多次移植，通常是速生树种移植1～2次，慢生树种移植2次以上。

培育造林用苗，每次移植后培育的时间，因树种、气候和土壤等条件而异。如速生的桉树只需数月，落叶松、油松、侧柏、柳杉等苗木和阔叶树苗多为1年。而生长缓慢的云杉和冷杉等苗木，一般培育2年。

（3）根据气候和树种特性确定移植季节

苗木移植季节。应根据当地气候条件和树种的生物学特性来决定。一般树种主要在苗木休眠期进行移植。对于常绿树种，也可在生长期的雨季进行移植，最好在雨季来临之前进行。如在雨天或土壤过湿时移植，苗木根系不易舒展，破坏土壤结构，对苗木成活和生长不利。北方地区移植可选择在早春土壤解冻后或秋、冬季土壤结冻前进行，土壤不结冻地区，在苗木停止生长期间都可进行。

春季是苗木适宜的移植时期，在北方应以早春土壤解冻后苗木未萌动前进行比较适宜。每个树种移植的具体时间，应根据树种发芽的早晚来安排，一般针叶树早于阔叶树。

秋季移植一般适用冬季不会遭受低温危害，春季不会有冻拔和干旱等灾害的地区。移植的时间在北方应早移植，对落叶树种，当苗木叶柄形成离层，叶子能脱落或能以人工脱落时即可开始移植；常绿树种的两种生长型苗木，都应在直径生长高峰过后移植。因为无论是落叶树种还是常绿树种，此时根系尚未停止生长，移植后有利于根系恢复生长。

幼苗分床移植，在苗木生长期间的阴天或早、晚进行。

9.1.1.3　移植成活的基本原理

不同树种移植后，其成活难易往往有很大差别，这是受不同树种的习性决定的。因此在进行苗木移栽前必须了解其习性，按其习性要求确定各项技术措施，才能获得较高的成活率。从新陈代谢活动的生理角度上来看，苗木经过挖掘、搬运、再种植过程，根系大量损伤，打破了原来地上部分和地下部分的平衡，使水分和有机营养物质大量消耗，如果这种平衡不能迅速恢复，树木就有死亡的危险。因此，在移栽技术措施上，需要解决地上部分和根系间水分及营养物质相对平衡的问题。理论与实践均认为，保证移栽成活的基本原理在于根据树种习性，掌握适当的移栽时期，尽可能减少根系损伤，适当剪去苗冠部分枝叶，及时灌水，创造条件来正确地调整地上部分与根系间生理平衡，并促进根系与枝叶的恢复与生长。

9.1.1.4 移植苗的年生长规律

移植苗一般分为成活期、生长初期、速生期和苗木木质化期(生长后期)。与1年生播种苗最大的区别，是有一个成活期(缓苗期)。

(1) 成活期

成活期是从移植时开始，到苗木地上部分开始生长，地下部根系恢复吸收功能为止。苗木根系，包括吸收水分和养分的须根被切断，降低了苗木吸收水分与无机养分的能力，因此，苗木移植后要经过缓苗期。由于株行距加大，改善了光照条件，营养面积扩大了，未切断的根很快恢复了功能，被切断的根在切伤面形成愈伤组织，从愈伤组织及其附近萌发许多新根。成活期的持续时间一般为10~30 d。

(2) 生长初期

生长初期是从地上部分开始生长，地下部分长出新根时开始，直至苗木高生长量大幅度上升时为止。地上部分生长缓慢，到后期逐渐变快。根系继续生长，从根的愈伤组织生出新根。

(3) 速生期

速生期是从苗木高生长量大幅度上升时开始，全期生长型苗木到高生长量大幅度下降时为止，春季生长型苗木到苗木直径生长速生高峰过后为止。速生期是地上部分和根生长量占其全年生长量最大的时期。

春季生长型苗木高生长速生期到5、6月份结束。其持续期北方树种一般为3~6周，南方树种为1~2个月。春季生长型苗木速生期的高生长量占全年的90%以上。高生长速度大幅度下降以后，不久苗木高生长即停止。从此以后主要是树叶生长，叶面积扩大、叶量增加，新生的幼嫩枝条逐渐木质化，苗木在夏季出现冬芽。高生长停止后，直径和根系还在继续生长，生长旺盛期(高峰)约在高生长停止后1~2个月。

全期生长型苗木高生长速生期的结束期，北方在8月至9月初；南方最晚至10月才结束。其持续期，北方树种为1.5~2.5个月，南方树种3~4个月。高生长在速生期中有2个生长高峰，少数出现3个生长高峰。

(4) 苗木木质化期

苗木木质化期是从高生长量大幅度下降时开始(春季生长型苗木从直径速生高峰过后开始)，到苗木直径和根系生长都结束时为止。春季生长型苗木的高生长在速生期的前期已结束，形成顶芽；到木质化期只是直径和根系生长，且生长量较大。而全期生长型苗木，高生长在木质化期还有较短的生长期，而后出现顶芽；直径和根系在木质化期各有

1个小的生长高峰,但生长量不大。木质化期的生理代谢过程,与1年生播种苗的木质化期相同。

9.1.2 移植技术

9.1.2.1 移植时间

苗木移植的时间根据当地气候条件和树种特性而定,一般在苗木休眠期进行移植,如果条件许可,一年四季均可进行移植。

(1)春季移植

春季土壤解冻后直至树木萌芽时,都是苗木移植的适宜时间。春季土壤解冻后,苗木的芽尚未萌动根系已开始活动。移植后,根系可先期进行生长,为生长期吸收水分供应地上部分做好准备。同时土壤解冻后至苗木萌芽前,树体生命活动较微弱,树体内贮存养分还没有大量消耗,移植后易于成活。春季移植应按苗木萌芽早晚来安排,早萌芽者早移植,晚萌芽者则晚移植。总之,在萌芽前或者萌芽时必须完成移植工作。有的地方春季干旱大风,如果不能保证移植后充分供水,早移植反而不易成活,应推迟移植时间或加强保水措施。

(2)秋季移植

秋季,在地上部分生长缓慢或停止生长进行移植,即落叶树开始落叶始至落完叶止,常绿树在生长高峰过后。这时地温较高,根系还能进行一定时间的生长,移植后根系得以愈合并长出新根,为来年的生长做好准备。秋季移植一般在秋季温暖湿润,冬季气温较暖的地方进行。北方地区的冬季寒冷,秋季移植时应早些。冬季严寒和冻害严重的地区不能进行秋季移植。

(3)雨季移植

在夏季多雨季节进行移植,多用于北方移植针叶常绿树,南方移植常绿树类。这个季节雨水多、湿度大、苗木蒸腾量较小,根系生长较快,移植较易成活。

(4)冬季移植

南方地区冬季较温暖,苗木生长较缓慢,可以冬季进行移植。北方冬季也可带冰坨移植。

9.1.2.2 苗木移植的次数与密度

培育大规格的苗木要经过多年、多次移植,苗木每次移植后需培育时间的长短,决定于该树种生长的速度和造林要求,速生树种培育几个月即可;生长较慢的树种要培育1~2年;园林绿化大苗,需培育2年以上至十余年,培育年龄较大的移植苗,应进行多次移植。

移植苗木的密度取决于苗木生长特性、气候条件、土壤条件、培育年限、培育目的和抚育管理措施等。一般针叶树的株行距比阔叶树小,速生树种株行距大些,慢生树种小些,苗冠开展,侧根须根发达,培育年限较长者,株行距应大些,反之应小些。以机械化进行苗期管理的株行距应大些，以人工进行苗期管理的株行距可小些。一般苗木移植的株行距可参考表9-1。

表9-1　苗木移植株行距

苗木类型	第一次移植		第二次移植		举例
	株距(cm)	行距(cm)	株距(cm)	行距(cm)	
针叶树	5~15	10~30	50~80	80~100	松、杉、柏
阔叶树	10~25	30~40	100~120	150~200	香椿、木荷
花灌木树苗	50~80	80~100	—	—	丁香、连翘
攀缘类树苗	40~50	60~80	—	—	紫藤、凌霄

注：花灌木树苗和攀缘类树苗在苗圃培育时较少进行第2次移植。

9.1.2.3　移植前的准备及起苗

(1) 移植前的准备

移植苗木应做到随起苗、随分级、随运输、随栽植，无法立即栽植的苗木需进行假植。移植过程中，必须保持根系湿润，切勿暴晒。在移植前必须对苗木进行分级，分不同规格进行移植，防止苗木分化，也便于苗木出圃与销售。

(2) 起苗

常用的起苗方法分为裸根起苗和带土球起苗两种。

① 裸根起苗。落叶阔叶树在休眠时移植，一般采用裸根起苗。起苗时，依苗木的大小，保留好苗木根系，一般2~3年生苗木保留根幅直径为30~40 cm。在此范围之外下锹，切断周围根系，再切断主根，提苗干。起苗时使用的工具要锋利，防止主根劈裂或撕裂。苗木起苗后，抖去根部宿土，并尽量保留好须根。

② 带土球起苗。常绿树及移植不易成活的树种，常采用带土球移植。方法是铲除苗木根系周围表土，以见到须根为度。然后按一定的土球规格，顺次挖去规格范围以外的土壤。四周挖好后，用草绳进行包扎。包好后再把主根铲断，将带土球的苗木提出坑外。2~3年生苗木球规格为土球直径30~40 cm。规格较大的苗木则要求较大的土球。

带土球苗木需运输、搬运时，必须先行包扎。最简易的包扎方法是四瓣包扎，即将土球放入蒲包中或草片上，然后拎起四角包好。简易包装法适用于小土球及近距离运输。大型土球包装应结合挖苗进行。方法是，按照土球规格的大小，在树木四周挖一圈，使土球呈扁圆柱形；用利铲将扁圆柱体修光后用草绳打腰箍。第一圈将草绳头压紧，腰箍打多少圈，视土球大小而定，到最后一圈，将绳尾压住，不使其分开。腰箍打好后，随即用铲向土球底部中心挖掘，使土球下部逐渐缩小。为防止倾倒，可事先用绳索或支柱将大苗暂时固定。然后，进行包扎。

生产上，有时落叶针叶树及部分移植成活率不高的落叶树需带宿土起苗，即起苗时保留根部中心土及根毛集中区的土块，以提高移植成活率。起苗方法同裸根起苗。

起苗时要注意的是尽量保护好苗木的根系，不伤或少伤大根。同时，尽量保存须根，以利于将来移植成活生长。起苗时，也要注意保护树苗的枝干，以利于将来形成良好的树形。枝干受伤会减少叶面积，也会给树形培养增加困难。

(3) 苗木的处理

起苗后栽植前，要对苗木进行修枝、修根、浸水、截干、埋土、贮存等处理。修枝是将苗木的枝条进行适当短截。一般对阔叶落叶树进行修枝以减少蒸腾面积，同时疏去生长位置不合适且影响树形的枝条。裸根苗起苗后要进行剪根。剪短过长的根系，剪去病虫根或根系受伤的部分，把起苗时断根后不整齐的伤口剪齐，利于愈合，发出新根。主根过长时适当剪短主根。带土球的苗木可将土球外边露出的较大根段的伤口剪齐，过长须根也要剪短。修根后还要对枝条进行适当修剪。对一年生枝进行短截，或多年生枝回缩，减小树冠，以有利于地上地下部分的水分平衡，使移植后顺利成活。针叶树的地上部分一般不进行修剪。萌芽较强的树种也可将地上部分截去、以使移植后可以发出更强的主干。修根、修枝后马上进行栽植。不能及时栽植的苗木，裸根苗根系泡入水中或埋土中保存，带土球苗将土球用湿草帘覆盖或将土球用土堆围住保存。栽植前还可用生根粉、保水剂等化学药剂处理根系，使移植后能更快成活。

9.1.2.4 移植方法

(1) 穴植法

人工挖穴栽植，成活率高，生长恢复较快，但工作效率低，适用于大苗移植。在土壤条件允许的情况下，采用挖坑机挖穴可大大提高工作效率，栽植穴的直径和深度应大于苗木的根系。

挖穴时应根据苗木的大小和设计好的行株距，拉线定点，然后挖穴，穴土应放在坑的一侧，以便放苗木时便于确定位置。栽植深度以略深于原来栽植地径痕迹的深度为宜，一般可略深2~5 cm。覆土时混入适量的底肥。先在坑底填一部分肥土，然后，将苗木放入坑内，再回填部分肥土，之后，轻轻提一下苗木，使其根系伸展，再填满肥土，踩实，浇足水。较大苗木要设立三根支架固定，以防苗木被风吹倒。

(2) 沟植法

先按行距开沟，土放在沟的两侧，以利回填和苗木定点，将苗木按照一定的株距，放入沟内，然后填土，要让土渗到根系中去，踏实，要顺行向浇水。此法一般适用于移植小苗。

(3) 孔植法

先按行、株距画线定点，然后在点上用打孔器打孔，深度同原栽植相同，或稍深一点，把苗放入孔中，覆土。孔植法要有专用的打孔机，可提高工作效率。

移植后要根据土壤湿度，及时浇水，由于苗木是新土定植，苗木浇水后会有所移动，等水下渗后扶正苗木，或采取一定措施固定，并且回填一些土。要进行松土除草，追施少量肥料，及时防治病虫害，对苗木进行一次修剪，以确定其培养的基本树形，有些苗木还要进行遮阴防晒工作。

9.2 大苗培育技术

9.2.1 大苗培育的意义

采用苗圃培育的或其他方式培育的，经过移植、根系良好的大规格苗木称为大苗。大苗种类很多，如庭荫树、行道树、花灌木、绿篱大苗、球形大苗、藤本大苗等，不同种类的大苗有不同的树形和不同的规格，有的要求树高 6~7 m，胸径 6~10 cm，不同规格不同树种的大苗培育方式也不一样。培育大苗的主要方式有：

①移圃培育。将小苗从原圃转移到另外的圃地，以较大的株行距培育成大苗。

②留圃培育。苗圃苗木多次抽移到别处，留下的再培育成所需规格的大苗。

③间作培育。将小苗以小株距、大行距栽植，行间种植适宜的作物，实行以耕代抚，把小苗培育成大苗。

④混交培育。将绿化树种(如泡桐、梓树等)小苗和用材树种(如杉木、松树等)小苗混交造林，需间伐时可挖取利用。

⑤片林培育。将一般绿化树种(如樟树、银桦、扁柏等)小苗成片栽植于林地。根据需要可逐年抽取苗木利用。

上述育苗方式，前两种适宜雪松、龙柏、金松、南洋杉等珍贵树种培育大苗，一般要移植 2 次以上；而后三种适宜一般树种培育大苗，移植密度较小，只需移植一次。

随着城市绿化建设的飞速发展，人们对城市景观绿地建设的质量要求也越来越高，城市绿地景观不仅要体现以绿为主，回归自然，以人为本的设计理念，同时要求建成的绿地有相当数量的高大乔木作为绿地的骨架，再进行乔、灌、草合理配置，从而在短期内体现绿地的景观效果，发挥绿地的生态效益。

9.2.2 大苗培育技术

大苗的培育技术，除了移植、施肥、灌水、中耕除草、病虫害防治、越冬防寒等常规技术外，还有重要的技术工作就是大苗养干和树冠整形修剪。

9.2.2.1 养干

养干是指培育苗木主干和改善苗木干形所采取的技术措施。对于园林绿化常用到的行道树和庭荫树，一般要求主干通直圆满，具有一定的枝下高；主干高 2~3.5 m，根系发达，有完整、紧凑、丰满、匀称的树冠。这两种类型大苗的培育最主要的就是树干培育。一般养干的方法有以下几种。

(1)平茬养干

平茬是对苗木彻底改善干形的一种有效方式。对于萌芽力强的落叶阔树种，如泡桐、苦楝、臭椿、刺槐和槐树等树种，一般在移植后 1 年，如果苗木干形不合要求，长势不旺，或地上部遭到严重损伤，可以在春季发芽前，齐地面进行平茬，以便重新长出通直强壮的主干。我国北方各省平茬的时间最好在早春解冻之前，节口要平滑，有利于伤口愈合和萌蘖，平茬后要覆盖 3~5 cm 厚的细松土，以防水分蒸发和伤口干燥。春季苗木根茎处将萌发数根萌条，当萌条长到高 15~30 cm 时，进行定株，保留一根生长健壮的萌条，其余的剪除。

(2) 打头、修枝养干

培育干形对大苗颇为重要。在一般情况下，苗要有一定高度的主干，但由于多种原因，苗干不能直立向上生长，达不到预期的高度，在这种情况下，也可不采取平茬的方法，而用打头、修枝的措施，使其达到所要求的主干高度。

一般根据苗木分枝习性的不同，在苗干通直有饱满芽处剪去弯曲、细弱的梢部，并去掉剪口芽以下 4~5 个芽或枝，这样剪口处饱满芽萌发的新梢就可以延续主干的生长。在苗木生长过程中，如发生竞争枝，应及时处理，保证主梢正常生长。

(3) 密植法

移植时，适当缩小株行距，对苗木进行密植，可促进苗木向上生长，抑制侧枝生长，也可培育养出通直主干。

9.2.2.2 树冠整形修剪

在生产上，整形与修剪既有密切的关系，又有不同的含义。所谓整形一般是对幼树而言，是指对幼树实行一定的措施，使其形成一定的树体结构和形态，而修剪一般是对大树而言，修剪意味着要去掉植物的地上部或地下部一部分。整形是完成树体的骨架，而修剪是在骨架的基础上增加开花结果的数量，使大苗形成一定的冠形。苗圃所培育的苗木，少则需几年，如花灌木类，多则需十几年甚至几十年。一般 3~4 年生以下的苗木，不需要或很少需要修剪，主要是整形。为了节约养分，一般是剪掉花序。3~4 年生以上的大苗需要整形，更需要修剪，主要目的是培育具有一定树体结构和形态的大苗，有的大苗或盆栽大苗需要培育成带花带果的苗木，要达到这些要求必须对苗木进行整形修剪。不进行整形修剪的苗木，往往枝条丛生密集、拥挤、干枯，不能正常开花结果，病虫害严重，失去观赏价值。

(1) 整形修剪的意义

①培育理想的主干，丰满的侧枝，圆满、匀称、紧凑、牢固、优美的树形。通过整形修剪使苗木按照设计好的树形生长发展，有利开花结果。

②改善苗木的通风透光条件，减少病虫害，苗木健壮，质量提高。

③使植株矮化，苗木的地上部分经过修剪后，会使其总生长量减少，而促进局部生长，同时也常常影响苗木叶片、枝条的数量，就会使苗木减少其制造营养物质的数量，因而使苗木生长量下降。修剪的越重，生长量下降就越多。

所谓对局部的促进生长，是因为修剪使苗木总体的生长点减少，被保留下来的生长点会有更多的营养供应，这样就促进了局部的生长。此外，对贮存的营养物质的分配利用也相对集中，尤其是修剪中用高位优势壮芽当头时，易促其萌发健壮枝条，因而促进了局部的营养生长。

绿化美化用的大苗整形修剪技术与果树相似，但目的要求不完全相同。园林绿化大苗整形修剪要在控制好干形的基础上，适当控制强枝生长，促进弱枝生长，从而保证冠形的正常生长。

（2）整形修剪的时间

按苗木的年生长发育时期分为生长期修剪和休眠期修剪，也有称为夏季修剪和冬季修剪。夏剪是4月至10月，冬剪是10月至翌年4月。不同的树种具有不同的生物学特性，特别是物候期不同，因此树种具体的修剪时间还要根据它的物候、伤流、风寒、冻寒等具体分析确定。伤流特别严重的树种，如桦树、葡萄、复叶槭、核桃、悬铃木、四照花、元宝枫等不可修剪过晚，否则，修剪处会流出大量树液而使植株受到严重伤害，或等伤流过后修剪。落叶树种最好是进行夏剪，有些树种夏剪做得好，可省掉冬剪。常绿树种既适宜冬剪也适宜夏剪。

（3）整形修剪的方法

在苗圃大苗培育中，苗木的整形修剪方法主要有10种，即抹芽、摘心、短截、疏枝、拉枝（吊枝）、刻伤、环割、环剥、劈枝、化学修剪等方法。修剪的原则是：促使苗木快速生长，按照预定的树形发展，留下的枝条或芽构成植株的骨架，剪去影响树形、无用的枝条。

①抹芽。许多苗木移植定干后，或嫁接苗干上萌发很多萌芽。为了节省养分和整形上的需要，需抹掉多余的萌芽，使剩下的枝芽能正常生长。如碧桃、龙爪槐的嫁接砧木上的萌芽。

落叶灌木定干后，会长出很多萌芽，抹芽要注意选留主枝芽的数量和相距的角度，以及空间位置。一般选留3~5枝，相距相同的角度，留3主枝者，其中一枝朝正北，另一枝朝东南，一枝朝西南；留5枝者相距70°左右即可。剩余芽有两种处理方法，一种是全部抹去；另一种是去掉生长点，多留叶片，这样有助于主干增粗。定干高度一般为50~80 cm。高接砧木上萌芽一般全都抹除，防止与接穗争夺养分、水分、影响接穗成活或生长。

在苗木整形修剪中，在树体内部，枝干上萌生很多芽，枝条和芽的分布要相距一定的距离和具有一定空间位置，将位置不合适、多余的萌芽抹除。

②摘心。就是摘去枝条的生长点。苗木枝条生长不平衡，有强有弱。针叶树种由于某种原因造成双头、多头竞争，落叶树种枝条的夏剪促生分枝等，都可采用摘去生长点的办法抑制它的生长，达到平衡枝势、控制枝条生长的目的。

③短截。就是剪去枝条一部分。一般是指短截1年生枝条。短截有极轻短截、轻短截、中短截、重短截、极重短截5种。

a. 极轻短截：只剪去顶芽下1~3节的枝条。可促生短枝，有利于成花和结果，轻微抑制植物生长。

b. 轻短截：只剪去枝条的顶梢，一般不超过枝条全长的1/5。主要用于花、果类苗木强壮枝修剪。目的是剪去顶梢后刺激下部芽萌发，分散枝条养分，促发短枝。这些短枝一般生长势中庸，停止生长早，积累养分充足，容易形成花芽结果。

c. 中短截：剪口在枝条的中上部饱满芽处。一般是枝条总长的 1/2 以下。由于剪口处芽饱满充实，枝条养分充足，且多为生长旺盛的营养枝。常用于弱树复壮和主枝延长枝的培养。

d. 重短截：剪去枝条的 1/2 以上，至 4/5 的位置。几乎剪去枝条的 80% 左右。重短截刺激作用更强，一般都萌发强旺的营养枝。主要用于弱树、弱枝的更新复壮修剪。

e. 极重短截：就是只留枝条基部 2~3 芽剪截。由于剪口芽在基部，多为休眠芽，一般萌发中短营养枝，个别也能萌发旺枝。主要用苗木的更新复壮。

在一种苗木上可能所有的短截方法都能用上，也可能只用一种或几种方法。如核果类和仁果类花灌木，碧桃、榆叶、紫叶李、紫叶桃、樱桃、苹果和梨等。主枝的枝头用中短截，侧枝用轻短截。开心形苗木内膛用重短截或极重短截，又如垂枝类苗木，像龙爪槐、垂枝碧桃、垂枝榆、垂枝杏等枝条下垂，常用重短截。剪掉枝条的 90%。促发向上向前生长的枝条萌发和生长；形成圆头形树冠。如用轻短截，枝条会越来越弱，树冠无法形成。

④疏枝。从枝条或枝组的基部将其全部剪去称为疏枝或疏剪。疏去的可能是一年生枝条，也可能是多年生枝组。疏枝的作用是使留下来的枝条生长势增强，因其营养面积相对扩大，有利于其生长发育。但使整个树体生长势减弱，生长量减小。疏枝后枝条少了，改善了树冠的通风、透光条件，对于花果类树种，有利于形成花芽，开花结果。如苹果、梨、桃等的枝条密集拥挤，通风透光不良，一般都是采用疏枝的办法来解决。留枝的原则是宁稀勿密，枝条分阶段而均匀，摆布合理。疏去背上枝、直立枝、交叉枝、重叠枝、萌芽枝、病虫枝、下垂枝和距离较近过分密集拥挤的枝条或枝组。在培养非开花结果乔木时，要经常疏除与主干或主枝生长的竞争枝。

针叶树种轮生枝过多过密过于拥挤，也常疏去一轮生枝，或主干上的小枝。为提高枝下高把贴近地面的老枝、弱枝疏除，使苗冠层次分明，提高观赏价值。

⑤拉枝（吊枝）。就是采用拉引的办法，使枝条或大枝组改变原来的方向和位置，并继续生长。如针叶树种云杉、油松等。由于某种原因某一方面向上的枝条被损坏或缺少，为了弥补缺枝可采用将两侧枝拉向缺枝部位的方法，弥补原来树冠缺陷，否则将成为一株废苗。拉枝所用最多的还是花、果类大苗培育。由于苗木向上生长，主枝角度过小，用修剪的方法往往达不到开角的目的。只能用强制的办法将枝条向四外拉开，一般主枝角度以 70°左右为宜。拉枝开角往往比其他修剪效果好。拉枝改变了树冠所占空间，有的甚至可增加 50% 的空间量。营养面积扩大，通风透光条件改善。拉枝还可使旺树变成中庸或偏弱树，使树势很快缓和下来，有利于成花和结果[图 9-1(a)]。

盆景及各种造型植物，常常用拉、扭、曲、弯、牵引等方法固定植物造型，也都属于拉枝的范围。

⑥刻伤。在枝条或枝干的某处用刀或剪子去掉部分树皮或木质部，从而影响枝条或枝干的生长势的方法称为刻伤。刻伤切断了韧皮部或木质部一部分输导组织，阻碍了养分向下运输，也阻碍了树液向上流动。植物枝条或枝干受到刻伤后，形成愈合组织，同时也由于伤口的阻挡，在刻伤处养分得到了积累，而养分主要是由根部向上运输，根部吸收水分、矿物质养分和少量有机物，根能贮藏并合成有机物，特别是能合

成细胞分裂素、赤霉素、生长素等。而且，养分总是来源于和积累于刻伤的下方，对于伤口上下的芽或枝干产生影响。在芽或枝的下方刻伤，养分积累在刻伤的下方，对伤口以下的芽或枝有促进生长的作用，但对刻伤上面的枝或芽有抑制生长的作用。刻伤在苗木培育上的应用，主要是缺枝部位补枝，弥补了缺枝。也可以利用刻伤抑制枝条或大枝组的生长势，使枝条变成中庸，以利开花结果。在修剪中利用刻伤先降低强壮枝的生长势，待变弱后再将其全部剪掉。若强壮枝一次剪掉会严重削弱苗木生长势，对苗木生长很不利[图9-1(b)]。

（a）拉枝

（b）刻伤

（c）环剥

图9-1 拉枝、刻伤和环剥

⑦环割。是在枝干的横切部位，用刀将韧皮部割断，从而阻止有机养分向下输送，养分在环割部位上得到积累，有利于成花和结果。环割可以进行一圈，也可以进行多圈，要根据枝条的生长势来定。

⑧环剥。是在枝干的横切部位，用刀或环剥刀割断韧皮部两圈，两圈相距一定距离，一般相距枝干直径的1/10距离。把割断的皮层取下来，露出木质部[图9-1(c)]。

环剥能很快减缓植物枝条或整株植物的生长势，生长势缓和变中庸后，能很快开花结果，在盆栽观果和植物造型上应用较多。

环剥技术要严格控制宽度。太宽可将植物剥死，原因是不能愈合接通韧皮部，养分供应不上和运输不下来造成根系饥饿而死亡；剥得太窄，起不到削弱枝条生长势的作用，上、下很快沟通，抑制作用就没有了。

环剥的时间以植物生长最快时进行，其他时间不宜环剥。环剥对树种要求严格，不是所有植物都可采用，有些流胶、流汁愈合困难的植物不能使用环剥，要先做试验，然后使用，环剥后包上塑料薄膜以防病菌感染。

⑨劈枝。就是将枝干从中央纵向劈开分为两瓣。这种方法常用于植物造型、造态等。如在劈开的缝隙中放入石子,或用其他树种的枝条穿过缝隙,使其生长在一起,制造奇特树姿。劈枝时间没有具体限制,一般都在生长季节进行。具体树种要先做劈枝试验,然后进行操作。

⑩化学修剪。就是使用生长促进剂或生长抑制剂、延缓剂对植物的生长与发育进行调控的方法。促进植物生长时可用生长促进剂,即生长素类,如吲哚丁酸(IBA)、萘乙酸(NAA)、2,4-二氯苯氧乙酸(2,4-D)、赤霉素(GA)、细胞分裂素(CTK)。抑制植物生长时可用生长抑制剂,如比久(B_9)、短壮素(CCC)、控长灵(PP333)等。

化学修剪一般是抑制植物生长的多,抑制剂施用后,可使植物生长势减缓,节间变短,叶色浓绿,促进花芽分化,增强植物抗性,有利于开花结果,提高产量和品质,能经济合理地使用肥料。

实践训练

实训项目 9-1 苗木移植技术

一、实训目标
掌握常用苗木的移植技术。

二、实训场所
生产性实训苗圃。

三、实训形式
按 3~5 人一组,划分出一定的苗木移植任务,教师先讲解实习内容、要求,再进行操作示范,然后指导各组完成苗木移植任务。

四、实训条件
铁锹、锄头、修枝剪、草绳等。

五、实训内容与方法

(一)移植用地的准备

包括整地、施肥、耙地、平整、作床等措施。整地要深、要细,基肥要施足,做好苗床。

(二)起苗与分级

移植育苗,先要将原育苗地的苗木起出,起苗时应注意保护苗根、苗干和枝芽,切勿使其受伤。需带土球移植的则应事先浇水,然后视土壤湿度适宜时掘苗,并将土球包好移植。起苗之后,将苗木按粗细、高度进行分级,以便分类移植,使移植苗木整齐,生长均匀,减少分化。分级时,要将无顶芽的针叶树苗及受病虫危害的苗木剔除。

(三)修剪

栽植前应修剪过长和劈裂的根系,一般针叶树根长保留 12~15 cm,阔叶树保留 15~

25 cm，切口要平滑，不劈不裂。为了减少蒸腾失水，提高成活率，一些常绿树侧枝可适当短截。苗木修剪应在荫棚内进行，严禁将苗木暴晒、吹风。剪截后的苗木和栽植不及时的苗木应及时假植，以防干燥，影响成活率。

（四）移植

移植方法因苗木大小、数量、苗圃的情况不同分为孔植、沟植和穴植等。各类方法均要求苗根舒展，深度适宜（比原土印深 1~2 cm），不伤根、不损枝芽，覆土要踏实。同时还要求移植成活率高，苗木移植整齐划一。

六、实训注意事项

在苗木移植过程中，最好随起苗、随分级、随栽植；一定要保护好苗木，严防苗木风吹日晒，来不及栽植的苗木要用湿土将苗木根系埋置起来；针叶树要保护好顶芽。

七、实训报告要求

实训结束后，每小组结合所划分的实训任务，按规定的内容、要求完成。每人撰写一份书面实训总结报告。

依据每组学生完成移植苗移植的结果评定实训成绩。

实训项目 9-2　养干和树冠整形修剪技术

一、实训目标

掌握养干及树冠整形修剪技术。

二、实训场所

生产性实训苗圃。

三、实训形式

依据养干的不同方法和树冠整形修剪的时间和方法，分几次进行实训，按每小组 3~5 人划分，在苗圃分配一定的养干及树冠整形任务。实训时，教师先讲解实习内容和要求，再进行操作示范，然后指导各组完成实训内容。

四、实训条件

修枝剪、锯、铁锹、较大苗木、油漆等伤口保护剂。

五、实训内容与方法

（一）平茬

选择苗木干形不合要求或长势不旺的苗木，在春季萌芽前，齐地面进行平茬，以便重新长出理想的主干。

（二）树冠整形修剪

1. 抹芽

树木在发芽时，常常萌发许多萌芽，这样根部吸收的水分和营养不能集中供应，根据生产实际抹去不需要的芽，以促枝条的发育，形成理想的树形。

2. 摘心

苗木存在双头、多头现象，落叶树夏剪促生的分枝等，都可采用摘去生长点的办法来抑制它的生长，达到平衡枝势、控制枝条生长的目的。

3. 短截

在育苗中，常采用重短截，即在枝条基部留下少数几个芽进行短截，剪后仅1~2个发芽育成强壮枝条，育苗中多用此法培育主干枝。

4. 疏枝

从基部剪去过多过密的枝条。

六、实训注意事项

养干和树冠整形修剪是培育大苗的主要技术措施，是培育强旺主干和优美树形的主要手段。在实训过程中一般结合生产进行，因此，教师一定要做好操作示范，学生应严格按照要求来操作，否则会浪费和破坏用于实训的苗木，造成一定的经济损失。

七、实训报告的要求

实训结束后，每小组结合所划分的实训任务，按规定内容、要求完成，每人撰写一份书面实训总结报告，依照各组学生通过平茬养干、树冠修剪所获得的成果评价实训成绩。

巩固拓展

一、名词解释

1. 移植苗；2. 裸根起苗；3. 沟植法；4. 孔植法；5. 大苗；6. 平茬养干；7. 整形修剪；8. 短截；9. 摘心；10. 刻伤；11. 环割；12. 环剥；13. 化学修剪。

二、填空题

1. 春季移植应按（　　）来安排，早萌芽者（　　），晚萌芽者则（　　）。总之，在萌芽前或者萌芽时必须完成移植工作。

2. 移植苗木的密度取决于苗木（　　）、（　　）、（　　）、（　　）、（　　）和（　　）等。

3. 移植前预先应（　　），使苗床湿润，增加苗体水分。为了防止苗木分化，要进行（　　）。

4. 常用的起苗方法有（　　）和（　　）两种。

5. 在苗木移植过程中，最好随（　　）、随（　　）、随（　　）。

6. 培育大苗的主要方式有（　　）、（　　）、（　　）、（　　）、（　　）。

7. 整形修剪的时间按苗木的年生长发育时期分为（　　）和（　　），也有称为（　　）和（　　）。

8. 从（　　）剪去过多过密的枝条称为（　　）。这种方法可以减少养分争夺，有利于通风透光。

9. 在育苗中，常采用（　　），即在枝条基部留下少数几个芽进行短截，剪后仅1~2

个发芽育成强壮枝条,育苗中多用此法培育(　　)。

三、选择题

1. 移植密度(株行距)决定于(　　)。
   A. 树种特性　　　B. 圃地的气候条件　　　C. 圃地的土壤条件　　　D. 苗龄
2. 移植苗的年生长有(　　)。
   A. 成活期　　　B. 幼苗期(生长初期)　　　C. 速生期　　　D. 生长后期
3. 移植苗施肥描述正确的有(　　)。
   A. 一般速生树种需肥量远大于慢生树种
   B. 针叶树种因其生长缓慢,对肥料的需求少于苗龄相同的阔叶树种
   C. 同一树种在不同的生长期施肥也有差异
   D. 施肥还应考虑到气候条件及圃地的土壤条件等
4. 保证苗木移植成活的基本措施有(　　)。
   A. 掌握适当的移植时期　　　　　　B. 尽可能减少根系损伤
   C. 适当剪去树冠部分枝、叶　　　　D. 及时灌溉
5. 移植苗整形修剪的目的是(　　)。
   A. 培育理想冠形　　　　　　　　　B. 促进树高生长
   C. 促进干形的培养　　　　　　　　D. 促进直径生长
6. 进行冠形修整的时间一般分为(　　)。
   A. 休眠期　　　B. 生长期　　　C. 萌芽期　　　D. 落叶期

四、判断题

1. 苗木移植的时间根据当地气候条件和树种特性而定,一般在苗木休眠期进行移植,如果条件许可,一年四季均可进行移植。(　　)
2. 冬季严寒和冻害严重的地区要进行秋季移植。(　　)
3. 北方冬季可以带冰坨移植。(　　)
4. 苗木经移植不利于侧根的生长。(　　)
5. 掘苗的方法按使用工具的不同有手工掘苗、机械掘苗;按根系是否带土有裸根掘苗、带土球掘苗。(　　)
6. 苗木起苗后,如不能立即栽植的应及时假植。(　　)
7. 造林用苗一般移植1次出圃。培育城市绿化大苗,针、阔叶树都可根据需要进行多次移植。(　　)

五、简答题

1. 苗木移植的目的及成活原理分别是什么?
2. 一般在什么时间进行苗木移植?
3. 谈谈苗木移植过程应注意的事项。
4. 苗木移植在起苗后栽植前,一般应对苗木进行哪些处理?
5. 简述带土球起苗的技术措施。
6. 大苗培育的意义?

7. 大苗养干的方法有哪些？
8. 大苗培育时，对树冠进行整形修剪的目的是什么？
9. 试述整形修剪的原则。
10. 树冠整形修剪的方法有哪些？

六、知识拓展

1. 国家林业局. 中华人民共和国主要林木目录(第一批)[S]. 自 2001 年 6 月 1 日起施行.
2. 国家林业局. 中华人民共和国主要林木名录(第二批)[S]. 自 2016 年 9 月 20 日起施行.

单元 10　苗木出圃

学习目标

知识目标

1. 了解苗木的种类、年龄的表示方法及苗木调查知识。
2. 掌握出圃苗的质量要求和规格要求。
3. 掌握起苗知识、苗木包装、假植和检疫消毒知识。
4. 掌握苗木质量评定知识。

技能目标

1. 能选择合适的调查方法正确进行抽样。
2. 能根据苗木种类选择合适的起苗方法和正确进行苗木包装及假植。
3. 能根据《主要造林树种苗木质量分级》(GB 6000—1999)要求进行苗木分级和统计。
4. 基本能依据苗木质量分级标准的国家标准和地方标准开展基层人员培训。

素质目标

1. 树立热爱自然、珍爱生命的生态文明理念。
2. 培养通过培育合格苗提高森林质量的科学素养。
3. 养成能以合格苗的标准规范自己言行举止的良好行为习惯。
4. 塑造精益求精、实事求是、公正执法的职业品格。

理论知识

苗木经过一定时期的培育，达到造林绿化要求的规格时，即可出圃。苗木出圃是育苗作业的最后一道工序，主要包括起苗、分级、统计、假植、包装运输和检疫消毒等。为了保证造林绿化苗木的质量和观赏效果，需确定苗木出圃的规格标准。同时，需进行苗木调查，掌握各类苗木的质量和数量，做好苗木的计划供应和出圃前的准备工作。

10.1 苗木标准

10.1.1 苗木年龄表示

苗木的年龄是指从播种、扦插或嫁接到出圃，苗木实际生长的年龄。以经历1个生长周期作为1个苗龄单位。组培苗的苗龄从炼苗移栽的时间开始计算。

苗木的年龄用阿拉伯数字表示，根据培育方式变动的时间节点和长度来表示，第1个数字表示苗木在原地上生长的年龄，第2个数字表示第一次移植(或上袋)后培育的年限，第3个数字表示第二次移植(或上袋)后培育的年限，依次类推，数字间用短横线间隔，各数字之和为苗木的年龄，称几年生。

1-0：表示1年生播种苗；

2-0：表示2年生留床苗；

0.5-0：表示半年生的播种苗，未经移植，在原地二分之一年生长周期的苗木；

0.2-0.8：表示1年生的移植苗，移植一次，在原地五分之一年生长周期，移植(或上袋)后培育五分之四年生长周期；

1-1：表示2年生移植苗，经过一次移植，移植(或上袋)后培育1年；

1-2-1：表示4年生移植苗，经过二次移植(或上袋)，共培育3年；

1(2)-1：表示2年生的干，3年的根，移植(或上袋)一次培育1年的扦插移植苗；

1/2-1：表示2年生的干，3年的根，移植(或上袋)一次培育1年的嫁接移植苗。

10.1.2 出圃苗合格的条件

出圃苗的质量直接影响着造林的成活率和林分生长状况。选用合格苗造林，成活率高，生长快，对不良的环境条件抵抗能力强。合格苗应具备的条件如下。

①苗干粗壮，通直均匀，色泽正常，充分木质化，并具有一定高度，高径比适当。同一树种苗木，在同龄、同高的情况下，地际直径越粗，木质化程度越高，越没有徒长现象，苗木的质量越高。

②根系发达，侧根须根多，具有一定长度，主根短而直。在同树种、同苗龄的情况下，茎根比值小，重量大的苗木质量好。所谓"茎根比"是指苗木地上部分茎、叶的鲜重与地下部分根系的鲜重之比。比值小，说明根系发达。但茎根比过小的苗木，因地上部分生长小而弱，质量不好。

根系的长度对造林成活率和生长影响很大。但也不宜过长，否则给起苗和栽植带来困难。一般说来，当正常出圃年龄时，针叶苗以15~25 cm为宜，阔叶苗以20~40 cm为宜。

③顶芽发育正常饱满。对萌芽力弱的针叶苗来说尤为重要。

④无林业有害生物和机械损伤。

⑤对于长期贮藏的针叶树苗木,应在出圃前10~15 d开始测定苗木TNR(新根生长点数量),TNR值达到GB 6000-1999中苗木质量等级标准的要求。

测定方法:将随机抽取的30株苗木用河沙进行盆栽,置于最适生长的环境(白天温度25 ℃±3 ℃,光照12~15 h,夜间温度16 ℃±3 ℃,黑暗10~12 h,空气湿度60%~80%)培养,2~4 d浇1次水,依树种和要求经过一定天数后将苗木小心取出,洗净根系的泥沙,统计新根生长点(颜色发白)的数量。

上述指标主要是苗木质量评定的形态指标。合乎指标要求的,就被认为是合格苗。评定苗木质量时要综合考虑上述指标,并根据主要造林树种苗木的国家或省级标准确定苗木种类和等级。

10.1.3 苗木等级标准

根据国家标准局发布的国家技术规定(GB 6000—1999),苗木质量等级以综合控制条件、根系、地径和苗高为确定合格苗的数量指标。

综合控制条件达不到要求的,或根系、地径和苗高任一指标达不到国家或省级标准中对应树种Ⅱ级苗指标要求的,为不合格苗木,达到要求者以根系、地径和苗高3项指标分级;分级时首先看根系指标,以根系所达到的级别确定苗木级别,如根系达Ⅰ级苗要求,以地径指标所属级别为准,确定苗木等级。如根系只达到Ⅱ级苗的要求,该苗木最高也只为Ⅱ级,如根系达不到要求则为不合格苗。

合格苗分为Ⅰ、Ⅱ两个等级,由地径和苗高两项指标确定。容器苗根据主要造林树种苗木国家或省级质量指标确定等级。

10.2 苗木调查

为了掌握苗木的产量和质量,以便做出苗木的生产计划和出圃计划。一般在苗木生长停止后,按树种或品种、育苗方法、苗木的种类、苗木年龄等分别进行苗木产量和质量的调查,为制定生产计划和调拨、供销计划提供依据。

10.2.1 标准地法

适用于苗木数量大的撒播育苗区。方法是在育苗地上,每隔一段距离均匀地设置若干块面积为1 m²的小标准地,在小标准地上调查苗木的数量和质量(苗高、地际直径等),并计算出每平方米苗木的平均数量和各等级苗木的数量,再推算全生产区的苗木总产量和各等级苗木的数量。

10.2.2 标准行法

适用于移植苗区、嫁接苗区、扦插苗区和条播、点播苗区。方法是在苗木生产区中,每隔一定的行数(如5的倍数),选出一行或一垄作标准行,在标准行上进行每木调查。或全部标准行选定后,再在标准行上选出一定长度有代表性的地段,在选定的地段量出苗高和地际直径(或冠幅、胸径),并计算调查地段苗行的总长度和每米苗行上的平均苗木数和各等级苗木的数量,以此推算全生产区的苗木数量和各等级苗木的数量。

应用标准行和标准地调查时,一定要从数量和质量上选有代表性的地段进行调查,否则调查结果不能代表全生产区的情况。标准地或标准行总面积一般占总面积的2%~4%。

调查时要按树种、育苗方法、苗木种类和苗龄等项分别进行调查和记载(表10-1),调查内容包括苗高、地径(或胸径、冠幅),统计汇总后填入苗木调查汇总表(表10-5)。

表10-1 苗木调查记载表

树种:_____ 苗木种类:_____ 育苗方式:_____ 苗龄:_____ 面积:_____ 调查比例:_____

标准地或标准行号	调查株号	高度(cm)	地(胸)径(cm)	冠幅(cm)	标准地或标准行号	调查株号	高度(cm)	地(胸)径(cm)	冠幅(cm)

调查人:_____ 调查日期___年___月___日

10.2.3 准确调查法

又称逐株调查法,计数统计法。应用于数量不多的育苗区。方法是逐株调查苗木数量,逐株或抽样调查苗高、地径(或胸径、冠幅)。

10.2.4 抽样调查法

为了保证苗木调查的精度,苗木数量大的育苗区可采用抽样调查法。要求达到90%的可靠性、90%的产量精度和95%的质量精度。这种调查方法工作量小,又能保证调查精度。

10.2.4.1 划分调查区

将树种、育苗方式、苗木种类和苗龄等都相同的育苗地划分为一个调查区,进行抽样调查统计。当调查区内苗木密度和生长情况差异显著,而且连片有明显界限,其面积占调查区面积10%以上时,则应分层抽样调查。

调查区划分后,测量调查区毛面积,并将全部苗床或垄按顺序进行统一编号,以便抽取样地。

10.2.4.2 确定样地面积

样地是指在调查区内抽取的有代表性的地段。根据样地的形状,分为样段(或样行)、样方和样圆。实际调查中苗木成行的(如条播)采用样段,苗木不成行的(如撒播)采用样方。

样地面积应根据苗木密度来确定,小苗一般以平均至少 30~50 株来确定样地面积,较大的苗一般以平均至少 15 株来确定样地面积。

10.2.4.3 确定样地数量

样地数多少取决于苗木密度的变动大小,如苗木密度变动幅度较大,则样地数适当增加,相反,则样地数可适当少些。可用下列公式估算样地数量:

$$n = \left(\frac{t \times C}{E}\right)^2 \tag{10-1}$$

式中:n——样地数量,个;

t——可靠性指标,可靠性指标规定为 90% 时,$t=1.7$;

C——密度变动系数;

E——允许误差百分数,精度规定为 90% 时,允许误差百分数为 10%。

由上式可知样地数是由 c、t、E 三者决定的,其中 t、E 是给定的已知数,只有变动系数 c 是未知数,可依据以往的资料确定。如缺乏经验数据,也可根据极差确定。具体做法是按已确定的样地面积在密度较大和较小的地段设置样地,调查样地内苗木数量,两个样地苗木株数之差为极差。例如,油松 2 年生移植苗,以密度中等处株数 16 株所占面积 0.25 m² 定为样地面积,经调查,较密处样地内株数为 23 株,较稀处样地内株数为 11 株。则:

极差　　　　　　　　　　　$R = 23 - 11 = 12(株)$

根据正态分布的概率,极差一般是标准差的 5 倍,故:

粗估标准差　　　　　　　　$S = \dfrac{R}{5} = \dfrac{12}{5} = 2.4$

粗估样地内平均株数　　　　$\overline{X} = 16$

粗估变动系数　　　　　　　$C = \dfrac{S}{\overline{X}} \times 100\% = \dfrac{2.4}{16} \times 100\% = 15\%$

粗估需设样地数　　　　　　$n = \left(\dfrac{t \times C}{E}\right)^2 = \left(\dfrac{1.7 \times 15}{10}\right)^2 = 6.50 \approx 7(块)$

上述方法做起来较复杂,生产中一般先设 10 个样地,调查后若精度达不到要求,再用调查得出的变动系数计算应设样地数(n),补设($n-10$)个样地进行调查。

10.2.4.4 样地的设置

样地的布点一般有机械布点和随机布点两种方法,生产中常采用机械布点。

设置样地前要测量苗床(垄)长度及两端和中间的宽度,取平均宽度乘长度为净面积。机械布点还要求测量苗床(垄)总长度。

机械布点是根据苗床(垄)总长度和样地数,每隔一定距离将样地均匀地分布在调查区内。其优点是易掌握,故应用较多。

随机布点要经过 3 个步骤。第一步,根据调查区苗床(垄)的多少和需要样地数量,确定在哪些苗床(垄)上设置样地。例如,粗估样地数 15 个,共有 60 个苗床,则 60÷15 =

4(床)，即每四床中抽取一个，也就是每隔3床抽1床。被抽中的床号依次是4、8、12等；第二步，再查随机数表确定每个样地的具体位置。查表所取数据不应超过苗床(垄)长度，并且一般不取重复的数据；第三步，根据查表取得的位置数据布点。如数据为3、8、5，则第1个样地的中心在4号苗床(垄)3 m处，第2个样地在8号苗床(垄)8 m处，第3个样地在12号苗床(垄)5 m处。

10.2.4.5　苗木调查

样地布设后，统计样地内的苗木株数，并每隔一定株数测量苗木的苗高和地径(或胸径、冠幅)，填入调查表(表10-2)。根据经验，当苗木生长比较整齐时，测量100株苗木的苗高和地径(或胸径、冠幅)，质量精度可达95%以上的精度要求。生产中一般先测100株，调查后若精度达不到要求，再用调查得出的变动系数计算应测株数(公式与样地数计算公式相同)，补设($n-100$)株进行调查。例如，假设抽12块样地，粗估每块样地内平均苗木数为50株，需要测100株时，则(50×12)÷100=6(株)，即在12块样地连续排列600株苗木内，每隔5株测定1株。

表10-2　苗木调查记载表

树种：＿＿＿＿　苗龄：＿＿＿＿　苗木种类：＿＿＿＿　育苗方式：＿＿＿＿
随机数表页号：第＿＿页　　起点行列号：＿＿行＿＿列　　床数：＿＿＿＿

调查床序号	床长(m)	苗床净面积				面积(m²)	随机数表读数	样群(样地)株数					样地面积(m²)	样群(样地)苗木质量调查(隔株调查苗木的H/D)
		床宽(m)						序号	株数					
		左端	中间	右端	平均				1样方	2样方	3样方	合计		

注：测量精度要求，苗高(H)取1位小数，地径(D)取2位小数，单位为cm。

10.2.4.6　精度计算

苗木调查结束后计算调查精度，当计算结果达到规定的精度(可靠性为90%，产量精度为90%，质量精度为95%)时，才能计算调查区的苗木产量和质量指标。精度计算公式如下：

(1) 平均数($\bar{X}$)

$$\bar{X} = \frac{\sum_{i=1}^{n} x_i}{n} \tag{10-2}$$

式中：x_i——各样地株数；
　　　n——样地数量。

(2) 标准差(S)

$$S = \sqrt{\frac{\sum_{i=1}^{n} x_i^2 - n\overline{X}^2}{n-1}} \qquad (10\text{-}3)$$

(3) 标准误($S_{\overline{X}}$)

$$S_{\overline{X}} = \frac{S}{\sqrt{n}} \qquad (10\text{-}4)$$

(4) 误差百分数(E)

$$E(\%) = \frac{t \times S_{\overline{X}}}{\overline{X}} \times 100\%$$

(5) 精度(P)

$$P(\%) = 1 - E(\%) \qquad (10\text{-}5)$$

计算后若精度没有达到规定要求,则需补设样地进行补充调查。

例如,落叶松一年生播种苗,粗估设样地 14 块,调查后产量精度计算见表 10-3。

表 10-3　14 块样地产量调查统计表

样地号	样地株数 X	样地株数平方值 X^2	样地号	样地株数 X	样地株数平方值 X^2
1	20	400	9	13	169
2	25	625	10	19	361
3	14	196	11	13	169
4	16	256	12	15	225
5	20	400	13	8	64
6	20	400	14	18	324
7	18	324	Σ	239	4313
8	20	400			

注:在点播、条播等成行苗木的调查中,往往以若干行为 1 个样地。由于行间距离可能不一致,样地大小有差异,表中各样地株数应统一换算为 1 m² 单位面积样地内的株数。

平均株数

$$\overline{X} = \frac{\sum x_i}{n} = \frac{239}{14} = 17.07$$

标准差

$$S = \sqrt{\frac{\sum_{i=1}^{n} x_i^2 - n\overline{X}^2}{n-1}} = \sqrt{\frac{4313 - 4079.39}{14-1}} = 4.24$$

标准误

$$S_{\overline{X}} = \frac{S}{\sqrt{n}} = \frac{4.24}{\sqrt{14}} = 1.13$$

误差百分数

$$E(\%) = \frac{t \times S_{\bar{X}}}{\bar{X}} \times 100\% = \frac{1.7 \times 1.13}{17.07} \times 100\% = 11.26\%$$

精度

$$P(\%) = 1 - E(\%) = 1 - 11.26\% = 88.74\%$$

计算结果,精度没有达到90%的要求,则需补设样地。其方法是由调查的14块样地材料求变动系数 c。

$$c(\%) = \frac{S}{\bar{X}} \times 100\% = \frac{4.24}{17.07} \times 100\% = 24.8\%$$

则需设样地块数

$$n = \left(\frac{t \times c}{E}\right)^2 = \left(\frac{1.7 \times 24.8}{10}\right)^2 = 17.77 \approx 18(块)$$

已设置14块样地,尚需在调查区内再随机补设4块样地。其调查结果如表10-4。

表10-4 18块样地产量调查统计表

样地号	样地株数 X	样地株数平均值 X^2
1	20	400
…	…	…
15	17	289
16	19	361
17	21	441
18	17	289
Σ	313	5693

对应的各项数据如下:

$$\bar{X} = \frac{313}{18} = 17.39$$

$$S = \sqrt{\frac{5639 - 18 \times (17.39)^2}{18 - 1}} = 3.38$$

$$S_{\bar{x}} = \frac{3.38}{\sqrt{18}} = 0.9$$

$$E(\%) = \frac{1.7 \times 0.9}{17.39} \times 100\% = 8.79\%$$

$$P(\%) = 1 - 8.79\% = 91.21\%$$

计算结果,调查苗木株数达到精度要求。然后用同样方法计算苗木质量(苗高和地径)精度,若质量精度也达到要求,才能计算苗木产量和质量指标。否则需补测苗木质量株数,其方法和补设样地的方法相同,直到达到精度要求为止。

10.2.4.7 苗木的产量和质量计算

(1) 计算调查区的施业面积(毛面积)和净面面积

$$施业面积(m^2) = 调查区长 \times 宽 \qquad (10\text{-}6)$$

$$垄作净面积(m^2) = 被抽中垄的平均垄长 \times 平均垄宽 \times 总垄数 \qquad (10\text{-}7)$$

$$床作净面积(m^2) = 被抽中床的平均床长 \times 平均床宽 \times 总床数 \qquad (10\text{-}8)$$

(2) 计算调查区总产苗量和单位面积产苗量

$$垄作总产苗量 = \frac{垄的净面积}{样地面积} \times 样地平均株数 \qquad (10\text{-}9)$$

$$床作总产苗量 = \frac{床的净面积}{样地面积} \times 样地平均株数 \qquad (10\text{-}10)$$

$$亩产苗量 = \frac{净面积总产苗量}{施业面积} \qquad (10\text{-}11)$$

$$每平方米产苗量 = \frac{样地内苗木合计}{样地总面积} \qquad (10\text{-}12)$$

$$每米产苗量 = \frac{样地内苗木合计}{样地总长度} \qquad (10\text{-}13)$$

(3) 苗木的质量计算

首先进行苗木分级,并分别计算出各级苗木的比例、平均苗高和平均地径,最后将调查的苗木产量及质量结果填入苗木调查汇总表(表10-5)。

表10-5 苗木调查汇总表   单位:m²、株、cm

			合计	I级苗			II级苗			III级苗			计	$\bar{H}$	$\bar{D}$
				计	$\bar{H}$	$\bar{D}$	计	$\bar{H}$	$\bar{D}$	计	$\bar{H}$	$\bar{D}$			

填表人:_____   填表日期:____年____月____日

10.3 苗木出圃

苗木出圃的内容包括起苗、分级与统计、假植、包装与运输及检疫和消毒等。

10.3.1 起苗

起苗又称掘苗。起苗作业质量的好与坏,对苗木的产量、质量和栽植成活率有很大影响,必须重视起苗环节,确保苗木质量。

10.3.1.1 起苗季节

起苗时间与栽植季节相结合，根据当地气候特点、土壤条件、树种特性（发芽早晚、越冬假植难易）等确定。

春季是最适宜的植树季节。包括针叶树种、常绿阔叶树种以及不适合于长期假植的根部含水量较多的落叶阔叶树种（如榆树、泡桐、枫树等），随起苗随栽植。春季干旱风大的西部、西北部地区，有时进行雨季绿化，因此，常绿针叶树种苗木可在雨季起苗，随起苗随栽植。

秋季也是植树的好时机。多数树种，尤其是落叶树种可秋季起苗，春季发芽早的树种（如落叶松）更应在秋季起苗。秋季起苗一般在地上部分停止生长开始落叶时进行。起苗的顺序可按栽植需要和树种特性的不同进行合理安排，一般是先起落叶早的（如杨树），后起落叶晚的（如落叶松等）。起苗后可行栽植，也可假植。在比较温暖，冬天土壤不结冻或结冻时间短，天气不太干燥的地区，冬季也是起苗植树的适宜时期。

10.3.1.2 起苗方法

(1) 裸根起苗

适用于落叶树大苗、小苗和常绿树小苗的起苗。大苗裸根起苗要单株挖掘。挖苗前先将树冠拢起，防止碰断侧枝和主梢。然后以树干为中心按要求的根幅划圆，在圆圈外挖沟，切断侧根。挖到一半深时逐渐向内缩小根幅，挖到要求的深度时缩小至根幅的 2/3，使土球成扁圆柱形。达到深度要求时将苗木向一侧推倒，切断主根，振落泥土，将苗取出，并修剪被劈裂和过长的根系。

小苗裸根起苗沿着苗行方向，距苗行 20 cm 处挖一条沟，沟的深度应稍深于要求的起苗深度，在沟壁下部挖出斜槽，按要求的起苗深度切断苗根，再从苗行中间插入铁锹，把苗木推倒在沟中，取出苗木。

(2) 带土球起苗

适用于常绿树、珍贵树木的大苗和较大的花灌木的起苗。土球的直径要根据苗木的大小、根系特点、树种成活难易而定。一般乔木土球的直径为根茎直径的 8~10 倍，土球高度为直径的 2/3。灌木的土球高度为其直径的 1/4~1/2。在天气干旱时，为了防止土球松散，于挖前 1~2 d 灌水，增加土壤的黏结力。挖苗前先将树冠拢起，防止碰断侧枝和主梢。然后以树干为中心按要求的根幅划圆，在圆圈外挖沟，切断侧根。挖到一半深时逐渐向内缩小根幅，挖到要求的深度时缩小至根幅的 2/3，使土球成扁圆柱形。达到要求的深度后用草帘或草绳包裹好，将苗木向一侧推倒，切断主根，将苗取出。

(3) 冰坨起苗

东北地区可利用冬季土壤结冻层深的特点进行冰坨起苗。冰坨起苗的做法与带土球起苗大体一致。在入冬土壤结冻前进行，先按要求挖好土球，挖至应达到的深度时暂不取出，待土壤结冻后再截断主根将苗取出。冰坨起苗，运途不远时可不包装。

(4) 机械起苗

目前，北方地区尤其是东北三省有条件的大中型苗圃多采用机械起苗。一般由拖拉机牵引床式或垄式起苗犁起苗，生产上应用的 4QG-2-46 型床（垄）式起苗犁和 4QD-65 型起大苗犁，不仅起苗效率高，节省劳力，减轻劳动强度，而且起苗质量好，又降低成本，值得大力推广使用。

起苗质量关系到栽植成活率的高低，在园林绿化中至关重要，起苗中应注意以下4个方面。

① 起苗深度适宜。实生小苗深度20~30 cm，扦插小苗深度25~30 cm。大苗起苗的深度（或土球高度）大约为根幅（或土球直径）的2/3，根幅（或土球直径）按下式计算：

$$土球直径(cm) = 5 \times (树木地径 - 4) + 45 \qquad (10\text{-}14)$$

② 不在阳光强、风大的天气和土壤干燥时起苗。

③ 起苗工具要锋利。

④ 起苗时避免损伤苗干和针叶树的顶芽。

10.3.2 苗木分级与统计

苗木分级又称选苗，即按苗木质量标准把苗木分成等级。分级的目的，一是为了保证出圃苗符合规格要求；二是为了栽植后生长整齐美观，更好地满足设计和施工的要求。

10.3.2.1 苗木分级

苗木种类繁多，规格要求复杂，目前各地尚无统一和标准化，一般说来，根据苗龄、高度、根茎直径（或胸径、冠幅）进行分级。根据分级标准将苗木分为合格苗、不合格苗和废苗3类。

合格苗是达到规格要求的苗木，具体又可再分为Ⅰ级苗、Ⅱ级苗。

不合格苗是达不到规格要求，但仍有培养价值的苗木。

废苗是既达不到规格要求，又无培养价值的苗木。如断顶针叶苗、病虫害和机械损伤严重的苗等。

苗木的分级工作应在背阴避风处进行，并做到随起、随分级、假植，以防风吹日晒或损伤根系（图10-1）。

10.3.2.2 苗木统计

苗木的统计，一般结合苗木分级进行，统计时为了提高工作效率，小苗每50株或100株捆成捆后统计捆数。或者采用称重的方法，由苗木的重量折算出其总株数。大苗逐株清点数量。

图10-1 苗木分级

10.3.3 苗木包装与运输

10.3.3.1 苗木包装

(1) 裸根苗的包装

长距离运输，要求细致包装，以防苗根干燥。生产上常用的包装材料有草包、草片、蒲包、麻袋、塑料袋等。包装技术可分包装机包装和手工包装。先将湿润物(如苔藓、湿稻草和麦秸等)放在包装材料上，然后将苗木根对根地放在上面，并在根间加些湿润物，如此放苗到适宜的重量后(20~30 kg)，将苗木卷成捆，用绳子捆紧。在每捆苗上挂一标签，标明树种、苗龄、苗木数量、等级和苗圃名称。

短距离运输，可在筐底或车上放一层湿润物，将苗木根对根地分层放在湿铺垫物上，分层交替堆放，最后在苗木上再放一层湿润物即可。用包装机包装也要加湿润物，保护苗根不致干燥。

在南方，常用浆根代替小苗的包装。做法是在苗圃挖一小坑，铲出表土，将心土（黄泥土）挖碎，灌水拌成泥浆，泥浆中可放入适量的化肥或生根促进剂等。事先将苗木捆成捆，将根部放入泥坑中粘上泥浆即可。裸根大苗最好先浆根，然后再包扎成捆。

在英国、瑞典、美国、加拿大等国用特制的冷藏车运输裸根苗。美国的冷藏运苗车，车内温度为1℃，空气相对湿度为100%，一次可运苗6万株。

(2) 带土球苗木的包装

带土球的大苗应单株包装。一般可用蒲包和草绳包装，大树最好采用板箱式包装。小土球和近距离运输可用简易的四瓣包扎法，即将土球放入蒲包或草片上，拎起四角包好。大土球和较远距离的运输，可采用橘子式、井字式、五角式板箱式等方法包扎。

①橘子式。先将草绳一头系在树干上，再在土球上斜向缠绕，草绳经土球底绕过对面经树干折回，顺同一方向按一定间隔缠绕至满球。接着再缠绕第二遍，缠绕至满球后系牢（图10-2）。

②井字式。先将草绳一端系于腰箍上，然后按图10-3所示数字顺序，由1拉到2，绕过土球下面拉到3，经3绕过土球下面拉到4，经4绕过土球下面拉到5，依顺序最后经8绕过土球下面拉到回1。按此顺序包扎满6~7道井字形为止。

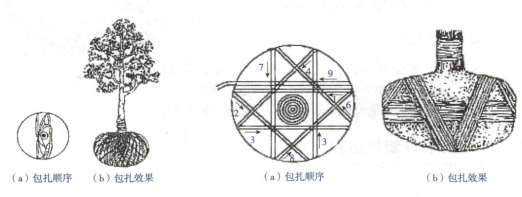

（a）包扎顺序　（b）包扎效果　　　　　　（a）包扎顺序　　　　　　（b）包扎效果

图10-2　橘子式包扎示意图　　　　　图10-3　井字式包扎示意图

③五角式。先将草绳一端系于腰箍上，然后按图10-4所示数字顺序，由1拉到2，绕过土球下面拉到3，经3绕过土球下面拉到4，经4绕过土球下面拉到5，依顺序最后经10

绕过土球下面拉回到 1。按此顺序包扎满 6~7 道井字形为止。

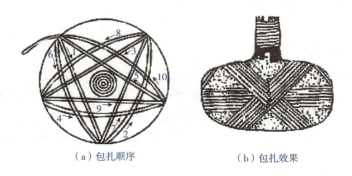

(a) 包扎顺序　　　　　(b) 包扎效果

图 10-4　五角式包扎示意图

④板箱式。适用于胸径 15 cm 以上的常绿树和胸径 20 cm 以上的落叶树。此法应用较少，做法参考有关书籍。

英国和日本等国家曾用聚乙烯塑料袋进行苗木包装的试验，其效果很好。例如，英国将落叶松、云杉、赤松、冷杉和橡树、水青冈等树苗用聚乙烯袋包装，效果相比涂沥青不透水的麻袋、纸袋和苔藓等都好。日本用聚乙烯塑料包装苗木 7 d，其成活率仍为 100%。用聚乙烯袋包装的优点很多，它不仅能防止苗根干燥，还有促使苗木生长、提高成活率和促进苗木生根的作用，故今后应广泛进行试验和推广应用。

10.3.3.2　苗木运输

长途运输苗木时，为了防止苗木干燥，宜将席子、麻袋、草帘、塑料膜等盖在苗木上。在运输期间要检查包内的湿度和温度，如果包内温度高，要把包打开通风，并更换湿草以防发热。如发现湿度不够，可适当喷水。为了缩短运输时间，最好选用速度快的运输工具。苗木运到目的地后，要立即将苗打开进行假植。但如运输时间长，苗根较干时，应先将根部用水浸一昼夜后再行假植。

10.3.4　苗木假植

假植是将苗木的根系用湿润的土壤进行埋植处理。目的是防止根系干燥，保证苗木的质量。林业生产和园林绿化过程中，起苗后一般应及时栽植，不需要假植。若起苗后较长时间不能栽植则需要假植。

假植分临时假植和长期假植。起苗后不能及时运出苗圃和运到目的地后未能及时栽植，需进行临时假栽植。临时假植时间一般不超过 10 d。秋天起苗，假植到翌年春栽植的称为长期假植。

假植的方法是选择排水良好、背风、荫蔽的地方挖假植沟，沟深超过根长，迎风面沟壁呈 45°。将苗成捆或单株排放于沟壁上，埋好根部并踏实，如此依次将所有苗木假植于沟内。土壤过干时适当淋水。越冬假植需覆盖以便保湿保温。

10.3.5 苗木检疫和消毒

10.3.5.1 苗木检疫

苗木检疫的目的是防止危害植物的各类病虫害、杂草随同植物及其产品传播扩散。苗木在省与省之间调运或与国外交换时,必须经过有关部门的检疫,对带有检疫对象的苗木应进行彻底消毒。如经消毒仍不能消灭检疫对象的苗木,应立即销毁。所谓"检疫对象",是指国家规定的普遍或尚不普遍流行的危险性病虫及杂草。具体检疫措施参考有关书籍。

10.3.5.2 苗木消毒

带有"检疫对象"的苗木必须消毒。有条件的,最好对出圃的苗木都进行消毒,以便控制其他病虫害的传播。

消毒的方法可用药剂浸渍、喷洒或熏蒸。一般浸渍用的杀菌剂有石硫合剂(浓度为波美 4°~5°)、波尔多液(1.0%)、升汞(0.1%)、多菌灵(稀释 800 倍)等。消毒时,将苗木在药液内浸 10~20 min。或用药液喷洒苗木的地上部分。消毒后用清水冲洗干净。

用氰酸气熏蒸,能有效地杀死各种虫害。先将苗木放入熏蒸室,然后将硫酸倒入适量的水中,再倒入氰酸钾,人离开熏蒸室后密封所有门窗,严防漏气。熏蒸结束后打开门窗,待毒气散尽后方能入室。熏蒸的时间依树种的不同而异(表 10-6)。

表 10-6 氰酸气熏蒸树苗的药剂用量及时间(熏蒸面积 100 m^2)

树种	药剂处理			
	氰酸钾(g)	硫酸(ml)	水(ml)	熏蒸时间(min)
落叶树	300	450	900	60
常绿树	250	450	700	45

实践训练

实训项目 10-1 苗木抽样调查

一、实训目标

掌握苗木调查的外业操作和内业计算方法。

二、实训场所

实训室和实习苗圃。

三、实训形式

在老师指导下进行外业调查和内业计算。

四、实训条件

皮尺、卷尺、记录用品、围绳、立桩、标牌、铁锹等。

五、实训内容与方法

(一)外业调查

①划分调查区。
②确定样地面积。
③确定样地数量。据式(10-1)估算样地数量。
④样地的设置。
⑤苗木调查。

样地布设后,统计样地内的苗木株数,并每隔一定株数测量苗木的苗高和地径(或胸径、冠幅),填入调查表。

(二)内业计算

1. 精度计算

据式(10-2)至式(10-5)进行精度计算。当计算结果达到规定的精度(可靠性为90%,产量精度为90%,质量精度为95%)时,才能计算调查区的苗木产量和质量指标。

2. 苗木的产量计算

①调查区的施业面积(毛面积)、垄作净面积、床作净面积,分别据式(10-6)至式(10-8)计算。
②调查区垄作总产苗量、床作总产苗量、每公顷产苗量、每平方米产苗量、每米产苗量分别据式(10-9)至式(10-13)计算。

3. 苗木的质量计算

首先进行苗木分级,并分别计算出各级苗木的比例、平均苗高和平均地径,最后将调查的苗木产量及质量结果填入苗木调查汇总表(参照表10-5)。

六、实训注意事项

在进行苗木调查时,根据具体情况选择适宜的抽样方法。机械抽样、随机抽样和分层抽样的适用条件:

①苗木密度比较均匀,苗木质量(粗度与高度)比较一致,差异不悬殊;
②苗木密度虽然不太均匀,苗木质量也不够整齐,但是无明显的界限;
③苗木的密度或质量虽然有较明显的差别,但其面积不到总面积的10%;
④机械抽样法适用范围大,它与简单抽样相比,除不适应撒播育苗地外,其他情况都适用。简单抽样适用于撒播的育苗地,对株、行距较大的育苗地不适用;
⑤凡是育苗树种、育苗方法、播种方法、苗木年龄、作业方式以及主要育苗技术措施都相同的调查区,只是苗木的密度或质量存在明显差异,而且界限明显,可用分层抽样法。

七、实训报告要求

对苗木培育实训基地的苗木进行产量质量的调查,撰写调查报告。

实训项目10-2 起苗、分级、包装与假植

一、实训目标

掌握起苗、分级、统计及假植方法

二、实训场所

实习苗圃。

三、实训形式

在老师指导下学生现场操作。

四、实训条件

铁锹、锄头、剪枝剪、卡径尺、钢卷尺、湿稻草、草绳、落叶松、杨树。

五、实训内容与方法

(一) 起苗

1. 起苗方法

起苗时,首先在床的一侧挖一条沟,沟深取决于起苗根系的深度,一般播种苗深度为20~25 cm,插条苗、移植苗25~30 cm,然后从两行苗的行间垂直向下切断侧根,主根下部斜面切断。带土壤的移植苗,起苗前先将侧枝束紧,以保护顶芽和侧枝,起成圆球形去掉浮土。起大苗时根系长度一般应由地径的粗度决定,具体规格见表10-7。

表10-7 根系长度与地径粗度的关系 单位:cm

地径	根幅	垂直根长度
3~4	40~50	30~40
5~6	60~70	45~50
7~8	70~80	50

2. 人工起苗应注意事项

起苗用的器械锋利,苗木根系无劈裂;苗时要保护好顶芽和侧枝;带土球的树种,起苗时要及时包扎,切勿松散土球;苗圃地干燥要提前灌水;起苗时严禁用手拔苗,起苗后应按要求修根,修枝。

(二) 苗木分级

苗木起出后,依据苗高、地径、根系分为3个等级,一、二级苗为合格苗,可以出圃,三级苗为不合格苗,可留圃继续培育,对病虫危害,机械损伤的废苗要剔除。

(三) 统计

1. 统计方法

①计数法。按苗木级别统计苗木数量(50或100株为一捆)。

②称重法。随机称取一定数量的苗木,统计株数,再称某树种苗木的总重量,即可计算苗木的总株数。

2. 注意事项

分级、统计工作要配合在一起进行;选择在背风阴凉的地方进行,严防风吹日晒;操作过程要迅速、准确。

(四) 苗木包装

1. 裸根苗的包装

先将湿润物放在蒲包或草袋上,放进苗木,将湿润物包住根系,再将蒲包或草袋从根茎处绑好。

2. 带土球树种包装

按照规格将苗木从圃地起出后,应立即放入蒲包内,然后将蒲包捆紧,再用草绳绕过土壤底部分层扎紧。

3. 注意事项

根系要包严；顶芽要保护好；附标签，按包注明树种、苗龄、育苗方法、苗木株数、级别。

（五）苗木假植

1. 临时假植

起苗后来不及运至造林地的，不能及时栽植的都需临时假植。假植要择背风阴凉的地方挖好假植沟，然后将苗木单行排列入假植沟中，湿润的土壤盖住苗木根系。

2. 越冬假植（长期假植）

这部分多在秋末冬初起苗后进行，学生可以在指导教师的指导下参观讲解适合于越冬假植的树种，以及技术要求。

3. 注意事项

任何一个树种，假植时间越短越好。假植只是保护苗木根系生命力的一种措施；根系要埋严，土壤与根系密接；保护好顶芽与苗干；各工序要求紧凑，在操作过程中严防根系干枯。

六、实训报告要求

撰写实训报告，并在报告中分析如下问题：

①在起苗、分级、统计、假植、包装时为保证苗木质量应抓住哪些关键问题？
②如何进行苗木分级？有何实践意义？
③假植有哪几种，具体方法有何不同？

 巩固拓展

一、单元小结

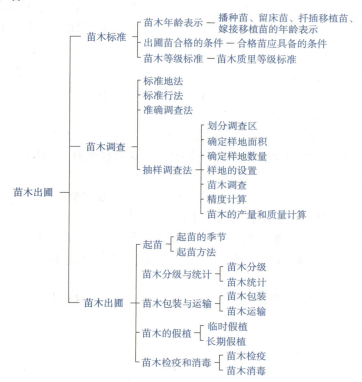

二、名词解释

1. 样地；2. 苗木调查；3. 检疫对象；4. 苗木分级；5. 苗木检疫；6. 苗木出圃；7. 茎根比。

三、填空题

1. 数字式 2/3-1 表示的含义是（   ），2-0 表示的含义是（   ），1-2-1 表示的苗木年龄是（   ）年生，苗木种类是（   ），移植的次数是（   ）。

2. 出圃苗的质量要求是（   ）、（   ）、（   ）、（   ）和（   ）。

3. 准确调查法可靠性应为（   ），苗木产量计算精度是（   ），苗木质量计算精度是（   ）。

4. 苗木调查的方法有（   ）、（   ）、（   ）和（   ）。

5. 苗木调查一般在苗木生长停止后，按树种和品种、（   ）、（   ）、（   ）、（   ）、等分别进行苗木的产量和质量的调查。

6. 苗木出圃是育苗作业的（   ）一道工序，包括（   ）、（   ）、（   ）、（   ）和（   ）等。

7. 苗木在省与省或国与国之间调运时必须经过（   ）检疫。对带有检疫对象的苗木应（   ）或（   ）。

8. 苗木分级工作应在（   ）处进行，并做到随（   ）、随（   ）、随（   ），以防风吹日晒或损伤根系。

9. 苗木消毒的方法可用（   ）、（   ）或（   ）。

10. 苗木质量等级以（   ）、（   ）、（   ）和（   ）为确定合格苗的数量指标。综合控制条件达到要求者以（   ）、（   ）和（   ）3 项指标进行合格苗木分级。

四、选择题

1. 属于留床苗种类的是（   ）。
   A. 1-1   B. 2-0   C. 1-0   D. 2-1

2. 属于营养繁殖苗的种类是（   ）。
   A. 3-0   B. 2/3-0   C. 1-0   D. 3-1

3. 国家标准规定，苗木检验误差允许范围，出圃苗或造林地苗同一苗批中该等级的苗木数量不低于（   ）。
   A. 80%   B. 85%   C. 90%   D. 95%

4. 落叶阔叶树在休眠期移植，一般采用（   ）。
   A. 带土起苗   B. 裸根起苗   C. 截根起苗   D. 带宿土起苗

5. 苗木起出后，依据苗高、地径、根系分出 3 个等级，下列苗木不可以出圃的是（   ）。
   A. Ⅰ级苗   B. Ⅱ级苗   C. Ⅲ级苗   D. 合格苗

五、判断题

1. 2-0 是 2 年生播种苗。（   ）

2. 2(1) 是 3 年生移植苗。（   ）

3. 合格苗分为Ⅰ、Ⅱ两个等级，在苗高、地径不属同一等级时，以苗高所属级别为准。（　　）

4. 苗木分级时首先看根系指标，以根系所达到的级别确定苗木级别，如根系达Ⅰ级苗要求，苗木为Ⅰ级苗。（　　）

5. 苗木调查标准地或标准行总面积一般占总面积的10%～20%。（　　）

6. 假植分临时假植和长期假植。临时假植时间一般不超过30 d。（　　）

7. 假植要选择排水良好、通风、荫蔽的地方挖假植沟，将苗成捆或单株排放于沟壁上，湿润的土壤盖住苗木根系。（　　）

8. 苗木包装时根系要包严，顶芽要保护好。（　　）

9. Ⅲ级苗是既达不到规格要求，又无培养价值的苗木。如断顶针叶苗、病虫害和机械损伤严重的苗等。（　　）

10. 带土球起苗适用于常绿树、珍贵树木的大苗和较大的花灌木的起苗。（　　）

11. 在同树种、同苗龄的情况下，茎根比值大，重量小的苗木质量好。（　　）

12. 如根系只达到Ⅱ级苗的要求，该苗木最高也只为Ⅱ级，如根系达不到要求则为不合格苗。（　　）

13. 苗木出圃主要包括起苗、分级与统计、假植、包装与运输及检疫和消毒等。（　　）

六、简答题

1. 简述怎样表示苗木的年龄。
2. 苗木出圃的质量要求是什么？
3. 简述苗木年龄的表示方法。
4. 怎样进行标准行和标准地法调查苗木质量？
5. 苗木调查时怎样确定样地面积？
6. 样地内怎样进行苗木调查？
7. 起苗有哪些方法？起苗时有哪些要求？
8. 怎样进行苗木假植？
9. 怎样进行苗木消毒？
10. 苗木运输时包装方法有哪些？有什么要求？

七、论述题

根据苗木生物学特性和绿化的时期的要求，试述合理确定起苗季节的重要性及不同季节起苗的要求。

八、计算题

1. 油松2年生移植苗，平均密度16株，较密株数为20株，较稀株数11株，请计算粗估样地数。

2. 落叶松一年生播种苗，粗估设样地数14块，调查后数据如下：
　　　　20，25，14，16，20，20，18，20，13，19，13，15，8，18
请计算调查精度是否达到要求，如未达到，需补设多少块样地？

九、知识拓展

1. 李亚麒,陈诗,孙继伟,等.2年生云南松苗木分级与生物量分配关系研究[J].西南林业大学学报(自然科学),2020,40(5):25-31.

2. 郭俊杰,尚帅斌,汪奕衡,等.热带珍贵树种青梅苗木分级研究[J].西北林学院学报,2016,31(3):74-78.

3. 郑钰铟,冯振华,陈辉,等.不同保水处理对油茶起苗后苗木质量的影响[J].森林与环境学报,2018,38(1):38-43.

4. 郑婷,徐卫东,马超,等.国内外葡萄苗木标准及质量等级分析[J].中外葡萄与葡萄酒,2018(3):40-44.

5. 黎明,吴方成,施日洲,等.火力楠轻基质容器苗分级标准研究[J].安徽农业科学,2019,47(17):108-110.

第二部分

各 论

各论包括北方主要造林树种育苗技术和南方主要造林树种育苗技术2个单元，在教学和生活实践中，育苗树种可参考各论所列的树种，按照国家及地方相关技术标准进行规范操作，培育的苗木应该符合相关苗木质量标准。

单元 11　北方主要树种育苗技术

本单元内容以数字化资源形式表现，主要介绍北方主要树种育苗技术，这些树种具有较强的地域性、使用性和适用性，其内容既可以与总论的知识相辅相成，又可以指导苗木生产实践。具体树种种类如下所示。

名　称	名　称
白皮松（*Pinus bungeana*）	日本落叶松（*Larix kaempferi*）
侧柏（*Platycladus orientalis*）	沙冬青（*Ammopiptanthus mongolicus*）
臭椿（*Ailanthus altissima*）	沙棘（*Hippophae rhamnoides*）
刺槐（*Robinia pseudoacacia*）	山杏（*Prunus sibrica*）
枸杞（*Lycium chinense*）	水曲柳（*Fraxinus mandschurica*）
国槐（*Sophora japonica*）	梭梭（*Haloxylon ammodendron*）
核桃（*Juglans regia*）	文冠果（*Xanthoceras sorbifolium*）
核桃楸（*Juglans mandshurica*）	油松（*Pinus tabuliformis*）
红松（*Pinus koraiensis*）	榆树（*Ulmus pumila*）
胡杨（*Populus euphratica*）	圆柏（*Sabina chinensis*）
花棒（*Hedysarum scoparium*）	枣（*Zizyphus jujube*）
华山松（*Pinus armandi*）	樟子松（*Pinus sylvestris* var. *mongolica*）
黄檗（*Phellodendron amurense*）	紫椴（*Tilia amurensis*）
柠条（*Caragana microphylia*）	紫杉（*Taxus cuspidate*）
青海云杉（*Picea crassifolia*）	紫穗槐（*Amorpha fruticosa*）

注：按树种名称的首字母排序。

单元 12　南方主要树种育苗技术

本单元内容以数字化资源形式表现，主要介绍南方主要树种育苗技术，这些树种具有较强的地域性、使用性和适用性，其内容既可以与总论的知识相辅相成，又可以指导苗木生产实践。具体树种种类如下所示。

名　称	名　称
桉树（*Eucalyptus robusta*）	榕树（*Ficus microcarpa*）
板栗（*Castanea mollissima*）	杉木（*Cunninghamia lanceolata*）
檫树（*Sassafras tzumu*）	湿地松（*Pinus elliottii*）
杜仲（*Eucommia ulmoides*）	柿树（*Diospyros kaki*）
鹅掌楸（*Liriodendronc hinense*）	水杉（*Metasequoia glyptostroboides*）
福建柏（*Fokienia hodginsii*）	思茅松（*Pinus kesiya* var. *langbianensis*）
格氏栲（*Castanopsis kawakamii*）	西南桦（*Betula alnoides*）
荷木（*Schima superba*）	相思树（*Acacia confusa*）
厚朴（*Magnolia officinalis*）	橡胶树（*Hevea brasiliensis*）
黄山松（*Pinus taiwanensis*）	悬铃木（*Platanus acerifolia*）
火炬松（*Pinus taeda*）	杨树（*Populus*）
火力楠（*Michelia macclurei*）	银杏（*Ginkgo biloba*）
柳杉（*Cryptomeria fortunei*）	油茶（*Camellia obeifera*）
柳树（*Salix babylonica*）	油橄榄（*Olea europaea*）
麻枫树（*Jatropha curcas*）	油杉（*Ketelecria fortunei*）
马尾松（*Pinus massoniana*）	油桐（*Vernicio fordii*）
毛竹（*Phyllostachys pubescens*）	柚木（*Tectona grandis*）
木麻黄（*Casuarina equisetifolia*）	云南松（*Pinus yunnanensis*）
南方红豆杉（*Taxus chinensis* var. *mairei*）	樟树（*Cinnamomum camphora*）
楠木（*Phoebe bournei*）	棕榈（*Trachycarpus fortunei*）
泡桐（*Paulownia fortunei*）	

注：按树种名称的首字母排序。

参 考 文 献

安璟. 浅析林业苗圃移植苗及大苗的培育技术[J]. 农业与技术, 2018, 38(18): 184.
曹立耘, 李顺莲. 红叶石楠的扦插育苗技术[J]. 林业与生态, 2019.3(03): 31-32.
陈国海. 浅谈林业苗圃育苗新技术与推广[J]. 种子科技, 2019(7): 111.
陈元宏, 路静. 胡杨温室扦插育苗技术[J]. 辽宁农业科学, 2019(01): 91-92.
邓祥, 刘刚, 刘颖, 等. 东部白松采种与种子调制技术研究[J]. 林业科技, 2018, 43(03): 30-32.
丁晓凤. 核桃嫁接砧木育苗管理技术[J]. 湖北林业科技, 2019, 48(06): 84-85.
杜非, 邱进强, 俞肖山, 等. 民勤干旱沙区酿酒葡萄硬枝扦插育苗技术[J]. 林业科技通讯, 2019(10): 72-73.
冯志海. 林业育苗现状及容器育苗技术分析[J]. 农业与生态环境, 2019, 17(03): 84-85.
福建省质量技术监督局. 主要造林树种苗木质量: DB35/T 127-2019[S]. 2019.
付静, 刘国刚, 周冬跃, 等. 有机矿质元素对绿化移植苗生长的影响[J]. 安徽农业科学, 2014, 42(35): 12487-12488.
高日. 林业苗圃设计与苗圃管理探究[J]. 林业科技情报, 2019(11): 87-89.
高亚军, 王圳, 黄建庭, 等. 丝棉木嫩枝扦插育苗试验[J]. 江苏林业科技, 2019, 46(01): 22-24.
顾立新, 崔爱萍. 植物与植物生理[M]. 北京: 中国林业出版社, 2018.
郭建和, 赵王娟, 张德, 等, 五莲山野生杜鹃薄沙床播种育苗技术[J]. 林业科技通讯, 2019(2): 64-66.
郭蓉. 林业苗圃移植苗及大苗的培育技术分析[J]. 种子科技, 2018, 36(12): 56, 58.
郭世荣. 无土栽培学[M]. 北京: 中国农业出版社, 2011.
国家标准局. 育苗技术规程: GB/T 6001-1985[S]. 1985.
国家技术监督局. 母树林营建技术: GB/T 16621-1996[S]. 北京: 中国标准出版社, 1996.
国家林业和草原局. 刺槐硬枝扦插育苗技术规程: LY/T 3017-2018[S]. 北京: 中国标准出版社, 2019.
国家林业和草原局. 杜仲综合体 第3部分 嫁接育苗技术规程: LY/T 3005.3-2018[S]. 北京: 中国标准出版社, 2019.
国家林业和草原局. 核桃嫁接育苗技术规程: LY/T 3057-2018[S]. 北京: 中国标准出版社, 2019.
国家林业局. 榉树大苗培育技术规程: LY/T 2684-2016[S]. 北京: 中国标准出版社, 2016.
国家林业局. 林木种苗标签: LY/T 2290-2018[S]. 北京: 中国标准出版社, 2018.
国家林业局. 林木种苗生产经营档案: LY/T 2280-2018[S]. 北京: 中国标准出版

社，2018．

国家林业局．林木组织培养育苗技术规程：LY/T 1882-2010[S]．北京：中国标准出版社，2010．

国家林业局．苗木抽样方法：LY/T 2418—2015[S]．北京：中国标准出版社，2015．

国家林业局．容器育苗技术：LY/T 1000—2013[S]．北京：中国质检出版社，2013．

国家林业局．杉木大径材培育技术规程：LY/T 2809—2017[S]．北京：中国标准出版社，2017．

国家林业局．杉木组织培养育苗技术规程：LY/T 2428—2015[S]．北京：中国标准出版社，2015．

国家林业局．湿地松嫩枝扦插育苗技术规程：LY/T 3066—2018[S]．北京：中国标准出版社，2019．

国家林业局．文冠果播种育苗技术规程：LY/T 2785—2016[S]．北京：中国标准出版社，2018．

国家林业局．樟树嫩枝扦插育苗技术规程：LY/T 3061—2018[S]．北京：中国标准出版社，2019．

国家林业局．珍稀濒危野生植物种子采集技术规程：LY/T 2590—2016[S]．北京：中国标准出版社，2016．

国家质量技术监督局．林木引种：GB/T 14175—1993[S]．北京：中国标准出版社，1993．

国家质量技术监督局．林木育种及种子管理术语：GB/T 16620—1996[S]．北京：中国标准出版社，1996．

国家质量技术监督局．林木种子检验规程：GB/T 2772—1999[S]．北京：中国标准出版社，2000．

国家质量技术监督局．林木种子质量分级：GB 7908—1999[S]．北京：中国标准出版社，2004．

国家质量技术监督局．主要造林树种苗木质量分级标准：GB 6000—1999[S]．北京：中国标准出版社，2004．

河北省质量技术监督局．苗圃地下害虫综合防治技术规程：DB13/T 944—2008[S]．北京：中国标准出版社，2008．

河北省质量技术监督局．容器育苗技术规程：DB13/T 937—2008[S]．北京：中国标准出版社，2008．

河北省质量监督管理局．华北落叶松育苗技术规程：DB13/T 884—2020[S]．2020．

黑龙江省质量技术监督局．林业苗圃育苗机械作业技术规程：DB23 T1182—2007[S]．北京：中国标准出版社，2007．

扈延伍．苗木出圃的质量指标探讨[J]．现代园艺，2018(08)：217．

黄媛，李瑜玲，杨英茹，等．一种温室大棚空气温湿度监测装置的设计[J]．湖南农业科学，2020(1)：86-89．

黄志农，肖国蓉．除草剂使用技术要点及产生药害原因分析[J]．湖北植保，2005(6)：5-8．

参考文献

江明,陈其工,晏行芳. 基于模糊控制的精确灌溉系统[J]. 农业工程学报,2005(10):17-20.

江苏省质量技术监督局. 琼花大苗培育技术规程:GB32/T 2351—2013[S]. 北京:中国标准出版社,2013.

蒋云东,王达明,邱琼. 7种热带阔叶树种的苗木施肥试验[J]. 云南林业科技,2003(02):11-16.

拉毛. 苗圃档案管理的标准化与信息化管理[J]. 现代园艺,2019(14):143.

赖文胜,杨逢志,黄秋良,等. 杉木不同良种大田播种育苗对比试验[J]. 福建林业科技,2017,44(04):74-78.

李婷,彭祚登. 不同采种期对国槐种子萌发及生理代谢的影响[J]. 东北林业大学学报,2016,44(03):33-36.

李文春. 浅谈林木育苗技术及苗期管理[J]. 花卉,2019(06):166-167.

李欣苗,李艳,杨少杰. 不同生长调节剂对忍冬扦插育苗成活率的影响[J]. 农业科技与信息,2019(24):51-53.

李勇. 杉木优良无性系采穗圃复壮技术. 福建林业科技,2019,46(03):35-41.

李志武. 樱花移植苗栽培管理技术[J]. 山西林业,2018(03):38-39.

利站. 烟草种子发育、贮藏和引发过程中的质量变化和机理研究[D]. 杭州:浙江大学,2018.

林向群. 特色经济林栽培[M]. 北京:中国林业出版社,2016.

刘长红. 辽西干旱丘陵区竹节壕整地方式对油松移植苗造林质量的影响[J]. 防护林科技,2017(09):59-60.

刘丹,王宁,解孝满,等. 新形势下做好林木种质资源工作的新思考[J]. 安徽农业科学,2020,48(04):103-105.

刘述河,丁朋松,金丽凤,等. 上海地区国外树种引种调查分析[J]. 中国农学通报,2011,27(31):305-309.

刘天英,朱慧,李晓玲,等. 绿色环保高效的土壤消毒技术——火焰高温消毒[J]. 长江蔬菜,2017(23):58-59.

刘亦学,刘焕禄,张学文,等. 除草剂药害及其预防和补救[J]. 天津农林科技,2005(06):18-20.

刘勇. 林木种苗培育学[M]. 北京:中国林业出版社,2019.

吕波. 黑青杨扦插育苗技术[J]. 防护林科技,2019(07):93-94.

马娜,贾甸方. 林业苗圃机械化现状与发展趋势新探[J]. 农业开发与装备,2020(02):152.

马晓燕. 林业育苗现状及容器育苗技术[J]. 农村实用技术,2019(02):66-67.

欧建德,康永武. 福建峦大杉苗木质量分级研究[J]. 西南林业大学学报,2018,38(2):172-176.

曲杨. 红松母树林的建立与管理技术[J]. 防护林科技,2018,(10):94-95.

任艳艳. 元宝枫播种育苗技术[J]. 河北林业科技,2020(11):50.

山西省质量技术监督局. 林木大苗栽植技术规程：DB14/T 644—2011[S]. 北京：中国标准出版社，2012.

尚福强. 林木种源试验研究现状与展望[J]. 辽宁林业科技，2019，(04)：49-51，62，66.

沈吉庆. 花棒育苗技术[J]. 林业科技，2003(03)：53.

生态环境部，国家市场监督管理总局. 农田灌溉水质标准：GB 5084-2021[S]. 北京：中国标准出版社，2021.

苏江，岑忠用，谢彦军，等. 大岩桐组培苗移栽后生长动态研究[J]. 种子，2018，37（06）：82-85，92.

王春光. 林业苗圃育苗地耕作层土壤的改良及养护[J]. 江西农业，2020(2)：64.

王宏伟. 容器育苗技术在林业育苗中的运用[J]. 林业科学，2020，40(01)：61-62.

王晓丽，张坤，周新峰，等. 蒙古栎播种育苗造林技术[J]. 黑龙江科学，2019，10(04)：70-71.

王友霞. 浅析现代苗圃大规格苗木容器化栽植技术. 现代园艺，2019(8)：93-94.

魏文初. 昭平县富罗林场马尾松二代种子园营建技术[J]. 乡村科技，2020，(03)：67-68.

吴晓荣. 植物组织培养技术在园艺上的应用及提升措施研究[J]. 种子科技，2020，38（07）：51-52.

吴运辉，袁丛军，丁访军，等. 青钱柳苗木质量分级初步研究[J]. 种子，2018，37(6)：124-126.

武保国. 花棒的栽培及利用[J]. 内蒙古草业，1997(01)：3.

谢宗仁，周彰仁. 杉木育苗化学防除杂草技术[J]. 现代园艺，2017(23)：165.

许纪发. 苗木的防寒与移栽[J]. 中国林副特产，2004(02)：67-68.

闫斌. 苗木出圃后管理技术浅淡[J]. 花卉，2016(20)：56-57.

杨长明. 林业种苗容器育苗技术要点[J]. 江西农业，2019(16)：68.

杨静怡，陶兴月. 中红外光谱法在林木种子化学品质检验中的应用[J]. 河北林业科技，2015(01)：75，80.

杨琼. 论林业苗圃灌溉工程和灌溉效益[J]. 农家参谋，2020(02)：111.

杨勇. 林业苗圃移植苗及大苗的培育技术研究[J]. 农家参谋，2019(20)：117.

杨越，梅秀艳，祁云飞，等. 不同程度的短截处理对文冠果1年生移栽苗成活和生长的影响[J]. 林业与生态科学，2019，34(2)：152-157.

尹金迁，赵垦田，邹林红. 基质和温度对巨柏移植苗根系生长发育的影响[J]. 西部林业科学，2017，46(05)：87-92.

翟明普，沈国舫. 森林培育学[M]. 3版. 北京：中国林业出版社，2016.

詹林星. 闽西南光皮桦人工林优树选择研究[J]. 安徽农学通报. 2020，26(05)：69-70.

张海波. 香椿种子特定贮藏条件下活力变化的研究[D]. 北京：中国林业科学研究院，2018.

张淑彬，陈理，王茜，等. AM真菌对干旱区7种珍稀濒危植物引种培育的影响研究[J]. 干旱区地理，2017，40(04)：780-786.

赵罕，朱高浦，狄爱民，等. 林木远缘杂交育种现状及研究进展[J]. 世界林业研究，

参考文献

2016,29(02):28-32.

赵立新.林木苗圃地的日常管理[J].江西农业,2019(11):72.

浙江省质量技术监督局.主要造林树种苗木质量等级:DB33/T 177—2014[S].北京:中国标准出版社,2014.

郑郁善.植物组织培养技术[M].北京:中国林业出版社,2014.

中华人民共和国建设部.城市园林苗圃育苗技术规程:CJ/T 23—1999[S].北京:中国标准出版社,2004.

中华人民共和国林业部.林业苗圃工程设计规范:LYJ 128—1992[S].北京:中国标准出版社,1997.

周彩贤.荷兰现代化高效苗圃生产和管理技术之我见[J].国土绿化,2018(4):48-50.

周立刚.浅谈林业苗圃设计与苗圃管理[J].种子科技,2019(10):67-68.

朱翠翠.青檀种质资源遗传多样性分析及诱变育种[D].济南:山东农业大学,2016.

宗福生,陈鹏,苗银,等.蓝叶忍冬全光照喷雾嫩枝扦插试验研究[J].林业科技通讯,2019(08):86-87.

邹学忠,钱拴提.林木种苗生产技术[M].2版.北京:中国林业出版社,2015.

山西省质量技术监督局. 林木大苗栽植技术规程:DB14/T 644—2011[S]. 北京:中国标准出版社,2012.
尚福强. 林木种源试验研究现状与展望[J]. 辽宁林业科技,2019,(04):49-51,62,66.
沈吉庆. 花棒育苗技术[J]. 林业科技,2003(03):53.
生态环境部,国家市场监督管理总局. 农田灌溉水质标准:GB 5084-2021[S]. 北京:中国标准出版社,2021.
苏江,岑忠用,谢彦军,等. 大岩桐组培苗移栽后生长动态研究[J]. 种子,2018,37(06):82-85,92.
王春光. 林业苗圃育苗地耕作层土壤的改良及养护[J]. 江西农业,2020(2):64.
王宏伟. 容器育苗技术在林业育苗中的运用[J]. 林业科学,2020,40(01):61-62.
王晓丽,张坤,周新峰,等. 蒙古栎播种育苗造林技术[J]. 黑龙江科学,2019,10(04):70-71.
王友霞. 浅析现代苗圃大规格苗木容器化栽植技术. 现代园艺,2019(8):93-94.
魏文初. 昭平县富罗林场马尾松二代种子园营建技术[J]. 乡村科技,2020,(03):67-68.
吴晓荣. 植物组织培养技术在园艺上的应用及提升措施研究[J]. 种子科技,2020,38(07):51-52.
吴运辉,袁丛军,丁访军,等. 青钱柳苗木质量分级初步研究[J]. 种子,2018,37(6):124-126.
武保国. 花棒的栽培及利用[J]. 内蒙古草业,1997(01):3.
谢宗仁,周彰仁. 杉木育苗化学防除杂草技术[J]. 现代园艺,2017(23):165.
许纪发. 苗木的防寒与移栽[J]. 中国林副特产,2004(02):67-68.
闫斌. 苗木出圃后管理技术浅谈[J]. 花卉,2016(20):56-57.
杨长明. 林业种苗容器育苗技术要点[J]. 江西农业,2019(16):68.
杨静怡,陶兴月. 中红外光谱法在林木种子化学品质检验中的应用[J]. 河北林业科技,2015(01):75,80.
杨琼. 论林业苗圃灌溉工程和灌溉效益[J]. 农家参谋,2020(02):111.
杨勇. 林业苗圃移植苗及大苗的培育技术研究[J]. 农家参谋,2019(20):117.
杨越,梅秀艳,祁云飞,等. 不同程度的短截处理对文冠果1年生移栽苗成活和生长的影响[J]. 林业与生态科学,2019,34(2):152-157.
尹金迁,赵垦田,邹林红. 基质和温度对巨柏移植苗根系生长发育的影响[J]. 西部林业科学,2017,46(05):87-92.
翟明普,沈国舫. 森林培育学[M]. 3版. 北京:中国林业出版社,2016.
詹林星. 闽西南光皮桦人工林优树选择研究[J]. 安徽农学通报. 2020,26(05):69-70.
张海波. 香椿种子特定贮藏条件下活力变化的研究[D]. 北京:中国林业科学研究院,2018.
张淑彬,陈理,王茜,等. AM真菌对干旱区7种珍稀濒危植物引种培育的影响研究[J]. 干旱区地理,2017,40(04):780-786.
赵罕,朱高浦,狄爱民,等. 林木远缘杂交育种现状及研究进展[J]. 世界林业研究,

    2016, 29(02): 28-32.
赵立新. 林木苗圃地的日常管理[J]. 江西农业, 2019(11): 72.
浙江省质量技术监督局. 主要造林树种苗木质量等级: DB33/T 177—2014[S]. 北京: 中国标准出版社, 2014.
郑郁善. 植物组织培养技术[M]. 北京: 中国林业出版社, 2014.
中华人民共和国建设部. 城市园林苗圃育苗技术规程: CJ/T 23—1999[S]. 北京: 中国标准出版社, 2004.
中华人民共和国林业部. 林业苗圃工程设计规范: LYJ 128—1992[S]. 北京: 中国标准出版社, 1997.
周彩贤. 荷兰现代化高效苗圃生产和管理技术之我见[J]. 国土绿化, 2018(4): 48-50.
周立刚. 浅谈林业苗圃设计与苗圃管理[J]. 种子科技, 2019(10): 67-68.
朱翠翠. 青檀种质资源遗传多样性分析及诱变育种[D]. 济南: 山东农业大学, 2016.
宗福生, 陈鹏, 苗银, 等. 蓝叶忍冬全光照喷雾嫩枝扦插试验研究[J]. 林业科技通讯, 2019(08): 86-87.
邹学忠, 钱拴提. 林木种苗生产技术[M]. 2版. 北京: 中国林业出版社, 2015.